ISBN 978-0-483-24163-3
PIBN 10393445

REVUE

ET MAGASIN

DE ZOOLOGIE

PURE ET APPLIQUÉE.

RECUEIL MENSUEL

DESTINÉ A FACILITER AUX SAVANTS DE TOUS LES PAYS LES MOYENS DE
PUBLIER LEURS OBSERVATIONS DE ZOOLOGIE PURE ET APPLIQUÉE
A L'INDUSTRIE ET A L'AGRICULTURE, LEURS TRAVAUX DE
PALÉONTOLOGIE, D'ANATOMIE ET DE PHYSIOLOGIE
COMPARÉES, ET A LES TENIR AU COURANT
DES NOUVELLES DÉCOUVERTES ET DES
PROGRÈS DE LA SCIENCE;

PAR

M. F. E. GUÉRIN-MÉNEVILLE,

Membre de la Légion d'honneur, de l'ordre brésilien de la Rose, officier de l'ordre
hollandais de la Couronne de chêne, de la Société impériale et centrale d'Agriculture, des Académies royales des Sciences de Madrid, de Lisbonne et
de Turin, de l'Académie royale d'Agriculture de Turin, de la
Société impériale des naturalistes de Moscou, d'un grand
nombre d'autres Sociétés nationales et etrangères,
etc., etc., etc

2e SÉRIE. — T. XVI. — 1864.

PARIS,

AU BUREAU DE LA REVUE ET MAGASIN DE ZOOLOGIE,
ET DE LA REVUE DE SÉRICICULTURE COMPARÉE,
RUE DES BEAUX-ARTS, 1.

I. TRAVAUX INÉDITS.

CATALOGUE des Oiseaux observés dans le département d'Eure-et-Loir, par M. Armand MARCHAND. *(Suite. —* Voir 1863, p. 361.)

63. CORBEAU CHOUCAS *(Corvus monedula)*.

Ils habitent en grand nombre les aqueducs de Maintenon ainsi que les clochers de la cathédrale de Chartres.

Ils se répandent tous les jours autour de la ville et font de grands dégâts dans les champs; ils dévastent les arbres fruitiers, même ceux en espalier.

Tous les soirs, au coucher du soleil, ils se rassemblent sur l'église, partent tous en même temps, comme à un signal donné, et vont passer la nuit dans les futaies des environs de la ville.

J'ai une variété blanche.

64. PIE ORDINAIRE *(Pica caudata)*.

Très-commune toute l'année, et ne quitte point la contrée qui l'a vue naître.

Elle détruit particulièrement beaucoup d'œufs de toute espèce d'oiseaux. Elle vient prendre les poulets et canards jusque dans les basses-cours. Elle recherche les couvées de cailles et de perdrix; aussi sa tête est mise à prix dans les chasses gardées. On en voit de blanches, d'autres dont les parties noires sont brunâtres.

65. Geai ordinaire (*Graculus glandarius*).

Reste toute l'année; un certain nombre passe à l'automne, au moment des vendanges.

66. Casse-noix vulgaire (*Nucifraga caryocatactes*).

De passage très-accidentel. En 1844 et 1850, il en fut tué beaucoup dans le département, et même, à ce qu'il paraît, dans toute la France.

67. Étourneau vulgaire (*Sturnus vulgaris*).

Reste toute l'année. Il niche dans les colombiers, dans les clochers, et même dans des trous d'arbres dont il chasse les pics-verts. Il se réunit l'hiver en grandes bandes qui s'abattent au milieu des troupeaux de moutons; ils se posent sur leur dos et les débarrassent des insectes qui les tourmentent. Ils ne s'effrayent point du voisinage des bergers.

68. Hirondelle de cheminée (*Hirundo rustica*).

Arrive vers le 12 avril et repart à la fin de septembre.

On voit des variétés toutes blanches, d'autres isabelles, d'autres gris clair.

Il y a une dizaine d'années, un grand propriétaire du département d'Eure-et-Loir, faisant curer, pendant l'hiver, des fossés remplis de roseaux, m'a assuré que ses ouvriers avaient trouvé, dans la vase, des Hirondelles pelotonnées et paraissant ne plus donner signe de vie, mais que, exposées à la chaleur, elles reprirent leurs sens. Je l'ai prié, si jamais pareil fait se renouvelait, de m'envoyer de suite les oiseaux avant de les faire revenir. J'attends toujours.

69. Hirondelle de fenêtre (*Hirundo urbica*).

Arrive les premiers jours de mai et repart au commencement de septembre.

On rencontre quelquefois des variétés blanches.

(*La suite prochainement.*)

NOTE pour servir à l'histoire des *oiseaux insectivores*, par
M. J. L. COINDE.

L'étude des mœurs des animaux a toujours été considérée, à juste titre, comme la partie la plus utile des
sciences zoologiques, tant appliquées que pures. La nourriture des animaux nous intéressait particulièrement, car
les uns pouvaient s'attaquer à nos récoltes, les autres à
nos animaux domestiques. Seuls les insectivores nous
semblaient plus utiles que nuisibles. Un savant laborieux
et patient, M. Florent-Prévost, a consulté, pendant de
longues années, les estomacs de tous les sujets qu'il pouvait se procurer, et il est arrivé aux beaux résultats que
nous connaissons aujourd'hui.

Je n'ai pas la prétention de présenter un travail complet sur la nourriture particulière des insectivores, je
viens seulement ajouter quelques observations, qu'il m'a
été permis de faire en Afrique et qui prouvent que, le plus
souvent, les insectivores recherchent, selon leurs espèces,
des insectes qu'ils préfèrent et qu'ils mangent exclusivement quand ils ne sont pas trop affamés; ils les recherchent avec le plus grand soin et en absorbent de
grandes quantités, malgré les difficultés qu'ils doivent
surmonter pour se les procurer.

Souvent, en chassant sur les bords de la mer, et de
Bone à mi-chemin de la Calle, je trouvais de nombreux
excréments d'oiseaux insectivores, longs de 5 centimètres, légèrement ovoïdes, et répandant une assez forte
odeur de musc. Ces excréments étaient répandus sur les
hautes dunes qui se succèdent dans ces parages. Leur
éclat et leur grosseur me frappaient, et très-souvent je les
brisai pour en constater le contenu. Jamais je n'y ai
trouvé d'autres insectes que des *Helops*, appartenant
tous à la même espèce. Liés ensemble par la pression et
une matière gélatineuse et vernissée, ils formaient à eux
seuls l'excrément. Quelques-uns étaient entiers, il ne

restait des autres que l'abdomen, les élytres, la tête ou le corselet; en les séparant, les reconstituant et les comptant, ce qu'on peut faire avec de la patience, on arrive à en estimer le nombre à plus de cinq mille.

Et cependant les différentes espèces d'helops que l'on trouve sur les dunes se cachent à d'assez grandes profondeurs dans les racines du *Tapsia polygama* en compagnie des *Isocerus ferrugineus*, des *Pimelia barbara*, des *Pachychile Germari*, des *Tentyria*, des *Erodius*, des *Cephaloctœus scarabœoides*, de nombreux *Curculionites* et de charmants *Sternoxes* à la splendide livrée. Parmi tous ces insectes recherchés et des centaines d'autres que renferment ces dunes de sables, si riches au point de vue entomologique, les *helops* (j'en ai trouvé trois espèces dans ce milieu) sont certainement classés parmi les plus rares et les plus difficiles à se procurer. Que de travail ne faut-il pas à l'oiseau qui en fait sa nourriture pour les déterrer et les chercher de touffes en touffes, sous l'épaisse couche de sable qui les recouvre et dans le fouillis de racines qui s'entrelacent mutuellement.

Les nombreuses traces de pattes qui se croisaient sur ces dunes, le besoin d'un long bec que devait avoir l'oiseau pour se procurer ce genre de nourriture me prouvaient suffisamment que cet insectivore appartenait à la famille des échassiers riverains du genre chevalier.

Il m'est bien souvent arrivé de trouver des excréments formés d'une seule espèce d'insectes, entre autres d'*Iules*, d'*Isocerus*, de *Copris*, etc., etc., tant cela me persuade que chaque espèce d'insectivore a, presque toujours, une espèce (mets de prédilection) qu'elle recherche avec activité et persévérance, malgré les difficultés que lui présente souvent cette chasse. Quel admirable instinct vient dire à cet oiseau que, sous une épaisse couche de sable dans les profondeurs de l'humus ou d'un excrément infect et sans que l'odeur ni le mouvement puissent trahir la proie, que l'insecte qu'il recherche, qu'il préfère à tous, se

trouve caché là où le naturaliste, avec ses instruments et
malgré sa persévérance, ne parvient souvent pas à le découvrir. Je suis persuadé que, si beaucoup d'insectes sont
rares pour les entomologistes, cela ne peut être attribué
qu'aux ravages des insectivores.

NOTE sur les genres DROMICA, TRICONDYLA et COLLYRIS,
par M. DE CHAUDOIR.

On connaît assez les caractères génériques de ce groupe
pour qu'il ne soit nécessaire de revenir là-dessus. Dans
mes *Matériaux pour servir à l'étude des Cicindélètes et des
Carabiques*, 1re part., p. 36 et 37, je me suis occupé des
genres *Myrmecoptera* et *Dromica*, que je distinguais encore,
en réunissant aux premiers la *Dromica clathrata*, Klug.
Je me suis convaincu, depuis, que le premier de ces deux
genres ne saurait être conservé et qu'il ne doit former
qu'une division de celui de *Dromica;* j'ai fait alors l'énumération des espèces qui le composent et qui ne se sont
pas augmentées depuis. Il n'en est pas de même des autres
sections, qui se sont enrichies de plusieurs espèces nouvelles assez remarquables pour me décider à en faire le
sujet d'un nouveau travail.

Il y a lieu à établir quatre divisions, dont chacune comprendra un certain nombre d'espèces que les recherches
futures dans l'Afrique australe augmenteront sans doute
encore considérablement.

1. CORSELET PLUS OU MOINS CARRÉ ET TUBERCULÉ.

a. *Antennes à articles extérieurs dilatés.*

1. DR. GIGANTEA de Brême, *Ann. Soc. ent. de France*,
2e sér., II, p. 289, pl. VII, f. 3. Long. 22-24 mill. — Labrum
porrectum, fornicatum, medio productum, maris obtuse,
fœminæ acute tridentatum, nigrum, vitta media flava;
palpi flavi, apice nigri; antennæ elongatæ, basi nigro-

violaceæ, extus nigræ opacæ, articulis tertio et quarto supra carinatis, quinto, sexto septimoque cæteris paulo latioribus, elongato-quadratis. Caput magnum, basi crassum, juxta oculos longitudinaliter, postice transverse, rugato-striatum, fronte antice elevata, arcuatim rugata, medio subexcavata et inæquali, oculi modice prominuli. Prothorax capiti cum oculis subæqualis, latitudine haud brevior, posterius subattenuatus, ante basin et apicem constrictus, et transversim profunde impressus, lateribus antice subrecte, ante basin obtusissime angulatis, inter angulos rectis, supra transverse grosse plicatus, ad latera subdepressus, medio longitudinaliter impressus, et utrinque pulvinatus, ibique grosse rugosus, basi obsolete bisinuatus. Elytra maris thorace parum latiore, subparallela, posterius vix ampliata, apice sensim attenuata, ibique ad suturam in spinam longiusculam reflexam terminata, et anguste dehiscentia; fœminæ latiora, medio sat ampliata, lateribus rotundata, ante apicem obsoletissime sinuata, brevius attenuata, apice conjunctim rotundata, dente suturali minutissimo subobtuso, supra disco convexa, singulo quinque-costato, costis lævibus, ante apicem abbreviatis, secunda et tertia cæteris brevioribus, sutura elevata, interstitiis inter se æqualibus, fossulatis, vel potius alveolatis, apice pone costas acute rugoso. Color paginæ superioris obscure æneus, macula laterali subapicali albida, ovata, in mare (plerumque?) deficiente. Corpus subtus læve, nitidum, hinc inde parce albido pilosum, nigro-violaceum, anterius plagatim cuprascens. Pedes nigro-violacei, femoribus antice cupreis piloso-punctatis.

Cette espèce habite près du Port-Natal et ne semble pas y être fort rare. Elle a été méconnue par Boheman, qui l'a confondue avec la *clathrata*, Klug, espèce bien distincte et beaucoup plus petite que je vais décrire.

2. DR. CLATHRATA, Klug. *Jahrb. d: Ins. kund.*, p. 40, n° 6. Long. 18 millim. — A la première vue, on la pren-

drait pour un petit individu de la *gigantea*, mais elle en
diffère, outre sa taille, par sa tête plus étroite postérieurement, ses yeux plus saillants, son front plus déprimé,
ses antennes plus courtes et dont les articles intermédiaires
sont également élargis, mais moins allongés, son corselet
plus étroit, plus rétréci vers la base, avec le rebord latéral
plus relevé. Les élytres sont plus étroites vers la base et
vont en s'élargissant peu à peu jusqu'au delà du milieu ;
elles sont terminées par une épine plus courte, mais tout
aussi pointue et moins relevée ; les côtes, plus élevées, sont
au nombre de quatre, elles commencent non loin de la
base et s'effacent après le deuxième tiers ; un tronçon d'une
cinquième côte s'aperçoit vers le milieu de leur longueur
en dehors de la quatrième ; d'une côte à l'autre vont de
nombreuses lignes transversales irrégulières, formant des
fossettes non divisées en alvéoles, comme dans la *gigantea*,
excepté sur les bords latéraux ; les intervalles des côtes
sont égaux, l'extrémité est couverte d'une forte rugosité
en forme de râpe. La couleur du dessus et du dessous est
à peu près la même ; la tache latérale, près de l'extrémité,
se voit dans les deux sexes et affecte une forme ovalaire.
Il y a un peu de jaune ferrugineux aux genoux et à la base
des jambes de la première paire des pattes ; le reste est
d'un noir violet.

L'exemplaire que je possède vient de la baie de Lagoa.
C'est évidemment à cette espèce que se rapporte la description de Klug. « D. coarctata plus duplo major. Caput
magnum, postice transversim undulato-rugosum, inter
oculos longitudinaliter, medio arcuatim striatum. Labrum
magnum, fornicatum, quinque dentatum, læve, lateribus
cupreum, medio nigrum, macula oblonga flava. Mandibulæ nigræ, basi flavæ. Palpi lutei, articulo ultimo nigro.
Thorax capitis fere latitudine, parum elongatus, marginatus, dorso rugosus, utrinque longitudinaliter elevatus.
Elytra subdepressa, lineis longitudinalibus subabbreviatis
lineolisque transversis elevatis usque fere ad apicem reti-

culata, apice acuminata, ante apicem ad marginem albo-unipunctata. »

J'en ai comparé un second individu appartenant à M. le comte Mniszech, qui l'avait reçu de M. de Castelnau comme venant du lac N'gami ; les bosses du corselet sont plus élevées que dans le mien, l'angle postérieur des côtés est plus effacé, la tache subapicale est plus grande et plus jaunâtre, les deux côtes intermédiaires des élytres sont réunies à l'extrémité et un peu plus courtes.

b. *Antennes nullement dilatées, filiformes.*

3. Dr. bis bicarinata. Long. 20-23 millim. — Les deux sexes. Plus petite que la *gigantea*. Tête semblable ; labre entièrement blanc, étroitement bordé de noir, un peu plus court ; le bord antérieur, dans les deux sexes, comme dans ceux de la *gigantea* ; antennes plus raccourcies, les articles intermédiaires nullement dilatés. Corselet semblable, cependant dans le mâle un peu plus étroit, et dans la femelle, au contraire, un peu plus large et proportionnellement plus court que dans le sexe correspondant de la *gigantea*. Élytres plus courtes, celles du mâle ne différant, quant à la forme, que par leur longueur moindre et par la brièveté de l'épine du bout de la suture qui est subobtuse et moins relevée ; celles de la femelle plus élargies derrière le milieu, puis très-légèrement sinuées avant l'extrémité, de sorte que la partie amincie est plus prolongée, terminées de même, l'épaule un peu plus sentie, cinq côtes sur chacune, la première assez rapprochée de la suture, peu saillante, presque régulière ; les deux suivantes, plus éloignées de leurs voisines qu'entre elles, se confondant près de la base ainsi que vers le dernier quart de la longueur, qu'elles ne dépassent pas ; dans la femelle elles sont un peu plus saillantes et moins rapprochées l'une de l'autre ; les deux extérieures sont aussi plus voisines l'une de l'autre que de la troisième, elles se rapprochent davantage encore dans leur partie antérieure et se confondent derrière les épaules,

ainsi que vers l'extrémité, qu'elles n'atteignent point ; la quatrième est aussi plus élevée dans la femelle ; la suture est un peu relevée, les alvéoles des intervalles sont bien moins profonds et plus petits ; la tache marginale est placée comme dans la *gigantea* et se retrouve dans les deux sexes, mais elle est plus allongée et se termine en pointe aux deux bouts, surtout dans la femelle. Couleur du dessous et des pattes pareille, celles-ci unicolores.

Du territoire des Zoulous.

Elle doit être voisine de la *sculpturata*, Boheman ; mais, comme dans celle-ci, d'après la description de cet auteur, les genoux et en partie les jambes sont d'un jaune testacé, je ne me suis pas décidé à l'y rapporter.

(*La suite prochainement.*)

II. SOCIÉTÉS SAVANTES.

ACADÉMIE DES SCIENCES.

Séance du 4 janvier 1864.—M. L. PASTEUR lit la note suivante :

« Dans le mémoire que j'ai publié au sujet de la doctrine des générations dites spontanées, j'ai annoncé, sur la foi de nombreuses expériences, « qu'il est toujours pos- « sible de prélever en un lieu déterminé un volume notable, « mais limité, d'air ordinaire, n'ayant subi aucune modi- « fication physique ou chimique, et tout à fait impropre « néanmoins à provoquer une altération quelconque dans « une liqueur éminemment putrescible. »

« MM. Pouchet et Joly affirment que ce résultat est erroné.

« Je leur ai porté le défi d'en donner la preuve expé- rimentale.

« Ce défi a été accepté par MM. Joly et Musset dans les termes suivants : « *Si un seul de nos matras demeure inal-* « *téré, nous avouerons loyalement notre défaite.* » (*Comptes rendus,* 16 novembre, p. 845.)

« M. Pouchet, de son côté, a accepté le défi dans ces termes : « *J'atteste que sur quelque lieu du globe où je* « *prendrai un décimètre cube d'air, dès que je mettrai ce-* « *lui-ci en contact avec une liqueur putrescible renfermée* « *dans des matras hermétiquement clos, constamment ceux-ci* « *se rempliront d'organismes vivants.* » (*Comptes rendus,* 30 novembre, p. 903.)

« Voilà un débat nettement défini.

« Quels en seront les juges? En ce qui me concerne, je ferais injure à l'Académie d'en accepter d'autres qu'elle-même. Telle est aussi, fort heureusement, l'opinion de mes honorables adversaires, comme on peut le voir au numéro des *Comptes rendus* du 16 novembre dernier, p. 845.

« Il y aurait un moyen bien simple, ont-ils écrit à l'Aca- « démie, de terminer ce débat : ce serait que l'Académie « voulût bien nommer une commission devant laquelle « M. Pasteur et nous répéterions les principales expé- « riences sur lesquelles s'appuient de part et d'autre « des conclusions contradictoires. Nous serions heu- « reux de voir l'illustre compagnie prendre en sérieuse « considération le vœu que nous osons formuler devant « elle. »

« En résumé, j'ai porté un défi à MM. Pouchet, Joly et Musset. Mes savants antagonistes ne le déclinent pas. La compétence des juges est incontestable et incontestée. Je prie donc l'Académie de vouloir bien nommer une commission. »

Conformément à la demande de MM. Pouchet, Joly et Musset, et à l'acceptation de M. Pasteur, l'Académie charge une commission composée de MM. Flourens, Du- mas, Brongniart, Milne-Edwards et Balard de faire répéter, en sa présence, les expériences dont les résultats sont invoqués comme favorables ou comme contraires à la doctrine des générations spontanées.

M. P. GERVAIS présente un travail intitulé : *Liste des Vertébrés fossiles recueillis dans la molasse coquillière de Castries (Hérault)*.

« Il existe à Castries (Hérault), et dans les environs de cette localité, des dépôts marins se rattachant au système de nos molasses miocènes du Midi, qui fournissent un assez grand nombre de restes fossiles d'êtres organisés. J'ai pu en examiner à diverses reprises une collection faite avec beaucoup de soin par M. le docteur Delmas, de Castries, et en dresser la liste suivante, qu'il ne sera peut-être pas sans intérêt de publier. J'y distingue les fossiles des calcaires (molasse coquillière ou calcaire moellon) de ceux des marnes bleues.

« Les Vertébrés fossiles des *calcaires* miocènes de Castries appartiennent aux genres et espèces dont voici les noms :

1° MAMMIFÈRES.

« *Phoca? Halitherium; Squalodon; Delphinus (Glyphidelphis) sulcatus*, P. G.).

2° REPTILES.

« *Crocodilus.*

3° POISSONS.

« *Chrysophrys; Sargus incisivus*, P. G.; *Phyllodus; Myliobates micropleurus; Myliobates arcuatus; Pristis; Squatina; Carcharodon megalodon; Hemipristis paucidens; Hemipristis serra; Galeocerdo aduncus; Oxyrhina hastalis; Oxyrhina xyphodon; Oxyrhina Desorii; Lamna elegans; Lamna dubia;* P. G.

« Les genres et espèces recueillis jusqu'à ce jour dans les *marnes* de la même localité sont :

1° MAMMIFÈRES.

« *Phoca? Delphinus (Glyphidelphis sulcatus*, P. G.).

2° POISSONS.

« *Chrysophris; Sargus incisivus; Sphyræna? Myliobates arcuatus; Squatina; Carcharodon megalodon; Hemipristis serra; Galeocerdo aduncus; Oxyrhina xyphodon; Notidanus primigenius; Otodus; Lamna elegans; Lamna dubia; Centrina; Scyllium.*

« Comme on le voit par cette double liste, les espèces fossiles de Castries sont, en général, les mêmes que celles déjà signalées par M. Agassiz et par moi dans les dépôts miocènes du reste de l'Europe. Plusieurs sont néanmoins intéressantes en ce qu'elles n'avaient point encore été observées ou bien parce qu'elles figurent pour la première fois sur les catalogues dressés d'après des fossiles observés en France. Les genres *Scyllium* et *Squatina* sont dans ce dernier cas. Celui des *Phyllodus* n'avait encore été signalé que parmi les fossiles de l'éocène, et le genre *Centrina*, qui comprend les Humantins, n'était connu que dans la faune actuelle.

« Dans la notice étendue que je me propose de publier au sujet des fossiles de Castries, je montrerai aussi qu'on a pris, pour des coquilles de Gastéropodes du genre Patelle et décrit sous le nom de *Patella alta*, des vertèbres d'une espèce de Poisson de la famille des Squales.

« J'ai remarqué, parmi les échantillons réunis par M. le docteur Delmas, quelques débris d'une espèce de Crustacé assez curieuse pour être mentionnée ici. C'est une Squille, à peu près grande comme la Squille mante, que je nommerai *Squilla Delmasii.* »

M. *Husson* présente un travail ayant pour titre : *Alluvions des environs de Toul. Trou des Celtes. Brèches osseuses humaines.*

Dans ce travail, qui occupe près de dix pages des *Comptes rendus*, M. Husson décrit les lieux et les objets qui s'y trouvent avec beaucoup de détail ; il se livre à une discussion approfondie à leur sujet et termine ainsi :

« Donc les débris que renferme le trou des Celtes sont de date postdiluvienne, et cela se démontre aisément. Mais si cette cavité, au lieu d'être une simple fissure, avait appartenu aux cavernes à ossements proprement dites, ou si nos premiers pères, à défaut de ce souterrain des mieux placés, se fussent servis des grottes de Sainte-Reine, ouvertes sur l'autre rive de la Moselle, alors la question ne se résoudrait pas si facilement, et l'on aurait même à craindre de graves erreurs... Ne serait-ce point là l'histoire de plus d'une grotte, en France et ailleurs ? »

M. *Boutin* fait présenter par M. de Quatrefages une note intitulée : *Silex taillés dans les cavernes de Ganges.*

M. *Béchamp* adresse des *Remarques au sujet d'une note de* M. Pasteur *insérée* dans les *Comptes rendus de l'Académie* du 14 décembre courant (1863).

M. *Brouzet* annonce à l'Académie que les observations qu'il a faites depuis sa communication du mois de juin 1862 ont confirmé les résultats déjà obtenus sur l'heureux emploi, dans les magnaneries, des bois injectés de sulfate de cuivre, emploi très-efficace pour prévenir les maladies des Vers à soie. Il a consigné ces faits dans un opuscule dont il adresse un exemplaire à l'Académie.

La lettre et la brochure sont renvoyées, à titre de renseignements, à la commission des Vers à soie.

Séance du **11** *janvier.* — M. *Eudes-Deslongchamps* fait hommage à l'Académie de la première partie d'un grand travail *sur les Téléosaures de l'époque jurassique du département du Calvados.*

Ce premier mémoire, qui est accompagné de fort belles planches coloriées, contient l'exposé des caractères généraux des Téléosauriens comparés à ceux des Crocodiliens, et la description particulière des espèces du lias supérieur.

« Je me suis déterminé enfin, dit l'auteur dans son introduction, à mettre en œuvre les nombreux matériaux que depuis plus de quarante ans j'ai rassemblés de toutes parts sur les animaux fossiles dont une faible part est déjà connue sous les noms de *Crocodiles* de *Caen* et d'*Honfleur*. La plus grande partie de ces matériaux provient des carrières des environs de Caen : Allemagne, Quilly, la Maladrerie, etc. Le nombre des ossements extraits de ces carrières est prodigieux; plusieurs spécimens, presque entiers, y ont été trouvés et me serviront de types ou *criterium* pour distinguer les espèces et rapporter à chacune d'elles des pièces moins complètes ou des ossements isolés. On sait que l'un des plus grands embarras qu'éprouvent les paléontologistes, dans l'étude des Vertébrés fossiles, naît de l'impossibilité où ils sont souvent de rapporter à telle espèce plutôt qu'à telle autre les os trouvés isolément. C'est donc une bonne fortune que ces types, et, sous ce rapport, d'heureux hasards ont beaucoup favorisé mes recherches; j'ai pu faire de pareilles comparaisons pour presque toutes les espèces décrites dans cet ouvrage. »

M. *Michaux* adresse de Villers-Cotterets (Aisne) une courte note sur un gisement d'ossements, en apparence fossiles, qui a été découvert, à peu de distance de cette ville, en ouvrant une tranchée pour l'établissement d'un chemin de fer. Cette couche, située à 1^m,50 au-dessous de la surface du sol, et dont l'épaisseur est de 0^m,40 environ, offre, parmi les débris difficiles à caractériser, de nombreuses dents dont quelques-unes assez bien conservées; une de celles qu'il a pu se procurer, et qui était bien entière, lui a semblé, pour la forme, reproduire une dent de cerf, mais appartenant à un individu qui devait avoir la taille du cheval. M. Michaux a joint à sa note une figure de cette dent de la grandeur de l'original.

Séance du 18 *janvier*. — M. *Foltz* adresse la seconde partie de son travail intitulée : *Homologie des membres pelviens et thoraciques de l'homme.*

L'extrait suivant de la lettre d'envoi donnera une idée de cette seconde partie, dont la première a été présentée dans la séance du 13 avril 1863.

« Les dispositions soit normales, soit anormales des artères et des nerfs des membres que j'examine dans ce nouveau travail confirment la théorie homologique des membres, et particulièrement celle que j'ai donnée du pied et de la main, dans laquelle le pouce répond aux deux derniers orteils et le gros orteil aux deux derniers doigts. C'est ainsi que je démontre l'homologie de l'artère radiale avec la péronière, et celle de l'interosseuse avec la tibiale antérieure, homologies qui ont été complétement méconnues par tous les anatomistes, bien qu'elles soient indiquées par Vicq d'Azyr. »

M. *Ancelon* adresse une note ayant pour titre : *Valeur de la statistique appliquée aux mariages consanguins.*

Après avoir exposé des faits observés avec soin, M. Ancelon termine ainsi :

« D'après ce qui précède, et jusqu'à ce qu'on se soit livré avec soin à la double statistique dont nous venons de présenter le spécimen, nous nous croyons en droit de conclure qu'il faut chercher ailleurs les causes de dégénérescence dont on s'ingénie à charger les mariages consanguins. »

Séance du 25 janvier. — M. *Pouchet* adresse des *Observations sur la neige de la cime du mont Blanc et de quelques autres points culminants des Alpes.*

MM. *Pouchet, Joly* et *Musset* remercient l'Académie d'avoir nommé une commission devant laquelle seront répétées leurs principales expériences sur l'hétérogénie.

M. *Schnepp* lit un mémoire intitulé : *De la production, de la conservation et du commerce de viandes de la Plata, au point de vue de l'amélioration du régime alimentaire en Europe.*

« J'ai l'honneur de soumettre au jugement de l'Académie les résultats d'observations relatives à l'hygiène alimen-

taire qu'il m'a été donné de faire sur les rives mêmes de la
Plata. Ce bassin d'alluvion, si bien étudié par d'Orbigny,
renferme dans sa couche la plus récente, dans le terrain
pampéen de ce savant, des ossements fossiles en grand
nombre dont j'ai admiré plusieurs pièces au musée de
Buenos-Ayres. Le directeur, M. *Burmeister*, m'a fait remarquer principalement deux énormes bassins à diamètre transverse extrêmement étroit, qui paraissent appartenir à une espèce nouvelle de Mégathérium plus
grande encore que celles connues, de grosses têtes de
Cheval ayant des dents incurvées, des fragments de co-
lonnes vertébrales, etc. ; mais ce qui mérite le plus d'attention, c'est un squelette entier du Glyptodon, édenté
géant de 3 mètres de longueur sur 1ᵐ,50 de hauteur.....
La description complète que M. Burmeister donnera de
son édenté rectifiera probablement bien des jugements
portés sur le *Glyptodon clavipes* rétabli par M. *Owen* et
sur le *Glyptodon chistopleurum* reconstruit par M. *Nodot*
pour le musée de Dijon. Mais la science tirerait ses meilleurs éclaircissements de la riche collection d'ossements
fossiles que notre compatriote, le malheureux *Bravard*,
enseveli sous les ruines de Mendoza, a formée sur ce
même terrain pampéen, et qui se perd entre des mains
étrangères.

« Le petit nombre d'observations météorologiques précises que j'ai trouvées sur cette partie de l'Amérique méridionale, et celles que j'ai pu vérifier, tendent à établir
que le climat du littoral est égal, constant, tempéré, humide en hiver et sous l'influence des vents chauds du
nord ; que les vents du sud, qui sont prédominants et
plus froids, sont aussi les plus secs. Ces faits paraissent
diamétralement opposés à ceux qu'on semble généralement observer dans la zone symétrique de notre hémisphère. En pénétrant dans l'intérieur, le climat devient
moins égal, inconstant, plus extrême, continental en un
mot; les pluies diminuent à mesure qu'on pénètre sous

les 31e, 30e et 29e degrés de latitude sud, mais moins que dans notre hémisphère et à une plus grande distance de l'équateur ; et, autre circonstance particulière, elles ne tombent jamais en hiver, de mai en septembre! Dans la zone tropicale du Paraguay les pluies ne sont plus exclusives.

« Dans ces contrées du nouveau monde, la flore et la faune se lient nettement à la nature du sol et à la diversité des climats. Les régions basses du littoral forment des plaines nues, sans arbres, mais couvertes d'épais pâturages ; la culture y est à peu près nulle ; les parties plus élevées de l'intérieur fournissent une végétation plus puissante, des forêts presque impénétrables d'où l'industrie et la construction navale peuvent tirer des bois incorruptibles. Au Paraguay seulement on défriche quelques parcelles de terre, pour y cultiver le maïs, le tabac, le manioc et la canne à sucre. Mais la population de ces pays est beaucoup trop peu dense pour qu'une industrie autre que celle de l'élève du bétail puisse y prospérer. Un petit troupeau de neuf animaux de l'espèce bovine, transporté dans la Plata en 1555, s'est multiplié dans une proportion telle, qu'il est représenté aujourd'hui par 15 millions d'animaux! La nature a tout fait, à peu près, dans cette prospérité. Le bétail vit en pleine liberté dans des pâturages naturels, arrosés ou voisins d'un cours d'eau, ouverts de tous côtés, n'ayant d'autre habitation qu'une cabane ou deux pour les gardiens et s'étendant à 2 ou plusieurs lieues ; c'est ce qu'on appelle une *estancia* ou estance. On estime qu'une propriété de 1 lieue nourrit 1,000 animaux, mais celle de 2 lieues en peut entretenir 3,000, et celle de 3 lieues de 6,000 à 7,000 ; il y en a de 10, de 20 et même de 30 lieues, et plus encore.

« Cette race bovine est de petite taille, surtout dans l'intérieur, au Paraguay et dans les pampas ; elle est plus robuste sur le littoral, et notamment dans la république de l'Uruguay ; elle est vive, agile et court très-bien. Les troupeaux s'y multiplient avec une telle rapidité, que tous les trois ans ils se trouvent doublés, et cela sans soins aucuns. On les châtre, on les marque, et, à l'âge de trois à quatre ans, on les livre aux abattoirs. Les animaux ne sont sujets ni au cowpox, ni à aucune espèce de maladie épidémique.

« Le mouton d'Espagne, introduit dans la Plata en même temps que l'espèce bovine, a été plus négligé encore, comme n'ayant que sa peau pour toute valeur ; il est de petite taille ; sa laine est frisée, courte et grosse, mais élastique et assez propre. Les troupeaux de moutons vivent également en plein air, et, malgré des pertes considérables, ils se doublent tous les deux ans. Ils sont parqués dans certains districts des grandes estances, ou bien on crée pour eux des estances particulières qui sont ordinairement de 1 lieue. Sur cette étendue on élève de 8,000 à 10,000 moutons. Des croisements se font aujourd'hui avec le mérinos de Saxe et avec le mérinos français, notre rambouillet. Le métis de ce dernier paraît l'emporter déjà par la qualité et la quantité de sa laine.

« Le cheval, également d'origine espagnole, est l'auxiliaire indispensable du personnel des estances ; il est assez petit ; sa tête est un peu forte, ses membres sont fins, les sabots tendres, le corps est assez court ; il est vif et plein d'ardeur, quoique doux et obéissant. Les poulains sont châtrés vers l'âge de quatorze ou quinze mois et marqués; ils sont domptés à trois ans.

« On élève aussi dans les estances des mules qui sont exportées surtout au Brésil, à Bourbon et au Cap. »

M. *le secrétaire perpétuel* signale, parmi les pièces imprimées de la correspondance, la 6ᵉ livraison de l'ouvrage publié par M. *Alb. Gaudry*, sous le titre de : « Animaux fossiles et géologie de l'Attique, d'après les recherches faites en 1855-1856, et en 1860, sous les auspices de l'Académie des sciences.»

Et un opuscule de M. *Eug. Robert,* ayant pour titre :
« Age présumable des monuments celtiques, établi d'a-
près des monuments de même nature dont il est principalement fait mention dans la Bible...»

M. *Guérin-Méneville* adresse la lettre et les pièces suivantes :

Monsieur le président, l'illustre M. de Gasparin, en me
chargeant de la rédaction de la partie de son *Cours d'agriculture* qui devait comprendre l'histoire des animaux utiles
et nuisibles, me semble avoir marqué ma place, pour un
avenir plus ou moins prochain, dans la section d'économie rurale. Je crois donc obéir aux intentions de ce grand
agronome en continuant d'offrir le concours de mes travaux zoologiques de quarante ans, travaux reconnus utiles
à l'agriculture, qui tend de plus en plus à demander à
toutes les branches des sciences des lumières indispensables à ses progrès.

Je présente, à l'appui de ma demande, un autographe
de M. de Gasparin (1) donnant la preuve de ce que j'a-
vance, et j'ai l'honneur de vous adresser une courte notice
rappelant les nombreux titres qui m'ont valu l'honneur de

---

(1) En marge du plan du 5ᵉ volume du *Cours d'agriculture* de
M. de Gasparin, plan qu'il m'avait prié de rédiger et de lui soumettre-
ce savant illustre, voulant se réserver de traiter la branche qu'il a ap,
pelée ZOOTECHNIE, *éducation des animaux domestiques* (p. 15 de
son introduction, t. Iᵉʳ du cours), a écrit :

« Il faudrait borner l'ouvrage aux animaux nuisibles à l'agriculture
« Une autre division de mon plan, la Zootechnie, comprend les ani-
« maux utiles et leur éducation. Il y aurait peut-être un autre titre à
« choisir que celui de Zoologie, pour n'embrasser que les animaux
« qui font la guerre à l'agriculture. »

C'est cet autographe que j'ai produit comme preuve du choix que
M. de Gasparin avait fait de moi pour être son colloborateur. Cet im-
posant témoignage, joint à mes nombreux travaux, est considéré aujourd'hui, par l'opinion publique, comme devant m'ouvrir les portes
de l'Académie, soit dans la section de zoologie, soit dans la section
d'économie rurale.

figurer, à plusieurs reprises, sur les listes de candidature de l'Académie.

J'ai l'honneur, etc.

A *Messieurs les Membres de l'Académie des sciences de l'Institut impérial de France.*

MONSIEUR,

J'ai l'honneur de vous rappeler que, le 9 février 1863, 'ai adressé à M. le président de l'Académie des sciences la lettre suivante :

« Mes travaux de zoologie appliquée à l'agriculture m'ayant déjà valu l'honneur de figurer, à plusieurs reprises, sur les listes de candidature dans la section d'économie rurale, je pense que ceux que j'ai faits depuis ne peuvent qu'avoir augmenté mes titres à cette haute faveur. En conséquence, j'ai l'honneur de vous prier de vouloir bien renvoyer ma demande à la section d'économie rurale. »

Comme vous prenez très-sérieusement les intérêts de l'illustre compagnie à laquelle vous appartenez, je suis certain que vous saurez dérober quelques instants à vos importantes occupations, pour étudier l'exposé sommaire des titres que je fais valoir et vous fixer sur le choix à faire dans cette grave circonstance.

J'aurais voulu avoir le temps d'être plus court, mais j'espère que vous excuserez l'étendue de cette lettre en considération de l'importance du sujet qu'elle traite. En effet, il ne s'agit pas seulement de mon individualité dans cette circonstance, mais, avant tout, des intérêts de l'agriculture et de l'Académie des sciences.

En me présentant pour la cinquième fois à vos suffrages, en ambitionnant l'honneur insigne d'occuper le fauteuil laissé vacant par l'illustre M. de Gasparin, je sais bien que personne ne pourra jamais remplacer un tel savant. Si j'ose donc vous demander de concourir aux services que l'Académie des sciences rend à l'agriculture, en mettant à sa disposition mes quarante ans de travaux de zoologie appliquée à l'économie rurale, c'est que j'y ai été, en quelque sorte, invité par M. de Gasparin lui-même, qui a marqué ainsi ma place parmi les agronomes.

En effet, c'est à ce grand agriculteur, qui fut à la fois mon confrère et mon maître, et qui m'honorait aussi de son amitié, c'est à ses bienveillants conseils que je dois d'avoir dirigé mes travaux zoologiques vers les applications agricoles, et plus spécialement sur ces innombrables animaux inférieurs qui jouent un si grand rôle dans l'économie rurale. Il voulait faire entrer ces travaux dans son *Cours d'agriculture* (1) dont les volumes parus resteront comme un monument impérissable et un titre de gloire pour l'Académie, et, si vos suffrages m'étaient favorables, je serais mieux à même de remplir un pieux devoir en publiant les nombreux matériaux que j'ai réunis à cet effet. Je pourrais ainsi rendre à la mémoire de ce grand agronome l'hommage le plus juste et le plus mérité.

Dans cette circonstance, l'Académie n'a pas à choisir le plus capable parmi plusieurs savants s'occupant de la même science; elle a seulement à déterminer si la section d'économie rurale a actuellement besoin d'un chimiste, d'un botaniste, d'un zoologiste, etc. Aujourd'hui donc, les savants qui ne seront pas élus ne pourront être blessés de la préférence qui aura été donnée à l'un des concurrents, car ils seront égaux, au point de vue scientifique, dans les diverses branches des sciences appliquées qu'ils représentent. Les vaincus pourront donc féliciter le vainqueur cordialement et sans arrière-pensée, puisque celui-

(1) Voir le t. Ier, p. 28 de son *Cours d'agriculture*. La preuve de ce désir est écrite, *de la main de M. de Gasparin*, sur le manuscrit du titre et du plan du 5e volume de son cours, autographe précieux que j'ai mis sous les yeux de la section d'économie rurale avec beaucoup d'autres documents qui ne peuvent entrer dans cette lettre, déjà trop longue.

ci n'aura été appelé que parce que sa spécialité aura été jugée plus immédiatement utile, en ce moment, à la section d'économie rurale.

Des personnes qui connaissent mal la constitution de l'Académie prétendent bien que cette compagnie, possédant des représentants de toutes les sciences qui s'appliquent à l'agriculture, n'a pas besoin que la chimie, la botanique, la zoologie, etc., soient encore représentées dans la section d'économie rurale ; mais il est impossible d'admettre une semblable théorie, car ce serait déclarer que cette section est complètement inutile.

Pour tous les agriculteurs sérieux, la section d'économie rurale est considérée comme la personnification d'un traité scientifique et pratique complet ; c'est, pour ainsi dire, le cours de M. de Gasparin en six volumes. En effet, la chimie agricole y est représentée par, trois savants illustres, dont l'un, s'occupant, comme M. de Gasparin, d'expériences scientifiques faites dans la grande culture, est en même temps un grand propriétaire dirigeant son exploitation. L'étude des végétaux utiles est représentée par un botaniste non moins illustre, et l'art vétérinaire, la zootechnie, la physiologie des animaux domestiques par un éminent médecin. La zoologie agricole proprement dite, ce cinquième volume que M. de Gasparin m'avait chargé de faire, en m'appelant ainsi à l'honneur d'être son collaborateur dans ce monument de science agricole, manque à la section depuis qu'elle a perdu Audouin.

Tous les agriculteurs de progrès pensent, avec moi, que l'histoire naturelle des animaux utiles et nuisibles à l'agriculture est une étude de première nécessité dans la théorie et la pratique agricoles, et l'Académie s'est montrée de cet avis en plaçant Audouin dans sa section d'économie rurale. Ce choix, qui est un puissant précédent en ma faveur, est encore corroboré par l'opinion du doyen des entomologistes de l'Académie, par l'illustre M. Léon Dufour, qui engageait son savant confrère et ami Duméril à appuyer ma candidature, il y a dix-sept ans (1).

A cette époque, mes travaux étaient approuvés par l'Académie et m'avaient déjà donné des titres sérieux à sa bienveillance. Ces titres se sont considérablement augmentés depuis, car je n'ai cessé de travailler dans cette utile direction, approuvée universellement par l'opinion publique.

Je ne vous donnerai pas ici une analyse des nombreux travaux originaux que j'ai publiés sur la zoologie pure et appliquée, car cette énumération a déjà été mise plusieurs fois sous vos yeux ; je me bornerai donc au sommaire suivant qui résume ma longue carrière scientifique et pratique de zoologiste.

Quarante ans de travaux, de services scientifiques : j'ai

(1) Voici l'opinion de M. Léon Dufour sur les applications de l'entomologie à l'agriculture. Ce passage est extrait d'une lettre adressée par ce savant, le 23 février 1847, à son ami M. Duméril, qui a bien voulu en donner connaissance à l'Académie (1). Tous les naturalistes savent que M. Léon Dufour est regardé par l'Institut et le Muséum comme un savant éminent, et tellement éminent que la section de zoologie et d'anatomie ainsi que le Muséum lui ont offert, à deux reprises, de le nommer à l'Institut et au Muséum (après la mort de Latreille et ensuite d'Audouin), s'il voulait venir habiter Paris.

« Depuis Audouin, si prématurément enlevé, l'entomologie agricole n'a point siégé à l'Académie. Il serait bon, il serait utile qu'un homme versé dans la classification des insectes, habitué à étudier les mœurs de ces animaux, à les poursuivre dans les diverses phases de leur existence, dans leur triple vie, vînt apporter à l'agriculture le tribut d'une semblable solidité d'instruction. Mieux que tout autre vous savez, mon ami, combien les larves sont plus souvent nuisibles aux champs et aux forêts que les insectes parfaits dont elles ne sont que le premier âge. L'entomologie, considérée sous ce point de vue, devient une science applicable aux intérêts matériels de la société ; elle a rendu et elle rendra de grands services à l'agriculture.

(1) M. Léon Dufour a écrit dans le même sens à son célèbre ami M Lallemand.

publié mon premier mémoire en 1823 à l'âge de vingt-trois ans.

Admis quatre fois comme candidat à l'Académie des sciences en 1841, 1844, 1847 et 1852.

Autorisé, sur la demande de la faculté des sciences et par décision ministérielle du 21 février 1855, à passer ma thèse du doctorat ès sciences sans justifier des grades antérieurs, *en considération de l'importance incontestable et du nombre de mes travaux.*

Douze missions scientifiques et agricoles données par les ministères de l'agriculture et de la guerre, par l'Académie des sciences, la Société centrale d'agriculture, etc., de 1845 à 1851 et de 1859 et 1863 (1).

« M. Guérin-Méneville, dès longtemps connu par de nombreuses, d'importantes publications sur les insectes, et récemment par des recherches spéciales et bien comprises sur ceux qui sont nuisibles aux céréales et aux arbres utiles, me semble l'homme appelé à bien représenter dans la section d'économie rurale l'entomologie agricole. C'est à vous, doyen des entomologistes français, qu'il appartient de donner à cette élection une convenable et utile direction. Je vous serai reconnaissant de ce que vous ferez en faveur de M. Guérin-Méneville, et je crois sincèrement que ce sera agir dans l'intérêt de la science. »   Léon Dufour.

(1) Parmi les résultats pratiques obtenus à la suite de mes travaux, j'en citerai un seul qui montre ce que l'agriculture peut attendre des études zoologiques bien dirigées. Ce fait est exposé dans la lettre suivante dont j'ai mis l'original sous les yeux de la section :

« Un des plus habiles agronomes praticiens des Bouches-du-Rhône, M. Masson, de Calissane, propriétaire, au bas de la vallée de l'Arc, d'un beau domaine de 750 hectares renfermant 300 hectares en vergers d'oliviers et d'amandiers, avait sa récolte de 1850 envahie par le Ver destructeur. Suivant l'avis judicieux que vous avez fait publier, il a devancé de plus d'un mois l'époque de la récolte, et il a recueilli une proportion de produit plus forte que ses voisins. L'huile de M. Masson était incomparablement meilleure que celle du reste de la contrée. Ainsi, en se conformant à vos préceptes, il a obtenu la double supériorité de la qualité et de la quantité dans l'huile récoltée.

« Je fais des vœux pour que ce fait reçoive la plus grande publicité,

Publication d'un nombre considérable de grands ouvrages tels que voyages scientifiques rédigés gratuitement pour le gouvernement, traités et surtout mémoires ex professo, formant un total de 320 ouvrages (plus de 4,000 pages et 800 planches), nombre dépassant considérablement celui des œuvres des zoologistes les plus célèbres de nos jours (*Bibliogr.* de Hagen, t. I, page 309 à 323).

Membre de près de cent académies et sociétés savantes et agricoles de France et de l'étranger.

Tous ces travaux de science pure et appliquée, couronnés par la création d'une nouvelle branche d'agriculture (analogue à l'introduction de la pomme de terre, de la garance, de la pisciculture), par l'introduction, dans la grande culture, en France et à l'étranger, de nouveaux Vers à soie, regardée par l'Empereur lui-même comme *pouvant devenir une source de richesse pour la France et l'Algérie.* (*Moniteur* du 24 mars 1859 (1)).

Cette introduction a été honorée par plus de quarante médailles décernées par les jurys des expositions universelles de Londres et de Paris, par la Société d'encouragement, la Société d'acclimatation et par de nombreuses sociétés scientifiques et agricoles de tous les pays. Elle est l'objet

et que l'exemple de M. Masson ait de nombreux imitateurs ; ce sera un moyen d'atténuer un fléau qui, de deux en deux ans, détruit ordinairement la moitié du fruit des oliviers, et détériore complétement les produits obtenus dans cette périodique invasion entomologique.

« *Signé* comte DE VILLENEUVE,
« ingénieur des mines, inspecteur général d'agriculture.
« Aix, 17 septembre 1851. »

(1) La grande presse a dit à ce sujet : Une telle conquête due à la science est un de ces grands faits *montrant que l'histoire naturelle conduit aussi à des applications utiles. De tels faits contribuent puissamment à la gloire de la science et du siècle qui les voit se réaliser, et ils doivent compter comme une bataille gagnée, dans les états de services d'un savant.*

de la sollicitude universelle, surtout aujourd'hui, en présence de la pénurie du coton, et elle m'a valu les félicitations de la reine d'Angleterre et du président de la république du Paraguay, et les décorations de chevalier de l'ordre brésilien de la Rose et d'officier de l'ordre hollandais de la Couronne de chêne.

Je désire que mes quarante ans de services scientifiques et mon zèle soutenu pour les véritables progrès de la science pure et appliquée (1) me gagnent vos sympathies, et, dans tous les cas, j'ai l'espoir d'être entendu en faisant appel à votre dévouement aux intérêts de la section à laquelle j'offre mes services, à votre loyauté et à votre justice.

Veuillez agréer l'assurance de mes sentiments de respectueuse et très-haute considération.

GUÉRIN-MÉNEVILLE.

Paris, le 15 janvier 1864.

P. S. Qu'il me soit permis de citer ici deux des rapports qui ont été faits à l'Académie sur mes travaux, parce qu'ils ont plus particulièrement trait à l'économie rurale.

1842. Rapport sur un mémoire de MM. GUÉRIN-MÉNEVILLE et PERROTTET relatif aux ravages que font, dans les caféieries des Antilles, une race d'insectes lépidoptères et une espèce de champignon.

(Commissaires, MM. MILNE-EDWARDS, DE GASPARIN, DUMÉRIL, *rapporteur*.)

« *Conclusions.*—Nous pensons, en effet, qu'il en doit être

---

(1) BORY DE SAINT-VINCENT, dans une lecture faite à l'Académie et insérée au *Moniteur* du 11 juin 1845, disait de mes travaux : « *Tous les ouvrages qui lui sont propres ont évidemment été composés dans l'unique but d'être utile aux progrès de la science. Il négligea de courir après les places et n'en a d'aucune sorte.* »

BORY DE SAINT-VINCENT, *de l'Institut.*

de la pathologie des végétaux comme de celle des animaux. Lorsqu'on a pu reconnaître l'origine ou la véritable cause d'un mal qui est constamment le même, dont on a observé la marche, les effets et la terminaison, s'il n'est pas toujours au pouvoir de l'homme de le guérir, on peut au moins, dans quelques cas, en arrêter les progrès et souvent employer avec succès une médecine préservative.

« Nous croyons que les observations de MM. Guérin et Perrottet méritent quelque intérêt de la part de l'Académie, et nous vous proposerions de les faire publier avec les dessins qui sont déjà gravés, si ces messieurs ne nous avaient fait connaître l'intention où ils étaient de les déposer dans un recueil spécial. »

1851. Rapports sur deux mémoires de M. Guérin-Méneville, l'un sur la muscardine, l'autre sur les vers rongeurs des olives.

(Commissaires, MM. Payen, Serres, Geoffroy-Saint-Hilaire, Duméril, rapporteur.)

« *Conclusions :* Voilà donc trois sujets de recherches à faire pour l'avancement de la science, de l'agriculture et de l'industrie, mais elles ne peuvent être fructueusement entreprises que par un naturaliste, observateur patient et dessinateur habile. Il a paru à la commission chargée de vous présenter un rapport sur le mémoire précédent que les mêmes conclusions pourraient vous être présentées pour vous demander, comme nous avons l'honneur de le faire, que M. Guérin-Méneville soit chargé de cette importante mission, qu'il pourrait remplir en même temps que la première, puisque ces études peuvent avoir lieu dans les mêmes contrées. »

III. ANALYSES· D'OUVRAGES NOUVEAUX.

Journal de Conchyliologie, etc., par MM. CROSSE et FISCHER,
t. IV, n° 1, 1864.

Nous avons déjà plusieurs fois annoncé l'apparition des
livraisons de cet utile journal, et nous avons applaudi au
zèle de ses auteurs et à leur dévouement aux intérêts de
cette branche de la zoologie.

Aujourd'hui nous recevons la première livraison de
1864, et nous constatons, avec une grande satisfaction,
qu'elle n'est pas moins riche en excellents travaux et en
bonnes figures que celles qui l'ont précédée.

Nous y avons remarqué, entre autres bonnes choses,
des observations de M. Fischer sur la rapidité de l'accroissement des moules, et des descriptions et figures de
mollusques nudibranches de la Nouvelle-Hollande, que
nous reproduirons par extrait dans un de nos prochains
numéros.   G. M.

————

Les Lépidoptères du Calvados, manuel descriptif contenant
des tableaux dichotomiques de toutes les divisions, la
synonymie d'engramelles et des remarques sur les espèces nuisibles, par M. A. FAUVEL. 1ʳᵉ partie, *Diurne
et crépusculaires*.

Le titre seul de cet ouvrage suffirait pour en faire comprendre le plan et l'importance. Toutes les espèces y seront décrites d'une manière claire, précise et abrégée,
au moyen de tableaux habilement combinés par l'auteur
et de notes indiquant les caractères saillants des groupes
et des espèces, les végétaux sur lesquels vivent les chenilles, l'époque d'apparition des insectes parfaits, etc.

Espérons que M. Fauvel pourra continuer cet utile travail en traitant de la même manière les autres familles des Lépidoptères. Il rendra ainsi un véritable service aux personnes qui consacrent leurs loisirs à l'étude, si attrayante, d'un groupe intéressant de ces innombrables insectes dont l'histoire est pleine de faits aussi curieux qu'utiles à connaître. G. M.

IV. MÉLANGES ET NOUVELLES.

ACCLIMATATION.

Les grands froids sont favorables à l'acclimatation des animaux des pays chauds.

Ce fait, qui semblerait, au premier abord, tout à fait anormal, ressort d'un article inséré au *Moniteur universel* (du 19 janvier 1864) et que voici

« Monsieur le directeur,

« L'annonce que la température froide de ces jours derniers avait occasionné des pertes regrettables au Jardin d'acclimatation, faite par plusieurs journaux et répétée dans le *Moniteur* du 17 courant, résulte de renseignements inexacts. *C'est le contraire de ce qui a été constaté*, ainsi que le dit le *Sport* du 13 janvier. Grâce à des soins qui ne dépassent pas ceux qui sont donnés aux animaux domestiques de quelque valeur, les animaux, même des contrées les plus chaudes, ont, au Jardin d'acclimatation, très-bien supporté cet hiver rigoureux.

« Je vous serais reconnaissant si vous vouliez bien rectifier cette erreur qui pourrait décourager les personnes disposées à se livrer à des tentatives d'acclimatation.

« Agréez, monsieur, l'expression de mes sentiments les plus distingués. »

Le directeur,
RUFS DE LAVISON.

Il est fâcheux que les UTIA (*Capromys Furnieri*) mammi-

fères de Cuba qui remplacent le Lièvre et le Lapin dans
ces pays, et dont M Simoni a généreusement fait don à la
Société d'acclimatation, soient arrivés au milieu de
l'été. S'ils avaient pu profiter des grands froids, ils ne seraient peut-être pas tous morts, et les sérieuses dépenses
que M. Simoni a faites pour les amener vivants et en
bonne santé en France, en les soignant *lui-même* pendant
le voyage, auraient mieux profité à l'acclimatation.

———

M. COINDE, naturaliste-voyageur, qui a longtemps séjourné dans l'Algérie et le Maroc où il a recueilli beaucoup de Mollusques et d'Insectes, peut procurer des collections de ces deux ordres d'animaux à des prix très-
modérés; il offre aussi aux naturalistes de leur procurer
des sujets indigènes et exotiques en très-bon état de conservation.

Lui écrire (franco) à Marseille, boulevard Chave, n° 63.

———

TABLE DES MATIÈRES.

PARIS. — IMP. DE Mᵐᵉ Vᵉ BOUCHARD-HUZARD, RUE DE L'ÉPERON, 5.

I. TRAVAUX INÉDITS.

CATALOGUE des Oiseaux observés dans le département d'Eure-et-Loir, par M. Armand MARCHAND. *(Suite. —* Voir 1863, et 1864, p. 3.)

70. HIRONDELLE DE RIVAGE (*Hirundo riparia*).
Quelques individus isolés traversent nos plaines dans le courant de septembre; ce sont évidemment des oiseaux égarés.

71. MARTINET NOIR (*Cypselus apus*).
Arrive vers le 20 mai et repart à la fin d'août. Niche en grand nombre dans les vieux édifices.

72. ENGOULEVENT ORDINAIRE (*Caprimulgus europæus*).
Commun l'été, particulièrement dans les bruyères plantées de bouleaux. Niche à terre; il arrive au printemps et repart à l'automne.

73. GOBE-MOUCHE GRIS (*Muscicapa griseola*).
Niche sur les branches moyennes des arbres fruitiers, souvent dans les espaliers; il arrive au printemps et disparaît à l'automne.

74. GOBE-MOUCHE NOIR (*Muscicapa luctuosa*).
Commun lors de ses deux passages au printemps et à l'automne. Ne niche pas dans notre département.

75. GOBE-MOUCHE A COLLIER (*Muscicapa albicollis*).
Très-rare à son double passage, j'ai des œufs qui ont été trouvés autour de Chartres.

76. Pie-grièche grise (*Lanius excubitor*).

On la rencontre surtout l'hiver et isolément. Elle fréquente particulièrement les arbres le long des routes. Elle niche quelquefois.

77. Pie-grièche d'Italie (*Lanius minor*).

Niche communément, dans notre pays, vers le sommet des sapins, peupliers et autres grands arbres. Elle ne reste pas l'hiver. On l'a confondue longtemps avec la précédente.

Le mâle et la femelle font grand bruit quand on prend leur nid. Il n'en est pas de même de la Pie-grièche grise.

78. Pie-grièche rousse (*Lanius rufus*).

Commune pendant l'été, niche particulièrement sur les arbres fruitiers.

79. Pie-grièche écorcheur (*Lanius collurio*).

Fait son nid dans les buissons à 1 ou 2 mètres de terre. Elle nous quitte après avoir élevé ses petits. Elle a la singulière habitude de piquer à des épines les insectes qu'elle ne peut consommer, dans l'intention probable de les retrouver au besoin.

80. Alouette des champs (*Alauda arvensis*).

Elle arrive au commencement d'octobre; c'est à cette époque, jusqu'à la fin de novembre, que les habitants de nos campagnes en prennent le plus pendant les nuits les plus obscures. Ils se servent d'un filet qu'on nomme traîneau.

J'en ai vu, chez un marchand de gibier, jusqu'à deux cents douzaines. Cette année (1863), vers le 15 novembre, ce même marchand m'a dit en avoir reçu deux cent soixante-quinze douzaines en un seul jour.

Pendant les grands froids, ces oiseaux se réunissent en très-grandes bandes.

Beaucoup nichent dans le pays. J'ai remarqué que celles

qui restent l'été sont d'une taille plus forte que les voya-
geuses.

Il y a des variétés blanches, noires, blondes, d'autres
tapirées de blanc. Les blondes sont les plus communes.

81. ALOUETTE COCHEVIS (*Alauda cristata*).

Elle reste toute l'année, et vit ordinairement par paire,
près des habitations, à proximité des routes sur lesquelles
on la voit piétiner continuellement; elle perche quelquefois sur les arbres, surtout au printemps.

82. ALOUETTE LULU (*Alauda arborea*).

On la trouve l'hiver en petites troupes de quinze ou
vingt, dans les terrains arides. Une fois qu'elle a choisi
une contrée, elle ne la quitte plus jusqu'à son départ
qui a lieu dès les premiers beaux jours.

83. ALOUETTE CALANDRELLE (*Alauda brachydactyla*).

De passage irrégulier. Il en niche quelques paires dans
les terrains secs et arides. On la distingue facilement à la
vivacité de sa course sur les guérets qu'elle fréquente, le
plus ordinairement, dans les premiers jours de l'automne.

84. PIPIT ROUSSEL INE(*Anthus rufescens*).

Niche quelquefois, mais très-rarement.

85. PIPIT FARLOUSE (*Anthus pratensis*).

De passage assez régulier au printemps. Il niche à terre
dans les prairies.

86. PIPIT DES ARBRES (*Anthus arboreus*).

Commun dans toutes les saisons. Il fréquente les
terrains couverts de bruyères, dans lesquels il niche
souvent.

87. PIPIT ROUSSELINE (*Anthus spinoletta*).

Je n'ai jamais rencontré que des jeunes lors de leur
passage à l'automne.

88. Bergeronnette grise (*Motacilla alba*).

Très-commune en toutes saisons. Elle voyage par petites bandes, dans le mois d'octobre ; elle fréquente alors les parcs de moutons.

J'ai trouvé un nid de cet oiseau dans une meule de paille, au milieu d'une cour de ferme.

89. Bergeronnette Yarrel (*Motacilla Yarrellii*).

Passe en septembre et octobre presque toujours en compagnie de la précédente, et fréquente les mêmes lieux. Elle ne se reproduit pas dans notre pays.

90. Bergeronnette boarule (*Motacilla boarula*).

Se voit l'hiver presque toujours isolément. Elle vient jusque dans les rues des villes et fréquente les éviers.

J'ai une variété blanche.

91. Bergeronnette printanière (*Motacilla flava*).

Elle arrive au printemps et niche dans les prairies à erre.

92. Bergeronnette de Ray (*Motacilla Rayi*).

Au printemps de 1839, pendant quatre ou cinq jours, j'ai tiré plusieurs de ces oiseaux, je n'en ai jamais revu depuis.

93. Loriot jaune (*Oriolus galbulus*).

Il arrive au mois de mai et repart à la fin d'août.

J'ai vu plusieurs fois des Loriots se baigner à la manière des Hirondelles. Ils choisissent une branche, de laquelle ils se précipitent à la surface de l'eau, y entrent assez pour s'en couvrir entièrement et en ressortent en secouant les ailes. Ils retournent alors sur leur branche et recommencent ce manège à plusieurs reprises, si rien ne les dérange.

(La suite prochainement.)

NOTE sur les genres DROMICA, TRICONDYLA et COLLYRIS, par M. DE CHAUDOIR. — (*Suite*, voir p. 7.)

4. DROMICA SCULPTURATA. Long. , 20 mill. Femelle. Oblonga, nigro-ænea, antennis brevioribus, extrorsum minus incrassatis ; labro, mandibulis basi palpisque flavis, illis apice nigris; prothorace rugoso-plicato, dorso utrinque elevato ; elytris confertim punctatis, reticulatis, dorso sub-planis, quinque-costatis, costis duabus dorsalibus pone medium desinentibus, interiore et duabus exterioribus ante apicem connexis, linea apicali albida ; geniculis ti-biisque basi (fere ad apicem) testaceis. Boheman, Ins. Cafrar., I, p. 17, n° 20.

Habite l'intérieur de la Cafrerie.

5. DR. QUADRICOLLIS. — Long., 17-21 mill., Les deux sexes. — Le labre du mâle est comme celui de la *bis-bica-rinata* ; celui de la femelle est rembruni sur les côtés dans l'individu que j'ai sous les yeux. Elle diffère de cette es-pèce par les taches de la tête, les bords latéraux du cor-selet et une bande médiane sur celui-ci d'une couleur bronzée métallique brillante, ainsi que par la teinte bron-zée plus claire des. élytres. Le corselet est sensiblement plus large, surtout dans la femelle, où il est presque trans-versal ; ses côtés sont très-parallèles, et forment en se bri-sant, avant les angles postérieurs, un angle subobtus bien marqué, légèrement arrondi au sommet ; le dessus est moins fortement réticulé, les bords latéraux un peu plus déprimés et plus relevés. Les élytres sont, dans le mâle, un peu plus étroites et un peu plus parallèles, avec les épaules plus marquées, l'épine terminale intermédiaire entre celle de la précédente et de la *gigantea ;* dans la femelle, elles ne diffèrent de celles de la précédente, même sexe, que par la rondeur de l'extrémité, qui n'offre point de sinuosité sur les côtés, ce qui leur donne un aspect plus raccourci, et par le hiatus assez grand formé par la divergence de la suture, en sorte que chaque élytre paraît arrondie isolé-

ment avec l'angle sutural subobtus ; les côtes, élevées, sont disposées comme dans la précédente ; cependant, dans l'un de mes deux mâles, la distance entre les côtes est presque uniforme ; la tache marginale, placée de même, est un peu plus petite, et également plus étroite et plus allongée dans la femelle ; troisième et quatrième articles des antennes d'un vert brillant, ainsi que le devant des cuisses, genoux et jambes antérieures comme dans la *clathrata*.

L'un de mes deux individus mâles vient du pays des Zoulous, l'autre de Natal ; la femelle, qui appartient au comte Mniszech, lui a été donnée, par le comte de Castelnau. comme prise au cap de Bonne-Espérance.

6. Dr. octocostata. Long., 16-18 mill. — Deux femelles. Tête et corselet presque comme dans la *tuberculata*. Labre noir (dans la femelle), avec une bande médiane blanchâtre comme dans la *gigantea* ; partie antérieure du tubercule frontal lisse ; angles postérieurs des côtés du corselet encore plus droits, légèrement arrondis au sommet, ce qui fait paraître la partie du corselet comprise entre les impressions transversales plus large ; bords latéraux plus déprimés et relevés ; tubercule antérieur du dessus effacé, dessus plus rugueux. Contour des élytres presque semblable, dent de l'extrémité de la suture (femelle) petite et peu aiguë ; sur chacune, quatre côtes longitudinales aiguës, régulières, et presque également distancées, effacées près de l'extrémité ; la quatrième encore assez éloignée du bord ; le dessus entre les côtes, ainsi que le long des bords, fortement ponctué et comme alvéolé. Dessus du corps d'un bronzé brillant, rembruni par places sur la tête et sur les parties élevées du corselet, d'un cuivreux rougeâtre sur les élytres, avec une petite tache à l'épaule, et une plus grande ovale près du bord, un peu au delà du milieu, lisses, ainsi qu'une ligne assez allongée, médiocrement étroite, longeant le bord postérieur presque jusqu'à la suture, faiblement ponctuées d'un blanc un peu

jaunâtre. Antennes, dessous du corps et pattes colorés comme dans la précédente.

Mes deux individus femelles proviennent de la baie de Lagoa, côte sud-est d'Afrique. Je ne connais point le mâle.

7. DR. TUBERCULATA. Long., 16 mill. Mâle, Dejean, *Spec.*, V, p. 270, 3. — Klug, *Jahrb.*, p. 39, 3. — *Griffith anim. Kingd. Insecta*, I, pl. 29, fig. 6. — DR. COARCTATA major. Fusco-ænea. Caput inter oculos lateribus longitudinaliter, medio transversim arcuato-striatum. Labrum magnum, porrectum, fornicatum, flavum, fusco-marginatum, septem-dentatum (in fœmina quinquedentatum, nigrum, medio flavum) punctis quatuor ad marginem impressis. Mandibulæ basi flavæ. Palpi flavi, articulis ultimis nigris. Thorax quadratus, dorso rugosus, quadrituberculatus, tuberculis posticis elevatioribus, anticis fere obsoletis. Elytra punctis magnis impressis lineisque transversis elevatis scabra, apice acuminata, dorso tuberculata, tuberculis linearibus obliquis, ad marginem externum carinata, carina ad apicem subinterrupta puncto medio laterali albo. *Klug.*, l. c. Je n'ajouterai rien aux descriptions des deux auteurs cités, j'observerai seulement, comme l'a déjà fait Boheman (*Ins. Cafr.*, I, p. 19, observ.), que Klug a négligé de faire mention d'une ligne blanche très-mince, plus ou moins distincte, qui longe une partie du bord postérieur à quelque distance de l'extrémité : celle-ci est plus arrondie en dehors de l'épine terminale que dans les deux suivantes.

La *Dr. tuberculata* habite près du cap de Bonne-Espérance et au Natal.

8. DR. CARINULATA. Long., 16 1/2-17 m. *Tuberculatæ* affinis, differt primo intuitu elytris ad latera trimaculatis, maculis majusculis, humerali minore media majore, subobliqua, ovata, tertia longa, anterius dilatata, ad apicem producta, lævigatis, albis, subconvexis, carina exteriore longius a margine remota, internis quatuor suturæ magis parallelis, acutioribus, lateribus minus rotundatis, dente apicali longiore et acutiore, fronte thoraceque fortius re-

ticulatis, illo magis excavato. *Chaudoir*, Bull. de Moscou, 1861. *Matériaux pour servir à l'étude des Cicind. et des Carab.*, p. 38.

Je ne connaissais alors que le mâle. La femelle a, comme celle de la *tuberculata*, le labre noir, avec une bande blanche au milieu, des élytres bien plus élargies au milieu, ovales, faiblement dentées à l'extrémité. La tache humérale manque dans les deux femelles que j'ai sous les yeux.

Sa patrie est le Natal.

9. DR. ACUMINATA. Long., 14-15 m. Mâle. Encore très-voisine de la *tuberculata*, mais suffisamment différente par le milieu du front plus creux, le corselet plus long et plus étroit, avec les quatre angles de la partie comprise entre les impressions transversales plus obtus et plus arrondis, ce qui lui donne un aspect moins carré, le tubercule postérieur du disque plus élevé et plus lisse. Élytres plus rétrécies vers l'extrémité, beaucoup moins arrondies près de l'épine terminale qui est bien plus longue, les lignes élevées et la suture très-élevée, l'extrémité de la côte extérieure plus repliée vers la suture; en dehors de celle-là on aperçoit postérieurement une petite ligne élevée parallèle au bord; les lignes du disque tantôt séparées, tantôt plus ou moins réunies. Couleur générale plus obscure, presque noire; taches latérales placées comme dans la *tuberculata*, celle postérieure plus marquée et plus longue. La forme du corselet et de l'extrémité des élytres diffère assez de celle de ces mêmes parties dans la *tuberculata* pour qu'on ne puisse hésiter à la considérer comme espèce distincte.

Elle habite le Natal, et j'en ai reçu deux individus parfaitement identiques.

2. CORSELET PLUS OU MOINS CYLINDRIQUE.

a. *Antennes dilatées et comprimées vers le milieu.*

(MYRMECOPTERA, *Germar.*)

Je n'ai connaissance que de quatre espèces faisant par-

tie de cette division remarquable par l'aplatissement et la
dilatation des cinquième, sixième, septième et huitième
articles des antennes qui sont très-allongées. Je les ai énumérées dans mes *Matériaux pour servir à l'étude des Cicindélètes et des Carabiques*, 1861, p. 36 et 37. Ce sont :
10, Dr. (*Myrmecoptera*) *egregia*, Germar, *Mag. de zool.* de
Guérin, 1843, pl. 124, av. texte, du Fasogl.; — 11, *Dr.*
(*Myrmecoptera*) *læna*, Tatum.,*Ann. and Mag. of nat. hist.*,
2ᵉ sér., VIII, p. 51, d'Abyssinie; — 12, *Dr.* (*Myrmecoptera*)
limbata, Bertoloni, Chaudoir, *Matériaux*, etc., p. 36, nº 3.
(Bull. Mosc., 1861.)

13. Dr. (*Myrmecoptera*) *Bertolonii*, Thomson, *Rev. et
Mag. de zool.*, 1856, p. 482 du même pays.

b. *Antennes filiformes, minces.*

(Cosmema, *Boheman.*)

14. *Dr. citreoguttata*. Long., 16 m. Les deux sexes. Un
peu plus grande et plus robuste surtout que la *sexmaculata*, à laquelle elle ressemble par la disposition des taches des élytres, qui sont beaucoup plus grandes et d'une
couleur jaune-citron. La tête et le corselet diffèrent peu,
sinon qu'ils sont un peu plus larges, que les côtés de celui-
ci sont plus arrondis, et que le petit tubercule placé prés
des angles postérieurs est assez élevé; le dessus est plus
rugueux et moins régulièrement strié en travers. Les élytres du mâle ont la largeur de celles de la femelle de la
sexmaculata, et celles de la femelle sont sensiblement plus
élargies vers le milieu et plus arrondies sur les côtés; les
épaules sont plus carrées dans les deux sexes, et l'extrémité est terminée en épine dans le mâle, en dent aiguë
dans la femelle ; l'angle rentrant qui sépare les épines est
plus ouvert, et celles-ci plus divergentes et plus relevées ;
le dessus est plus convexe, ponctué à peu près de même :
la couleur du dessus et du dessous est la même; les taches,

comme nous l'avons dit, sont très-grandes et d'un jaune
citron; la première, à l'épaule, est plus longue dans le mâle,
la seconde est très-grande, ovale, un peu oblique, lisse et
comme convexe; la troisième, tout aussi large que la seconde, se rapproche plus du bord latéral et forme une
pointe à l'extrémité des élytres, elle est, de même que
l'humérale, plus lisse que le reste des élytres; la base des
antennes et les cuisses sont plus métalliques et plus
vertes.

J'ai sous les yeux trois individus provenant du pays des
Zoulous.

15. Dr. sexmaculata. Long., 14-15 m. Les deux sexes.
« *Vittatæ*, Klug, habitu affinis, robustior, elytris ad latera
trimaculatis. Labro maris albicante, antice fere recte truncato, utrinque intra angulos exciso, fœminæ latius nigro-
marginato, medio producto, acute tridentato, dente inter-
medio longiore, fronte fortius et crebre reticulato, inter
oculos biimpresso, antice convexo, subtuberculato, oculis
in utroque sexu magnis, valde prominentibus, capite postice subangustato, thorace latitudine longiore, maris angustiore et minus ad latera rotundato, posterius subangustato, antice pone marginem anteriorem profunde con-
stricto, ante basin profunde transversim impresso, supra
transverse rugato, medio longitudinaliter evidenter impresso; elytris maris angustioribus, fœminæ latioribus,
medio magis ampliatis, lateribus magis rotundatis, humeris fere obsoletis, apice maris in dentem acutissimum singulatim longius producto, fœminæ dente obtusiore bre-
vioreque; supra in mare modice convexis, in fœmina convexioribus, crebre punctatis, punctis antice grossioribus,
interstitiis acutissimis. Nigro-subænea, supra subtusque ad
latera cyaneo-virescens; antennis brunneis, basi subcu-
preo-virescente, pedibus nigro-subviolaceis, femoribus me-
tallico-viridibus, geniculis rufescentibus; maculis elytrorum humerali subapicalique angustis, elongatis, posterius
attenuatis, media ovata, mediocri, sublaterali, albidis. Ha-

bitat in Africa australi ad Delagoabay, Chaudoir. *Matériaux*, l. c., p. 38. (Bull. Mosc., 1861.)

(*La suite prochainement.*)

II. SOCIÉTÉS SAVANTES.

ACADÉMIE DES SCIENCES.

Séance du 1ᵉʳ février 1864. — M. *Paul Gervais* présente
des *remarques sur l'ancienncté de l'homme, tirées de l'observation des cavernes à ossements du bas Languedoc.*

« En ce qui concerne notre pays, ce sont des explorations entreprises dans les cavernes du bas Languedoc qui
ont conduit récemment quelques naturalistes à soutenir
l'opinion, déjà proposée par d'autres auteurs, que l'homme
a été, en Europe, le contemporain des grandes espèces de
Mammifères qui vivaient dans les premiers temps de la période quaternaire.

« Les premiers documents recueillis à cet égard dans le
midi de la France sont dus à M. Tournal, qui, dès 1827,
signala l'association des ossements de l'homme avec ceux
des animaux d'espèces éteintes, dans les cavernes de Bize
près Narbonne (Aude). Deux ans après, M. Jules de Christol publiait sa notice sur les ossements humains fossiles du
Gard, d'après des recherches faites par lui et par M. Emi-
lien Dumas dans la caverne de Pondres.

« Cuvier n'a pas ignoré les principaux faits signalés par
MM. Tournal et Jules de Christol; mais il ne leur a pas reconnu assez de certitude pour le déterminer à changer d'o-
pinion. Voici en quels termes il y a fait allusion dans la
sixième édition de son *Discours sur les révolutions du globe,*
publiée en 1830 : « On a fait grand bruit, il y a quelques

« mois, de certains fragments humains trouvés dans les ca-
« vernes à ossements de nos provinces méridionales, mais
« il suffit qu'ils aiènt été trouvés dans les cavernes pour
« qu'ils rentrent dans la règle. » Or, la règle, telle que Cuvier l'avait posée, c'est qu'on ne rencontre pas d'os humains dans les couches régulières, même dans celles qui
renferment les Eléphants, les Rhinocéros, les grands Ours,
les grands Félis et les Hyènes. La raison sur laquelle s'ap-
puie Cuvier est sans doute que les eaux opèrent incessamment, dans le sol terreux des cavernes, des filtrations ou des
remaniements, et que des objets peuvent y occuper des
positions contiguës, bien qu'apportés à des dates très-différentes.

« Il cherche évidemment à prémunir les savants contre
le danger de conclusions trop hâtives, et veut probablement que l'on joigne aux indications, ici douteuses, de la
stratigraphie, d'autres preuves, avant de trancher la question.

« Voyons donc ce que de plus amples renseignements
et documents nous ont appris au sujet des cavernes de Bize
et de Pondres ; nous exposerons ensuite quelques faits nouveaux tirés des cavernes de la Roque et du Pontil, qui sont
situées dans la même région. »

L'auteur mentionne les observations qui ont été faites
dans les cavernes qu'il a citées, indique les espèces dont
on a trouvé des ossements, les produits de l'industrie humaine qui y étaient associés, et il termine ainsi :

« Il ressort des données exposées dans ce mémoire que,
tout en assignant à la première apparition de l'homme
dans la région à laquelle appartiennent les cavernes de
Bize, de Saint-Pons, de Pondres, de la Roque, etc., une
ancienneté antérieure aux récits de l'histoire, on ne saurait encore admettre qu'il a été, dans cette région du
moins, le contemporain des animaux d'espèces anéanties
auxquels Cuvier faisait allusion lorsqu'il repoussait l'assertion émise, il y a trente-cinq ans déjà, par MM. Tour-

nal, de Christol et Marcel de Serres, au sujet de l'enfouissement simultané de l'homme et de ces grands Mammifères dans les cavernes qu'ils ont décrites.

« C'est qu'il importe de bien distinguer les espèces disparues dès les premiers temps de la période quaternaire
d'avec celles qui n'ont été anéanties que plus tard, ou qui
ont survécu dans quelques autres parties de l'Europe après
avoir été détruites chez nous. La chronologie de ces extinctions, ou de ces éloignements successifs, est difficile à
établir; mais elle a une grande importance, aussi bien
pour l'histoire proprement dite que pour l'histoire naturelle, et les naturalistes ont déjà réuni de nombreux documents relatifs aux questions qu'elle soulève.

« Le *Bos primigenius* est mêlé, comme les autres espèces
encore existantes, aux grands animaux éteints que Cuvier
regarde comme antérieurs à la présence de l'homme en
Europe; mais il n'a pas disparu avec ces grands animaux.
Semblable à l'Aurochs, il était autrefois commun dans les
parties méridionales de la France. Aujourd'hui on ne le
retrouve plus nulle part, et sa race a fini, ou bien elle s'est
confondue avec celle des Bœufs ordinaires, tandis que
l'Aurochs a survécu dans quelques forêts de la Russie, de
la Lithuanie et du Caucase.

« Le Renne, de même que l'Aurochs et le *Bos primigenius*, manque depuis longtemps à nos régions, et l'Élan est
aussi dans ce cas. Ce dernier se retrouve pourtant dans le
Nord; quant aux Rennes, on a dit que ceux dont se servent les Lapons, et ceux, fort peu différents, dont les ossements sont enfouis dans les cavernes et dans les brèches,
étaient des espèces distinctes. Quoi qu'il en soit de cette
opinion, il n'en est pas moins certain que des Rennes ont
vécu en même temps que l'homme en France, en Angleterre et en Allemagne.

« N'est-il pas curieux de voir la paléontologie démontrer
que les trois grands Ruminants cités par César dans la forêt Hercynienne ont habité presque sur les bords de la Mé-

diterranée, et cela à une époque où l'homme s'y trouvait lui-même, mais dans un état encore très-peu avancé de civilisation ? Ces trois espèces sont en effet : l'*Urus*, qui, d'après Cuvier, ne serait autre que le *Bos primigenius*, mais que d'autres auteurs regardent comme le véritable *Aurochs*, animal qui a d'ailleurs vécu dans le midi de l'Europe à l'époque dont nous parlons : l'*Alces* ou l'Élan (1), et le *Bos Cervi figura*, c'est-à-dire le Renne. »

M. *Pagliari* fait présenter par M. *Pasteur* une note *sur un nouveau procédé facile et économique pour conserver les substances animales à l'air libre.*

« J'ai l'honneur de faire connaître à l'Académie un moyen nouveau fort simple de conserver les substances animales. La liqueur que j'emploie pour cet usage est un composé d'alun, de benjoin et d'eau, qui diffère peu de celle de mon *eau hémostatique*. Une simple couche de la liqueur conservatrice en question, appliquée sur la substance animale que l'on abandonne ensuite à l'air libre, suffit pour l'empêcher de s'altérer. Voici comment j'explique ce fait.

« La liqueur conservatrice, qui a été mise en contact avec la substance animale à conserver, déposerait sur celle-ci une sorte de trame invisible à l'œil nu, laquelle agirait à la manière d'un filtre antiseptique, ne donnant accès qu'à l'air pur ; cette trame constituerait une sorte d'enveloppe qui, suivant les belles et savantes recherches de M. Pasteur, s'opposerait au développement des ferments animaux et végétaux, tout en laissant l'évaporation s'effectuer librement. Quant aux substances animales immergées dans la liqueur conservatrice, elles se conserveraient indéfiniment. Il est facile de prévoir, d'après ces faits intéressants,

(1) Le fragment de bois fossile de Cerf trouvé à Bize, et dont M. Marcel de Serres a donné la figure dans sa planche III sous le n° 1, pourrait bien avoir appartenu à un jeune Élan. C'est le *Cervus Tournalii* de M. de Serres.

toutes les applications utiles que l'on pourrait faire de la liqueur conservatrice de Pagliari. »

Séance du 8 février. — MM. *Milne-Edwards et Lartet* présentent des *remarques sur quelques résultats des fouilles faites récemment par* M. de Lastic *dans la caverne de Bruniquel.*

« Notre savant ami, M. de Quatrefages, a déjà eu l'occasion d'entretenir l'Académie de la découverte d'ossements humains dans le sol d'une caverne située sur les bords de l'Aveyron, près des ruines de l'ancien château de Bruniquel. Le propriétaire de cette caverne, M. le vicomte de Lastic, y a poursuivi ses fouilles avec beaucoup d'activité et a obtenu de la sorte un très-grand nombre d'objets intéressants, qu'il a bien voulu soumettre à notre examen lors d'une visite que nous avons faite dernièrement au château de Saleth, dans le département de Tarn-et-Garonne. Il serait prématuré de parler, en ce moment, de la plupart de ces pièces; mais il en est une dont nous croyons devoir dire quelques mots, parce qu'elle fournit un nouvel élément pour l'étude des questions relatives à l'histoire naturelle de l'homme.

« D'après l'inspection des lieux et les résultats des fouilles faites en notre présence dans la caverne de Bruniquel, il nous paraît évident que pendant fort longtemps cette grotte naturelle a servi d'habitation à des hommes qui ne connaissaient ni le fer ni le bronze, mais qui étaient fort habiles dans l'art de travailler l'os avec des outils en pierre. Le sol de cette caverne recèle une quantité énorme de fragments d'os de Rennes, de Bœufs et de Chevaux, mêlés à une multitude de produits d'une industrie primitive et à des débris de plusieurs squelettes humains. Mais là, comme dans les autres localités analogues, où des faits du même ordre avaient été constatés précédemment, le mélange de ces objets dans une même couche de terrain ne suffirait pas pour prouver que l'homme avait été le contemporain de tous ces animaux,

car on pourrait supposer que l'enfouissement des armes,
des outils et des os humains était dû à un remaniement du
sol où les ossements des animaux en question existaient
déjà depuis fort longtemps. Un pareil mélange pouvait
donc avoir été effectué à une époque postérieure à celle
où le Renne a cessé d'habiter l'Europe tempérée et avoir
rassemblé pêle-mêle dans un même dépôt des objets
d'âges très-différents. Pour prouver que l'homme y avait
été contemporain du Renne, il fallait donc des faits d'un
autre ordre. Or nous avons remarqué, dans la collection
formée à Bruniquel par M. de Lastic, une pièce qui nous
semble décisive et qui nous paraît mériter de fixer l'attention de l'Académie.

« En effet, parmi les os sculptés trouvés à une profondeur considérable dans le sol de la caverne, il en est
un qui porte gravée au trait, à côté d'une tête de Cheval
parfaitement reconnaissable, une tête de Renne non moins
bien caractérisée et facile à reconnaître par la forme des
bois dont le front est armé.

« Cette sculpture, quelle qu'en soit la date, ne peut
avoir été faite qu'à une époque où les habitants de Bruniquel connaissaient l'animal dont l'un d'eux a fait le por-
trait, et ils ne pouvaient le connaître que si le Renne
vivait avec eux dans la région tempérée de l'Europe ; car
il nous paraîtrait impossible de supposer qu'à une période
si peu avancée de la civilisation les peuplades sauvages
des rives de l'Aveyron eussent connu et pris pour modèle
de leurs ornements grossiers un animal exotique relégué
dans les régions circompolaires.

« Nous voyons donc dans cette sculpture une preuve
de l'existence de l'homme dans les Gaules avant que le
Renne eût disparu de nos contrées.

« Or tous les zoologistes considèrent comme démontré
que la disparition de ce quadrupède des forêts de la
Gaule et sa retraite vers les régions circompolaires datent
d'une époque qui est antérieure aux temps historiques.

« Par conséquent, c'est aussi à une époque antérieure à toutes celles dont l'histoire ou les traditions ont conservé le souvenir, que la caverne de Bruniquel était habitée par les hommes dont le travail manuel a donné les résultats dont nous venons d'entretenir l'Académie.

« Nous nous abstenons de toute conjecture relative au laps de temps écoulé depuis la disparition du Renne dans les Gaules jusqu'au moment où Jules César vint explorer et conquérir ce pays. En effet, les supputations de ce genre reposent rarement sur des bases assez solides pour nous satisfaire. Mais la zoologie comparative peut nous fournir d'utiles lumières, et c'est pour cette raison qu'il nous a semblé bon d'enregistrer le fait dont nous venons de rendre compte, fait dont les conséquences nous paraissent indiscutables. »

M. *G. d'Auvray* adresse un résumé de ses *Expériences sur les générations spontanées*, et demande à les répéter devant la commission nommée récemment.

Ce travail est renvoyé à la commission.

Séance du 15 février. — L'Académie procède à la nomination d'un membre dans la section d'économie rurale.

Au second tour de scrutin, M. Thenard ayant réuni la majorité des suffrages est proclamé élu.

M. Barral, dans le *Journal d'agriculture pratique*, 1864, t. I, p. 171, n° 4, février, annonce ainsi cette élection dans sa chronique.

« Outre les candidats présentés par la section, s'étaient mis sur les rangs : MM. Baudement, Guérin-Ménéville, Hervé Mangon, Isid. Pierre, Renault et nous-même.

« Fait bien rare dans l'histoire académique, la place est restée vacante près de dix-huit mois. Dans l'intervalle, MM. Renault et Baudement sont morts ; puis la section a décidé que, cette fois, elle proposerait de porter son choix *exclusivement* sur de grands propriétaires. »

M. *le président* présente, au nom de l'auteur, M. *Tigri*, professeur d'anatomie à Sienne, une note sur un nouveau cas de *Bactéries trouvées dans le sang d'un homme mort à la suite d'une fièvre typhoïde.* L'observateur avait vainement cherché ces infusoires dans le sang des principaux vaisseaux des membres supérieurs ; mais ayant porté son investigation sur les parties centrales du système circulatoire, il y trouva des Bactéries nombreuses, et particulièrement dans les veines pulmonaires et dans les cavités gauches du cœur où le sang en contenait une abondance vraiment extraordinaire.

Séance du 22 février. — M. *E. Blanchard* lit un rapport sur un travail de M. *Salvatore Trinchese,* intitulé : *Recherches sur la structure du système nerveux des Mollusques gastéropodes pulmonés.*

« Le travail dont nous allons rendre compte à l'Académie a pour but essentiel la détermination précise des éléments qui entrent dans la constitution du système nerveux de certains Mollusques.

« La structure des centres nerveux de l'homme et d'animaux vertébrés appartenant à différents types a occupé un grand nombre d'anatomistes qui ont publié, sur ce sujet, des travaux d'une haute importance. Il y a eu jusqu'ici, au contraire, peu de recherches bien approfondies sur la structure des centres médullaires, soit des animaux annelés, soit des Mollusques. On le comprend aisément. Les ganglions, souvent d'une extrême mollesse et toujours très-petits chez ces animaux dont la taille n'est jamais fort considérable, se brisent ou s'écrasent bien facilement lorsqu'on y porte l'instrument tranchant destiné à faire des coupes minces et régulières, où les éléments nerveux apparaîtront nettement avec leurs formes et leur disposition. Aussi, dans ce genre d'étude, est-il nécessaire d'apporter des soins infinis et une patience qui ne doit point se lasser. Disons tout de suite que le jeune auteur du mémoire dont nous nous occupons en ce moment a compris comment on arrivait à surmonter les difficultés.

« Dans les centres nerveux des animaux vertébrés on a

bientôt reconnu l'existence de plusieurs sortes de cellules, et un certain jour s'est manifesté lorsqu'un habile histologiste, dont le travail a été couronné par l'Académie il y a peu d'années, M. Jacubowitch, annonça que tout le système nerveux cérébro-spinal est composé essentiellement de trois genres de cellules, c'est-à-dire de cellules grandes et arrondies d'où proviennent principalement les fibres qui constituent les racines antérieures ou motrices, de cellules plus petites d'où proviennent surtout les fibres formant les racines postérieures ou sensibles, et enfin de cellules dites *ganglionnaires*, dont les prolongements concourent avec les autres en plus ou moins forte proportion à constituer les nerfs.

« A l'égard des animaux invertébrés, où les expériences de vivisection n'ont pu répandre encore une vive lumière sur les fonctions des différentes parties du système nerveux, c'est l'étude de la structure et la considération des analogies constatées avec les parties correspondantes des animaux vertébrés qui ont conduit à reconnaître, dans la constitution des nerfs, des fibres de plusieurs sortes, fibres motrices et fibres sensibles, suivant toute apparence.

« Chez les animaux articulés, les deux sortes principales de fibres peuvent être observées avec une certaine facilité, et une étude histologique des centres médullaires thoraciques du Homard a permis assez récemment à M. Owsjannikow de montrer que les cellules d'où elles provenaient étaient bien distinctes.

« Pour les Mollusques, les fibres nerveuses n'ayant, jusqu'à présent, fourni aux observateurs aucun caractère propre à en faire distinguer de plusieurs genres, il y avait un intérêt manifeste à s'assurer si l'on rencontrerait, dans la constitution des centres médullaires de ces animaux, des éléments aussi distincts les uns des autres que chez les vertébrés ou que chez les articulés. Les recherches de MM. Hannover, Will et Leidyg ne le faisaient pas supposer.

« M. Trinchese, au contraire, s'étant appliqué à faire des préparations d'une grande netteté, a réussi à mettre en évidence la structure très-complexe des principaux ganglions chez plusieurs Gastéropodes de l'ordre des Pulmonés. Il a constaté bien sûrement, pour la première fois, dans les centres médullaires de ces Mollusques, la présence de cellules de trois sortes parfaitement reconnaissables : des cellules de grande dimension, de forme arrondie, entourées d'une gaîne épaisse, occupant la portion périphérique et surtout la région supérieure des ganglions ; des cellules à peu près piriformes, plus petites que les précédentes ; et enfin des cellules sans paroi distincte, toujours très-petites.

« M. Trinchese n'a pas rencontré de cellules apolaires ou unipolaires ; il s'est assuré que toutes sont pourvues de plusieurs prolongements dont le nombre est généralement en rapport avec la dimension des cellules. Les prolongements centraux, étant d'une extrême délicatesse, se brisent facilement lorsque l'on cherche à isoler les cellules, tandis que le prolongement périphérique, pourvu d'une gaîne, résiste seul ; de là l'erreur de quelques observateurs.

« Nous ne pouvons suivre ici l'auteur dans la description des éléments qui entrent dans la constitution de chacun des noyaux médullaires des Gastéropodes pulmonés ; il nous suffira de dire que ces descriptions sont très-précises, que les figures qui les accompagnent ont été exécutées avec un très-grand soin et représentent fidèlement les formes et les groupements des cellules, tels qu'ils se montrent dans les préparations.

« Les résultats certains des recherches de M. Trinchese se réduisent actuellement à une connaissance acquise de faits anatomiques, mais cette connaissance ayant aujourd'hui un caractère de précision qui a manqué jusqu'à présent, elle sera un point de départ précieux pour les investigations ultérieures.

« Déjà elle conduit à entrevoir que des comparaisons

multipliées entre les éléments du système nerveux des divers types du règne animal, et la poursuite de plusieurs particularités de structure, permettront d'arriver plus sûrement à la détermination du rôle des différentes sortes d'éléments. En considérant que les grandes cellules rondes occupent surtout la région supérieure des ganglions, et les autres un plan inférieur, on est porté à croire que les grandes cellules sont *motrices* et les petites *sensibles*, car chez les articulés les faisceaux supérieurs, suivant les plus grandes probabilités, sont formés de fibres motrices et les inférieurs de fibres sensibles. Cette présomption est singulièrement fortifiée par les observations antérieures de M. Jacubowitch sur les éléments nerveux des animaux vertébrés.

« D'un autre côté, les recherches de M. Trinchese ont montré la présence, dans la masse médullaire abdominale des Hélices, de ganglions qui sont tout à fait isolés chez d'autres Mollusques dont le système nerveux est moins centralisé; or, plusieurs de ces ganglions étant composés exclusivement, les uns de petites cellules, les autres de très-grandes, il est à espérer qu'on parviendra, si l'on observe rigoureusement la nature des faisceaux de fibres qui proviennent de ces différentes cellules, grandes et petites, à reconnaître les fonctions de ces éléments nerveux. En effet, doit-on se demander, les filets nerveux qui se distribuent à l'appareil circulatoire et à l'organe de la respiration ne tirent-ils pas leur origine de cellules distinctes de celles d'où proviennent les nerfs moteurs et sensibles ramifiés dans les muscles et sous les téguments? C'est là ce qui mériterait d'être recherché.

« En résumé, le travail soumis au jugement de l'Académie par M. Trinchese met en lumière plusieurs faits nouveaux et intéressants qui fournissent des indices propres, suivant toute apparence, à conduire à des découvertes dans le domaine de la physiologie comparée du système nerveux.

« Le jeune auteur, dans ses recherches longues, difficiles et d'une extrême délicatesse, a montré les qualités
d'un bon observateur, et nous devons l'engager à poursuivre les recherches qu'il a si bien commencées et qui
nous semblent mériter l'approbation de l'Académie. »

Les conclusions de ce rapport sont adoptées.

M. O. *de Thoron*, qui avait précédemment adressé à
l'Académie une note « sur des sons musicaux produits
par des Poissons complétement immergés » (*voir* le *Compte
rendu* de la séance du 9 décembre 1861), lui transmet aujourd'hui, sur un animal marin qu'il a observé dans le golfe
d'Ancon de Sardinas (État de l'équateur), quelques détails
dus, les uns à ses propres observations, les autres aux
renseignements fournis par un homme du pays qui lui
servait de pilote. L'animal, qui ne montrait qu'une partie
de son corps à la surface de l'eau, lui fut désigné sous le
nom de *Manta* (1). La partie qu'on en apercevait était

---

(1) Le nom de *Manta* est bien connu, non-seulement sur les côtes
d'Amérique, mais dans presque tous les endroits où se trouvent des
pêcheurs et surtout des plongeurs parlant espagnol; ils l'appliquent
à divers Céphaloptères, et même à de grandes Raies sans appendices
en avant de la tête. A tort ou à raison ils redoutent beaucoup cet
animal, prétendent que, lorsqu'il est arrivé au-dessus du plongeur
qui travaille au fond de l'eau, il se laisse tomber sur lui, le recouvre
comme un vaste manteau, et l'étouffe pour s'en repaître ensuite à
loisir. Cette habitude malfaisante était attribuée, dès les temps anciens, aux grands Céphaloptères qui, à cause des appendices formant
croissant, avaient reçu le nom de *Bos* sous lequel en parle Oppien.

> *Incola Bos cœni qui vasta mole movetur*
> *Corporis, et latos sese diffundit in armos.*

Pline connaît bien le nom de *Bos* comme celui d'une grande Raie.
« Un autre genre de Poissons plats, dit-il (liv. IX, chap. 40), a des
« cartilages au lieu d'arêtes : la Raie, la Pastenague, l'Ange, la
« Torpille et ceux qu'on appelle, avec des noms grecs, Bœufs,
« Lamies... » Il semble ignorer que ce Bœuf avait un nom latin,
nom qu'il mentionne, même livre, chap. 70, à l'occasion de la pêche
des éponges. « La quantité des Chiens de mer qui se trouvent dans

nue et sans écailles; le dos était large de 4 pieds au moins, et semblait beaucoup plus long; l'épaisseur du corps n'était que de quelques pouces; la tête, aplatie de bas en haut, était de forme triangulaire, s'évasant du côté du corps. »

Séance du 29 février. — M. *Milne-Edwards* présente un travail intitulé : *Sur de nouvelles observations de* MM. Lartet et Christy *relatives à l'existence de l'homme dans le centre de la France à une époque où cette contrée était habitée par le Renne et d'autres animaux qui n'y vivent pas de nos jours.*

« L'intérêt qu'offrent tous les faits propres à nous éclairer sur les caractères de la faune des Gaules, à l'époque où l'homme commença à habiter cette partie de l'Europe, m'a déterminé à placer sous les yeux de l'Académie quelques-unes des pièces découvertes récemment par MM. Lartet et Christy dans une des nombreuses cavernes ossifères du centre de la France. Ces objets sont remarquables à plus d'un titre, et, pour en faire ressortir l'importance, je ne saurais mieux faire que de présenter ici une lettre qui vient de m'être adressée par le premier de ces explorateurs habiles et zélés. »

M. Milne-Edwards a inséré toute la lettre de M. Lartet, mais, comme elle occupe sept pages des *Comptes rendus,* nous ne pouvons l'insérer en entier. Nous nous bornerons à reproduire le commencement, qui indique suffisamment

---

« les lieux où on les pêche met en grand danger les plongeurs. Ces « hommes disent qu'une espèce de *nuage,* semblable pour la forme « aux Poissons plats, s'épaissit sur leur tête, les presse et les em- « pêche de remonter à la surface; que pour cette raison ils se ser- « vent d'un poinçon très-aigu qu'ils portent attaché avec une ficelle, « parce que c'est seulement quand il est piqué de la sorte que le « nuage s'éloigne. Tout ceci n'est, je crois, qu'un effet de la peur ; « personne n'a jamais parlé d'un animal nuage, d'un animal brouil- « lard. » Le nom n'était cependant pas trop mal trouvé, puisque l'animal, en se plaçant au-dessus du plongeur, l'empêchait de voir au fond les éponges qu'il devait détacher, comme faisait, en d'autres circonstances, un nuage épais voilant le soleil.

l'importance des recherches dont elle donne le détail.

« A l'appui des remarques que vous avez communiquées
« dans l'une des dernières séances de l'Académie, au
« sujet des figures d'animaux gravées sur os et trouvées
« dans la caverne de Bruniquel, je viens en mon nom, et
« aussi au nom de M. H. Christy, membre de la Société
« géologique de Londres, vous signaler plusieurs autres
« faits de même nature. Nous nous bornerons toutefois à
« mentionner, quant à présent, les découvertes faites par
« nous pendant les cinq derniers mois de l'année 1863, dans
« cette partie de l'ancien Périgord qui forme aujourd'hui
« l'arrondissement de Sarlat.

« Une des grottes de cette région, celle des Eyzies,
« commune de Tayac, nous a montré, dans une brèche
« recouvrant le sol en plancher continu, un amalgame
« d'os fragmentés, de cendres, de débris de charbon,
« d'éclats et de lames de silex taillés sur des plans divers,
« mais toujours dans des formes définies et souvent ré-
« pétées, avec une association d'autres outils et armes
« travaillés en os ou bois de Renne. Tout cela avait dû
« être saisi et consolidé en brèche dans l'état originel du
« dépôt, et avant tout remaniement, puisque des séries de
« plusieurs vertèbres de Renne et des assemblages d'ar-
« ticulations à pièces multiples se trouvent maintenus et
« conservés exactement dans leurs connexions anato-
« miques; les os longs et à cavités médullaires sont seuls
« détachés et fendus ou cassés dans un plan uniforme,
« c'est-à-dire évidemment à l'intention d'en extraire la
« moelle. Ce que nous avançons peut d'ailleurs être con-
« staté par tous les observateurs compétents, car nous
« avons pris soin de faire extraire cette brèche par
« grandes plaques, et, après avoir déposé les plus beaux
« spécimens au musée de Périgueux et dans les collections
« du jardin des Plantes, à Paris, nous en avons adressé à
« divers musées de France et de l'étranger des blocs
» assez considérables pour que l'on y puisse vérifier

« l'exactitude des observations que nous consignons ici.

« Cette grotte des Eyzies, dont l'ouverture se trouve à
« 35 mètres au-dessus du niveau du cours d'eau le plus
« voisin, la *Beune,* renfermait aussi beaucoup de cailloux
« et de fragments de roches étrangères au bassin de cette
« petite rivière, et qui ont dû y être introduits par
« l'homme. Quelques-uns de ces cailloux assez volumi-
« neux, principalement ceux de granit, sont aplatis dans
« un sens, arrondis dans leur contour et creusés en
« dessus d'une cavité plus ou moins profonde, laquelle
« porte des traces d'un frottement répété. »

M. de Vibraye présente une *Note sur de nouvelles
preuves de l'existence de l'homme dans le centre de la France
à une époque où s'y trouvaient aussi divers animaux qui de
nos jours n'habitent pas cette contrée.*

Le travail de M. de Vibraye occupant huit pages, nous
ne pouvons le reproduire. Nous nous bornons donc à
donner une sorte de conclusion ainsi formulée à la fin.

« En résumé, trois faits principaux, fruits de longues
et persévérantes recherches, appartenant à un grand
nombre d'observateurs, viennent aujourd'hui se contrôler
et se grouper : l'homme des premiers âges se dévoile par
ses œuvres; l'homme s'associe par sa dépouille aux races
éteintes; l'homme enfin se fait révélateur de sa propre
existence en reproduisant lui-même son image.

« Longtemps on avait prétendu nier l'intervention de
l'homme dans les ébauches des premiers instruments de
pierre : plus tard on s'efforça d'atténuer la valeur des
fractures intentionnelles et des incisions observées sur un
si grand nombre d'ossements appartenant au genre Cheval, Bœuf ou Renne. Mais aujourd'hui les ossements se
convertissent en instruments nombreux; des figures d'animaux se trouvent reproduites sur leur propre dépouille;
le Renne vivant a servi de modèle à la sculpture d'un
manche de poignard engagé dans une brèche osseuse
(Laugerie-Basse).

« Bien plus encore, la statuaire des premiers âges a reproduit l'espèce humaine dans une sorte d'idole impudique dont la matière appartient à la dépouille d'un éléphant.

« Je me suis efforcé de retracer ici les faits les plus concluants : à mes yeux la cause est entendue. Je veux toutefois poser une dernière question, que plus haut j'ai laissé pressentir. Doit-on séparer l'époque du Renne, que je prends ici comme type de la migration des espèces, de la faune des races éteintes à laquelle, d'autre part, le Renne se retrouve associé? Dans la double hypothèse de l'association ou de la superposition des faunes, l'homme se révèle par sa présence ou par ses œuvres. Un avenir prochain nous apprendra la plus ou moins intime corrélation de ces deux étages. C'est à mon sens, aujourd'hui, l'unique obscurité véritablement sérieuse de cette intéressante question. »

III   ANALYSES D'OUVRAGES NOUVEAUX.

OBSERVATIONS sur les ennemis du *Caféier*, à Ceylan, par M. J. NIETNER. (*Suite.* —Voir p. 386.)

15. *Agrotis segetum*. La larve de cette espèce est désignée, à Ceylan, sous le nom de *black grub*, et bien connue par ses ravages. Elle a 1 pouce anglais de long et la grosseur d'une plume d'oie ; elle est presque nue, noirâtre, avec la tête et des taches latérales noires. Elle est très-abondante d'août à octobre. La chrysalide reste pendant quatre semaines dans le sol, et le papillon éclôt en novembre ou décembre. Ce dernier a 1 pouce 3/4 d'envergure; il est, en dessus, d'un brun-grisâtre foncé nuageux, avec le bord postérieur des ailes supérieures blanchâtre. La chenille est très-commune et

très-nuisible, tandis que le papillon est rare. Cette première vit sous terre, mais sort pendant la nuit pour manger. Elle attaque non-seulement les Caféiers, mais aussi toutes sortes de légumes et de fleurs, et y est, par conséquent, un grand fléau pour les jardins aussi bien que pour les champs. Je crois qu'elle attaque tout ce qui est élevé artificiellement, méprisant seulement l'herbe et les plantes sauvages. Ces chenilles m'ont fait perdre beaucoup de jeunes plantes intéressantes dans mon jardin, et j'en ai vu jusqu'à six occupées sur une chicorée. Sur une plantation voisine de la mienne elles ont réussi à empêcher complétement la culture des pommes de terre. Elles attaquent seulement les jeunes caféiers en en rongeant l'écorce, immédiatement au-dessus du sol. Si les arbustes se trouvent être très-petits, elles les coupent complétement, et le sommet est quelquefois entraîné en partie sous le sol, d'où on peut alors faire déloger facilement les larves. Les dégats qu'elles occasionnent aux jeunes plantations sont parfois considérables. J'ai perdu moi-même ainsi, dans une certaine saison et dans de certains points de ma plantation, jusqu'à 25 pour 100 des jeunes arbustes que j'y avais plantés. Ces larves n'apparaissent généralement que sur certaines places et pas sur toute une plantation. On dit qu'une petite quantité de chaux mise dans le sol avec les jeunes plantes éloigne ces chenilles. Je le crois facilement; mais on pourrait penser aussi que les cendres de la forêt récemment brûlée devraient aussi suffire pour cela.

Cet insecte n'est nullement spécial à Ceylan; ses ravages sont bien connus dans l'Inde continentale, au Cap et en Europe; il se trouve probablement aussi dans d'autres pays. Son nom de *A. segetum* indique la nature de ser ravages en Europe où il attaque les récoltes des céréales; mais, là-bas comme ici, presque tous les produits de l'agriculture lui sont bons. Il a paru récemment un mémoire sur la destruction qu'il fait des betteraves qui

sont cultivées sur une grande échelle dans l'Europe continentale.

16. *Galleriomorpha lichenoides.* C'est un petit papillon
de 5 lignes anglaises d'envergure, marbré d'un brun-
grisâtre foncé en avant, plus pâle en arrière, et que l'on
trouve quelquefois sur le caféier dont sa larve se nourrit.

17. *Boarmia leucostigmaria.* 18. *Boarmia ceylanicaria.*
19. *Eupithecia coffearia.* Ce sont trois insectes appartenant à cette famille de Lépidoptères nocturnes dont les
chenilles ont reçu le nom d'arpenteuses ou de géomètres
à cause de leur manière de progresser qui ressemble à celle
des sangsues. Les chenilles, qui ont environ 1 pouce 1$\frac{1}{4}$
de long et sont un peu moins grosses qu'une plume d'oie,
sont évidemment destinées par la nature à ressembler,
pour leur sécurité, à de petits morceaux de bois, et elles
simulent ces objets à un degré remarquable. La couleur
de celle de la *B. ceylanicaria* est foncée lorsqu'elle est
encore jeune ; quand elle est plus adulte, elle devient
d'un gris clair marqué de taches foncées et de bandes le
long des côtes, et l'on voit un renflement vers le cou et
vers l'extrémité postérieure. Lorsqu'elles sont au repos,
elles se tiennent roides sur une extrémité (comme le font
aussi quelquefois les sangsues) et ressemblent étonnam-
ment à des morceaux de bois. Les papillons, qui sont
d'une apparence délicate et grêle, aiment beaucoup à se
poser avec les ailes étalées sur les arbres ou sur les murs
des habitations. On les trouve de septembre à décembre,
mais ils sont loin d'être abondants. Le caféier n'est pas la
seule plante dont se nourrissent ces chenilles.

La *B. leucostigmaria* est un assez joli papillon dont les
deux paires d'ailes sont d'un blanc grisâtre élégamment
frangé et marqué de lignes foncées et de moucketures
rouges ; en dessous toutes deux sont marquées d'une
bande noire. Il a environ 2 pouces d'envergure ; les antennes du mâle sont légèrement bipectinées jusqu'à leur
extrémité.

La *B. ceylanicaria* est plus petite, d'un gris-jaunâtre, marbrée de brun. L'*Eupithecia* est encore plus petite et plus foncée.

20. *Tortrix coffearia*. La larve a 3/4 ligne de long, 1 ligne 1/2 de large ; elle est presque nue, verdâtre, avec la tête et la plaque thoracique brunes. On la trouve pendant presque toute l'année, non pas exclusivement sur le caféier, mais aussi sur un certain nombre de plantes potagères dont elle réunit quelques feuilles dans l'intérieur desquelles elle vit. Le papillon a 1 ligne de large ; sa forme est celle que donnerait une section verticale d'une cloche ; il est d'un brun clair plus ou moins nuancé d'une teinte plus foncée de la même couleur. Il n'est pas commun du tout.

21. *Gracilaria coffeifoliella*. C'est un papillon des plus petits, n'ayant que 1 ligne de longueur et 2 lignes de largeur avec les ailes étendues ; il est d'une couleur noirâtre en dessus avec quelques taches argentées, et grisâtre en dessous. Sa larve mine les feuilles du caféier, et les vilaines lignes blanches et les pustules que l'on voit si fréquemment et à toutes les saisons sur les feuilles sont son ouvrage. Elle se loge sous l'épiderme et mange le parenchyme de la feuille. Cette larve a 2 lignes 1/4 de longueur ; elle est jaune, aplatie, nue, ondulée sur les côtés, s'amincit vers chaque extrémité, manque d'yeux et de pattes. Le corps est composé de quatorze segments en y comprenant la tête ; cette dernière est brune, pointue à son extrémité et à moitié rétractile ; elle est munie, près de l'extrémité, de deux appendices antennaires ayant chacun trois poils au sommet ; les mandibules sont grandes et tout à fait libres à l'extrémité de la tête ; elles se meuvent entre deux grandes lèvres réniformes qui donnent à la tête une apparence singulière. Le pénultième segment est le plus petit de tous, et muni de deux éperons dirigés en dehors. La chrysalide a 1 3/4 de long, elle est noirâtre au milieu et jaune aux extrémités ; la par-

tie céphalique se termine par une épine, et la partie caudale par deux ; les antennes et les pieds sont libres à
l'extrémité. Elle reste pendant peu de temps sous l'épiderme de la feuille comme dans une sorte de berceau.
L'insecte est très-commun, mais sans importance pour le
planteur. Bien différente de lui sous ce rapport est une
espèce voisine, l'*Elachista coffœella*, Guérin-Méneville,
dont la larve est le plus grand ennemi du caféier aux
Antilles. Cette dernière est d'un blanc argenté.

(*La suite prochainement.*)

IV. MÉLANGES ET NOUVELLES.

DOMESTICATION DES ARAIGNÉES. — Nous empruntons au
Cosmos du 4 février 1864 une curieuse note sur ce sujet
due à M. DUCHESNE-THOUREAU, agriculteur très-instruit, à
qui l'on doit de remarquables travaux de silviculture et de
viticulture.

« Sous ce pli, j'ai l'honneur de vous adresser l'échantillon d'un produit dont je suis loin d'exagérer la valeur et
que, probablement, vous n'accepterez que comme objet
de simple curiosité. Cependant vous l'accueillerez, je pense,
encore avec intérêt, lorsque vous saurez qu'il est unique-
ment l'œuvre d'un insecte que, jusqu'à ce jour, nous n'a-
vons su que détester et maudire, l'Araignée.

« En effet, l'échantillon ci-joint n'est qu'une minime
fraction d'un large tapis, dû tout entier au travail d'un
groupe d'Araignées réduites à l'état de captivité. Ce fragment, que je soumets à votre appréciation, par sa contexture grossière en apparence, diffère essentiellement de ces
tentures délicates, presque imperceptibles, qui vous ont
plus d'une fois émerveillé, mais il est bien le résultat du
travail assidu de ces intelligentes ouvrières dont vous avez
souvent admiré la prestesse, soit qu'elles courent sus aux

victimes imprudemment engagées dans leurs filets, soit
qu'il faille construire et tendre à nouveau leurs toiles si
fragiles, et le spécimen que je vous soumets ne sera, je le
crains, susceptible d'aucune application industrielle, mais
n'eût-il d'autre mérite que d'être un feutrage, peu solide
il est vrai, peut-être encore ne faudrait-il pas le dédaigner,
surtout si vous partagiez avec moi la certitude positive que
l'on pourrait, au moyen de ces auxiliaires, constituer sans
frais des tapis chauds et moelleux par excellence qui, par
le tassé et les dimensions, ne le céderaient en rien à nos
plus vastes tapis. Pour arriver à ce résultat, il suffirait de
disposer d'un nombre de travailleuses et d'un espace en
rapport avec l'importance de l'œuvre.

« Quel que puisse être le sort réservé à ma communication, cette démarche, de ma part, permettra d'établir, une
fois de plus, que tous les êtres, même les plus infimes,
peuvent être domestiqués, soumis à l'empire de l'homme
et, *dans certaines limites,* concourir à son bien-être.

« Si vous pensiez qu'il ne fût pas oiseux de vous fournir
quelques détails sur le mode employé pour obtenir le travail de ces insectes, je m'empresserais de compléter ces
indications en disant comment l'on a été conduit à des résultats aussi inattendus. »

PARTHÉNOGÉNÈSE. — M. SIEBOLD a communiqué à la Société helvétique des sciences naturelles un fait curieux de
parthénogénèse concernant les abeilles. Une ruche appartenant à M. Engster, de Constance, fournit depuis quatre
ans une quantité considérable d'abeilles hermaphrodites. Celles-ci, immédiatement après leur éclosion, sont
rejetées de la ruche par les ouvrières, de manière que M. Siebold a pu en faire une étude complète. Aucun de ces individus ne ressemble à un autre : tantôt un côté est mâle
et l'autre femelle ; tantôt les parties antérieures (tête, antennes, yeux, etc.) sont de l'un des sexes, tandis que les

parties postérieures appartiennent à l'autre; tantôt les appareils internes sont d'un sexe et les externes de l'autre. Quelques individus sont, à l'intérieur, mâles à droite et femelles à gauche, pendant que l'inverse a lieu à l'extérieur. Quel balancement organique! — Les œufs dont proviennent les hermaphrodites sont pondus dans les cellules d'ouvrières et devraient donc devenir des ouvrières; mais la reine ayant probablement (c'est l'opinion de M. Siebold) quelque défaut d'organisation, une partie de ces œufs ne sont fécondés qu'incomplétement, de manière que le développement des organes femelles reste à un état plus ou moins rudimentaire. Ces faits ont quelque analogie avec ceux qu'avait observés M. Thury, et dont nous avons déjà rendu compte (1).

(1) Ce phénomène paraît se rapporter aux expériences de M. Geoffroy-Saint-Hilaire sur le développement partiel de certaines parties du corps de l'animal contenu dans l'œuf, suivant qu'on gêne le développement de tel ou tel organe. Une nourriture plus abondante de la partie antérieure ou postérieure d'un des côtés de l'embryon ou de l'autre expliquerait cette curieuse observation.

TABLE DES MATIÈRES.

PARIS. — IMP. DE Mme Ve BOUCHARD-HUZARD, RUE DE L'ÉPERON, 5.

I. TRAVAUX INÉDITS.

NOTE sur une particularité de l'appareil reproducteur mâle chez l'*Accentor alpinus*, par M. Victor FATIO.

L'*Accentor alpinus*, un des jolis Passereaux de nos Alpes, nous montre, dans la simple comparaison des divers états de son appareil reproducteur, à différentes époques, une curieuse complication du plan ordinaire de cet appareil chez les oiseaux.

A l'approche des nichées, soit fin mai ou commencement de juin, et comme chez tous les oiseaux à l'époque du rut, les testicules de l'Accenteur prennent un grand développement ; ils arrivent même chez lui à des proportions si exagérées, qu'ils mesurent alors le tiers des dimensions du tronc.

Le testicule gauche, un peu plus fort que le droit, égale $0^m,02$ en longueur sur $0^m,0115$ en largeur, tandis que le tronc entier n'atteint qu'à $0^m,06$ en longueur.

Au côté interne de chacune de ces énormes glandes, des épididymes peu développés donnent ensuite naissance à des déférents qui, arrivés en droite ligne à la hauteur de la région cloacale, ne se terminent plus ici suivant leur mode habituel.

Les conduits déférents de l'Accenteur, au lieu de s'aller directement ouvrir dans le cloaque, s'entortillent à ses côtés en deux gros pelotons compacts ; ces pelotes séminifères, presque ovoïdes, enveloppées par un feuillet dérivé de la membrane péritonéale, pendent comme des sacs, de chaque côté de l'anus, dans des poches formées aux dépens de la peau du corps et soutenues par les os du pubis.

Les pelotes, égales entre elles, mesurent 0^m,012, suivant leur grand diamètre parallèle à l'axe du corps, et 0^m,008 suivant leur petit diamètre.

Après cet enchevêtrement presque inextricable, et représentant au moins 1 mètre de conduit enroulé, le déférent se libère vers le tiers inférieur de la face interne de chaque sac; de là, remontant un peu en arrière, il finit par venir, après quelques nouveaux contours, s'ouvrir dans le vestibule commun, à l'extrémité d'une petite papille sexuelle et non loin des ouvertures urinaires.

En automne, soit en novembre, l'Accenteur n'a plus que de très-minimes testicules mesurant tout au plus 0^m,0025 de long sur 0^m,0015 de large; ses conduits déférents qui ne possèdent plus qu'un très-petit renflement de leur canal, comme cela se trouve chez beaucoup d'oiseaux, viennent enfin, en convergeant, s'ouvrir presque directement dans le *vestibulum commune*.

Plus de pelotonnement, plus de sacs, la peau du corps s'est retirée; des organes si particuliers et si développés ont complétement disparu.

Les pelotes symétriques qui pendaient, au printemps, sous la queue de l'Accenteur ne rappellent-elles pas un peu, par leur position, les testicules d'animaux supérieurs; et leur disparition complète, les nichées une fois finies, ne présente-t-elle pas aussi comme une certaine analogie avec les montées et descentes périodiques de ces glandes chez quelques mammifères.

Il serait intéressant, je crois, d'arriver, par une étude plus approfondie, à la connaissance de la fonction particulière qui expliquerait, en la nécessitant, une complication si curieuse du déférent.

Il est bien à présumer que d'autres espèces présentent aussi le cas que je viens de décrire; mais je ne l'ai, jusqu'à présent, observé chez aucune autre, et n'en ai non plus trouvé aucune citation.

DESCRIPTION de quelques Mollusques nouveaux ou présumés tels, par M. AL. BONNET, ancien conseiller d'État, à Genève.

HELIX BROTII. Bonnet, pl. V, f. 1. — Coquille globuleuse à ombilic presque nul, très-finement striée et obliquement dans le sens de la hauteur, assez épaisse et luisante; sa couleur générale, d'un blanc opaque légèrement jaunâtre, est plus claire vers le sommet de la spire et un peu violacée vers cette dernière partie, plus pâle à la face ombilicale : trois bandes spirales d'un brun foncé également espacées et de la même largeur se remarquent sur le dessus de la coquille et sur le premier tour: une, légèrement plus pâle, sur le second; enfin une autre bande d'un fauve clair sur le troisième : spire conoïde, assez obtuse, composée de six tours arrondis, séparés par une suture bien marquée; ouverture simple, légèrement colorée de jaunâtre, et laissant assez voir, par transparence, les bandes brunes externes; bord columellaire blanchâtre se repliant un peu de manière à former un très-petit ombilic.

Hauteur totale, 31 mill.; le plus grand diamètre, 33 mill.; le plus petit, 30. Ouverture, 14 mill. de hauteur sur 20 mill. de large.

Habite Borneo. Je possède deux exemplaires de cette espèce dont un jeune a la coloration de l'intérieur de la bouche complétement blanche.

HELIX SINISTRA. B., pl. V, f. 2. — Coquille semi-globuleuse, légèrement aplatie et assez obtuse, à très-petit ombilic; pourvue d'une carène plus ou moins aiguë, peu saillante; test assez mince, peu luisant, finement chagriné sur les tours de spire et plus fortement sur la face

ombilicale; d'une couleur châtaigne foncée rougeâtre sur
la partie inférieure de la carène et beaucoup plus claire
et légèrement carminée vers le sommet de la coquille;
cette teinte se modifie en une couleur jaune clair légèrement verdâtre vers le commencement de chaque tour;
cette bande diminue de largeur et finit par disparaître
vers le sommet. Spire composée de sept tours légèrement
arrondis, à suture assez marquée; le premier est caréné,
un peu moins convexe en dessus qu'en dessous; ouverture
à gauche simple, d'un brun rouge par transparence, plus
large que haute, assez bâillante à sa partie inférieure et
convexe à la supérieure; la carène se faisant très-bien
sentir dans l'intérieur par le contraste de la couleur brune
et la bande jaunâtre; face ombilicale bombée à ombilic
creusé en entonnoir et très-petit; bord columellaire
presque nul et légèrement coloré de jaunâtre.

Hauteur, 20 mill.; plus grand diamètre, 32 mill.; plus
petit, 29; bouche, 16 mill. de largeur sur 6 de hauteur.

Habite Borneo. J'ai un exemplaire de cette espèce dont
la coloration est beaucoup moins vive que dans l'échantillon figuré.

HELIX VITREA. B., pl. V, f. 3. — Jolie petite espèce à
coquille imperforée, assez aplatie, trochiforme; pourvue
d'une carène saillante très-aiguë et tranchante, avec de
fines stries obliques que croisent d'autres stries spirales,
que l'on ne voit presque qu'à l'aide d'une loupe, et disparaissant complétement vers le sommet de la spire : le
test est très-mince, diaphane, assez luisant, beaucoup
moins en dessus de la carène qu'à la face ombilicale;
d'une couleur fauve clair, uniforme sur toute la surface
de la coquille, sauf le bord inférieur de chaque tour, à la
suture, qui est marqué par une petite bande brune assez
peu distincte, beaucoup plus chez les jeunes : spire composée de sept tours légèrement convexes; le premier est
fortement caréné vers son milieu; la partie supérieure un
peu convexe et le bord inférieur obliquement arrondi:

bouche simple, étroite, inégale, beaucoup plus large que haute, légèrement bâillante à sa partie inférieure ; bord columellaire nul : face ombilicale un peu bombée, très-luisante avec de fines stries rayonnantes.

Hauteur, 7 mill.; plus grand diamètre, 17 mill.; le plus petit, 15 ; hauteur de l'ouverture, 7 mill. sur 3 de large.

Habite l'Amérique du Sud.

BULIMUS PICTUS. B., pl. V, f. 4, 5, 6, et pl. VI, f. 1. — Cette belle espèce est très-variable ; le type est de forme assez allongée et a le facies de la plupart des Bulimes, presque lisse, avec quelques fines stries plus ou moins effacées ; le test est peu épais, transparent, d'un blanc légèrement jaunâtre, quelquefois légèrement violacé, surtout vers le sommet de la spire ; sept bandes spirales, d'un brun noirâtre, se remarquent sur le premier tour ; trois d'entre elles, situées vers le bord inférieur, sont assez larges et inégalement espacées ; l'intervalle entre la première et la seconde plus grand qu'entre celle-ci et la troisième ; enfin les quatre autres sont interrompues, formant des lignes de points brun noir unis quelquefois par une légère bande fauve clair ; du reste, ces particularités diffèrent assez suivant les échantillons ; quelquefois ces taches sont peu nombreuses ou disparaissent complétement, le sommet de la coquille en est toujours dépourvu ; spire conoïde légèrement obtuse au sommet, composée de sept à huit tours arrondis séparés par une suture bien marquée ; bouche simple transparente ; les bandes et les points bien marqués à l'intérieur, légèrement coloré de brun jaunâtre ; la columelle blanchâtre ou quelquefois rosée se repliant un peu et formant un ombilic bien prononcé.

Cette espèce a la partie du test comprise entre la bande brune inférieure et le bord de la bouche très-variable de la teinte générale de la coquille ; elle devient brique ou violacée, suivant les individus ; cette coloration persiste ussi dans la bouche ; quelquefois l'intervalle entre la

deuxième et la troisième bande est aussi de la même
couleur.

VAR. A, pl. V, f. 6. — D'un jaune paille plus clair
vers le sommet de la spire; les bandes, les points et
la coloration présentent les mêmes particularités que le
type.

VAR. B, pl. VI, f. 1.—Cette variété se remarque, dès le
premier abord, par une différence assez notable; elle possède les mêmes trois bandes brunes spirales; mais ce qui
la distingue le plus, ce sont des bandes verticales également
de la même couleur plus ou moins espacées, occupant à peu près le centre du premier tour; quelquefois
elles sont mêlées avec d'autres bandes d'un fauve plus ou
moins foncé et en plus grand nombre, suivant les individus; l'ombilic et la columelle présentent aussi les mêmes
particularités que dans les deux variétés précédentes.

Hauteur, 32 mill.; largeur du premier tour, 17; hauteur
de la bouche, 16 mill.; sur 6 de large. Ces dimensions sont
assez variables.

Habite le Pérou.

BULIMUS AMOENUS. B., pl. VI, f. 2.—Coquille assez allongée, se rapprochant beaucoup, pour le facies, du *bulimus
radiatus*, très-mince, transparente et peu luisante; elle
est d'une couleur légèrement fauve plus foncée et un peu
violacée au sommet de la spire; une large bande d'un brun
plus ou moins foncé et marqué contourne le bord inférieur du premier tour et en occupe presque la moitié; des
bandes verticales irrégulières et assez espacées, d'un
brun clair, se remarquent presque sur toute la surface de
la coquille, sauf les deux ou trois derniers tours qui en
sont dépourvus; les intervalles de ces bandes sont remplis par des lignes également de la même couleur, formant des stries assez fines. Spire composée de sept à huit
tours légèrement arrondis et à sutures assez marquées, le
premier étant assez allongé et peu renflé; bouche très-
transparente, d'une teinte brun clair, les bandes et les

stries externes assez marquées à l'intérieur ; péristome plus ou moins prononcé, médiocrement réfléchi, ensuite plus sensiblement et plus largement jusqu'au bord columellaire, où il se replie un peu de manière à former un ombilic assez profond.

Hauteur totale, 26 mill.; largeur, 11; hauteur de la bouche, 12 mill. sur 7 de large.

Habite le Pérou.

PUPA VARIUS. B., pl. VI, f. 3-4. — Coquille cylindrique fortement obtuse au sommet, striée par des petites lames assez fortes, également espacées, devenant de plus en plus fines vers le sommet et disparaissant complétement vers les deux ou trois derniers tours; assez épaisse, opaque et légèrement luisante; la coloration de cette espèce est très-variée, la teinte générale est d'un blanc de lait un peu bleuâtre, surtout vers le sommet; des taches d'un brun noirâtre plus ou moins grandes, ne formant quelquefois que des points, se trouvent presque sur toute la surface dn test; elles sont mélangées par d'autres d'un fauve plus ou moins foncé; les taches brunes sont aussi quelquefois entourées d'une zone de la même couleur; spire composée de dix à onze tours légèrement arrondis, à sutures un peu onduleuses bien marquées; les lames, légèrement obliques dans le sens de la hauteur, le deviennent quelquefois beaucoup plus vers le sommet; bouche assez petite par rapport à l'ensemble de la coquille, à bords épais rabattus sensiblement et formant un péristome bien prononcé; intérieur d'un brun noirâtre légèrement transparent, les stries de l'extérieur ne se voyant que faiblement; dents columellaires au nombre de deux, dont une assez forte vers le milieu supérieur de la bouche, et une autre plus ou moins marquée, suivant les échantillons, se trouve vers le milieu du bord latéral gauche de l'ouverture; ombilic assez prononcé.

Hauteur, 25 mill.; hauteur de la bouche, 9 mill. sur 7 de large.

Habite la Tasmanie. *les Antilles.*

La forme de cette espèce est assez variable; j'en possède de plus ou moins renflées.

FISSURELLA TASMANIENSIS. B., pl. VI, f. 5. — Coquille ovale plus large et plus bombée à sa partie supérieure et bâillante à la partie inférieure, striée finement et inégalement dans le sens de son contour, avec quelques sillons plus ou moins marqués; ces stries deviennent beaucoup plus fines et régulières au sommet; assez luisante et très-épaisse; d'une couleur générale d'un blanc légèrement jaune rougeâtre et un peu violacé vers l'extrémité, avec dix-huit bandes rayonnantes, plus ou moins larges, inégalement espacées, d'un rouge mercure clair, dont dix à la partie supérieure et huit à l'inférieure; du reste, le nombre est assez variable; le dessous est largement ouvert, d'un blanc opaque avec quelques fines stries renforcées d'un épaississement très-prononcé vers le bas de la coquille; cette doublure est beaucoup plus forte à la partie supérieure, tandis qu'elle est presque nulle à l'inférieure; elle est tachée irrégulièrement de brunâtre plus ou moins foncé; le trou perforant est ovale, un peu irrégulier et très-épais sur ses bords.

Longueur, 31 mill.; largeur de la partie supérieure, 26 mill.; l'inférieure, 22; trou perforant, 6 mill. de hauteur sur 3 de large.

Habite la Tasmanie.

NOTE sur les genres DROMICA, TRICONDYLA et COLLYRIS, par M. DE CHAUDOIR. — (*Suite*, voir p. 37.)

16. DR. ELEGANTULA (*Cosmema*), Boheman, *Ins. Cafr.*, I, p. 24, n° 25. Natal.

17. DR. FURCATA (*Cosmema*), Boheman, *l. c.*, p. 21, n° 22. L'exemplaire de cette belle espèce, que je possède, m'a été cédé par M. le docteur Schaum.

18. Dr. coarctata, Dejean, *Spec.*, II, p. 435, n° 1. — *Iconogr.*, 1ʳᵉ édit., p. 37, t. I, f. 5 (mâle). 2ᵉ éd. I, pl. 6, fig. 4 (femelle). — Klug, *Jahrb.*, p. 38, n° 1. J'en possède plusieurs individus du cap de Bonne-Espérance, provenant, en partie, de la collection Dejean.

19. Dr. vittata, Dejean, *Spec.*, V, p. 269, n° 2. Elle provient des mêmes localités que la précédente, mais elle est bien plus rare dans les collections. Je ne possède que l'individu femelle décrit par Dejean. S'il n'y avait que la largeur de la bande latérale qui la distinguât de la *coarctata*, il n'y aurait peut-être pas lieu à la considérer comme une espèce distincte ; mais les élytres sont plus régulièrement ovales, moins élargies au milieu, et l'extrémité ne forme pas un angle rentrant sur la suture ; elle est, au contraire, très-étroitement tronquée subobliquement, et terminée par une petite dent plus marquée.

20. Dr. marginella (*Cosmema*), Boheman, *l. c.*, p. 22, n° 23. Du pays des Zoulous ; les deux sexes. Je n'ai point de doute que mes individus appartiennent à l'espèce décrite par cet auteur ; mais il doit avoir eu un individu gras quand il dit que, dans la femelle, le labre est noir, avec une grande tache jaune de chaque côté, ou bien la couleur du labre varie dans cette espèce ; car, dans mes individus, la couleur du labre est d'un blanc jaunâtre un peu bordé de noir dans les deux sexes.

21. Dr. lepida (*Cosmema*), Boheman, *l. c.*, p. 23, n° 24. Du même pays que la précédente ; les deux sexes. La tache blanche humérale manque dans la femelle que je possède.

22. Dr. trinotata, Klug, *Jahrb.*, p. 40, n° 4. Mâle. La femelle a été décrite comme espèce distincte par Klug, *ibid.*, n° 5, sous le nom d'*interrupta*, quoiqu'il eût déjà des doutes à cet égard. Elle habite les environs du cap de Bonne-Espérance ; mais je n'ai pu encore me la procurer.

23. Dr. gilvipes (*Cosmema*), Boheman, *l.c.*, p. 25, n° 26.

De l'intérieur de la Cafrerie. Elle manque également à ma collection ; mais je crois que M. Thompson l'a reçue du pays des Zoulous.

Genre TRICONDYLA.

Espèce nouvelle : T. STRICTICEPS. Long., 17 1/2 m. Tête comme celle de la *conicicollis*, Chaudoir ; sillons frontaux très-profonds et se prolongeant derrière les yeux de manière à former un étranglement, entre lequel et les yeux on remarque, sur le côté, comme dans la *coriacea*, un angle obtus ; le corselet est allongé et peu renflé vers le milieu, comme dans la *macrodera*, Chaudoir, mais l'étranglement antérieur est moins allongé que dans cette espèce, et ne diffère guère de celui des espèces voisines de l'*aptera*; l'étranglement postérieur est brusque et profond ; les élytres, peu allongées, sont, à leur base, plus étroites que le corselet, elles se dilatent assez en arrière, et, en dessus, elles forment une gibbosité très-forte ; la base est fortement rugueuse dans la partie amincie ; sur la partie antérieure de la gibbosité on distingue quelques plis irréguliers, le reste est couvert de points enfoncés, médiocrement serrés, terminés en pointe, et s'oblitérant vers l'extrémité, sans disparaître toutefois entièrement. Antennes annelées de rouge, comme dans les autres espèces; cuisses entièrement d'un rouge sanguin ; le reste du corps d'un noir un peu bleuâtre.

Cette espèce, bien distincte, provient de la presqu'île de Malacca ; j'en ai un individu femelle, et j'en ai vu un second dans la collection du comte Mniszech.

Observations. Ayant pu, grâce à l'obligeance de M. Thomson, examiner sa *Tr. Wallacei*, je me suis convaincu que ma *crebre-punctata* n'en différait point, et que le nom que je lui ai imposé devait être mis en synonymie.

M. Lorquin a récemment envoyé deux individus mâles de ma *Tr. punctulata*, qui font maintenant partie de ma collection. Ils ne diffèrent presque point de la femelle que je possédais, et m'ont servi à constater l'authenticité de cette jolie espèce.

La *Tr. pulchripes*, White, se retrouve en Cochinchine, d'où j'en ai vu deux individus.

Genre COLLYRIS.

Ne pouvant encore faire paraître le mémoire que je prépare sur ce genre intéressant, je fais provisoirement connaître les descriptions de quelques espèces remarquables et inédites.

C. MNISZECHII. Long., 22 1/2 m. Mâle. Labrum subtransversum, quinquedentatum, dente laterali ut in *Lafertei* sinu angusto profundissimo ab intermediis diviso, acuto, medio angusto, subacuto, cæteris duobus apice truncatis, latiusculis; nigrum, macula parva laterali flava. Palpi maxillares articulo penultimo magno inflato, ultimo parvulo, nigri; articulo secundo apice fuscescente, labiales apice valde securiformes, articulo basali rufescente, ultimo rufo-maculato; antennæ sat tenues, mediocres, vix dimidium thoracis æquantes, apicem versus permodice incrassatæ, basi nigro-violaceæ, extus nigro-piceæ; *caput* mediocre, ante basin modice strangulatum, fronte late rotundatim excavata, medio bilineata, pone lineas transverse subimpressa, postice carina obtuse arcuata a vertice distincta; oculi magni prominuli; *thorax* capite cum labro longior, eodemque vix angustior basi profunde abrupte strangulatus, ante strangulationem valide inflatus, anterius in mare sensim in fœmina abruptius angustatus et supra gibbosus, lateribus valde rotundatis, collo modice tenui, margine anteriore modice elevato-reflexo; totus supra subtusque parce punctulatus, pilisque erectis griseis obsitus; *elytra* thorace paulo latiora, capiteque cum thorace vix dimidio longiora, cylindrica, postice vix dilatata, ante apicem subabrupte rotundatim declivia, humeris subrectis prominulis, basi profunde transverse impressa, apice late truncato, extus subacute dentato, angulo suturali recto, sutura posterius subcarinata, supra medio latius grosse intricato plicata, anterius parce minus profunde, pone medium grossius punctata, punctis posterioribus elongatis, summo apice sublævigato; sternum punctato-pilosulum; abdomen læve. Tota obscure violacea, nitida, femoribus cum coxis ferrugineis, tibiis intermediis summo apice, posticis cum tarsis longius rufescentibus, his articulis duobus ultimis violaceis.

Cette belle espèce vient de Siam. Je l'ai achetée avec un choix d'insectes de la collection de M. Jeakes à Londres. Les palpes et le labre sont comme ceux des *Coll. Lafertei* et *Dohrnii*, avec lesquels elle forme une section distincte.

C. INSIGNIS. Long., 22 m. Femelle. Labrum semi-circulare, productum, septemdentatum, nigro-cyaneum ; antennæ dimidium thoracis superantes, sat tenues, extus vix incrassatæ, basi nigro-violaceæ, latius rufo-annulatæ, extus piceæ; *caput* crassiusculum, vertice subgloboso, postice strangulato, fronte sat impresse bisulcata, inter sulcos transverse impressa his parum approximatis ; oculis magnis prominulis ; *thorax* capite paulo longior, basi latior, ante basin vix strangulatus, supra vero profunde transversim impressus, parte intermedia posterius basi angustiore, ante medium satis, sed minus abrupte angustata, lateribus subrotundatis collo anteriore subelongato, modice tenui supra subgibbo, margine antico satis elevato, reflexo ; totus lævis, glaber, obsoletissime transverse striolatus; *elytra* thorace fere duplo latiora, eodemque cum capite dimidio longiora, cylindrica, posterius perparum ampliata, apice sat declivia, humeris prominulis, subrectis, apice subemarginato-truncato, extus rotundato, haud angulato, sutura subcarinata ; medio latius minus grosse intricato plicata, basi et pone medium satis punctata, apicem versus sublævia ; supra cyaneo-violacea, subtus viridi-cyanea ; pedes nigro-cyanei, femora cum coxis posticis læte ferruginea, tibiæ posticæ summo apice cum tarsis ferrugineæ, his articulis ultimis duobus piceis.

Cette espèce remarquable, dont j'ai vu un second indi-vidu plus obscur dans la collection Mniszech, vient de Sylhet, dans le nord de l'Hindostan.

(*La suite prochainement.*)

II. SOCIÉTÉS SAVANTES.

ACADÉMIE DES SCIENCES.

Séance du 7 mars 1864. — M. *Flourens,* secrétaire per-pétuel, signale, parmi les pièces imprimées de la corres-pondance, une note de M. *P. Gaubert,* intitulée : *Insti-tution des expériences relatives aux alliances consanguines;* - Et une note écrite en italien, par M. *Gallo,* contre la doctrine des générations spontanées.

Ces deux notes pourront être renvoyées à titre de pièces à consulter, l'une à la commission chargée de l'examen des diverses pièces relatives aux résultats des mariages consanguins, l'autre à la commission chargée de faire répéter, en sa présence, les expériences de M. Pasteur, et celles de MM. Pouchet, Joly et Musset.

M. le secrétaire perpétuel communique la lettre sui-vante, que lui ont adressée MM. *Pouchet, Musset* et *Joly,* en réponse à celle par laquelle il leur annonçait que la commission, nommée par l'Académie, dans la séance du 4 janvier, avait décidé que leurs expériences sur l'hétéro-génie pourraient être répétées, en sa présence, dans la première quinzaine de mars :

« Lorsque nous avons reçu la lettre que vous nous avez fait l'honneur de nous écrire, notre premier senti-ment a été un sentiment de gratitude pour la bienveillance particulière avec laquelle l'Académie a daigné accueillir le vœu que nous lui avons exprimé.

« Nous nous empresserions de nous rendre à son appel

pour répéter nos expériences sur l'hétérogénie devant la commission nommée à cet effet, si le succès de ces expériences, *essentiellement physiologiques*, ne dépendait pas, en grande partie, des conditions naturelles dans lesquelles on doit se placer, et notamment de la température atmosphérique. Or la saison actuelle est, on le conçoit, des plus défavorables. Aussi notre intention formelle était-elle de n'aller à Paris que vers le milieu de l'été, si toutefois ce projet, basé sur une nécessité scientifique, pouvait entrer dans les convenances de la commission appelée à juger entre nos adversaires et nous.

« L'Académie comprendra que, dans une épreuve aussi décisive et aussi délicate que celle dont il s'agit, nous ayons à cœur de nous entourer de toutes les précautions qu'exige la prudence. Ce serait, selon nous, compromettre nos résultats, et peut-être n'en obtenir aucun, que d'opérer par une température qui, même au printemps, est souvent de plusieurs degrés au-dessous de zéro dans le midi de la France. Qui peut donc nous assurer que, de l'intervalle du 1er au 15 mars, il ne gèlera pas à Paris?

« Convaincue elle-même que la température extérieure a une très-grande influence sur les fermentations, et, par suite, sur la genèse des Microphytes et des Microzoaires, l'Académie voudra bien agréer, nous l'espérons de sa justice, les respectueuses observations que nous avons l'honneur de lui présenter, et nous la prions d'ajourner jusqu'à l'été prochain les expériences que nous devons répéter devant elle.

« En conséquence, dans l'impossibilité où nous sommes de nous rendre en ce moment à l'appel qui nous est adressé, nous vous prions, Monsieur, d'être assez bon pour vous faire, auprès de vos illustres collègues, l'interprète de nos regrets, et pour les remercier, en notre nom, d'avoir aplani les difficultés matérielles d'un onéreux déplacement. »

Remarques de M. Pasteur *à l'occasion de cette commu-*

nication. — « Je suis bien surpris de ce retard apporté par MM. Pouchet, Musset et Joly aux opérations de la commission. A l'aide d'une étuve il eût été facile d'élever la température au degré désiré par ces messieurs. Quant à moi, je m'empresse de déclarer que je suis à la disposition de l'Académie, et qu'en été, comme au printemps et en toute saison, je serai prêt à répéter mes expériences. »

M. *Bernard* présente, de la part de M. *Marcussen*, de Saint-Pétersbourg, un mémoire *sur l'anatomie et l'histologie du* Branchiostoma lubricum , Costa (*Amphioxus lanceolatus*, Yarrell).

« On pourrait croire qu'après les travaux de M. Johannes Müller et de M. de Quatrefages il y aurait peu de chose à trouver dans l'anatomie et l'histologie de ce curieux animal ; mais, comme il y a déjà presque vingt ans que ces deux naturalistes ont publié leurs mémoires et que, depuis ce temps, les moyens de recherches se sont beaucoup perfectionnés, j'ai, pendant mon séjour à Naples, soumis le *Branchiostoma* à de nouvelles recherches, qui m'ont fait trouver beaucoup de faits inconnus à mes prédécesseurs, et rectifier plusieurs des résultats annoncés par eux.

« Système vertébral. — 1. *Corde dorsale.* — Elle est composée, comme on le sait, d'une gaine et d'un contenu. Le dernier avait été décrit par Goodsir et Johannes Müller comme constitué par une masse fibreuse séparable en rondelles. M. de Quatrefages avait nié l'existence des dernières, et annoncé que la corde dorsale était composée de cellules juxtaposées dont il avait donné des figures. D'après mes recherches, ces cellules n'existent pas, et aussi M. Max Schultze n'a pas pu les trouver. La corde dorsale se sépare facilement en rondelles, tellement qu'on les voit déjà chez l'animal vivant ; mais la séparation n'est pas complète. Les rondelles sont très-minces, leur épaisseur est de $\frac{1}{250}$ de millimètre, et elles sont réunies des deux côtés par une substance très-mince, qui part des deux surfaces d'une grande quantité de points, tellement qu'en séparant une rondelle de sa voisine on déchire la membrane de réunion, dont les débris se présentent alors en forme d'un réseau sur la surface de la rondelle, ce qui donne à toute la rondelle l'aspect comme si elle était composée de cellules; mais en réalité il n'y a ici qu'une rondelle lisse, dont la surface est couverte des lambeaux de la substance de réunion. Les contours se séparent en forme de fibres. Quelquefois on voit dans la substance de la rondelle elle-même quelques noyaux tout à fait transparents. Peut-être le réseau de la substance de réunion présente-t-il les restes de cellules. Mais, à cela près, il n'y a pas de cellules dans la corde dorsale du *Branchiostoma.*

« 2. *Cartilage buccal.* — Ce cartilage, ainsi que ses prolongements qui forment le squelette des cirrhes buccaux, est de même composé d'une masse qui se sépare facilement en rondelles; mais ici les cellules dont ils sont composés n'ont pas disparu complétement, car on y voit des *noyaux* plus ou moins grands, granulés dans une masse intercellulaire. M. de Quatrefages avait bien vu cela; mais il avait cru voir des cellules sans noyau dont les contours se touchaient, ce qui n'a pas lieu.

« SYSTÈME NERVEUX. — C'est un mérite de M. de Quatrefages d'avoir mieux décrit que ses prédécesseurs la distribution des nerfs; aussi lui doit-on l'intéressante observation que le système central nerveux est composé d'une série de renflements correspondant à l'origine des nerfs, ce que j'ai pu constater. Mais, quant à l'origine des nerfs, il nous a laissés dans le doute, et, quant à la terminaison des nerfs, ses observations sont très-incomplètes, ce que j'attribue à l'infériorité des microscopes dont il pouvait se servir en 1844, comparés à ceux dont il eût pu faire usage en 1862. Je me suis servi d'un microscope de M. Hartnack, successeur de M. Oberhæuser, et d'un grand microscope de MM. Smith, Beck et Beck.

« Le système nerveux central est composé de cellules et de fibres nerveuses. Les cellules sont très-minces, transparentes, rondes, remplies de granulations, et ont un diamètre de $0^{mm},02$ à $0^{mm},05$; leur petit noyau n'a que $0^{mm},006$. Sur l'animal vivant on n'a pas pu constater leur présence. C'est seulement après avoir mis tout l'animal dans une légère solution d'acide chromique qu'on a pu les voir. La gaîne du système central nerveux, que M. de Quatrefages avait trouvée, existe, mais les fibres nerveuses qu'il avait niées existent aussi ; elles sont très-minces, droites, couvertes de petites granulations.

« Outre ces deux éléments, il y a une grande quantité de capillaires dans le système nerveux central. M. de Quatrefages avait trouvé « qu'au delà du dernier renflement « la moelle épinière se prolonge en un filet mince, qui se « renfle et forme une sorte d'ampoule très-prononcée au « niveau même de l'extrémité de la corde dorsale. » L'observation est juste ; mais l'ampoule et tout ce filet terminal ne sont que des capillaires dont une anse forme l'ampoule.

« Les nerfs spinaux naissent à la partie supérieure latérale de la moelle épinière, comme je l'ai vu dans des coupes transversales. De là les racines partent en forme d'un tronc comparativement très-épais. Il n'y a pas deux racines ; mais dans l'intérieur de la racine on voit des fibres primitives très-minces (des axes cylindriques) qui y arrivent de différents côtés. Les racines sont entourées d'une gaîne dans laquelle on voit des capillaires. Après sa sortie, le tronc nerveux se tuméfie, et j'ai réussi à voir une fois dans cette tuméfaction une cellule ganglionnaire avec son noyau. C'est seulement derrière la tuméfaction que le tronc se divise, comme M. Müller et M. de Quatrefages l'ont décrit. Je crois que la tuméfaction représente le ganglion spinal des vertébrés.

« *Terminaison des nerfs.* — M. de Quatrefages en avait vu deux modes : dans l'un, il avait vu et dessiné un filet nerveux « aboutissant à de petits organes vésiculaires « ovoïdes à parois proportionnellement épaisses, qui sont, « d'après lui, probablement des cryptes mucipares ; » dans l'autre, il avait vu les nerfs se terminer par des filets homogènes transparents qui, à leur dernière extrémité, « s'épatent en formant un cône irrégulier ou un petit ma- « melon qui s'applique contre la couche interne des tégu- « ments. » Ce que M. de Quatrefages avait décrit existe ; mais ce n'était que le commencement de la fin. Les petits organes vésiculaires ne forment pas une terminaison, mais sont placés dans le trajet des dernières ramifications des nerfs. Il y a deux sortes de ces corps, des grands et des petits. C'est surtout à la partie supérieure de la tête où j'en ai vu le plus ; dans la partie inférieure et dans le bord de la nageoire il y en a beaucoup moins. Mais ces corps, qui, au premier aspect, ont la forme d'une cellule avec un noyau, ne sont que des anses de la fibre nerveuse : c'est-à-dire que la fibre nerveuse, au lieu de marcher directement en avant, se tourne autour d'elle-même. Quelquefois elle répète cette disposition tellement, que le même nerf offre plusieurs endroits où il y a de ces corps. Là où ils sont grands (et alors ils ont un diamètre de $0^{mm},012$ à $0^{mm},020$), le nerf sur lequel ils se trouvent est plus large. Outre les grands corps, il y a des petits qui n'ont qu'un diamètre de $0^{mm},006$. Sur le même nerf, on trouve et les grandes et les petites anses ; mais une fois les petites anses se rencontrent derrière les grandes, une autre fois avant les grandes. Quant aux terminaisons des nerfs, elles ne se trouvent pas dans ces anses ; mais voilà ce que l'on voit. Chez le branchiostome on a le grand avantage de pouvoir examiner les nerfs depuis leur origine jusqu'à leur fin. L'espace qu'ils parcourent dans la tête est très-court. Ainsi, si l'on prend un des trois nerfs qui partent de l'extrémité antérieure du système nerveux central, et qui se dirige de haut en bas et se distribue dans la partie inférieure de la téte, sa longueur, depuis l'origine jusqu'à sa fin dans le bord inférieur de la téte, n'a que $\frac{1}{6}$ de millimètre. A l'origine, le tronc n'est pas plus large que $\frac{1}{30}$ à $\frac{1}{40}$ de millimètre. $\frac{2}{15}$ de millimètre en avant de l'origine, ce nerf se divise en trois branches, dont chacune a une largeur de $\frac{1}{60}$ de millimètre. $\frac{2}{15}$ de millimètre plus loin, chaque branche se divise de nouveau, et chaque division a à peu près $\frac{1}{80}$ de millimètre. $\frac{1}{15}$ de millimètre plus loin, il y a de nouveau une division en plusieurs filets, dont chacun a une largeur de $\frac{1}{125}$ de millimètre. D'ici, le reste des divisions a encore à parcourir jusqu'au bord inférieur de la téte $\frac{6}{15}$ de millimètre. La largeur des nerfs devient moindre jusqu'à $\frac{1}{250}$ de millimètre, et de ces filets très-minces partent les terminaisons; quelques-uns pourtant ont déjà pris naissance des troncs antérieurs. Les dernières terminaisons sont des branches extrêmement courtes, des petits cylindres qui partent des troncs terminaux de deux côtés en grande quantité, et qui ont une largeur de $\frac{1}{150}$ de millimètre et une longueur un peu plus grande. Jusqu'ici, les cylindres terminaux compris, les nerfs ont une gaine transparente et un contenu granuleux qui empêche de voir les fibres primitives nerveuses que l'on voyait très-bien dans les racines des nerfs. On voit, dans quelques endroits seulement, quelque chose comme des fibres; mais c'est rare. Mais au bout des cylindres on voit sortir de leur milieu les fibres nerveuses terminales, qui sont transparentes, grisâtres, sans la moindre trace de granules, et qui n'ont pas de gaine propre. Ce n'est qu'avec un grossissement de 450 à 500 diamètres qu'on peut bien les voir. Mais, pour bien apercevoir leur distribution ultérieure, il faut un grossissement de 750 diamètres. La fibre terminale, un cylindre-axis, d'une largeur de $0^{mm},0005$, $0^{mm},0008$, $0^{mm},001$, en sortant se divise encore, se renfle un peu;

de ces renflements, qui n'ont ni noyau ni granules, partent des fibres qui vont à d'autres petits renflements, et ainsi de suite. De cette manière se forme un réseau que j'ai cru parfois terminal; mais quelquefois, en faisant un petit mouvement avec la vis du microscope, j'ai vu partir, là où l'on croyait une fin, encore des filets que je n'ai pas pu poursuivre plus. Pourquoi, me suis-je demandé, un observateur aussi habile que M. de Quatrefages n'a-t-il pu voir ces détails? et j'ai dû me répondre que : 1° nos microscopes d'aujourd'hui sont meilleurs que ceux de 1845; 2° je présume qu'il a fait ses observations sur des individus qui étaient couverts de leur épithélium, et alors c'est impossible de voir les terminaisons.

« J'ai dit que les cylindres-axis se divisent après être sortis des cylindres terminaux; mais les fibres primitives des troncs doivent se diviser aussi, car, à l'origine, on voit dans le tronc cinq à sept fibres primitives. En se divisant et en formant les cylindres terminaux, dont le nombre s'élève jusqu'à vingt, trente et plus, les fibres primitives ont dû se diviser.

« Retzius, Joh. Müller, M. Kolliker et M. de Quatrefages parlent de deux yeux; M. Max Schultze n'a pu en trouver qu'un seul. En examinant beaucoup d'individus, on voit qu'il y en a qui ont deux yeux, mais aussi d'autres qui n'en ont qu'un seul. »

Séance du 14 mars. — M. *Flourens* présente à l'Académie un ouvrage qu'il vient de publier et qui a pour titre : *Examen du livre de M. Darwin sur l'origine des espèces.*

M. *de Vibraye* lit la note suivante accompagnant la présentation des objets recueillis dans les terrains de transport, les cavernes et les brèches osseuses.

« J'ai regardé comme un devoir de présenter, à l'appui de la communication que j'avais l'honneur d'adresser il y a quinze jours à l'Académie des sciences, les pièces justificatives. J'ai tout d'abord à m'excuser de cette volumineuse exposition que j'ai réduite autant que possible en choisissant les spécimens dans plus de quatre-vingts tiroirs.

« Je dois, en outre, faire ici bien comprendre que je cherche à m'effacer complétement devant l'autorité des faits. Je m'efforcerai toujours de me prémunir contre les idées préconçues; j'appelle de tous mes vœux les observations et *même* les objections. Je comprends l'utilité d'écarter au début les idées théoriques et l'esprit de système, de se contenter d'enregistrer loyalement tous les faits acquis à la science, et d'attendre patiemment l'époque de leur interprétation.

« D'autre part, j'écarterai le reproche d'avoir essayé de pousser trop loin les investigations. Qu'est-ce à dire? Le fait acquis et dûment constaté pourrait-il donc porter atteinte à la vérité? Celle-ci n'est-elle point immuable dans son essence, et son interprétation seule sujette à l'erreur?

« J'écarte donc, jusqu'à nouvel ordre, je le répète, l'appréciation théorique. Je me suis contenté d'enregistrer les faits et de soumettre à votre illustre contrôle l'examen des échantillons que sept années de recherches m'ont permis de recueillir.

« Dans mon explication verbale des objets déposés sur le bureau de l'Institut, je ne signale qu'un fait nouveau, la présence, dans la couche inférieure des grottes d'Arcy, d'un sacrum d'*Ursus spelæus* présentant une entaille nette et profonde. D'autre part, j'ai fait observer incidemment qu'un certain nombre de mâchoires inférieures d'*Ursus spelæus* adultes sont pourvues de leur première et même de leur deuxième prémolaire, ce qui tend à prouver que la caducité de ces dernières n'est pas un caractère assez constant pour consentir à l'adopter sans réserve. »

Séance du 21 mars. — M. *Flourens* communique la lettre suivante sur l'anthropologie :

« Le savant M. *Volpicelli* me communique, de Rome, un exemple de longévité fort remarquable ; il s'agit d'une *centenaire*, morte à l'âge de 122 ans.

« Des *centenaires*, morts à l'âge de 100 et même de 110 ans, ne sont pas des cas rares ; mais des *centenaires* morts à 122 ans commencent à l'être. Ils sont en même temps, pour la physiologie, d'une grande importance. Pourquoi ? C'est que, tant qu'on ne dépasse guère 100 ou 110 ans, on reste dans les limites de ce que je nomme la *vie normale*, et que, dès qu'on arrive à 122 ans, on commence à compter dans les limites de ce que je nomme la *vie extrême*. Or la limite de cette *vie extrême* est très-difficile à fixer, vu la pénurie des faits. »

M. *Ramon de la Sagra* communique une autre note anthropologique *sur la fécondité des mariages dans les villes de l'intérieur de l'île de Cuba*. Il cite des mariages qui ont eu jusqu'à 26 enfants, dont la plupart vivants à la fois. Les ménages de 15 à 20 enfants sont très-nombreux. « J'ai vu, ajoute-t-il à la suite de son tableau, les parents de l'une de ces deux dernières familles. Le mari avait quatre-vingt-huit ans et la femme quatre-vingt-cinq ; ils conservaient encore 5 filles, et une progéniture de 85 petits-fils, et 100 arrière-petits-fils.

« Il paraît qu'à Santiago de Cuba les cas d'extrême fécondité sont encore plus nombreux. A Trinidad, un recensement de 1853 constatait l'existence de 123 familles de la classe blanche avec des enfants vivants au nombre de 8 à 10, et de plus de trente cas de jumeaux adultes dans une population blanche de moins de 7,000 âmes.

« Beaucoup de femmes cubanaises deviennent mères à l'âge de treize ans, et d'autres continuent d'être fécondes jusqu'à celui de cinquante. En 1856, le village de Banao présenta quatre cas d'enfantement de 3 individus, et la ville de Santi-Espiritu six cas de jumeaux.

« Ce qui doit sembler très-remarquable, outre la fécondité des femmes cubanaises, c'est que presque la totalité de celles qui habitent les villes de l'intérieur nourrissent leurs enfants. Les conditions heureuses du climat, la simplicité uniforme d'une vie calme et tranquille, et le bien-être matériel qui entoure les familles, sont des circonstances qui secondent merveilleusement la douceur et la bonté incomparables de ces femmes, qui réunissent ainsi toutes les qualités désirables pour remplir les devoifs dé la maternité.

« J'ai publié les noms des parents de ces familles dans la relation de mon dernier voyage, imprimé en espagnol, à Paris, en 1861, et dont j'ai eu l'honneur d'adresser un exemplaire à la bibliothèque de l'Institut. »

M. *Trémaux* a lu encore un mémoire d'anthropologie intitulé : *Transformations de l'homme à notre époque par l'action des milieux.*

Nous reproduisons de ce mémoire les premiers paragraphes, qui donneront une idée suffisante des observations de l'auteur, et de la manière dont il en fait usage pour soutenir la thèse qu'il défend.

« Dans les régions septentrionales du continent africain, je fus frappé de la différence des types indigènes avec ceux des Soudaniens, et surtout ceux des nègres qu'on y rencontre. Me rappelant les opinions des naturalistes, je pensai simplement qu'il s'agissait, selon les uns, de différentes espèces d'hommes, ou bien, selon les autres, de races qui auraient été diversifiées d'abord par des causes primordiales, inhérentes au premier état de notre planète, et ensuite modifiées par des croisements et autres causes. Mais, en partant de l'Égypte pour remonter vers la Nigritie, je remarquai que, malgré toutes les migrations, les invasions, les bouleversements qui ont porté les plus grandes perturbations dans les populations de ces contrées, on reconnaît néanmoins une progression régulière dans la modification des peuples. Il me sembla qu'il y avait dans ce fait une cause grande et puissante qui posait là son empreinte, et harmonisait cette succession de peuples, selon une loi naturelle, indépendante de leurs mélanges, supérieure au croisement.

« La traversée du grand désert de Korosko vint faire une interruption dans les populations avec lesquelles nous étions en contact. Des Barabra ou Berbères occupent les deux côtés de ce désert, et ce qui me surprit le plus, ce fut de voir que la fraction de ce même peuple qui habite le côté sud du désert est beaucoup plus noire que celle qui occupe le côté nord. La chevelure est aussi plus frisée. Ces habitants sont tellement noirs, que, si l'on en voyait des individus dans nos pays, on les prendrait volontiers pour des nègres. Ensuite nous vîmes des peuples arabes dont le teint est également très-foncé, et, les comparant à d'autres Arabes blancs ou très-peu colorés, que j'avais vus dans l'Afrique septentrionale, je n'en fus pas moins surpris.

« En continuant nôtre marche vers le sud, nous trouvâmes, dans le Sennâr, des peuples Foun ou Foungi (anciens Fout), dont le teint était entièrement noir, les cheveux fortement crêpés, et les traits, en grande partie, transformés dans le sens de ceux des nègres. A côté de ceux-ci, et même plus au sud, joignant les peuples nègres, nous trouvâmes des Arabes qui ne continuaient pas la progression. Ils étaient moins noirs, avaient les cheveux peu crêpés, et les traits presque intacts ; mais aussi il y a peu de siècles qu'ils habitent ces régions reculées.

« Cet ensemble de faits frappa vivement mon attention. Je cherchai à reconnaître si la cause de ces transformations venait du croisement de ces différents peuples avec les nègres, ou bien de l'influence du milieu ; car il ne pouvait être question d'hommes ainsi créés, puisque leur origine et leurs migrations sont connues, et que des fractions de ces mêmes peuples sont répandues au sud et au nord des déserts, comme pour attester les différences actuellement survenues entre eux.

« Dans nulle autre contrée du globe, on ne peut suivre d'aussi loin la marche des peuples ; nulle part aussi les contrastes n'étant plus frappants, cette étude nous semble mériter une sérieuse attention. Toutefois, dans cet examen, nous négligeons les faits de détail, sur lesquels on ne possède pas de documents suffisants, et nous ne nous attachons qu'aux grands traits généraux, les plus propres, d'ailleurs, à donner uue bonne base d'appréciation.

« Des raisons nombreuses et puissantes tendent à montrer que cette transformation des peuples est due à l'action des milieux. D'abord il résulte de nos observations, comme de celles des autres voyageurs, que les peuples d'origine asiatique répandus au Soudan, loin de fraterniser avec les nègres, vivent avec eux dans un état de guerre acharnée et presque continuelle. Ensuite les esclaves qui proviennent de ces guerres ne sont pas conservés au Soudan, d'où il leur serait trop facile de regagner leur pays, et où, d'ailleurs, les besoins sont très-restreints. Ils sont envoyés dans l'Afrique septentrionale, où, comme chacun le sait, les jeunes femmes esclaves sont d'un prix qui atteste assez pour quel usage elles sont recherchées de leurs maîtres. Il y a donc là des croisements plus fréquents qu'au Soudan, et pourtant, que voyons-nous? Au nord des déserts, l'homme noir passe au blanc, le peuple conserve son type, tandis que le blanc passe au noir dans le sud. Le croisement ne serait ainsi qu'un accident temporaire dont le résultat se perd peu à peu sous l'action des milieux, et ce n'est pas à lui qu'il faudrait attribuer le résultat définitif du changement.

« D'autres raisons viennent à l'appui de celle-ci. D'abord l'action des milieux et le croisement ont une manière distincte d'agir. Par le croisement, les traits se modifient de suite très-fortement et individuellement, mais surtout dans le sens propre au milieu duquel il se produit. Ainsi, en Europe, le métis passe plus fortement au type blanc; dans le Soudan, au type noir. Toutefois, dans ce dernier pays, cet effet est moins constant, moins prononcé, ce qui, appuyé d'autres raisons que nous donnons ailleurs, semblerait indiquer que l'homme se modifie plus facilement dans le sens du perfectionnement que dans le sens contraire. Bien que les individus croisés se fondent de plus en plus dans le type général par une suite de générations, ce n'en est pas moins la marche du croisement que l'on observerait, quoiqu'à un moindre degré, s'il était le principal agent. L'action des milieux, d'après ce que nous voyons, agit non en détail, mais d'une manière générale, en commençant par modifier le teint de plus en plus à chaque génération ; elle agit moins vite sur la chevelure et plus lentement encore sur les traits. Cette dernière marche est celle que l'on reconnaît en général.

« Une autre raison encore, c'est que, s'il s'agissait d'un effet du croisement, au lieu de voir les peuples d'origine asiatique du Soudan complétement noircis, ils auraient nécessairement conservé sur le résultat du mélange une part d'influence proportionnelle à la part considérable qu'ils y ont apportée. Il est donc facile de voir que c'est, en somme, l'action des milieux qui a transformé ces peuples au Soudan. Le croisement n'est considéré comme principal agent que parce que ses effets sont tout d'abord très-saisissables : mais il ne saurait expliquer que partiellement et incomplètement les faits que nous signalons. »

M. *Hollard* lit un mémoire ayant pour titre : *Du temporal et des pièces qui le représentent dans la série des animaux vertébrés.*

« Mes études sur le squelette des poissons, et en particulier celles que j'ai faites en vue de déterminer le système si complexe de leurs pièces faciales, m'ont conduit à rechercher, non-seulement dans cette classe, mais dans la série entière des Vertébrés, les divers éléments du temporal, leur nombre d'abord, puis le représentant de chacun d'eux dans les quatre classes ovipares. J'ai l'honneur de soumettre aujourd'hui à l'Académie le résultat général de ces recherches. Je crois avoir constaté :

« 1° Que le groupe des pièces temporales étudié chez les Mammifères, et d'abord chez le fœtus, se compose, non des quatre éléments généralement admis, mais du rocher, de l'écaille et de deux pièces tympaniques, le cadre et la caisse ;

« 2° Que le mastoïdien, qui a joué un grand rôle dans les déterminations des homologies, n'est pas un os distinct, mais une région du rocher, née du même cartilage et comprise dans le même travail d'ossification ;

« 3° Que l'écaille temporale se retrouve, chez les Oiseaux, dans la pièce désignée comme telle par Cuvier ; chez les Reptiles et les Poissons, dans le mastoïdien de cet auteur ; qu'elle manque aux Amphibiens, comme on l'admet généralement ;

« 4° Que le cadre devient, chez les Reptiles et les Oiseaux, sous le nom d'*os carré*, le suspenseur de la mâchoire inférieure, et la caisse, sous la dénomination de *carré jugal*, un premier membre de l'arcade zygomatique de ces ovipares allantoïdiens ;

« 5° Que chez les Anallantoïdiens, Batraciens et Poissons c'est cette deuxième pièce tympanique, la caisse, qui devient le suspenseur de la mandibule, tandis qu'elle abandonne peu à peu son rôle de pièce zygomatique ;

« 6° Qu'enfin le labyrinthe, se dépouillant de plus en plus, chez les ovipares, de sa couche osseuse extérieure, emprunte un abri aux os voisins, puis finit, chez les Poissons osseux, par se placer à l'intérieur du crâne, en sorte que le rocher, qui n'est que le labyrinthe ossifié, et plus ou moins complétement enveloppé dans sa propre solidification, manque nécessairement dans cette dernière classe de Vertébrés. »

M. *Budge* présente la seconde partie de son *Mémoire sur l'action du bulbe rachidien, de la moelle épinière et du nerf grand sympathique sur les mouvements de la vessie.*

III. ANALYSES D'OUVRAGES NOUVEAUX.

OBSERVATIONS sur les ennemis du *Caféier*, à Ceylan, par
M. J. NIETNER. (*Suite.* — Voir p. 58.)

22. *Anthomyza* (?) *coffeæ* (1). — C'est une toute petite
mouche grise ayant à peine 1 ligne et 1/2 d'envergure, et
dont la larve mine les feuilles du café de la même manière
que celle de l'espèce précédente, mais dont les ravages
sont moins considérables. On la trouve plus particulièrement pendant la saison sèche, mais en petit nombre. La
larve subit sa transformation sous l'épiderme de la feuille,
dans un petit cocon aplati, ovale, ressemblant à une
graine.

23. *Phymatea punctata.* — C'est la grande et belle lo-
custe à abdomen écarlate, qui est jaune et bronzée en dessus. Elle semble attaquer tous les produits agricoles ; et,
quoiqu'elle ne s'adresse pas habituellement au caféier, elle
le fait quelquefois, et je puis parler par expérience en af-
firmant que ses dégâts sont fort ennuyeux. Une bande de
ces insectes s'établit sur une plantation de caféiers d'une
année et en rongea l'écorce ; la conséquence fut que la
croissance de la plante fut contrariée dans la partie supérieure et qu'une foule de vilains rejetons poussèrent par le
bas ; ensuite le sommet se brisa ou fut coupé, et la plante
resta défigurée pour le reste de son existence. Il y eut au
moins 15 pour 100 des arbustes qui furent ainsi atteints.
Je me souviens d'avoir vu à Négombo une plantation de
cocotiers infestée de ces locustes ; les énormes feuilles de
ces arbres courbaient sous le poids de ces insectes et ne
présentaient plus que de vrais squelettes ; tout avait été

---

(1) Ce n'est pas l'*A. coffeifolia*, comme il a été imprimé dans
« Motchoulsky Et. Entom. » Cette larve n'est pas non plus parasite sur
celle de la *Gracilaria*, comme le suppose M. de Motchoulsky, car
on ne la trouve jamais dans les mêmes galeries, mais généralement
sur des feuilles distinctes. Peut-être appartient-elle au genre
Agromyza ?

mangé, sauf les côtes. Une grande quantité de ces locustes étaient tombées sur l'*Illook-grass* (Sachch. Konigii, Retz.) qui croissait au-dessous, mais elles n'y touchaient pas. En fait je ne leur ai jamais vu manger que des plantes ou des arbres cultivés. A Tangalle je les ai vues détruire des plantations de tabac, et, il y a deux ans, le gouverneur de la province centrale m'écrivit de Kandy pour me demander conseil au sujet de la destruction des récoltes de céréales des indigènes de Matcle par le fait de ces locustes. Heureusement que cette espèce semble être la seule qui fasse un mal réel à Ceylan, et ce mal est insignifiant si on le compare à celui que font d'autres espèces dans d'autres pays. — Voyez Kirby et Spence, *Introd. to Ent.*, pour des détails sur ce sujet. Les larves et les nymphes sont aussi nuisibles que les insectes parfaits.

24. *Ancylonycha spec.* (?). (White grub.). — Les animaux que l'on connaît sous le nom de *White grubs*, et qui sont les larves de divers mélolonthides, font beaucoup de mal aux plantations de café, jeunes ou vieilles, en mangeant les racines des arbustes. Ces insectes sont les Hannetons de ce pays, et leurs dégâts sont de même nature que ceux de leurs représentants européens. M. J. L. Gordon, de Rambodde, a eu l'obligeance de m'envoyer pour l'étude une bouteille pleine de ces larves. Elles avaient 1 pouce 1/4 de long et 1/2 pouce de large; elles étaient blanchâtres, faiblement couvertes de poils rouges, avec de fortes mandibules, des pattes de 4 articles, dont le second et le troisième sont soudés ensemble, les antennes de 5 articles. Comme les larves des Hannetons restent pendant des années dans cet état imparfait, il est difficile de les élever. J'ai considéré les larves qui m'avaient été envoyées comme celles d'une espèce d'Ancylonycha (1), qui, à l'état parfait, est très-commune dans les plantations de café pendant la saison sèche; mais il y a, sans doute, d'autres es-

(1) Probablement l'*A. Reynaudii*, Blanch. Peut-être l'*A. mucida*, Schonh.

pèces dont les larves vivent avec celles de l'Ancylonycha.
M. Gordon dit avoir trouvé quelquefois des larves trois fois
plus grosses que celles qu'il m'a envoyées. Celles-ci appartenaient, selon toute probabilité, au *Leucopholis pin-
guis*, le grand Hanneton qui vole dans les Pattenas pendant les belles soirées de la saison sèche. Mais je suis
certain que les cas dans lesquels il se nourrit des racines
du caféier sont exceptionnels, car je l'ai très-fréquemment
vu sortir du sol dans les Pattenas; ce fait me semble indiquer qu'il se nourrit généralement des racines des herbes
des Pattenas (Andropogon, Anthistiria, etc.). Il y a, à Ceylan, beaucoup de représentants, grands ou petits, de la
famille des Hannetons, mais ils ne semblent pas commettre
de dégâts à l'état parfait.

Quant à ce qui regarde les ravages de ces « *White grubs*, »
M. Gordon m'écrit ce qui suit : « Ils sont, d'après mon expérience, les plus grands ennemis du caféier contre lesquels nous ayons à lutter, car je n'ai jamais vu un seul
arbre se remettre de leurs attaques. Les dégâts commis ici
pendant ces deux dernières années ont été très-grands;
de 8 à 10,000 beaux caféiers ont été détruits. » Heureusement que des pertes aussi importantes sont exceptionnelles. M. Gordon faisait creuser le sol au pied des arbustes et enlever les Vers que l'on pouvait trouver.

(*La suite prochainement.*)

IV. MÉLANGES ET NOUVELLES.

RAVAGES DES TERMITES.

On lit, dans le *Cosmos* du 18 février 1864, que les lords
de l'Amirauté se sont adressés à la Société entomologique
de Londres, pour connaître les meilleures méthodes à
mettre en pratique pour préserver les habitations des attaques des Termites, qui font, chaque année, des ravages

considérables dans les colonies, où les maisons sont souvent construites entièrement, ou en grande partie, en bois. Dans certains cas, ces insectes ont détruit presque toutes les maisons d'une ville, ainsi que les entrepôts, magasins, etc., obligeant les habitants de les quitter, et mettant en péril la vie des classes pauvres, qui restent encore dans des demeures minées par ces insectes. On demande surtout où il faut chercher les nids de ces insectes pour les détruire, et quelle est l'espèce de bois qui résiste le mieux à leurs attaques.

A cette occasion, sir J. Hearsay, après avoir exposé les observations qu'il a pu faire sur les Termites dans l'Inde, dit que l'on doit chercher les nids de ces insectes dans les plaines, et que, une fois qu'ils se sont introduits dans une maison, il faut en abattre les murailles pour les en expulser complétement. Il croit qu'un bon moyen de prévenir leurs attaques consiste à faire tremper les bois dont les maisons vont être construites dans une solution de chaux vive (eau de chaux), de manière à les saturer de cette solution. Pour les boîtes, les meubles et autres objets plus petits, ils peuvent être protégés en leur appliquant, au moyen d'un pinceau, une couche de bichlorure de mercure dissous dans l'eau.

M. W. Robinson observe que, sur les chemins de fer de l'Inde, les bois sont très-bien protégés des attaques des Termites au moyen d'une solution de créosote; mais il faut, au moyen d'une presse hydraulique, forcer cette solution à pénétrer profondément dans les blocs de bois; une simple application extérieure ne suffit pas.

M. H. W. Batès dit que, sur les rives de l'Amazone, les maisons sont peu ravagées par les Termites, et il attribue cette circonstance à ce qu'on fait usage, pour les constructions, d'un bois très-dur appelé acapès. Quand les maisons (construites pour la plupart de bois et d'argile) ont été une fois infestées de Termites, il a vu qu'en bouchant les trous dans les murs avec du savon arsenical on réussissait toujours à faire périr ces insectes et à faire cesser leurs ravages. Ce savon, d'après M. Bates, peut être dissous dans l'eau, et la solution appliquée aux boîtes, meubles, poutres, etc.

Jusqu'à présent on voit qu'il n'est pas résulté grand'chose de cette discussion. Il faut espérer qu'une commission de la savante Société entomologique de Londres entrera dans plus de détails, pour répondre aux questions de l'Amirauté, surtout relativement à ce que l'on sait sur les mœurs de ces désastreux Termites. Ces singuliers insectes ont été étudiés par un assez grand nombre d'observateurs et dans divers pays, et, si toutes les circonstances de leur vie ne sont pas encore bien connues, beaucoup ont été parfaitement observées par des hommes plus ou moins capables, parmi lesquels figurent les noms les plus autorisés en entomologie.

Il serait trop long de donner ici la riche bibliographie des auteurs qui ont étudié les Termites sous tous les points de vue ; nos notes sont remplies de ces indications destinées à établir l'histoire de ce groupe, histoire qui devait former l'introduction d'un travail monographique indiqué, dès 1842, dans la *Revue zoologique*, à la page 278.

G. M.

TABLE DES MATIÈRES.

PARIS. — IMP. DE Mᵐᵉ Vᵉ BOUCHARD-HUZARD, RUE DE L'ÉPERON, 5.

I. TRAVAUX INÉDITS.

Poussins décrits par M. W. Meves, conservateur du muséum d'histoire naturelle de Stockholm, dans son mémoire intitulé : *Contributions à l'Ornithologie du Jemtland. Bidrag till Jemtlands Ornithologie* (voy. *Oefversigt af Kongl. Vet. Akad. forhandlingar.* 1860, p. 187 et suiv.) (1).

Astur Nisus. Près de Skalstugan, nous rencontrâmes, le 20 juillet, un nid placé sur un sapin et élevé de 4 aunes au-dessus du sol. Il était composé de branches serrées les unes contre les autres ; son diamètre intérieur était de 9 pouces environ. Nous y trouvâmes deux petits et un œuf gâté. Le poussin le moins âgé était couvert d'un duvet long, de couleur blanche et ressemblant à du coton. La queue et les ailes étaient très-courtes. Iris d'un vert grisâtre ou d'un gris jaunâtre. L'autre poussin était déjà, en grande partie, recouvert de plumes.

Buteo vulgaris. Un jeune, en duvet, qui vraisemblablement venait d'éclore, attendu que le tarse ne mesurait que 18 millimètres, et qui avait été capturé près de

(1) Le remarquable travail de M. Marchand sur les poussins, dont nous poursuivons la publication dans ce recueil, donne un véritable intérêt d'actualité à la traduction que M. Alph. Gaillard, de Lyon, a bien voulu nous donner des observations de M. Meves. Nous pensons que nos abonnés se joindront avec plaisir à nous pour remercier M. Gaillard et le prier de vouloir bien nous tenir au courant des travaux qu'il trouvera sur le même sujet dans les ouvrages des naturalistes du Nord.   G. M.

Stockholm, avait déjà les yeux ouverts. Mais comme Brehm (Handbuch der Vôgel Deutschlands, 1831) et d'autres ornithologistes avancent que les jeunes oiseaux de proie sont aveugles pendant les premiers jours qui suivent leur naissance, je n'ose pas encore affirmer le contraire. — Le poussin en question a la tête et le dos d'un gris brun, et le dessous du corps d'un gris blanc. Le long du ventre existe un grand espace longitudinal complètement nu. Le duvet du dessus du corps offre cela de particulier, qu'on y remarque des prolongements semblables à des crins, lesquels sont plus nombreux sur la tête, où ils forment une espèce d'auréole. Un autre poussin beaucoup plus âgé, mais cependant sans plumes, était d'un gris plus brunâtre, et avait également un espace nu le long du ventre.

Buteo lagopus. Nid découvert le 1er juillet près d'Anjeskutan, sur un rocher incliné, contenant trois œufs couvés. A quelques milles de cette localité un autre nid avec trois poussins. Les rémiges des deux plus âgés commençaient à poindre. Tête d'un gris blanc surmontée de longs crins, dos et ailes d'un gris cendré. Dessous du corps et jambes blanchâtres. Le long du ventre existe un espace nu. Bec et ongles noirâtres ; doigts, derrière du tarse, cirre et commissure du bec d'un jaune pâle. Iris gris.

Circus cyaneus. Le poussin nouvellement éclos a le duvet jaunâtre teinté de roux en dessus. Ses yeux sont entourés d'un cercle d'un brun noirâtre, et paraissent avoir été ouverts presque immédiatement après la naissance. Cet oiseau a été capturé près de Lulea, en 1835, par J. Wahlberg.

Strix aluco. Capturé près de Stockholm le 4 mai 1859. Duvet blanc, bec et ongles d'un gris bleuâtre, cirre et paupières rougeâtres. Iris de couleur foncée.

Tetrao Bonasia. Deux poussins en duvet capturés le 21 juin près de Graninge, dans l'Angermanland. D'un aune d'ocre pâle. Dessus de la tête, derrière du cou et dos d'un brun roux ; côtés de la tête et de la gorge, ainsi que le front, teintés d'un roux jaunâtre. Un trait noir traverse l'œil ; quelques taches de même couleur se voient derrière l'oreille. Les rémiges qui commencent à pousser sont d'un gris roux panaché de jaune et terminé de blanchâtre. Pied et bec de couleur pâle ; tarse, 18 millimètres, Iris gris brun.

Tetrao urogallus. Poussin (13 juin). Dessus du corps d'un jaune rougeâtre, dessous du corps d'un jaune clair. Tout près de la base du bec se trouve une tache noirâtre ; un peu plus haut, vers le front, existe une autre tache de même couleur et de forme cintrée ; sur le sommet de la tête, devant et au-dessous des yeux, se voient plusieurs taches et traits également noirâtres. La nuque porte un trait allongé de cette dernière couleur. Sur les côtés de la nuque se trouve un trait plus grand et de couleur brune ; ailes noires et d'un gris roussâtre avec deux bandes claires. Un mâle de la grosseur d'une caille avait, sur les épaules, des plumes noires avec des taches blanches sur leurs baguettes et vers leur extrémité ; de plus, ces plumes étaient traversées par d'autres taches d'un jaune roussâtre. Poitrine d'un jaune roussâtre, ventre pâle sans taches transversales ; tête et cou recouverts de duvet.

Tetrao tetrix. Deux poussins capturés près d'Anjeskutan, le 3 juillet, offraient quelque ressemblance avec ceux du grand Tétrao. Dessus de la tète, épaules et dos d'un brun roux ; dessous du corps d'un jaune verdâtre ; calotte de la tête encadrée par une ligne circulaire noire ; deux petites taches noires se voient près de la base du bec, une plus grande existe sur le front, d'autres sur les côtés de la tête, la plus grande de ces dernières est plus rapprochée de la nuque, et un trait sur le derrière du cou ; toutes ces taches sont noires.

Lagopus subalpina (Nilsson). Sept œufs prêts à éclore, obtenus à Husa le 25 juin. — Poussin âgé de 48 heures : Teinte générale, jaune roussâtre plus foncé sur le dos, avec des taches noirâtres et des traits transversaux sur les ailes. Une ligne noirâtre remonte de la base du bec et se partage sur le front, entoure le sommet de la tête qui est d'un brun roux, puis se réunit de nouveau par derrière avec celui du côté opposé pour former un trait qui descend le long du derrière du cou; un trait noirâtre traverse l'œil et une tache de même couleur existe dans la région auriculaire; menton d'un jaune soufre pâle. —Chez les individus dont la taille était du double plus forte, les ailes étaient grises avec des bordures et des taches transversales jaunâtres; couvertures jaunes avec des traits transversaux grisâtres; épaules noires avec des bordures latérales d'un jaune roussâtre; des bandes transversales et des taches terminales triangulaires blanches; côtés de la poitrine de même couleur, d'un jaune roussâtre avec des raies transversales noires.

Lagopus alpina, (Nilsson). Poussin ressemblant beaucoup à celui de l'espèce précédente; seulement les teintes sont plus grises. Chez un individu qui avait encore la tête et le cou recouverts de duvet, les plumes des épaules étaient noires avec des bordures d'un gris roussâtre et des traits transversaux de même couleur, elles étaient terminées de blanc; poitrine d'un gris jaunâtre avec des raies transversales noires et des taches terminales blanches.

Charadrius apricarius. Poussin d'un jaune verdâtre où doré en dessus, entremêlé délicatement de noir: Front, une bande transversale sur le haut de la tête, un trait au-dessus des yeux et nuque d'un blanc jaunâtre une plus grande tache au-dessous des yeux, menton et ventre d'un blanc pur, poitrine teintée de gris jaunâtre; de la base du bec s'étend un trait noir qui s'avance jusqu'à l'œil; arrivé là, il envoie une ramification au-dessus de l'œil et une autre vers le menton. — Les jeunes capturés, vers le 23 juillet, étaient déjà en partie recouverts de plumes. Ils se faisaient remarquer par leur poitrine jaunâtre parsemée de grandes taches terminales noires et triangulaires ; sur les côtés du ventre, qui était d'un blanc sale, existaient de larges bordures noires ; dos noir à bordures latérales d'un jaune doré ; bec d'un brun olive ; pieds gris brun ; iris brun foncé.

Numenius phœopus. Anjeskutan ; Skalstugan, 10 juillet. Poussin : longueur, 160 mm. Bec, 18 mm.; parfaitement droit et de couleur noire; tarses, 35 mm., d'un gris de plomb ainsi que les doigts ; iris brun foncé ; teinte générale, gris blanc teinté de jaune roussâtre sur le dos ; de la base du bec remonte vers le front un trait noir qui s'y divise en deux branches très-larges. Celles-ci se réunissent de nouveau vers l'occiput où elles forment une bande qui descend jusque sur le dos ; un trait traverse l'œil et croise vers la nuque la bande longitudinale; dos portant des taches longitudinales noires, ainsi que les épaules et le bas du dos; une plus grande tache existe sur le croupion et quelques autres plus petites se voient sur les côtés.

Totanus hypoleucos. Dessus du corps gris mélangé de points très-déliés noirs et gris roux; dessous du corps blanc; un trait délié traverse l'œil, un autre trait, plus large et noirâtre, se voit sur le milieu de la tête et du dos ; duvet de la queue très-allongé.

Scolopax rusticola. Poussin d'un jaune roussâtre, avec des taches plus ou moins foncées ; un trait noir traverse l'œil, un autre de même couleur existe sur le front ; trois bandes transversales d'un brun roux se voient sur le haut de la tête; la plus antérieure s'étend jusqu'aux yeux, la dernière descend sur les côtés du cou et envoie une bande étroite vers le menton ; une autre bande plus large passe sur le jabot ; une large bande d'un brun foncé s'étend le long du dos ; on remarque sur les flancs et sur les cuisses quelques taches plus ou moins grosses ; bec d'un noir plombé, d'une teinte pâle, ainsi que les jambes, vers sa base; iris brun.

Larus canus. Poussin d'un blanc grisâtre teinté de

jaune roussâtre; une tache assez grande existe vers la base du bec, une autre près du menton; quelques autres plus petites et irrégulières se trouvent sur la tête et sur le dos; parmi ces dernières on remarque deux taches longitudinales plus grandes qui se trouvent sur le milieu du dos, toutes sont noires; bec et pieds rougeâtres; le premier à points de couleur foncée; iris gris.

Larus fuscus. Les jeunes, dans leur premier plumage sont faciles à confondre avec ceux du *L. marinus*; mais on peut les distinguer en se servant de la diagnose de Brehm (Handbuch der Vôgel Deutschlands, 1831): « *Les dix premières rémiges sont toujours noires.* » Parties supérieures plus foncées. Chez les jeunes du *L. argentatus* et du *marinus* il n'y a que les quatre premières rémiges de cette couleur; les cinquième et sixième sont déjà d'un blanc grisâtre sur leurs barbes internes. Ces espèces se distinguent encore par les teintes et par la taille. La première est, en général, plus foncée et a des taches plus petites. Queue d'un noir grisâtre avec une bande blanche transversale près de sa base et une étroite bordure terminale. Chez la dernière, la queue est blanche avec une bande transversale noire. Chez *L. fuscus* la queue est noire avec une bande transversale blanche vers la base et une large bande terminale.

Anser segetum (Gmel.). Deux jeunes en duvet, capturés le 22 juin, près de Torro, avaient les nuances suivantes : Parties supérieures d'un vert olive foncé; front, nuque et une grande tache derrière l'aile d'une teinte plus claire; côté interne de l'aile d'un gris jaune; toutes les parties inférieures d'un jaune verdâtre luisant. Une bande peu distincte s'étend du bec à l'œil qu'elle surmonte; elle est d'un vert olive foncé. Bec noirâtre, l'onglet d'un jaune corné. Pieds d'un gris brun olivâtre, d'un vert jaunâtre sur le côté interne et le long des doigts; iris gris brun.

Anas Boschas. Poussins nouvellement éclos. Parties supérieures et une bande qui, partant du bec, traverse l'œil et s'étend jusqu'à la nuque, d'un brun olive. Parties inférieures, quatre taches disposées par paires sur le dos, bord interne des ailes d'un blanc jaunâtre ; menton et joues teintés de jaune roussâtre ; bec d'un brun olive, mandibule inférieure jaunâtre ; pieds d'un brun olive, jaunâtres le long des doigts.

Anas Penelope. Un poussin nouvellement éclos provenant de Lulea était en dessus brun teinté de gris roussâtre ; parties inférieures blanchâtres ; les quatre taches du dos peu visibles ; joues et menton d'un roux rougeâtre.

Fuligula fusca. Poussin. Parties supérieures d'un gris brun foncé, les quatre taches dorsales à peine visibles. Joues, menton et ventre blancs ; sur le jabot passe une bande d'un gris brun ; bec d'un gris bleu obscur à bordure interne d'un gris plombé. Entre les narines existe un espace triangulaire nu dont le sommet avoisine le front ; le bec est également nu jusqu'à la commissure ; pieds d'un brun olive, rougeâtres à l'intérieur ou plombés ; iris gris brun.

Fuligula nigra. Poussin d'un brun noir en dessus, sans aucune tache ; menton blanchâtre, joues et ventre gris : sur le jabot passe une bande plus foncée ; bec d'un noir plombé, à bordure interne jaune ; le duvet du front s'étend en ligne presque droite vers le bas et recouvre le quart du bec (à partir de la commissure) ; pieds d'un vert olive jaunâtre ; membranes noires ; iris brun.

Fuligula clangula. D'un brun noir en dessus ; quatre grandes taches disposées par paires sur le dos, une bordure le long de l'aile ; joues, menton et ventre d'un blanc pur ; jabot traversé par une bande d'un gris brun.

Mergus serrator. Poussins capturés à la fin de juillet ; longueur, 180 mm. d'un gris brun olive en dessus ; tête et derrière du cou teintés de brun roux ; une bande sur les ailes, quatre taches sur le dos et dessous du corps blancs. Les deux taches postérieures sont les plus grandes : une autre tache s'étend du ventre jusque sur la cuisse ; joues

d'un roux rougeâtre, une tache et une bande au-dessous
de l'œil d'une teinte plus claire ; bec brun, rougeâtre en
dessous ; pieds d'un brun jaune ; iris composé de deux
cercles : l'externe gris brun, l'interne blanc grisâtre.

Colymbus arcticus, Linn. Jeune, mesurant 320 mm.
et sans aucune trace de rémiges : d'un noir de suie en
dessus, grisâtre en dessous, plus clair sur le ventre ; bec et
pieds d'un noir plombé ; iris brun.

Colymbus septentrionalis. Jeune, un peu plus âgé que
celui de l'espèce précédente et mesurant 340 mm. Tuyaux
des rémiges mesurant environ un demi-pouce de long.
Teintes semblables à celles de l'espèce précédente, dont il
ne peut guère se distinguer que par le bec, qui est plus
mince et un peu relevé en haut ; iris brun-rougeâtre.

NOTE sur les genres DROMICA, TRICONDYLA et COLLYRIS,
par M. DE CHAUDOIR. — (*Suite*, voir p. 73.)

C. WATERHOUSEI. Long. 20 m. (elytra 11 m.). Femelle.
C. acroliæ affinis, minor, differt labro antice minus rotundato, cæterum similiter dentato, dentibus obtusio-
ribus, palpis omnino cyaneis ; *capite* inter oculos præsertim postice profundius latiusque excavato, antice fortius
bisulcato, sulcis magis approximatis, juxta oculos posterius substriolato, his convexioribus ; *thorace* lateribus magis
parallelo, postice minus profunde strangulato, supra evidentius transverse striolato, lateribus magis pilosulo ;
elytris multo brevioribus, apice subgibbis, abruptius de-
clivibus extusque subcallosis, singulatim rotundatis obso-
letissimeque truncatis, medio latius grossiusque intricato-
plicatis, plicis juxta suturam, excepta una, fere evanescentibus, basi punctis rarissimis parvis impressis, apice
longius lævi. Color nigro-cyaneus, elytris basi violaceis,
apice rufescentibus, violaceo-indutis, coxis piceis, femoribus dilute rufis, tibiis cyaneis fulvopilosis, posterioribus

quatuor versus apicem subrufescentibus, tarsis fulvo-pilosis cyaneis, antennis basi cyaneis extus piceis, arti-culis tertio et quarto apice rufis, abdomine rufescente, pectore ad latera albopiloso.

Patrie incertaine. Manille? Je l'ai eue avec quelques espèces que j'ai achetées de la collection Waterhouse.

C. APICALIS. Long. 16 1/2 m. Les deux sexes. A præce-dente abunde differt statura minore, fronte brevius exca-vata, vertice convexiore inflato, præsertim apud fœmi-nam, thorace paulo breviore, paulo ante medium abrup-tius coarctato (fere ut in *tuberculata*, Mac Leay) lævi, partis intermediæ lateribus postice in mare parallelis, in fœmina leviter rotundatis, margine elevato antico convexiore, elytris medio parcius plicatis, plicis ad suturam excur-rentibus, magis elevatis, magis regulariter transversis, basin versus evidentius parce punctatis, punctis pone plicas elongatis, apice summo lævissimo; colore pedum, tibiis solis posticis summo apice tantum, tarsorumque posticorum basi rufis, ano rufescente.

M. Henri Deyrolle a reçu plusieurs individus de cette jolie espèce de la presqu'île de Malacca.

C. MACRODERA. Long. 18 m. Femelle. *C. Horsfieldii* affinis; *caput* ut in hac specie, vertice magis inflato, con-vexiore, fronte impressa, angusta, acute bisulcata, juxta oculos posterius breviter biplicata, sulcis antice valde approximatis, postice divergentibus, interstitio anterius elevato, subcarinato; *oculi* magni; *thorax* valde elon-gatus, summo basi latiore, ante basin substrangulatus, parte intermedia longius conica, antice longius attenuata, lateribus vix rotundatis, margine antico valde reflexo, minus acuto; subglaber, rugis subobsoletis transversim notatus; *elytra* thorace cum capite quarta parte longiora, medio thorace duplo latiora, cylindrica, pone medium subampliata, apice conjunctim obtuse rotundata, supra versus apicem modice declivia, humeris prominulis, basi evidenter minus dense punctata, medio latius crebre

intricato-plicata, pone plicas punctis nonnullis elongatis
parvis impressis, apice longius lævissimo. Nigro-viridis,
nitida, capite obscuriore, elytris posterius longius violaceis; apicem versus subrufescentibus abdomine ferrugineo, violaceo induto ; antennæ tenues, elongatæ , thoracis basin æquantes, nigræ, basi cyaneæ, articulo primo
rufo, nigro terminato, tertio quartoque ante apicem
ferrugineo-notatis ; pedes graciles, elongati, femoribus
læte rufis, summa basi apiceque nigricantibus, tibiis tarsisque violaceis, fulvo-pubescentibus tibiis posticis apice
fere ad medium, cum tarsis albidis, articulo ultimo præ-
cedentisque lobo nigris.

Provenant de la même source et des mêmes localités
que la précédente; assez voisine aussi de la *sarra-
wackensis*, Thomson, mais plus robuste.

C. CYLINDRIPENNIS. Long. 18 m. Femelle. La forme de
la tête, dans cette espèce, est à peu près comme dans la
variitarsis. Elle est en ovale allongé, avec les yeux un peu
saillants; le front peu déprimé entre les yeux, avec deux
lignes assez courtes postérieurement, parallèles et assez
distantes l'une de l'autre; l'intervalle qui les sépare,
plane ; le reste de la tête assez convexe, l'étranglement
postérieur peu profond : le corselet est un peu plus long
que la tête, il ressemble à celui de la *tuberculata*, mais il
est un peu plus étroit; le rétrécissement du milieu est
moins brusque, et forme un angle plus arrondi ; la partie
amincie antérieure plus mince et plus allongée ; le rebord
antérieur est moins relevé ; il y a quelques points pilifères
épars sur le haut et les côtés ; les élytres sont de moitié
plus larges que le milieu du corselet, et de moitié plus
longues que la partie antérieure du corps; très-cylin-
driques, à épaules saillantes, un peu obtuses ; l'extrémité
assez largement échancrée près de la suture, qui est terminée par une dent assez aiguë, bien arrondie en dehors
de l'échancrure ; le dessus descend assez fortement vers
l'extrémité, il est couvert d'une ponctuation forte et ser-

rée, qui se change en plis entremêlés sur le milieu, et en rangées longitudinales assez régulières, séparées par des lignes élevées ondulées qui n'atteignent pas l'extrémité; celle-ci, presque lisse, très-faiblement ponctuée. On remarque trois rangées de poils roides verticaux sur chaque élytre. Le milieu du mésosternum et les supports des pattes postérieures pubescents; le reste du dessous du corps lisse et glabre, d'un noir bleuâtre, avec là grande moitié antérieure des élytres un peu verdâtre, et une petite tache jaunâtre un peu avant le milieu de celles-ci, qui touche le bord latéral et dépasse un peu la moitié de leur largeur en s'amincissant; antennes minces n'atteignant pas la base du corselet, annelées de rouge vers le milieu; pattes grêles, cuisses d'un rouge clair, jambes et tarses d'un noir bleuâtre avec des poils gris; extrémité des jambes de la dernière paire, ainsi que leurs tarses, d'un jaune clair, à l'exception des deux derniers articles de ceux-ci noirâtres.

Je l'ai acquise avec d'autres espèces de la collection Jeakes, où elle était notée comme venant de Siam.

C. FASCIATA. Long. 17 1/2 m. Mâle. Elle ressemble, au premier abord, à la précédente; mais elle en diffère, 1° par la tête, qui est plus courte, arrondie, plus fortement étranglée à sa base, avec l'excavation du front plus large, plus prolongée sur le vertex, dont elle est séparée par une ligne distincte arrondie et sinuée de chaque côté; le vertex est très-court sur le haut et très-convexe; les yeux très-grands et très-saillants, comme dans la *Waterhousei;* 2° par le corselet, à peine étranglé vers la base, qui est plutôt fortement imprimée transversalement; la partie intermédiaire plus étroite, plus parallèle; le rétrécissement encore moins brusque, quoiqu'il soit encore visible; le rebord antérieur plus élevé, le dessus et les côtés un peu plus ponctués et pilifères; 3° par les élytres, dont chacune est arrondie simplement à l'extrémité, avec une petite dent peu marquée à l'angle sutural; le dessus est moins fortement ponctué vers la base, et les points qui suivent la rugosité du milieu sont serrés, profonds, allongés, mais il n'y a plus entre eux les lignes élevées de la précédente ; en revanche, l'extrémité est moins lisse et plus ponctuée, on n'aperçoit pas les rangées de poils verticaux. Tout le sternum est pointillé et plus ou moins pubescent ; le bord postérieur des segments de l'abdomen, hormis les deux derniers, l'est aussi. D'un bleu foncé violet, tournant un peu au vert sur la partie antérieure des élytres, qui ont une bande d'un jaune citron, placée comme dans la précédente, et qui n'atteint ni la suture ni le bord latéral. Il y a moins de fauve sur les articles intermédiaires des antennes, plus de jaune à l'extrémité des jambes postérieures ; les deux autres paires de jambes ont aussi l'extrémité rougeâtre, avec la base des tarses intermédiaires.

Les différences que j'ai signalées, entre cette espèce et la précédente, ne sauraient être considérées comme sexuelles. La provenance est la même.

II. SOCIÉTÉS SAVANTES.

ACADÉMIE DES SCIENCES.

Séance du 28 *mars* 1864. — M. *Flourens* présente un ouvrage dont il est l'éditeur, et qui a pour titre : *Chefs-d'œuvre littéraires de Buffon.* En tête de l'ouvrage, M. Flourens a mis une *introduction.*

M. *Lereboullet* lit un travail intitulé : *Nouvelles recherches sur la formation des premières cellules embryonnaires.*

« Quelques embryologistes, et parmi eux M. Reichert, de Berlin, persistent à regarder la segmentation vitelline comme un travail cellulaire. Pour eux, les sphères qui résultent du fractionnement vitellin sont des cellules, et les cellules embryonnaires ne sont autre chose que les derniers termes de ce fractionnement.

« Dans les deux mémoires que j'ai publiés sur l'embryologie de trois espèces de poissons, de l'écrevisse et du limnée, j'ai consigné plusieurs faits contraires à cette manière de voir, et je suis arrivé à regarder, avec la plupart des embryologistes actuels, le travail de segmentation comme une préparation au travail cellulaire. Désirant éclairer cette importante question d'embryogénie, j'ai fait, cet hiver, de nouvelles recherches sur des œufs de truite et de saumon, et je suis arrivé à quelques résultats qui me semblent du moins prouver que les globes de fractionnement ne sont pas encore des cellules.

« Tout le monde connaît le mode de segmentation du germe dans les poissons osseux. On sait que les sphères qui en résultent deviennent successivement plus petites et plus nombreuses, et qu'après avoir présenté un aspect mûriforme le germe redevient lisse. On regarde alors le travail de segmentation comme terminé. Cependant il s'écoule encore un certain temps jusqu'à la formation du blastoderme, et ce temps est consacré à la division ultérieure des parties qui résultent de la segmentation proprement dite. J'ai cru devoir distinguer par des dénominations particulières ces deux phases du travail germinateur. J'appelle *globes de segmentation* ceux qui appartiennent à la segmentation proprement dite, et *globes générateurs* les sphères de plus en plus petites qui se produisent successivement après que le germe est redevenu lisse. Les premiers sont remplis de granules et ont une couleur fauve à la lumière réfléchie; dans les seconds, les granules sont moins nombreux et leur couleur est grisâtre.

« J'ai constaté par tous les moyens possibles l'absence de membrane autour de ces sphères. Je les ai examinées fraîches dans le liquide vitellin ; je les ai vues ensuite dans l'eau simple et dans l'eau acidulée ; je les ai comprimées, déchirées avec des aiguilles et réduites en parcelles ; jamais je n'ai pu, même sous les plus forts grossissements, distinguer aucune trace de membrane. J'ai acquis la conviction que ces sphères ne sont constituées que par des granules agglutinés.

« La division des globes générateurs, comme celle des globes de segmentation, est déterminée par la présence d'une vésicule qui sert de centre d'attraction pour les granules. Cette vésicule centrale est tantôt vide, tantôt granuleuse ; sa division précède toujours celle de la sphère.

« Ce travail de division des sphères génératrices a pour résultat de réduire de plus en plus le nombre des granules. En même temps qu'ils diminuent, ces granules deviennent plus pâles, moins apparents, et finissent par disparaître. Cette disparition des granules vitellins semble toujours coïncider avec l'apparition des cellules proprement dites. Celles-ci se montrent d'abord, tantôt sous la forme d'une sphère vide de granules, mais ayant à son centre une vésicule transparente ; tantôt avec des granules rangés sous forme d'anneau autour de cette vésicule ; d'autres fois encore sous cette dernière forme, mais sans membrane cellulaire.

« Il est difficile de déterminer l'ordre de succession de ces diverses formes, et dès lors on ne peut rien affirmer de positif relativement à la manière dont les cellules se constituent. Mais ce qui me paraît devoir être mis hors de doute, c'est que les éléments dont elles se composent ne sont pas les mêmes que ceux qui faisaient partie des globes générateurs ; ce sont des éléments nouveaux, produits d'après la dissolution des précédents.

« Voici les propositions que je crois pouvoir établir comme résultats de mes recherches :

« 1. Le travail de fractionnement du germe comprend deux phases : la segmentation vitelline proprement dite, et la division ultérieure des sphères qui résultent de cette segmentation.

« 2. Je conserve le nom de *globes de segmentation* aux sphères provenant des premières divisions du germe, et celui de *globes générateurs* à celles qui se produisent après que le germe est redevenu lisse.

« 3. Il n'existe pas de membrane propre autour des globes de segmentation ni autour des globes générateurs. Les granules qui composent les uns et les autres sont unis entre eux par une matière cohérente.

« Ces sphères ne sauraient donc être considérées comme des cellules.

« 4. Les globes générateurs suivent, dans leur fractionnement, la même marche que les globes de segmentation.

« 5. Ce fractionnement paraît toujours déterminé par l'apparition, au centre de la sphère, d'une vésicule autour de laquelle sont groupés les éléments de cette sphère.

« 6. Cette vésicule, tantôt transparente, tantôt granuleuse, se divise en deux autres, et chacune de celles-ci devient à son tour un centre d'attraction pour la formation de nouvelles sphères.

« 7. Les sphères qui résultent de la division des globes générateurs deviennent de moins en moins granuleuses, et leurs granules sont plus fins et plus pâles.

« 8. Ces granules finissent par disparaître complétement.

« 9. Les globes générateurs sont alors remplacés par de véritables cellules.

« 10. Les cellules embryonnaires sont donc, *positivement*, des formations nouvelles.

« 11. Elles paraissent commencer par la formation d'un noyau vésiculeux central autour duquel viennent se grouper des granules qui n'existaient pas auparavant.

« 12. La question de savoir si la membrane cellulaire précède ou suit la formation, du noyau vésiculeux et le dépôt de granules autour de ce noyau reste indécise. »

M. *Lereboulet* a lu ensuite une *note sur l'origine des corpuscules sanguins chez les poissons.*

« On admet généralement que les corpuscules sanguins sont des formations cellulaires et qu'ils dérivent des premières cellules qui se sont constituées dans l'embryon.

« J'ai dit ailleurs que cette opinion ne saurait être admise d'une manière absolue, et que chez les poissons, par exemple, les corpuscules sanguins naissent de toutes pièces dans le blastème commun, d'une manière tout à fait indépendante des cellules existantes.

« J'ai vérifié de nouveau les faits sur des embryons de brochet et de truite. J'ai mesuré les corpuscules sanguins dès leur première apparition, et je les ai suivis dans leur développement ultérieur. Ils se montrent d'abord sous la forme de corpuscules transparents, irréguliers, de grosseur inégale et brillants comme des perles. De jour en jour ces corpuscules grossissent, tout en conservant leur forme sphérique et leur aspect homogène. Plus tard ils s'allongent, se chargent de matière colorante rouge et prennent un noyau.

« Les dimensions successives que j'ai constatées dans ces corpuscules depuis leur apparition jusqu'à leur achèvement ont varié entre $0^{mm},0060$ et $0^{mm},031$ pour le brochet, et entre $0^{mm},0065$ et $0^{mm},0158$ pour la truite.

« Ces corpuscules se produisent toujours d'abord dans la poche vitelline, poche dont le rôle est, comme on sait, essentiellement nutritif. Plus tard seulement, quand la circulation est établie, on les voit dans l'embryon. Leur nombre, d'abord très-restreint, augmente rapidement.

« Je crois qu'on peut admettre comme des faits positifs pour l'embryon des poissons :

« 1° Que les corpuscules sanguins sont primitivement sphériques ;

« 2° Qu'ils sont d'abord très-petits et peu nombreux ;

« 3° Qu'ils grossissent peu à peu, s'aplatissent et s'allongent, en même temps que leur nombre s'accroît rapidement ;

« 4° Que leur noyau n'apparaît que secondairement ;

« Et 5° qu'enfin ces corpuscules ne sauraient être regardés comme dérivant des cellules embryonnaires, mais qu'ils naissent de toutes pièces dans le liquide vitellin. »

L'Académie reçoit plusieurs pièces adressées au concours pour divers prix à décerner en 1864, savoir :

1° « Recherches sur la structure de l'ovaire, » par M. Sappey.

«, Ce travail, dit l'auteur dans la lettre d'envoi, a pour but de démontrer que l'ovaire de la femme et des Mammifères ne diffère pas de celui des oiseaux, des reptiles et des poissons, et que sa structure est complétement identique dans les quatre classes de Vertébrés. »

2° « Recherches sur l'anatomie et la physiologie du mésencéphale, » par M. Philippe Lussana. A ce mémoire, qui est écrit en italien et accompagné d'un atlas, l'auteur a joint cinq opuscules imprimés et également destinés à être mis sous les yeux de la commission.

3° Analyse d'un « traité sur la contraction tonique des vaisseaux sanguins et sur l'influence de cette contraction relativement à la circulation, » par M. Goltz, de Kœnigsberg.

M. *Balbiani* adresse un mémoire *sur la constitution du germe dans l'œuf de l'animal avant la fécondation.*

M. *Lavocat* adresse un travail intitulé *Nouvelle preuve de la constitution vertébrale de la tête.*

« M. de Lastic écrit à M. Milne-Edwards, pour combattre les réserves faites par cet académicien, au sujet de l'antiquité des ossements humains trouvés dans la caverne de Bruniquel. Il pense que ces doutes seront levés par la découverte qu'il vient de faire d'autres ossements humains « dans le dépôt complétement solidifié par la stalagmite, « à 2 mètres au-dessous de l'amoncellement des os de « Renne, des instruments en silex, etc. » M. Milne-Edwards ajoute que les concrétions stalagmitiques peuvent se faire avec tant de rapidité, que la circonstance dont il vient d'être fait mention ne lui paraît pas concluante, et qu'il persiste dans l'opinion qu'il avait déjà émise. »

Séance du 4 avril 1864. — M. *d'Archiac* fait hommage

à l'Académie du deuxième volume de sa *Paléontologie stratigraphique.*

M. *Trémaux* lit la suite de son travail intitulé, *Transformation de l'homme à notre époque, et conditions qui amènent cette transformation.*

M. *Balbiani* adresse, pour le concours relatif au prix de physiologie expérimentale, un *premier mémoire sur la constitution du germe dans l'œuf avant la fécondation; comparaison de ce dernier avec l'ovule végétal.*

M. *Jacquart* adresse un mémoire sur la valeur de l'existence de l'*os* *épactal* ou partie supérieure de l'occipital restée distincte, comme *caractère de races.*

Ce mémoire est accompagné de planches représentant des crânes d'adultes et de fœtus humains et de quelques animaux.

M. *Decaisne* présente, au nom de M. *Michon*, un éloge de feu M. *Moquin-Tandon*, lu à la séance publique de la Société impériale d'acclimatation le 12 février 1864.

M. Decaisne dépose sur le bureau plusieurs exemplaires d'un programme de la séance publique de la Société impériale et centrale d'agriculture, et annonce que des billets d'admission pour cette séance, qui aura lieu le 10 avril, sont mis à la disposition des membres de l'Académie qui désireraient y assister.

MM. *Joly, Musset* et *Pouchet* annoncent qu'ils seront, à dater du 15 juin prochain, à la disposition de l'Académie, pour répéter, en présence de la commission qu'elle a désignée, leurs expériences sur l'hétérogénie.

M. *Schiff* présente un mémoire sur l'*Influence du nerf spinal sur les mouvements du cœur.*

M. *Balbiani* adresse un second mémoire sur la *Constitution du germe dans l'œuf animal avant la fécondation; comparaison de ce dernier avec l'ovule végétal.*

Séance du 11 avril. — M. *Valenciennes* lit une *Note sur*

*une dent fossile d'un gigantesque Crocodile de l'oolithe des
environs de Poitiers.*

« J'ai l'honneur de présenter à l'Académie une dent de
Crocodile fossile de l'oolithe des environs de Poitiers,
remarquable par ses énormes dimensions en longueur et
en épaisseur, et dont la simple vue donne l'idée du gigantesque et redoutable Saurien qui la portait.

« Elle est conique, régulièrement arrondie et un peu
courbée. J'ai quelques raisons de croire qu'elle était im-
plantée sur le côté droit de la gueule du Saurien.

« La longueur du côté externe est de 140 millimètres
(0^m,140), et l'autre côté ne porte que 96 millimètres
(0^m,096); la pointe du cône dentaire n'est pas entière, elle
avait au plus 13 millimètres (0^m,013) de long, en supposant encore que son extrémité ne fût pas mousse. La portion restante de la couronne est de 90 millimètres (0^m,090).
Elle est revêtue de son émail noir et strié, et suivie du
commencement de la racine.

« Afin de fixer avec plus de précision la grandeur du
Crocodile fossile comparée à celle de nos espèces vivantes,
je mets sous les yeux de l'Académie la plus grosse dent de
Crocodile actuel, prise dans le cabinet d'anatomie comparée. Cette dent est entière, avec sa racine et sa couronne, qui n'a que le quart de la longueur totale de la
dent; la carène n'est pas aussi longue que la couronne
est haute.

« Que l'on juge, d'après ces mesures, de la taille que
devait avoir le monstre dont la gueule était armée de ces
formidables dents ; quelle force devaient avoir les mâchoires, et par conséquent l'animal.

« On trouve encore dans cette formation oolithique
plusieurs autres espèces de ces grands Sauriens. Leurs
restes fossiles, et en particulier cette énorme dent conservée par M. Deverieux, ont été réunis par les soins de
M. Raynal, ancien élève de l'École normale supérieure,

et professeur à Poitiers, et sont disposés dans le musée d'histoire naturelle de cette ville.

« Comme ce zélé naturaliste se propose d'écrire sur ces animaux, je ne donne pas de nom à ce gigantesque animal, qui devait avoir plus de 100 pieds de long.

« Pour que les géologues puissent cependant s'entendre sur les conclusions qu'ils pourront tirer de l'espèce de Crocodilien que nous faisons connaître aujourd'hui, on pourrait peut-être accepter, à cause de la force formidable de l'animal que nous indiquons, le nom de Crocodile épouvantail (*Crocodilus formido*). On ne peut confondre cette espèce avec le Mégalosaure, dont les dents, dentelées en scie sur leurs deux carènes, sont toutes différentes. »

M. *Fournié* lit une *Étude sur la physiologie de la voix.*

M. *Rayer* présente deux mémoires manuscrits de M. *Picard*. L'un, qui se rattache à une précédente communication, et qui a pour titre, *Nouvelles études sur les accidents produits par les courroies et arbres de transmission*, est adressé comme pièce de concours pour le prix dit *des arts insalubres*. L'autre mémoire, intitulé, *Examen de l'influence attribuée à l'alcoolisme sur les monstruosités de l'axe cérébro-rachidien*, est renvoyé à l'examen d'une commission composée de MM. Rayer, Bernard et Longet.

M. *Eug. Robert* adresse de *Nouvelles observations relatives à la prétendue contemporanéité de l'homme et des grands Pachydermes éteints*.

M. *Belhomme* prie l'Académie de vouloir bien se prononcer sur la part qui lui revient dans les résultats obtenus relativement à la détermination du nœud vital. Il ajoute que « ses travaux ne contredisent en rien ce qu'a pu faire M. Flourens. »

M. *Flourens* fait remarquer que des faits de cet ordre ne devraient pas être ainsi avancés sans preuve. L'auteur de la lettre n'a rien fait sur le système nerveux qui ait fixé l'attention. Ses assertions sont sans aucun fondement, et ses prétentions purement gratuites.

La lettre de M. Belhomme est renvoyée à une commission composée de MM. Coste, Bernard et Longet, qui jugera s'il y a lieu de demander à l'auteur de préciser sa demande.

Séance du 18 *avril* 1864. — M. *Trémaux* donne lecture de la troisième partie de son mémoire intitulé, *Transformation de l'homme à notre époque, et conditions qui amènent cette transformation.*

MM. *Fonssagrives* et *Gallerand* présentent un travail intitulé, *Description anatomique d'un monstre humain acéphalien peracéphale.*

M. *le secrétaire perpétuel* présente, au nom de l'auteur, M. *Clos*, un exemplaire de l'éloge historique de M. Moquin-Tandon, éloge écrit à la demande de l'Académie des sciences et belles-lettres de Toulouse.

M. *Flourens* met sous les yeux de l'Académie un album de microscopie photographique du système nerveux, de M. Duchenne (de Boulogne), et lit l'extrait suivant de la lettre d'envoi :

« Je me propose de représenter, par la photographie, l'étude microscopique du système nerveux à l'état normal et à l'état pathologique... Aujourd'hui je viens présenter à l'Académie deux séries de ces études formant un ensemble de trente et une figures photographiques. La première série montre, à des grossissements de 200 à 1,000 diamètres, l'état des racines dilacérées ou coupées transversalement dans plusieurs cas de l'espèce morbide que j'ai décrite sous le nom d'ataxie locomotrice progressive. La seconde représente, à l'état normal, à des grossissements de 10 à 200 diamètres, les différentes parties d'une coupe transversale de la moelle d'un homme. »

III. ANALYSES D'OUVRAGES NOUVEAUX.

PLANCHES COLORIÉES DES OISEAUX DE L'EUROPE et de leurs
œufs. Espèces non observées en Belgique, décrites et
dessinées d'après nature par M. CH. F. DUBOIS. Livr.
grand in-8°. — Bruxelles-Paris, chez Deyrolle, 19, rue
de la Monnaie. 1861-1862. Livr. 11 à 25.

Nous avons plusieurs fois parlé de cet important ouvrage et nous avons toujours donné à son auteur les éloges
qu'il mérite pour la persévérance et le talent qu'il ne cesse
de déployer pour rendre cette utile publication digne de
l'accueil qui lui a été fait par les naturalistes de tous les
pays.

Nous avons dit aussi avec quel soin et quelle conscience
M. Dubois a perfectionné, chaque année, le dessin et le
coloriage de ses planches, partie essentielle de cet ouvrage,
ce qui est un fait digne des plus grands éloges, car, bien
souvent, quand un ouvrage de ce genre a obtenu un grand
nombre de souscripteurs, l'éditeur, au lieu d'augmenter les
frais pour obtenir des perfectionnements dans son exécution, cherche à gagner plus en diminuant sa dépense aux
dépens de la parfaite exécution du coloris des planches, de
la qualité du papier, etc., etc.

On voit que M. Dubois n'a pas épargné sa peine pour
recueillir tous les renseignements possibles sur l'histoire
naturelle, et surtout les mœurs des oiseaux qu'il représente. Souvent on trouve, dans son texte, des observations
qui lui sont propres, et il ne manque pas de reproduire
ou d'analyser celles qu'il peut trouver dispersées dans des
publications isolées, des mémoires particuliers presque
perdus dans de grands recueils d'académies étrangères
où les personnes qui s'occupent d'ornithologie ont la plus
grande peine à les découvrir.

Pour donner une idée des notes que M. Dubois joint à
ses excellentes figures d'oiseaux, je crois devoir reproduire
ce qu'il dit de quelques espèces de Geais.

A l'occasion du Geai sinistre (*Garrulus infaustus*, Vieill.), il ajoute :

« Cet oiseau est rusé et remuant, mais, malgré cela, il possède une prudence à toute épreuve. Dès qu'il s'aperçoit qu'on l'observe, il se cache entre les branches de la partie supérieure d'un pin ou d'un sapin, où on le perd de vue, et, s'il y a plusieurs de ces oiseaux, pas un d'eux ne bouge jusqu'à ce que tout danger ait disparu. Lorsqu'on parcourt une forêt de conifères du nord de l'Europe qui n'est éclairée que par un faible jour pénétrant à travers le feuillage touffu de ces arbres, on entend souvent le cri de ces oiseaux qui trouble la tranquillité de ces lieux solitaires et favoris de ces Geais. Ce cri a beaucoup d'analogie avec celui de notre Geai glandivore et ressemble à *s'kruih-s'kruih*. »

A l'occasion du Geai mélanocéphale (*Garrulus melanocephala*, Gèné), il dit :

« Cet oiseau a donné naissance à plusieurs nouvelles espèces, selon le climat qu'il habitait, mais qui, après un examen minutieux, ne peuvent être considérées que comme des variétés climatiques qui, cependant, ne sont pas dépourvues d'intérêt au point de vue des collections. »

« Nous n'avons pu, malheureusement, nous procurer que trois de ces variétés; ce sont celles que, d'ordinaire, on confond le plus souvent. La figure 1 (de la pl. XLI) est le *Garrulus melanocephala*, et la figure 2 (de la pl. XLI *a*) est le *G. iliceti*, provenant de la Syrie. Le troisième, que nous possédons, est figuré par M. Gould sous le nom de *G. hispercularis*, et donné comme provenant de l'Himalaya. Ce dernier se reconnaît en ce que plusieurs des rémiges primaires, au lieu d'être blanches, sont marquées de bleu. Nous avons même vu plusieurs *G. glandarius*, pris en Belgique, qui présentaient déjà d'une manière assez nette le même caractère, ce qui prouve d'autant plus que le *G. hispercularis* n'est qu'une variété climatique. Du reste, toute personne qui possède de ces oiseaux provenant de différents pays y constatera facilement des différences tant dans le plumage que dans les dimensions; ce sont ces légères variations qui ont donné naissance à tant d'espèces imaginaires.

« Dans plusieurs collections, on voit figurer des œufs comme provenant du *G. melanocephala*. Ces œufs sont d'un vert bleuâtre plus clair que les œufs de la véritable espèce, et maculés d'un gris bleuâtre; mais ces œufs sont, le plus souvent, choisis par des spéculateurs parmi ceux de notre *Garrulus glandarius*, tandis que les œufs du *G. melanocephala* sont ordinairement semblables à ceux de ce dernier. »

Nous reviendrons sur cette utile publication à mesure que ses livraisons seront mises au jour, et nous faisons des vœux pour que rien ne l'entrave jusqu'à son parfait achèvement.   (G. M.)

OBSERVATIONS sur les ennemis du *Caféier*, à Ceylan, par M. J. NIETNER. (*Suite.* — Voir p. 58.)

25. *Arhines* (?) *destructor.* — C'est un beau Charançon vert, ailé, de 2 lignes et 1/2 de long et 1 ligne de large, ovale, rétréci en avant, tout recouvert d'écailles d'un vert doré, serrées, mais isolées. La tête est assez courte et tronquée, les antennes apicales coudées au milieu, la partie au delà étant composée de onze articles formant une massue terminale; le troisième article, à partir du bout, est le plus large; ces antennes sont brunes, velues au delà du milieu; le thorax est renflé, subconique; les pattes antérieures sont les plus longues, la seconde paire est la plus courte, toutes ont les tibias et les tarses velus; les tarses ont des brosses velues en dessous, surtout au troisième article qui est profondément bilobé; les tibias de la seconde paire sont longs, dentelés en dedans, courbés et munis de deux crochets à l'extrémité. L'insecte varie considérablement en taille et en couleur.

Ce joli coléoptère est commun pendant la saison sèche; mais je n'ai jamais vu qu'il fît aucun mal aux caféiers.

M. James Rose, de Maturatte, qui a le premier attiré mon attention sur cet insecte, m'écrit ceci : « Les dégâts que ces insectes commettent sont réellement effrayants, et, s'ils étaient aussi nombreux que les *bugs* (Lecanium et Pseudococcus), ils seraient nos plus terribles ennemis. 5 ou 6 acres en ont été complétement couvertes, et ils y ont détruit presque toutes les feuilles. Chaque année, ils reparaissent à la même place. Cette année, ils se sont montrés en grande force sur une plantation voisine, et ont couvert au moins 40 acres. La même chose a eu lieu sur trois autres plantations. » M. Rose donne une peinture élégante pour l'esprit d'un entomologiste en ajoutant qu'en mai, quand ces insectes disparaissent, on peut voir les troncs d'arbres renversés, et les rochers couverts de leurs brillantes élytres vertes.

La famille des Charançons est une des plus nombreuses de l'ordre des coléoptères, et un grand nombre de ses membres, soit ici, soit en Europe, font beaucoup de mal aux produits agricoles. J'ai vu, dans le district de Négombo, la presque totalité d'une récolte de patates (*Batatas edulis*) détruite par une de ces espèces, le *Cylas turcipennis*. Le Charançon commun du riz, *Sitophilus oryzæ* est un autre exemple de ce genre, et un des destructeurs des cocotiers de la plaine appartient aussi à cette famille, c'est le *Sphænophorus planipennis*.

26. *Acarus coffeæ.* — C'est un très-petit ciron, à peine visible à l'œil nu, qui se nourrit sur les feuilles du caféier presque toute l'année, mais qui est particulièrement abondant de novembre à avril ; il donne aux feuilles une couleur brune, comme brûlée par le soleil. Le mal qu'il fait n'est, en somme, pas grand ; cependant certains arbustes en souffrent. Il est très-voisin du « red spider » des serres d'Europe, ovale, nu, d'un rouge clair, avec l'abdomen plus foncé, quatre rangées de poils le long du dos et des pattes velues. Il se nourrit à la face inférieure des feuilles, où, parmi les insectes vivants, on trouve en quantité des peaux vides et de petits globules rouges. Ces glo-

bules sont fixés par un support à la feuille, et ne sont autre chose que des jeunes dans la première période de leur existence ; le support est la bouche, mais le reste du corps est un globule parfait sans appendice quelconque. Les membres apparaissent peu à peu, et, quand l'animal est muni de tout ce dont il a besoin, il se détache.

(La suite prochainement.)

IV. MÉLANGES ET NOUVELLES.

LE SYRRHAPTES HETEROCLITUS EN EUROPE, par Victor Fatio.

Veuillez, Monsieur, donner une petite place dans vos pages à un court extrait des observations faites cette année en Allemagne sur les *Syrrhaptes heteroclitus* ou *paradoxus*, le Kirgisische Steppenhuhn ou Fausthuhn des Allemands ; peut-être répondrais-je ainsi plus ou moins, quoique tardivement, aux questions que pose M. Berthemieux dans la lettre que vous publiâtes dernièrement.

Les numéros de juillet et septembre du *Journal für Ornithologie* (parus au commencement de septembre et décembre) renferment plusieurs intéressants mémoires sur le sujet qui nous occupe ici.

Dans le premier de ces numéros, MM. les docteurs Carl Bosse et Altum nous racontent, avec détails, tout ce qu'ils ont vu ou appris jusque vers le milieu d'août : l'un nous fait passer en revue plusieurs observations diverses faites par différentes personnes sur différents points du continent allemand ; l'autre nous initie parfaitement à la vie intime de l'hétéroclite dans l'île Borkum (mer du Nord, près des côtes hanovriennes). Dans la brochure de septembre, avec la suite des observations des premiers narrateurs, nous trouvons encore quelques petites notes de nouveaux naturalistes. Le docteur Guistorp, après nous avoir signalé la première apparition des Syrrhaptes en Moravie, nous montre ensuite ces oiseaux établis en grand

nombre dans l'île Rügen (mer Baltique, près Stralsund).
Le capitaine de Preen nous cite des observations faites
dans l'île d'Helgoland, le Jütland et les environs de Ham-
bourg. Enfin M. Ludwig Holtz nous indiquant des compagnies d'hétéroclites dans la presqu'île Vogelsand (près
Stralsund), nous pouvons suivre presque continuellement
notre oiseau, depuis le commencement de mai et jusqu'à
la fin d'octobre.

C'est de ces différents mémoires, et par leur comparaison avec les observations françaises, au courant desquelles
la *Revue zoologique* a si bien tenu ses abonnés, que je
tire maintenant, par déduction, la plus grande partie des
quelques mots qui suivent :

Le 6 mai, le Syrrhapte apparaît d'abord en Moravie,
mais en très-petit nombre ; peu de jours après, il arrive
plus nombreux au N. E. de l'Allemagne prussienne et
s'étend bientôt en fortes bandes entre la rivière Weichsel
à l'est, la Bohême et la Moravie au sud, et l'Ems à l'ouest ;
ces compagnies de 20 à 30 individus, continuellement
poursuivies par le zèle scientifique d'observateurs nombreux, s'abattent effarées et sans ordre tantôt ci et
tantôt là.

Quoique chaque compagnie semble errer de droite et
de gauche, et comme à l'aventure, remarquons cependant que les masses paraissent préférer le voisinage des
mers, et que les courtes apparitions de petites troupes
signalées plus au midi et loin des côtes ne représentent
ici que comme les déviations d'une direction générale
dont nous nous ferons facilement une idée, en voyant les
bandes de l'hétéroclite se maintenir presque toujours au
nord d'une droite directrice menée du N. E. de la Prusse
jusqu'au S. O. de la France. Tandis que quelques-unes de
ces bandes errantes se laissent patiemment décimer sur
le continent allemand, d'autres bandes plus vite effrayées
par une persécution incessante, gagnent la France, où
nous les voyons apparaître dès le 2 juin ; d'autres encore

se répandent dans le Danemark et les îles environnantes ;
d'autres, enfin, se rendent, non sans péril, vers les côtes
d'Angleterre. Si nous prolongeons maintenant en arrière
la ligne tracée plus haut par la France et l'Allemagne,
nous suivrons, en traversant la Russie et jusqu'en Sibérie,
le chemin probablement parcouru par notre intéressant
volatile.

Mais quelle est la cause qui a pu décider un oiseau
naturellement sédentaire, comme l'hétéroclite, à quitter sa
patrie, pour venir se jeter ainsi témérairement dans des
pays trop civilisés pour lui. Tout, dans l'ensemble des
faits observés, me semblant aller presque à l'encontre de
l'idée d'un passage, c'est bien plutôt dans l'effet de quelque violente influence climatérique que nous devons, je
crois, chercher la cause première d'une si curieuse
invasion.

Peut-être le docteur Carl Bolle, et avec lui M. Berthemieux, auraient-ils raison dans leur supposition, que,
écarté d'abord de ses pénates par une sécheresse prolongée, le Syrrhapte se serait, dans son trouble, laissé
pousser, presque à son insu, par les vents N. E., jusque
dans nos parages inhospitaliers.

Arrivons maintenant à l'étude non moins intéressante
des mœurs de l'hétéroclite, et tâchons, avec les renseignements qui nous sont fournis de différents côtés, de nous
faire une idée exacte d'un genre de vie qui semble, du
reste, avoir assez d'analogie avec celui des Gangas.

L'isolement, le terrain découvert et sablonneux de
quelques dunes, et surtout de quelques îles, ont séduit de
prime abord nos aventuriers; ils en ont pris d'emblée
possession, y sont rentrés petit à petit dans toutes leurs
habitudes, et s'y sont enfin si bien établis, qu'on les y
rencontre depuis le mois de mai et jusqu'en octobre, par
compagnies de 30 à 90 individus.

Choisissons maintenant parmi les nombreuses îles habitées par l'hétéroclite, et laissant de côté Helgoland, Vogel-

sand, et même Rügen, qui, quoique très-peuplée de Syr-rhaptes cette année, servit plus à la cuisine qu'à la science, allons de préférence avec le docteur Altum directement dans Borkum, mais sans cependant négliger en rien soit les remarques, soit les observations des autres naturalistes.

Le docteur Altum nous amène d'abord dans de grands espaces sablonneux ; il nous y montre les places préférées par les compagnies pour y passer les nuits, ainsi que les petites flaques où chacun va faire sa toilette matinale; ensuite il nous fait suivre telle ou telle compagnie qui, partie subitement avec rapidité et grand bruit, va s'abattre bientôt dans quelque prairie voisine, à la recherche des grains qui lui servent de nourriture.

Tous les individus, une fois posés, restent un moment immobiles et serrés les uns contre les autres, comme étudiant les environs ; puis, rassurés par leur examen scrupuleux, ils se séparent enfin pour sautiller et courir en trépignant dans toutes les directions. Chacun, en cherchant avec activité l'aliment qui lui plaît, semble mépriser toute nourriture animale, pour goûter surtout avec délices la graine du *Lothus corniculatus*. C'est au milieu de ce mouvement perpétuel que nous sommes de temps à autre frappés par la position élevée que prend tout à coup la queue de tel ou tel oiseau qui becquète à terre. Mais voici deux hétéroclites qui se sont rencontrés dans leurs évolutions, ils sautent et s'élèvent l'un contre l'autre en faisant entendre un petit kriktikrick, et, dérangeant ainsi leurs voisins, ils menacent souvent d'effrayer toute la bande, en lui faisant croire à l'imminence d'un danger.

Nous approchons toujours davantage de cette compagnie qui, si absorbée par son repas et ses jeux, semble ne pas devoir nous remarquer ; mais un vieux coq, que nous n'avions pas aperçu d'abord, se redressant tout à coup sur quelque point culminant et tendant vigoureusement le cou, lâche, subitement et avec emphase, deux ou trois kockericks retentissants, à l'ouïe desquels toute la troupe

se resserre au plus vite ; une immobilité complète a succédé, comme par enchantement, aux mouvements si prompts
et si variés de nos curieux oiseaux.

Encore un pas et nous tressaillons au tapage que fait
toute la compagnie, en prenant soudain le vol, pour filer
en s'élevant rarement au-dessus de 30 pieds ; c'est alors
que M. Ludwig Holtz, après nous avoir fait remarquer les zigzags que décrit chaque individu à son premier
départ, nous fait encore prêter l'oreille à de petits tick-
tick-tick, de temps à autre répétés au vol, par la bande
qui fuit se poser au loin. Enfin, dans les chaudes heures
de la journée, nous retrouvons, sur les dunes brûlantes,
le Syrrhapte prenant un bain de sable avant de retour-
ner à la pâture ; serait-ce peut-être dans de pareils
moments, ou bien encore quand toute la compagnie s'est
rassemblée pour la nuit, qu'il prononcerait doucement
les mots : geluk-geluk et kürr-kürr, que M. Carl Boll a
entendu exprimer par une paire d'hétéroclites captifs,
dans le jardin de Francfort.

C'est sur des îles encore, mais sur celles des dunes du
Jütland, que l'on a, cette année, suivant M. de Preen,
trouvé trois œufs du *Syrrhaptes paradoxus* ; ces œufs, qui
ont été envoyés au musée de Copenhague, doivent avoir
tout à fait la forme et les dessins de ceux du *Pterocles
alchata* ; leur couleur fondamentale serait seulement, au
lieu de jaune, d'un beau vert de mer. Quoique M. de Preen
ne nous dise malheureusement rien sur l'époque à laquelle
fut faite cette intéressante trouvaille, l'état ovarien de
beaucoup de femelles étudiées auparavant semble cependant nous permettre d'avancer, avec assez de probabilité,
que ce dut-être dans le courant de juin.

M. le docteur Altum nous fait encore observer que la
mue, qui s'accomplit en août et septembre, donne à l'hétéroclite une livrée d'hiver parfaitement identique à celle
d'été.

Enfin je n'ai plus maintenant, pour terminer ce court

exposé, qu'à signaler une intéressante comparaison ostéo-
logique faite par le docteur Altum entre le Pigeon commun, le Syrrhapte et la Perdrix grise. Je ne puis pas
entrer ici dans l'énumération des différents cas où la
balance penche, tantôt d'un côté, tantôt de l'autre ; mais,
après avoir seulement attiré l'attention sur un *calcaneum*
très-développé qui, appuyé contre le tarse et formant
l'arrière de la plante du pied, sert, chez l'hétéroclite à so-
lidifier l'insertion des doigts, je me bornerai à faire
remarquer entre les deux premiers oiseaux comparés
plusieurs points de rapprochement qui m'expliquent assez
bien la curieuse impression de Pigeon que fit de prime
abord notre oiseau à bon nombre des personnes qui
eurent le bonheur de le rencontrer cette année.

P. S. Dans une lettre que M. Fatio nous a adressée dernièrement, il nous annonce ce qui suit :

« Deux individus de ce curieux oiseau ont été vus et
tués, aux environs de Genève, vers la fin d'août 1863. »

« Le chasseur qui a tué ces intéressants animaux n'en
avait conservé que les pattes, qui lui semblaient curieuses ;
et il y a peu de jours seulement que j'ai découvert, par hasard, cesdites pattes qui suffisent parfaitement pour établir la présence de l'hétéroclite chez nous en 1863. »

Pour ne rien omettre de ce qui est venu à notre connaissance sur la remarquable apparition de cet oiseau dans
nos contrées, je joins à la note de M. Fatio l'extrait suivant d'une lettre que M. Ernest de Saulcy m'a adressée
de Metz le 18 mars dernier :

« Le 9 février 1864, M. Molinet, imprimeur à Metz, et
grand chasseur, faisant la clôture au village d'Haucon-
court, à 13 kilomètres de Metz, aperçut, au bord de la
rivière (la Moselle), deux oiseaux singuliers, qu'il prit
d'abord pour des pigeons ; ces oiseaux cherchaient à
manger, semblaient peu farouches, et, d'après son impression, lui paraissaient peut-être un peu fatigués ; ils se lais-
sèrent facilement approcher, et le capteur a la conviction

qu'il eût pu s'en rapprocher jusqu'à une dizaine de pas, s'il avait voulu; mais une fois à une trentaine de mètres, certain qu'il avait affaire non pas à des pigeons, mais à des oiseaux qu'il n'avait jamais vus, craignant de les voir lui échapper, il fit feu, et les tua tous les deux du même coup. C'étaient un mâle et une femelle du Ganga (*Syrrhaptes heteroclitus*).

« Ces deux exemplaires sont d'une beauté remarquable; la bande abdominale du mâle est d'un noir profond, assez large, sans mélange de roux, comme il est représenté dans les planches de la *Revue de zoologie;* le collier maillé est aussi parfaitement dessiné, et je crois que ces deux sujets diffèrent de ceux représentés dans vos planches, parce qu'à mon avis ils avaient, au moment où on les a tués, leur plumage de noces. C'est ce qu'on eût pu vérifier au moment où on les a dépouillés pour les mettre en peau, et ce qui, je crois, n'a pas été fait.

« Quelle circonstance a pu amener ces oiseaux rares dans nos climats et à cette époque, c'est ce dont je ne puis me rendre compte. Ce qui est certain, c'est que leur présence en 1864 est un fait remarquable et qui n'avait point encore été signalé jusqu'ici dans notre département. Voilà, mon cher ami, un fait curieux qu'il est peut-être bon de porter à la connaissance de vos lecteurs. »

TABLE DES MATIÈRES.

PARIS. — IMP. DE Mᵐᵉ Vᵉ BOUCHARD-HUZARD, RUE DE L'ÉPERON, 5.

I. TRAVAUX INÉDITS.

DESCRIPTION d'une nouvelle espèce du genre *Tachyphonus*,
par M. LÉOTAUD.

TACHYPHONUS ALBISPECULARIS, Léotaud. — Le mâle, dans cette espèce, est entièrement noir, avec quelques reflets bleus surtout à la tête. Les rémiges sont de la même couleur, avec du blanc sur une partie de leur bord interne. Les couvertures alaires sont blanches également en dessus dans leur partie médiane, et terminées de noir ; cette dernière couleur sépare la teinte blanche du bord de l'aile. Les couvertures alaires, en dessous, sont, de même, blanches et terminées de noir.

Les dimensions sont les suivantes : longueur totale, 145^{mm} ; du pli de l'aile à son extrémité, 65^{mm} ; du tarse, 16^{mm} ; du doigt médius (sans l'ongle), 10^{mm} : de la queue, 57^{mm} ; du bec, 14^{mm}.

La femelle est un peu plus petite ; elle a le dessus et les côtés de la tête d'un gris brun qui se fond avec la teinte verte olive qui couvre, en dessus, le reste du corps.

La gorge et la partie voisine du cou sont blanchâtres ; le reste des parties inférieures est jaune.

Les rémiges sont brunes, bordées de vert olive en dehors et de blanchâtre en dedans. Leurs couvertures supérieures sont brunes avec une bordure jaune olive sur leurs plumes les plus postérieures. Les tectrices alaires inférieures sont, au contraire, de couleur blanche.

Les rectrices externes sont brunes en dedans, vert olive en dehors ; cette dernière couleur couvre entièrement les intermédiaires.

Le bec est noir, avec du blanchâtre à la base de la mandibule inférieure : cette disposition est bien visible chez la femelle. Les pattes et l'iris sont noirs également.

Ce petit Tachyphone est originaire de la Trinidad, où il est vraiment rare. Différent, sous ce point de vue, du Tachyphone Beauperthuy (*Tachyphonus Beauperthuy*, Bp.), il fuit les endroits habités et préfère les lieux sauvages. Il vit ordinairement solitaire, parfois en compagnie de sa femelle. Son cri est faible, et il se nourrit de baies et d'insectes.

Ce passereau a les rapports les plus intimes avec le *Tach. luctuosus* de Lefr. et d'Orb. ; il en diffère par ses dimensions plus fortes.

EXPÉRIENCES *sur la persistance de la vie dans quelques mollusques terrestres soumis à l'action des eaux marines*, par M. Henri AUCAPITAINE (1).

Les naturalistes se sont beaucoup occupés, depuis quelques années, d'expériences ayant pour but d'étudier les divers modes d'après lesquels certaines espèces avaient pu se développer sur les continents isolés, les îles Océaniques par exemple.

(1) Ce curieux essai de M. Aucapitaine a été particulièrement signalé à la réunion du congrès des sociétés savantes, par M. Paul Gervais, doyen de la faculté des sciences de Montpellier. Nous donnons aujourd'hui aux lecteurs de la *Revue de zoologie* le travail de M. le lieutenant Aucapitaine, tel qu'il vient d'être publié dans les *Mémoires* de l'Académie des sciences de Turin après un remarquable et savant rapport de M. de Filippi, dont les conclusions sont aussi favorables que flatteuses pour notre collaborateur.   G. M.

Les uns supposent que la vie s'est produite spontanément et en quelque sorte simultanément sur divers points
du globe. La faune particulière, les formes toutes spéciales
à certaines régions, semblent fournir des arguments à
cette théorie.

D'autres, prenant pour base la dispersion, ou mieux
l'expansion illimitée des êtres, rattachent toutes les créa-
tions entre elles par un lien commun.

Comme conséquence, on a dû rechercher quels avaient
pu être et quels étaient encore les moyens accidentels ou
occasionnels de dispersion qui, à travers de vastes espaces
et contre mille accidents divers, ont pu transporter les
germes d'un continent à l'autre.

C'est ainsi que MM. Charles Darwin et Berkeley en Angleterre, M. Charles Martins en France, ont étudié les
facultés germinatives de graines ayant séjourné plus ou
moins longtemps dans les eaux marines.

On doit dire que les expériences faites n'ont rien de
bien concluant encore. Néanmoins le docteur Darwin
croit pouvoir conclure qu'un $\frac{14}{100}$e des plantes d'un centre
quelconque peut être entraîné *pendant vingt-huit heures*
par des courants marins, sans pour cela perdre ses facultés
germinatives (1).

Les essais plus récents de M. le professeur Charles Martins n'ont rien de beaucoup plus affirmatif, bien que faits
dans de meilleures conditions expérimentales que celles
du docteur Darwin. Le savant professeur de la Faculté de
Montpellier a obtenu les résultats suivants : un $\frac{11}{08}$e de
ses graines était susceptible de germer après *quarante-
deux* jours de flottaison.

Quelque prématuré qu'il puisse être encore de se prononcer sur des expériences de cette nature, elles n'en sont
pas moins très-intéressantes, et, à tous égards, elles mé-

(1) D^r Ch. Darwin, *De l'origine des espèces*, traduction française,
page 507.

ritent d'être suivies et multipliées avec une très-grande
attention, en tenant toutefois compte des nombreux inci-
dents qui se produisent journellement dans la nature et
peuvent arrêter ou développer, suivant les circonstances,
les moyens de dispersion des espèces.

Les animaux supérieurs ne se prêtent guère, — on le
conçoit facilement, — à des expériences de ce genre, tant
en raison de leurs facultés de locomotion que de leurs
conditions d'existence. Il est acquis, d'ailleurs, que plus
les êtres sont parfaits, plus ils augmentent leurs facultés
d'acclimatation. Les arguments qu'il serait possible de
tirer de leur dispersion ne présenteraient donc pas le
même intérêt au point de vue spécial de la répartition
originaire des espèces (1).

C'est donc sur les animaux inférieurs qu'il est possible
de tenter des expériences analogues à celles faites pour
les végétaux : les mollusques terrestres de la classe des
Gastéropodes, renfermant nombre de petites espèces au
test fragile et délicat, nous ont semblé présenter les meilleures conditions pour renouveler les expériences de
MM. Darwin et Martins.

C'est à M. Darwin que revient l'idée première de cette
tentative sur les mollusques terrestres. Ce savant ingé-
nieux a constaté que plusieurs espèces pouvaient résister
à une immersion de *sept* jours dans l'eau de mer sans
éprouver aucun phénomène pathologique. Il a notamment
expérimenté sur l'*Helix pomatia*, L., pourvue d'un diaphragme très-épais et qui est un véritable opercule, puis
sur la même espèce, n'ayant plus qu'une pellicule papy-

---

(1) Des essais pourraient néanmoins être tentés sur les reptiles
moins acclimatables que beaucoup d'espèces qui leur sont inférieures
ou supérieures, et qui, généralement, ont pour patrie des circon-
scriptions géographiques nettement déterminées. Nous recomman-
dons aux observateurs d'étudier, dans cet ordre d'idées, les premiers âges des Batraciens.

racée; elle a, — même dans ce dernier cas, — survécu à quatorze jours d'immersion (1).

Curieux de reproduire une expérience qui peut fournir un document utile pour la solution d'une des questions les plus intéressantes de la philosophie zoologique, j'ai recueilli les échantillons des espèces suivantes :

Espèces à diaphragmes solides.	*Helix naticoïdes*, Born.....	6 individus.
	Cyclostoma elegans, Lk....	12 —
Espèces à diaphragmes vitreux ou papyracés.	*Bulimus decollatus*, Gmelin.	6 —
	— *ventricosus*, Drapd.	12 —
	Clausilia rugosa, Lk......	6 —
	Pupa cinerea, Drapd......	6 —
	Achatina follicula, Lk...	4 —
	Helix aspersa, Lk.........	12 —
	— *Pisana*, Müller......	24 —
	— *variabilis*..........	12 —

Total............... 100 individus.

Le 20 janvier (1863), je fis placer ces échantillons avec de nombreux morceaux de branchages brisés dans un e caisse de sapin percée de petits trous sur la face supérieure. Après l'avoir préalablement remplie d'eau de mer, je la fis maintenir flottante au gré de la vague par une corde qui la retenait *au-dessous* des eaux. Je m'assurai que l'immersion était très-complète. La boîte, placée à 3 mètres en mer, à l'ouest de la pointe Saint-François (auprès de Calvi, côte occidentale de la Corse), fut constamment agitée par la houle, toujours assez forte sur ce point. Le 3 février, après quatorze jours d'immersion (2), je re-

(1) Darwin, ouvrage cité, page 558.

(2) « D'après l'atlas physique de Johnston, la vitesse moyenne des « courants atlantiques est de 33 milles par jour, et quelques-uns at- « teignent la vitesse de 60 milles; il en résulterait que les graines « du $\frac{14}{100}$ des plantes d'une contrée quelconque pourraient être « transportées en 924 milles, en moyenne, dans une autre contrée « où, venant à aborder, elles pourraient encore germer si un vent de « mer les prenait sur le rivage et les transportait dans un lieu fa- « vorable à leur développement. » (DARWIN.)

Les quatorze jours pendant lesquels nos mollusques sont restés

tirai les mollusques que je plaçai immédiatement sur un terrain sec, puis, le soir, et selon les espèces, sur d'autre terre légèrement humide.

Au bout de quarante-huit heures j'observai les résultats suivants :

Clausilia rugosa........	1	
Bulimus decollatus......	1	
— *ventricosus*.....	3	13 individus donnent signe de vie.
Pupa cinerea...........	5	
Achatina follicula......	3	

Le troisième jour :

Bulimus decollatus.....	1		
— *ventricosus*....	2	6 id. id.	
Cyclostoma elegans.....	3		

Le quatrième jour :

Cyclostoma elegans...... 7 | 7   id.   d.i

Le cinquième jour :

Cyclostoma elegans...... 1 | 1   id.   id.

Tous les échantillons du genre Helix étaient morts. La plupart (notamment les *H. aspersa*) paraissent avoir essayé d'adhérer aux menus branchages placés dans la caisse.

L'*H. naticoïdes*, malgré la solidité de son épiphragme, qui est un véritable opercule, avait également succombé (1), tandis que les *Cyclostoma elegans*, également bien clos, survivaient presque tous.

On voit, d'après le tableau suivant, que vingt-sept échantillons sur cent ont survécu à cette immersion prolongée de *quatorze jours*.

plongés dans l'eau de mer peuvent approximativement représenter un peu plus de la moitié du temps qui leur aurait été nécessaire pour être transportés d'un littoral à l'autre de l'Atlantique!

(1) Singulière contradiction avec les résultats obtenus par le Dr Darwin, qui a trouvé persistance de vie dans des *H. pomatia*.

Helix naticoides	6		»
Cyclostoma elegans	12		11
Clausilia rugosa	6		1
Bulimus decollatus	6		2
— *ventricosus*	12	Ont survécu	5
Pupa cinerea	6	à l'immersion.	5
Achatina follicula	4		3
Helix aspersa	12		»
— *Pisana.*	24		»
— *variabilis*	12		»
	100		**27**

Ce résultat me semble fort remarquable, car il indique une persistance singulière de la vie dans ces animaux, malgré les conditions dans lesquelles ils étaient placés.

Cela prouve-t-il que ces espèces de mollusques ont pu originairement être transportées par les courants et surmonter la salure de la mer?... Je ne le pense pas, car de ce fait isolé à conclure que les $\frac{27}{100}$ des espèces terrestres peuvent être dispersés par les courants marins, ou à généraliser quoi que ce soit, il y aurait au moins précipitation, sinon absurdité.

Je me propose de multiplier ces essais tant en changeant les espèces qu'en modifiant les conditions d'expériences. Je ne saurais trop les recommander aux naturalistes; il serait surtout à désirer que ces expériences portassent sur les œufs des mollusques terrestres ou d'eau douce.

Si des recherches de ce genre ne peuvent, — quant à présent, — contribuer à donner une solution satisfaisante des problèmes qu'offre la répartition première des êtres sur le globe, elles fourniront au moins des indications intéressantes et toujours curieuses sur l'aire possible d'expansion de certains groupes spécifiques.

II. SOCIÉTÉS SAVANTES.

ACADÉMIE DES SCIENCES.

Séance du 25 *avril* 1864. — M. *Coste* donne lecture de
la note suivante intitulée, *Production des sexes.*

« Quelles sont les causes de la production des sexes?
Tel est le problème dont la solution préoccupe en ce moment les physiologistes et intéresse au plus haut degré les
agriculteurs.

« M. Thury pense que le produit est toujours du sexe
mâle quand la fécondation porte sur des œufs à complète
maturité, et qu'il est toujours femelle quand elle porte sur
des œufs à maturité moins avancée.

« Il y a un moyen bien simple de résoudre ce problème,
c'est de choisir pour sujet d'expérience les espèces à maturation successive et chez lesquelles cependant une seule
imprégnation féconde toute la série d'œufs qui se détachent de l'ovaire durant la période de huit, dix, douze,
quinze et même dix-huit jours. Nous savons, en effet, que,
chez la poule, un seul accouplement suffit à féconder les
5, 6 ou 7 œufs qu'elle va pondre et qui sont échelonnés
dans son ovaire, suivant l'ordre de leur maturation. Or,
en pareil cas, si la théorie est exacte, les premiers œufs
tombés devront toujours produire des mâles et les autres
des femelles, sans que cet ordre puisse être interverti.
Mais, pour bien analyser le phénomène, il ne faut pas
oublier que, chez les vertébrés à fécondation interne,
sans en excepter l'espèce humaine, l'imprégnation s'opère
toujours dans l'ovaire ou dans le pavillon, et jamais dans
l'oviducte, comme je l'ai démontré par des preuves di-
rectes dans mon grand ouvrage sur le développement des
corps organisés. L'oubli de ce fait fondamental donnerait
prise à des divergences d'opinion qui ne seront plus
possibles quand la question sera circonscrite dans ses véritables limites.

« Ceci posé, nous avons, de concert avec M. Gerbe, l'habile naturaliste attaché à ma chaire d'embryogénie comparée, formulé un programme d'expériences que M. Gerbe exécute, et dont les résultats seront communiqués à l'Académie.

« En attendant, je me bornerai à signaler un premier fait.

« Une poule, séparée du coq au moment de sa première ponte de cette année, a donné 5 œufs fécondés en l'espace de huit jours.

« L'œuf pondu le 15 mars a produit un mâle.

« L'œuf pondu le 17 mars a produit un mâle.

« L'œuf pondu le 18 mars a produit une femelle.

« L'œuf pondu le 20 mars a produit un mâle.

« L'œuf pondu le 22 mars a produit une femelle.

« Le trait caractéristique de cette expérience, c'est la naissance d'un produit mâle après un produit femelle, ce qui ne devrait pas avoir lieu suivant la théorie. Mais n'est-ce là qu'une simple exception? ou bien faut-il considérer le fait comme une objection radicale? Nous verrons un peu plus tard ce que, sur ce point, nous apprendront les recherches auxquelles M. Gerbe se livre.

« M. Flourens rappelle, à cette occasion, une expérience qu'il a faite il y a une trentaine d'années.

« Aristote avait observé que l'espèce du Pigeon pond ordinairement deux œufs, et que, de ces deux œufs, l'un donne ordinairement un mâle et l'autre une femelle. Il voulut savoir quel était l'œuf qui donnait le mâle, et quel était l'œuf qui donnait la femelle. Il trouva que le premier œuf donnait toujours le mâle, et le second œuf toujours la femelle.

« J'ai répété cette expérience jusqu'à onze fois de suite, et onze fois de suite le premier œuf a donné le mâle et le second œuf la femelle.

« J'ai revu ce qu'avait vu Aristote. »

M. *Guérin-Méneville* lit une *note sur l'introduction d'une quatrième espèce de Vers à soie du chêne* (*Bombyx Roylei*).

« Depuis plusieurs années, l'Académie des sciences a bien voulu accueillir avec intérêt les communications que j'ai eu l'honneur de lui faire sur l'une des plus importantes applications de la zoologie, l'introduction et l'acclimatation de nouvelles espèces de Vers à soie, dont les produits habillent des populations entières, dans l'Inde, en Chine et au Japon.

« Mes tentatives, à cet effet, ont été approuvées, et j'ai été encouragé à les poursuivre, car l'on comprend partout l'immense bien qui résulterait de l'introduction de ces producteurs de matière textile, en présence de la pénurie presque irréparable du coton, amenée par la déplorable guerre d'Amérique.

« Tout le monde comprend aujourd'hui que les Vers à soie qui vivent sur le ricin, sur l'ailante et sur le chêne peuvent devenir des auxiliaires susceptibles de suppléer plus ou moins à cette pénurie du coton.

« Jusqu'à présent j'ai tenté l'introduction de trois espèces de Vers à soie asiatiques vivant sur le chêne : le *Bombyx mylitta* de Fabricius, du Bengale, mon *Bombyx Pernyi*, du nord de la Chine, et mon *Bombyx Yama-maï* du Japon. Aujourd'hui j'ai l'honneur de présenter à l'Académie les premiers sujets, parvenus en Europe, d'un quatrième Ver à soie du chêne, le *Bombyx* (*Antheræa*) *Roylei* de Moore.

« Vingt cocons vivants de cette espèce remarquable m'ont été envoyés par le capitaine Hutton, et proviennent des hauts plateaux de l'Himalaya, sur les frontières du Cachemire. La Chenille vit sur un chêne à feuilles épaisses, le *Quercus incana*, qui a beaucoup d'analogie avec nos chênes-liège et yeuse, et il est évident qu'elle pourra, comme les trois autres espèces, être alimentée avec les chênes de nos forêts.

« Son cocon diffère de ceux des trois autres espèces (ainsi qu'on peut le voir dans la collection comparative que je dépose sur le bureau) par un plus grand volume et surtout parce qu'il est entouré d'une enveloppe, également composée de soie, d'un joli gris clair.

« Il est évident que ce nouveau Ver du chêne sera facile à acclimater dans le centre et le nord de la France, car le climat des parties élevées de l'Himalaya ne doit pas différer notablement du nôtre, puisque beaucoup de végétaux de cette chaîne centrale de l'Asie, la plus élevée connue, prospèrent très-bien chez nous.

« Les vingt cocons que j'ai reçus le 23 mai m'ont d'abord donné trois mâles à partir du 7 avril, et je commencais à craindre de les voir tous éclore et périr avant l'apparition des femelles. Enfin, le 19 avril, il est éclos en même temps un mâle et une femelle. Ces deux papillons se sont unis dans la nuit du 20 au 21, à une heure du matin, et j'ai déjà obtenu 108 œufs, nombre suffisant pour introduire l'espèce et me permettre de la donner bientôt à la Société d'acclimatation d'abord, et aux agriculteurs de tous les pays où prospèrent diverses espèces de chênes.

« Les instructions que j'ai publiées dans ma *Revue de sériciculture comparée* (1863, p. 33), sur les soins à donner à mon *Yama-maï* du Japon, s'appliquent tout à fait à cette nouvelle espèce, dont j'ai l'honneur de présenter les premiers reproducteurs à l'Académie, comme je lui ai présenté, en 1858, ceux qui m'ont permis d'introduire le Ver à soie de l'alante, qui commence à s'acclimater dans toutes les régions de l'Europe, de l'Afrique, de l'Amérique, et jusqu'en Australie. »

M. *de Quatrefages* présente de la part de MM. *Garrigou et L. Martin* une note intitulée, *l'Age du Renne dans les Basses-Pyrénées (caverne d'Espalungue).*

Après avoir fait connaître le terrain dans lequel se trouve la caverne et en avoir donné une description détaillée, les auteurs énumèrent les ossements et les silex taillés qu'ils y ont trouvés, et terminent ainsi :

« Les faits que nous venons d'énumérer rapidement
nous conduisent à assigner à la brèche osseuse d'Espalungue une antiquité plus grande que celle des brèches de
Bruniquel et de la Dordogne, bien qu'elles appartiennent
toutes à l'âge du Renne. Les objets travaillés de la grotte
d'Espalungue se rapprochent beaucoup plus, par leurs
formes et la grossièreté de la façon, des objets trouvés
dans les cavernes de l'âge de l'Ours que de ceux recueillis
jusqu'ici dans les gisements de l'âge du Renne. Si l'on se
rappelle que l'étude des progrès de la civilisation a joué
un grand rôle dans le choix des divisions admises pour la
période quaternaire, et si l'on remarque, en outre, le faible
développement relatif du Renne, on admettra sans doute
avec nous que la station d'Espalungue représente une
sorte de passage des premières époques quaternaires de
l'âge du Renne, ou, en d'autres termes, l'origine de ce dernier. »

Les auteurs présentent ensuite des considérations sur
les oscillations du sol pendant l'époque quaternaire dans
le bassin du Gave d'Ossau, et ajoutent :

« Il résulte de ces considérations qu'à l'origine de la
période quaternaire les seules grottes qui aient pu servir
de refuge à l'homme ou aux animaux étaient situées au-
dessus du niveau de la terrasse qui porte le château
d'Espalungue. Nous sommes convaincus que, si l'on veut
retrouver dans les environs d'Arudy les restes de l'*Ursus
spelæus* ou de l'*Elephas primigenius*, il suffira d'explorer
des cavernes placées plus haut que le niveau que nous
venons de définir. »

Le même académicien a présenté, de la part de M. Cazalis de Fondouce, une autre note intitulée, *Sur une caverne de l'âge de pierre située près de Saint-Jean-d'Alcos
(Aveyron).*

Une description géologique de la caverne est également
donnée; les ossements et objets travaillés par l'homme
sont indiqués et l'auteur ajoute en finissant :

« Pour revenir à la caverne de Saint-Jean d'Alcos, les seules espèces animales que j'ai pu y déterminer sont le cerf, le blaireau et le lapin. Je n'ai pu y découvrir, soit à l'extérieur, soit à l'intérieur, aucune trace de charbon, ni aucun indice du repas des funérailles signalé à la caverne sépulcrale d'Aurignac ; mais, comme pour celle-ci, les parents et les amis des morts avaient, sinon fermé complétement, du moins considérablement rétréci l'ouverture de la cavité. Pour cela on avait disposé au devant de l'entrée deux grandes dalles posées en croix, qui ne laissaient qu'une ouverture triangulaire n'ayant qu'un mètre à la base. De ces dalles, l'une était dolomitique comme la roche de la colline, l'autre était calcaire et avait dû être portée d'assez loin ; cette dernière, équarrie pour servir de seuil au four du propriétaire de la grotte, a encore, après avoir été ainsi réduite, $1^m,75$ de long sur 1 mètre de large, et $0^m,20$ d'épaisseur. Quant à la cavité elle-même, elle a 5 mètres de profondeur sur 6 mètres de largeur et 3 mètres de hauteur *maxima*.

« Il me paraît intéressant de faire observer combien les populations primitives ont légué à celles qui leur ont succédé le souvenir et le culte, devenus inconscients, des lieux qu'elles ont habités. Au-dessus de la caverne de l'âge de la pierre, le monticule dans lequel elle se trouve se termine par un tertre gazonné dont le sol renferme des sépultures gallo-romaines. A 300 mètres au-dessus, le château démantelé de Saint-Jean-d'Alcos témoigne des luttes du moyen âge, et d'humbles chaumières qui s'appuient contre ses vieux remparts abritent aujourd'hui les familles des paysans qui cultivent le sol rocailleux et aride du Causse, qu'ont foulé dans les siècles passés les populations même les plus anciennes de nos pays.

« J'ajouterai même, en terminant, que les populations primitives ont laissé de nombreuses traces de leur séjour dans cette partie du département de l'Aveyron qui avoisine le Larzac et sur le Larzac lui-même. On y trouve

de nombreux dolmens se rapportant tous ou presque tous
à l'âge de la pierre, des menhirs et d'autres monuments
de cette époque que je me propose de décrire plus tard
en détail, ainsi que tout ce qui se rapporte à l'enfance
de l'humanité dans ce pays peu connu. »

« M. *Élie de Beaumont* rend hommage à ce qu'offrent
de curieux les faits consignés dans les deux notes présentées par M. de Quatrefages, et ajoute la remarque suivante :
Ces deux notes, et plusieurs autres présentées depuis
quelque temps à l'Académie, me paraissent d'autant plus
intéressantes qu'en prouvant avec évidence que l'Homme
et le Renne ont coexisté autrefois en France comme ils
coexistent aujourd'hui en Laponie, elles font ressortir,
par voie de contraste, l'insuffisance des preuves supposées
de l'ancienne coexistence sur notre sol de l'Homme et de
l'Éléphant fossile ordinaire (*Elephas primigenius*). »

Séance du 2 mai. — M. *Husson* présente une *nouvelle note*
sur les cavernes à ossements des environs de Toul.

« L'Homme, ainsi que je crois l'avoir démontré dans
mes notes des 18 octobre, 22 novembre 1863 et 8 février
1864 (*Comptes rendus*, t. LVIII, p. 36, 51 et 274), a habité,
dès la plus haute antiquité (mais postérieurement au diluvium alpin) et durant une longue série de siècles, le plateau de la Treiche. Néanmoins il ne m'avait pas été pos-
sible, jusqu'il y a trois mois, de trouver des traces de son
existence primitive dans les cavernes situées en face du
trou des Celtes : et cependant il était peu probable qu'il
n'eût point fréquenté ces grottes, ou tout au moins celle
du Portique. Aussi je résolus d'entreprendre de nouvelles
recherches dont voici le résultat. »

L'auteur énumérant les objets trouvés dans diverses
cavernes, passe en revue les suivantes :

« 1° TROU DE SAINTE-REINE. — Trou du Portique, dans
lequel il a trouvé des ossements d'Hyène, d'Ours, de Rhinocéros, de Cerf, de Renne, de Bœuf, de Cheval, de Mar-

motte, etc. ; ces os paraissant appointis, fendus en long, en esquilles, rongés, etc.

« 2° Grotte du Géant. — J'y trouvai plusieurs os travaillés dont deux en forme de pointe de flèche ; une dent canine non déterminée ; une portion de mâchoire avec une molaire très-curieuse, également indéterminée ; plusieurs autres ossements et des tessons de poterie plus ou moins ancienne. Dans une des encoignures, à 30 centimètres au-dessous de la surface de ces décombres, se trouvait un foyer renfermant de la cendre, des cailloux cassés et de la poterie grossière de l'époque celtique. Un autre petit coin, mais plus central, contenait aussi beaucoup de cendres.

« 3° Trou de la Grosse-Roche (en aval de Toul, rive droite de la Moselle, à environ 3 kilomètres au-dessous d'Aingeray). — Cette cavité n'a rien offert de curieux : un caillou, par suite de fractures dont quelques-unes émanent de l'Homme, rappelle une tête de bête.

« 4° Trou des Fées (rive gauche de la Moselle, en face du précédent). — Objets trouvés : débris de charbon, ossements divers dont quelques-uns sciés, débris de poterie celtique ancienne, etc.

Conclusions.

« 1° Non-seulement ces nouvelles recherches corroborent mes notes précédentes, mais elles sont une autre preuve de toute la part qui doit revenir à la géologie dans la solution de la question relative à l'homme fossile ;

« 2° Dans les environs de Toul, c'est sur le territoire de Pierre et en particulier au plateau de la Treiche que l'homme primitif a laissé les plus nombreux souvenirs, mais il ne l'a pas exclusivement habité, car on en trouve des traces sur plusieurs autres points du cours de la Moselle, à travers l'arrondissement. En est-il de même jusqu'à l'embouchure de cette rivière, ainsi que dans la vallée de la Meuse avec laquelle nous communiquons par le val de l'Ane, et, dès lors, existerait-il une corrélation, quant au fait et à l'époque de l'habitation par l'Homme, entre les cavernes de la Belgique et les nôtres? Tel est un autre et beau sujet d'étude, mais que ma position ne me permet pas d'entreprendre. »

MM. *Garrigou* et *Martin* adressent un travail ayant pour titre : *Age de l'Aurochs* et *Age du Renne dans la grotte de Lourdes (Hautes-Pyrénées)*.

« La grotte dite *des Espélugues*, à Lourdes, a été le sujet d'une description intéressante et fort détaillée, donnée, il y a deux ans, par M. Alphonse Milne-Edwards, dans les *Annales des sciences naturelles*. MM. Ed. Lartet et Alph. Milne-Edwards, qui ont visité ensemble ce gisement paléontologique quaternaire, l'ont, après une étude minutieuse, rapporté à l'âge de l'Aurochs. Ces savants naturalistes ont aussi prouvé d'une manière certaine que l'Homme avait habité la grotte pendant cette époque paléontologique.

« Nous venons nous-mêmes aussi de visiter ce gisement. De gros blocs calcaires, rapprochés les uns des autres vers l'entrée de la grande salle, reposent sur la couche de cailloux roulés. Entre ces blocs, à la base surtout, étaient des masses de cendres et de charbon dont on retrouvait aussi des indices dans différents points du dépôt général de la caverne.

« Des ossements, des mâchoires, des dents de divers Mammifères ont été retrouvés surtout dans la partie profonde du dépôt. La surface du sol déjà bouleversée ne nous a présenté que de très-rares débris, qui, à partir du second jour de nos recherches, ont été mis de côté avec soin, et que nous avons étudiés à part.

« Des quantités de silex taillés, des ossements et des bois de divers Cerfs travaillés et taillés en forme d'instruments et d'armes, quelques os sculptés gisaient pêle-mêle avec les cendres et le charbon. Quelques-uns ont été recueillis vers le niveau supérieur déjà remanié.

« Nous décrirons séparément ce qui revient au niveau

supérieur exploré avant nous par M. Alph. Milne-Edwards, et ce qui revient au niveau inférieur de ce gisement examiné par nous. »

Après une longue description de tous les objets, les auteurs terminent ainsi :

« Cet ensemble d'objets nous rappelle d'une manière à peu près complète ce que nous avons déjà signalé dans la grotte d'Izeste (Basses-Pyrénées). Il nous paraît évident que les habitants de la grotte de Lourdes, contemporains des couches inférieures, et ceux de la grotte d'Izeste, avaient une civilisation d'un degré à peu près égal, mais d'un degré inférieur à celle des habitants des cavernes du Périgord, de Bruniquel, etc.

« Si l'on revient maintenant sur les faits que nous venons de décrire, il sera facile de voir que l'âge de la partie supérieure du sol de la caverne de Lourdes n'est pas le même que celui de la partie inférieure.

« L'examen que nous avons pu faire des quelques ossements recueillis dans les couches déjà explorées de la partie supérieure nous donne un résultat identique à celui que M. Alph. Milne-Edwards a déjà fait connaître et auquel il est arrivé en compagnie de M. Lartet. Pour nous, par la présence de l'Aurochs, l'existence d'animaux domestiques, et la vue d'ossements rongés par un Chien, la conservation de la presque totalité de la gélatine dans les os, leur coloration peu foncée, la découverte d'un os très-finement sculpté, nous sommes amenés à reconnaître là un âge plus récent que celui des couches inférieurse. Ce serait pour nous, comme pour MM. Lartet et Alph. Milne-Edwards, l'*âge de l'Aurochs* dont l'Homme aurait été le contemporain.

« Quant aux couches inférieures, il est évident pour nous, d'après la présence du Renne en abondance, ainsi que de la grande quantité de ses bois, d'après la grossièreté des objets travaillés, des silex taillés, du travail de sculpture, d'après la coloration rouge brun des os et d'après la disparition de leur gélatine et leur happement à la langue ; il est évident, disons-nous, que nous avons affaire sur ce point à une époque plus ancienne que la précédente. Ce serait là l'*âge du Renne*, pareil à celui que nous avons décrit dans la grotte d'Izeste.

« La grotte de Lourdes aurait donc fourni le premier exemple de la superposition directe de deux âges paléontologiques consécutifs de l'époque quaternaire, tels que notre savant et vénéré maître M. Lartet les a décrits. »

M. *Belhomme*, qui avait précédemment entretenu l'Académie de ses recherches sur le nœud vital, adresse aujourd'hui, à l'appui des assertions contenues dans sa lettre du 11 avril dernier, quatre mémoires imprimés, publiés en 1836, 1840, 1845 et 1848. Dans la nouvelle lettre qui accompagne ces publications, l'auteur s'attache à faire ressortir ce que chacune renfermait de neuf au moment où elle a paru.

La lettre, avec les quatre mémoires, est renvoyée à l'examen des commissaires précédemment désignés, MM. Coste, Bernard et Longet.

« M. *le ministre de l'instruction publique* transme l'ampliation d'un nouveau décret impérial en date du 20 avril dernier, par lequel l'Académie est autorisée à accepter le legs de 20,000 francs fait par feu *mademoiselle Letellier*, pour la fondation d'un prix en faveur des jeunes zoologistes voyageurs. »

Séance du 9 mai. — M. *Guérin-Méneville* donne lecture d'une *note accompagnant la présentation d'individus vivants de deux espèces de Vers à soie du chêne.*

« Plusieurs membres de l'Académie des sciences qui désirent voir les Vers à soie du Chêne, n'ayant pas le temps de se rendre à mon laboratoire séricicole de la ferme impériale de Vincennes, je crois leur être agréable en mettant sous leurs yeux quelques sujets des deux espèces actuellement en cours d'acclimatation.

« L'une de ces espèces, que j'ai fait connaître, en 1855,

sous le nom de *Bombyx Pernyi*, est élevée dans plusieurs provinces montagneuses et froides du nord de la Chine. Dans une lettre écrite de Pékin le 18 novembre 1862, M. Eugène Simon disait de ce ver à soie : « Il est cultivé « en Chine dans les provinces du Chang-Tong et du Ho- « Nan, et surtout dans celle du Kouy-Tcheou qui produit « plus de 40,000 balles (2,400,000 kilogrammes) de soie « de cette espèce de *Bombyx*. »

« L'autre espèce, également nouvelle pour nos classifi-cations, et que j'ai publiée en 1861 sous le nom de *Bom-byx Yama-maï*, est élevée au Japon où l'exportation de ses œufs est défendue sous peine de mort. Cette sévérité montre suffisamment que ce Ver à soie est très-estimé dans ce pays. En effet, il en est question dans l'Encyclopédie ja-ponaise, où il est dit que les soieries qu'on en obtient font partie des revenus du gouvernement (*Revue de sériciculture comparée*, 1863, p. 68).

« Les sujets que je présente sont l'objet d'une expérience très-intéressante. Ils sont nés longtemps avant l'apparition des feuilles des chênes (le 7 mars), et j'ai pu les alimenter avec des rameaux de *Photinia glabra*, arbuste de Chine, qui, en pleine terre, donne ses feuilles dès le commence-ment de mars.

« L'ensemble de mes éducations, à la ferme impériale de Vincennes et dans les départements, se fait avec les feuilles de nos chênes ordinaires. »

M. *Béranger-Féraud* adresse des *considérations sur un cas de diabète sucré développé spontanément chez un Singe.*

M. *Bernard*, de l'île Maurice, adresse des *Recherches expérimentales sur l'hétérogénie.* Voici la fin de sa note :

« Qu'il me soit permis, en terminant, d'indiquer une théorie qui est neuve pour moi, quoiqu'elle ait pu être déjà émise en Europe. Notre éloignement ne nous per-mettant pas de nous tenir parfaitement au courant des travaux de la science, il nous arrive parfois de refaire ici des découvertes déjà faites.

« Ne pourrait-on pas admettre que, parmi les substances provenant du règne végétal et du règne minéral, il y en a chez lesquelles la vie organique n'existe point? Ces substances, parmi lesquelles je rangerai le sucre, présentent cela de commun avec le règne minéral, qu'elles sont emprisonnées dans une forme cristalline. Si quelques-unes de ces substances sont liquides ou gazeuses, on peut admettre qu'en se solidifiant elles prendraient la forme cristalline, et, si elles n'ont point encore été obtenues sous cet état, il faut l'attribuer à l'imperfection de nos moyens. Ces substances, de même que les substances minérales, seraient impuissantes à produire des êtres organisés, quoiqu'elles puissent leur servir d'aliments et quoiqu'elles puissent constituer un milieu au sein duquel ces êtres peuvent se développer et se reproduire lorsqu'on les y sème. On peut dire de ces substances qu'elles n'ont jamais vécu et qu'elles sont tout simplement un produit minéral élaboré par des agents organiques.

« D'autres substances qui prendraient pour type les matières dites albuminoïdes, et qui sont complétement amorphes, ou plutôt qui sont susceptibles d'affecter toutes les formes non cristallines, portent en elles le principe de la vie organique. Quoique privées de vie apparente, ne pourrait-on pas supposer que leurs molécules en renferment le germe à l'état latent? Ces molécules posséderaient la propriété, sous l'empire de lois encore inconnues, de se grouper de manière à produire des organismes divers, chez lesquels la vie deviendrait apparente; et ce que nous appelons la mort ne serait autre chose que la dissolution de cette association, après laquelle les molécules vivantes pourraient en former de nouvelles, tant qu'elles ne sont pas retournées à l'état minéral par la séparation de leurs éléments constitutifs, qui serait dans cette hypothèse la mort définitive.

« D'après cette théorie, la vie ne pourrait, en aucun cas, éclore au sein de la matière inerte, et ce que l'on désigne sous le nom de *génération spontanée* ou *hétérogénie* ne serait autre chose que divers groupements dont seraient susceptibles des molécules vivantes. »

M. *Thomine-Desmazures*, évêque de Sinopolis, adresse à M. *Élie de Beaumont* une note *sur quelques coquilles fossiles du Thibet.*

« Si quelques pétrifications que j'ai apportées du Thibet peuvent intéresser la science, je suis heureux de vous les offrir.

« Elles ont été recueillies dans le lieu appelé en thibétain Gou-chouc ou Gu'eu-cheu, suivant les différentes prononciations, et en chinois Koù-chou, situé sur un plateau de montagne assez élevé, à 10 lieues de Guia-mkar, en chinois Kiang-kâ, à quelque distance duquel prend naissance dans les montagnes une rivière qui va se jeter au-dessous de Tsong-ngo, dans le grand fleuve Bleu ou Kin-cha-kiang. Cette localité est située entre ce fleuve et le Lan-tsang-kiang, qui traverse la Cochinchine et se dé-charge dans la mer près de Saïgon. Ces pétrifications se trouvent à Gouchou en grand nombre, la plupart incrustées dans des pierres (calcaires autant que je puis me le rappeler), d'autres roulées par l'eau dans le lit de la rivière. Les naturels en font grand cas comme remède contre certains maux d'estomac, en les faisant rougir au feu et les plongeant dans l'eau fraîche qu'ils donnent à boire aux malades.

« Il ne m'a pas été possible de calculer la longitude et la latitude de Gouchou. Il me semble qu'on peut estimer cette localité comme étant à 20 et quelques lieues en ligne directe à l'ouest-sud-ouest de la ville de Patang, dont la position a été diversement évaluée sur les cartes. »

Fossiles du Thibet (de Gou-chouc). Note de M. GUYERDET.

Terebratula cuboïdes (Sowerby) (16 adultes) (1 jeune) du terrain carbonifère et du terrain dévonien, décrite et figurée dans la *Description des animaux fossiles de la Belgique*, par M. de Koninck, 1824-1844, p. 285, *pl. XIX*, *fig.* 3, *a, b, c, d, e.*

Terebratula reticularis (Linné) (4 adultes) (1 jeune) du terrain dévonien, décrite et figurée dans *Russia and the Ural mountains*, par MM. Murchison, Keyserling et de Verneuil, II, p. 90, *pl. X, fig.* 12, *a, b, c.*

Terebratula pugnus? (Martin) (4 adultes un peu déformés) du terrain dévonien, décrite et figurée dans la *Conchyliology*, par M. Sowerby, *pl. CCCCXCVII*. Elle est généralement regardée comme une variété de la *Terebratula acuminata.*

« Des observations de M. Thomine Desmazures et des déterminations de M. Guyerdet, il paraîtrait résulter, ajoute M. *Élie de Beaumont*, que le terrain dévonien, déjà signalé dans un grand nombre de régions du globe, existerait aussi au Thibet. »

Séance du 16 mai. — M. *Husson* adresse de *nouvelles recherches sur l'homme fossile dans les environs de Toul.*

« L'homme existait-il déjà à l'époque où s'est effectué le dépôt généralement connu sous le nom de *diluvium alpin?* La question vient de faire un grand pas, en ce qui concerne Toul, par suite, surtout, de cette circonstance qu'avec les os travaillés de nos cavernes se trouvent, en mélange, des instruments en silex ayant leurs analogues sur le diluvium même du plateau situé en face de ces grottes. Ce fait a, sans contredit, une très-grande importance, et, par ce motif, je demande la permission d'ajouter quelques lignes à celles publiées sur le trou de la Fontaine, dans le *Compte rendu* de la séance du 2 mai dernier (t. LVIII, p. 814).

« 1° Depuis l'envoi de ma note, j'ai vu les objets dont j'avais seulement un dessin, et cet examen m'a tout à fait confirmé dans mes appréciations sur la ressemblance de la plupart desdits instruments, soit avec certains numéros des photographies que j'ai eu l'honneur d'adresser à l'Académie, soit avec des silex non reproduits, mais ayant la même origine que ces derniers. Il m'a révélé un autre fait : c'est l'identité du travail qui existe entre le manche de la pointe en corne de cerf barbelée et le n° 43 de mes photographies. En outre de ces diverses pièces les plus essentielles, j'ai eu entre les mains (mais à peine une demi-minute, c'est-à-dire trop peu de temps pour pouvoir me prononcer autrement que sous forme de probabilité) trois pointes ou haches, dont l'une, cassée et en silex du pays, est identique à mon n° 46 ; les deux autres, également de haute antiquité, mais d'une forme que je n'ai point encore rencontrée sur le plateau de la Treiche, annoncent déjà une certaine perfection relative dans l'art de tailler le silex.

« 2° A la suite de cette précédente découverte, mes deux collaborateurs (mon fils et mon frère), aidés de quelques ouvriers, ont fouillé, pendant cinq ou six jours, le couloir en question, et voici ce qu'ils ont trouvé de plus intéressant : tibia et autres ossements de Rhinocéros, nombreux débris de l'Ours des cavernes, coprolithes d'Hyène, quelques vestiges de Chevreuil, de Loup, etc.; os fendus en long dont plusieurs portent la trace évidente de la main de l'homme ; une aiguille à chas (en os); une dent canine d'Ours avec strie transversale à la racine; mêmes insectes qu'au trou du Portique. Je m'arrête un instant sur ces deux dernières circonstances. 1° La strie observée sur la dent d'Ours est ancienne, car on y voit des taches de limonite, et peut-être décèle-t-elle une intention humaine. Il est très-probable que l'homme primitif, qui prenait tant de peine à appointir des os, recherchait ceux qui affectent naturellement la forme de la pointe, et, par conséquent, les canines d'Ours; aussi, celle en question, très-aiguë et encore résistante, semblait-elle avoir été cachée avec trois autres de même espèce, mais d'inégale grosseur. 2° La présence de produits stercoraux d'insectivore est remarquable en ce sens que, jusqu'alors, je les ai trouvés seulement sur les trois points où se rencontre, en outre, la trace de l'Homme ; mais peut-être existent-ils ailleurs. Ces petits amas, bien qu'enfouis à 20 ou 30 centimètres, n'en sont pas moins postdiluviens (voir *Comptes rendus*, t. LVII, p. 329), et M. Mathieu, professeur à l'école forestière et entomologiste distingué, qui a eu l'obligeance de les examiner, y a reconnu les *Geotrupes vernalis*, *stercorarius* et *sylvaticus*, le *Carabus monilis*, un *Feronia*, et autres espèces modernes.

« *Conclusion.* —Donc tout concourt à prouver, de plus en plus, que dans les environs de Toul l'Homme n'a pas précédé le *diluvium alpin*. »

MM. *Garrigou* et *Filhol* adressent un travail intitulé : *Contemporanéité de l'Homme et de l'Ursus spelæus établie par l'étude des os cassés des cavernes.*

« La contemporanéité de l'Homme et du Renne dans le centre et dans le midi de la France, pendant l'époque diluvienne, est aujourd'hui irrévocablement admise par tous les naturalistes. Or des faits nombreux et observés avec soin nous permettent aujourd'hui de dire que, une fois la contemporanéité de l'Homme et du Renne admise pendant l'époque diluvienne, il faut aussi admettre nécessairement la coexistence de l'Homme et de l'*Ursus spelæus*.

« Nous pensons qu'il est suffisant de démontrer que les ossements de l'*Ursus spelæus* ont été cassés à l'état frais par la main de l'Homme, pour prouver que l'Homme et l'*Ursus spelæus* ont vécu à la même époque. Pour cela, nous allons examiner ce qui se passe de nos jours chez les peuples qui cassent, pour les utiliser, les os d'animaux dont ils se nourrissent.

« Les voyageurs et les missionnaires qui ont donné le récit de leurs voyages dans les régions polaires s'accordent tous à dire que les habitants de ces contrées, Lapons, Esquimaux, Samoyèdes, Kamtchakales, etc., ont l'habitude de casser les os longs de Renne pour se nourrir de la moelle, ou bien pour faire, avec la moelle et la cervelle, un mélange destiné à la préparation des peaux. Nous nous contenterons de rappeler que les diaphyses des os longs de ce ruminant sont ouvertes par ces habitants des régions polaires au moyen d'un instrument tranchant, ou cassées à coups d'instruments contondants ; souvent même les os sont complétement broyés. Ces os longs sont travaillés en cuillers, en marteaux, en poinçons, etc. Les cassures, faites le plus souvent avec soin, permettent ainsi à ces peuples d'utiliser, pour en faire des armes, des instruments et des outils, les parties de l'animal qui semblent le moins utiles.

« Cet usage s'est maintenu, sans doute depuis bien des siècles, chez des peuples jouissant d'une civilisation à peu près la même, puisque nous retrouvons dans les populations antéhistoriques du Danemark, de la Suisse, etc., les preuves d'une industrie semblable.

« Dans les kjoekkenmœddings, en effet, dans les habitations lacustres de la Suisse, dans les cavernes de l'Ariége, appartenant à l'âge de la pierre polie, etc., nous retrouvons des os longs de ruminants cassés d'une manière uniforme, portant, avec des stries profondes, l'empreinte des dents des carnassiers qui les ont rongés, souvent même sur le point où une cassure avait déjà été produite par la main de l'Homme. Ces mêmes ossements ainsi fendus et cassés, on les a fréquemment vus appointis en forme de poinçons, de ciseaux et de divers autres instruments.

« A part les ossements de Renne cassés par les Lapons actuels dont il ne nous a pas été possible de nous procurer des échantillons, nous avons pu comparer entre eux les ossements cassés des époques diverses que nous avons énumérées. C'est dans les musées de la Suisse que l'un de nous a fait ses observations, et c'est grâce à la bienveillance des savants professeurs de ce centre scientifique que nous avons pu nous procurer les documents nécessaires pour mûrir les résultats de nos recherches.

« Notre examen nous a prouvé que les os cassés par la main de l'Homme présentent des caractères uniques et qu'il est impossible de méconnaître une fois qu'on les a bien vus. »

Les auteurs décrivent ensuite avec soin les caractères auxquels on peut reconnaître les os cassés par la main de l'Homme, et ils ajoutent en terminant :

« Ces faits une fois établis, nous ne croyons pas aller trop loin en disant que toutes les fois qu'on retrouvera en quantité des ossements présentant le caractère de ceux que nous venons de décrire, c'est-à-dire cassures des diaphyses et conservation des têtes, pointes et angles aigus et tranchants, empreintes de dents de carnassiers ayant entamé les cassures antérieures, absence de traces d'usure par frottement, il sera possible de dire avec certitude que l'Homme a produit ces cassures sur les os frais, et a été le contemporain des animaux auxquels appartiennent ces débris.

« Nous rappellerons maintenant que nous avons eu déjà l'occasion, il y a deux ans, dans notre première brochure sur l'homme fossile, de concert avec notre ami M. J. B. Rames, et l'année dernière à la Société géologique de France, de présenter des ossements d'*Ursus spelæus*, de *Felis spelæa*, de *Rhinoceros tichorhinus*, que nous croyons taillés de main d'homme. C'étaient des mâchoires inférieures de grand Ours et de grand Chat des cavernes, dont la partie postérieure très-régulièrement enlevée, sans doute pour être plus facilement tenue à la main, formait, avec leur canine menaçante, une arme redoutable ou un instrument utile pour gratter la terre. C'étaient des os longs de grands Ours taillés en forme de couteaux ; une phalange du même animal percée de part en part aux deux têtes articulaires, et portant une série de traits sur chaque côté de la diaphyse. C'était un côté gauche de mâchoire inférieure du même Ours complétement traversé par un coup d'instrument piquant, et montrant des productions pathologiques d'une ostéite déclarée après la blessure. C'étaient encore des tibias et des humérus de *Rhinoceros tichorhinus* cassés dans leur diaphyse comme ceux que nous avons décrits de Rennes et d'Aurochs, de

Moutons et de Chèvres. Les cassures faites sur ces os avaient souvent été entamées par la dent de gros carnassiers.

« A ces pièces, dont nous avons aujourd'hui augmenté le nombre, il faut joindre une série d'ossements de grands Ours et de grands Chats des cavernes, cassés comme ceux de l'âge du Renne, de l'âge de l'Aurochs et de l'âge de la pierre polie.

« Les faits précédents et les pièces dont nous venons de parler confirment d'une manière certaine la contemporanéité de l'Homme et du grand Ours des cavernes, aujourd'hui admise par la plupart des naturalistes comme vérité acquise à la science. Ces faits permettront de plus, pensons-nous, d'arriver à la détermination de la contemporanéité de l'Homme et des espèces éteintes par des observations faciles à faire et au moyen de données nouvelles et sûres. »

M. *le secrétaire perpétuel* présente, au nom de M. *Alb. Gaudry*, la VIIIᵉ livraison de son ouvrage sur les animaux fossiles et géologie de l'Attique ;

Et, au nom de M. *Rambosson*, un volume intitulé, *La science populaire.*

M. *Namias* adresse une note intitulée : *Sur les liens entre la tératologie, l'embryologie, l'anatomie pathologique et l'anatomie comparée.*

***

III. MÉLANGES ET NOUVELLES.

L'OSTRÉICULTURE pressentie il y a plus de cent ans. — On trouve, sur ce sujet important, des observations très-curieuses pour l'époque, et dont on lira des extraits avec intérêt, dans un livre publié en 1760 par TIPHAIGNE, docteur en médecine (1), et ayant pour titre : *Essai sur l'his-*

---

(1) Tiphaigne de la Roche, né à Montebour, diocèse de Coutances,

toire économique des mers occidentales de France. (1 vol. in-8 de 300 pages.)

Cet ouvrage, complétement oublié aujourd'hui, a une véritable valeur; car, ayant été soumis à l'examen du célèbre de Jussieu, celui-ci en avait autorisé l'impression en ces termes, dans son procès-verbal d'approbation en date du 5 août 1760 : « Cet ouvrage, que je juge mériter d'être « imprimé, m'a paru intéressant par les observations cu- « rieuses et utiles que l'auteur a placées à la suite des « objets dont il traite. »

Ces objets ne sont pas moins importants aujourd'hui qu'alors, ainsi qu'on le verra dans la préface de Tiphaigne, que nous croyons devoir reproduire ici.

« Jeter un coup d'œil sur les nombreuses familles qui habitent nos mers, et décrire les travaux singuliers qui, du fond des eaux, apportent ce qu'elles produisent d'utile, ce serait sans doute assez pour intéresser le lecteur.

« Mais cet ouvrage touche le public de plus près : il tend à rétablir l'abondance des aliments, que la mer ne semble plus fournir qu'à regret.

« Dès le quinzième siècle, on s'aperçut de la décadence des pêches. Dès lors, et dans les siècles suivants, on s'efforça de les rétablir. On ne réussit point, et leur tribut diminua de plus en plus.

« Il n'y a pas cinquante ans qu'on fit de nouvelles tentatives; ce fut encore infructueusement. Les règlements, bons et mauvais, se multiplièrent; la police des pêches en demeura offusquée, et les choses s'embrouillèrent plus qu'auparavant.

« Depuis on a perdu cet objet de vue : peu à peu on

docteur-médecin de la Faculté de Rouen et membre de l'Académie de la même ville.

Ce document nous a été fourni par un amateur de bibliographie que nous avons rencontré à la bibliothèque du Muséum et qui n'a pas voulu nous faire connaître son nom.

s'est accoutumé à la disette, jusqu'au souvenir de l'ancienne fécondité de nos mers s'est oublié.

« Une telle négligence ne peut se pardonner à un siècle qui s'annonce pour ne s'occuper que de l'utile. Cet ouvrage a pour but de renouveler, à cet égard, l'attention du public. Nous ouvrons la carrière, nous essayons d'y faire quelques progrès, et nous invitons à faire de nouveaux efforts. »

De nos jours, un savant illustre par ses beaux travaux et sa louable persévérance a réalisé ce programme. M. Coste s'est occupé de ces graves questions, les a développées, leur a gagné, à juste titre, les sympathies du souverain éclairé qui se préoccupe également de la gloire et du bien-être du pays, et il est parvenu ainsi aux beaux résultats que tout le monde connaît et admire aujourd'hui.

Mais revenons à l'objet de cet article, à l'Ostréiculture, et extrayons de l'ouvrage de Tiphaigne les passages suivants :

Page 219, chapitre VIII : Des Testacés.

« Je ne vois pas qu'on ait aucune certitude sur la manière dont les Huîtres se nourrissent. On n'en a pas davantage sur la manière dont elles se multiplient; tout ce que la nature opère sous les eaux, et surtout sous les eaux de la mer, est difficile à suivre avec exactitude; sans doute cette branche de l'économie des corps organiques restera encore longtemps inconnue. On sait que, dès que les premières chaleurs de la belle saison se font sentir, les Huîtres deviennent laiteuses, s'amaigrissent et perdent leur goût. L'usage qu'on en ferait alors pourrait être dangereux; la nature obvie à cet inconvénient en leur ôtant la saveur qui les fait rechercher. Le lait ou cette espèce de frai que l'Huître répand est la semence de ce coquillage. La plus petite goutte de cette liqueur, vue au microscope, présente des millions d'Huîtres toutes formées. Plus pesant qu'un égal volume d'eau, ce frai tombe où le flot le disperse, et se colle sur les roches, plus souvent sur les Huîtres mêmes des environs.

« On voit par là que ces coquillages doivent s'entasser les uns sur les autres et former sous l'eau de vastes bancs qui végètent et vont toujours en croissant. Ce sont, en quelque sorte, des mines d'Huîtres; on les appelle huîtrières. Leur largeur est, pour l'ordinaire, de plusieurs toises, et leur longueur se mesure par des demi-lieues et des lieues entières. »

Suivent des détails sur la pêche des Huîtres et sur ses abus, sur les parcs dans lesquels on les engraisse, où on les rend vertes, etc., etc. ; mais c'est à la page 262, chapitre XIII, ayant pour titre : *Essais à faire sur la propagation des Huîtres,* que l'idée de l'Ostréiculture se montre d'une manière évidente. Voici ce chapitre :

« La nature répand avec profusion les productions de la mer sur tous les lieux du rivage où les eaux peuvent atteindre. Elle en sème dans les sables, elle en attache à la surface des rochers, elle en enferme dans l'intérieur des pierres ; souvent même elle les entasse les unes sur les autres. Sur un coquillage elle fixera des plantes, sur ces plantes d'autres coquillages, sur ceux-ci d'autres plantes encore, elle accumule, comme si elle craignait que l'espace ne vînt à lui manquer.

« Malgré cette attention à peupler tout, il se rencontre pourtant, sur le bord de la mer, des endroits absolument stériles, soit que les eaux y soient trop agitées, soit que leur situation concentre les rayons du soleil et y fasse naître une chaleur trop considérable, soit qu'il s'y élève des vapeurs souterraines contraires au progrès de la germination tant végétale qu'animale. Ce n'est point de ces sortes de lieux que nous voulons parler, l'économie la plus intelligente n'en saurait tirer d'autre parti, leur stérilité est irrémédiable.

« Il en est d'autres où la population a lieu, mais une population qui ne donne que des productions de nul

usage; ils sont féconds sans être utiles. Ceux-ci me semblent mériter un examen particulier; ne pourrait-on pas
les comparer à ces terrains fertiles, mais incultes, qui ne
donnent que des plantes sauvages et qui n'attendent que
la main du laboureur pour donner les grains les plus recherchés? Si ce rocher couvert de cent sortes de coquillages inutiles ne nous donne point d'Huîtres, ne serait-ce
point parce que la semence d'Huîtres ne se trouve pas à
sa portée? Aidez la nature, allez dans le temps de la fécondation sur une huîtrière, péchez des Huîtres fécondes et
prêtes à donner leur semence, répandez ces Huîtres sur
les rochers que vous voulez peupler, peut-être la nature
n'attend-elle que ce secours pour les revêtir de cet excellent coquillage. Tel étang qui ne donnait pas de poisson
en fourmille depuis qu'on y a jeté quelques couples. Telle
rivière abonde en écrevisses et n'en donnerait aucune si
l'on n'avait pris la précaution d'y en apporter d'ailleurs.

« Je n'ignore pas que tout parage n'est pas propre à
toute production marine, et que chacune de ces productions demande certain fond, certaine température, certaine profondeur des eaux. Mais que penser d'un rocher
fertile en coquillages de nulle valeur et dépourvu de toute
autre chose? Pourquoi dira-t-on que les coquillages utiles
ne peuvent s'y nourrir? Pourquoi ne dira-t-on pas que la
semence de ces coquillages n'a pu y parvenir? La première raison peut avoir lieu, et la seconde aussi; c'est à
l'expérience à décider. Peut-être, à l'égard de certains
endroits, ne réussirait-on pas; mais il est plus que probable qu'à l'égard de beaucoup d'autres on réussirait
pleinement.

« J'ai vu des rochers couverts de Turbinites et de Patelles, je n'y voyais pas une seule Huître. J'ai vu, sur la
même côte et à quelques lieues de là, d'autres rochers
couverts de Turbinites, de Patelles et d'Huîtres. Je disais
quelquefois, puisque les Patelles se trouvent si abondamment avec les Huîtres, c'est qu'elles s'accommodent du

même fond et de la même exposition, et, si elles se trouvent sans Huîtres dans certains endroits, c'est que la semence d'Huîtres n'y a pu parvenir, il n'y a point d'huîtrières aux environs : il faudrait donc y pourvoir et semer pour recueillir.

« Que de peines et de soins ne se donne-t-on pas pour ensemencer la terre ? Sans cela, quelque féconde qu'elle soit, pourrait-elle fournir à la moindre partie de nos besoins ? Dans la mer nous avons des semences de coquillages, nous avons des fonds incultes, mais fertiles, et nous restons dans l'inaction. »

Si Tiphaigne revenait, combien il serait heureux de voir ses vœux philanthropiques si bien réalisés, après plus de cent ans, par les efforts persévérants de M. Coste et, par suite, d'une foule d'autres. Avec quelle satisfaction il visiterait les belles cultures d'Huîtres qui ont été établies, sous cette inspiration, à Arcachon, à la Rochelle, Noirmoutier, etc., etc., cultures qui commencent à donner le bien-être à de nombreux travailleurs en contribuant à répandre l'usage d'une nourriture aussi saine qu'agréable.

G. M.

TABLE DES MATIÈRES.

PARIS. — IMP. DE Mme Vᵉ BOUCHARD-HUZARD, RUE DE L'ÉPERON, 5.

I. TRAVAUX INÉDITS.

MOLLUSQUES NOUVEAUX, LITIGIEUX OU PEU CONNUS (4e décade);
par M. J. R. BOURGUIGNAT (1).

HELIX EHRENBERGI, *var.* CHILEMBIA.

L'Ehrenbergi est une espèce égyptienne peu connue et
assez rare dans les collections. Elle a été établie en 1839,
par M. Roth, dans ses *Molluscorum species* (p. 12, pl. I,
f. 15), d'après un échantillon unique, trouvé sur les bords
du lac Maréotis. Depuis, elle a été décrite et figurée par
L. Pfeiffer, dans la seconde édition de Chemnitz et Martini
(*Conch. cab.*, g. Helix, n° 708, pl. CXIII, f. 4-5) et dans
le tome III (p. 197, 1853) de sa *Monographia Heliceorum
viventium*.

L'hiver dernier, le sénateur F. de Saulcy, à son retour
de Palestine, a recueilli, lors de son passage à Alexandrie,
une variété singulière de cette espèce.

Cette variété, que nous désignons sous l'appellation de
chilembia, est tellement caractérisée, que nous n'avons
pas craint de consacrer à sa représentation une des
planches qui accompagnent cette décade.

Les divers échantillons rapportés par M. de Saulcy
ont été récoltés dans le sable des jardins qui avoisinent
la colonne de Pompée. Comme tous les individus ont été

---

(1) Les planches qui accompagnent cet article porteront les nos 11
à 18, et seront réparties dans divers numéros.

trouvés morts, il est à présumer que cette singulière variété habite les déserts environnants d'où elle aura été importée àvec les sables dans lesquels elle se trouve.

Cette variété *chilembia* diffère de l'Ehrenbergi type, tel qu'il a été figuré dans le travail de Roth, par son péristome, excessivement épaissi, projeté en avant sous la forme de nombreuses lamelles rugueuses, souvent irrégulières, qui, en se juxtaposant les unes à la suite des autres, finissent par rétrécir l'ouverture. Ces lamelles péristomales encadrent et enserrent parfaitement la bouche depuis l'insertion du bord externe jusqu'au bord columellaire. Quant aux autres caractères, ils sont, à peu de chose près, identiques.

Le péristome de cette espèce rappelle, par sa singularité, la bizarrerie du bord apertural du Zonites Boissieri.

HELIX KURDISTANA.

Testa imperforata, depressa, solida, subtranslucida, sat nitente, cinereo-cornea ac 4 zonulis castaneis sæpe interruptis, circumornata, supra (in anfractibus ultimis) subcostulato-striata, ac spiraliter argute sulcata, infra leviore et passim paululum submalleata; — spira convexa; — apice corneo, obtuso, levigato, ad suturam profundam radiatulo; — anfractibus 5 convexiusculis, celeriter crescentibus, sutura (in prioribus profunda, in ultimis parum impressa) separatis; — ultimo maximo, compresso-rotundato, ad aperturam valde perdeflexo-descendente; — apertura perobliqua, parum lunata, transverse oblonga; peristomate undique expanso ac reflexiusculo; margine columellari locum umbilicalem, callo valido crassoque, late obtegente; marginibus convergentibus, approximatis, callo tenui junctis.

Coquille de grande taille, imperforée, déprimée, solide, légèrement transparente, assez brillante, cendrée-cornée, entourée de quatre bandes d'une teinte marron, souvent interrompues. Test élégamment sillonné en dessus, surtout sur les deux derniers tours, de côtes régulières, que viennent couper à angle droit une quantité de petits sillons d'une grande délicatesse, tandis qu'en dessous la

surface est moins striée, plus lisse et ordinairement malléée
par quelques légers méplats plus ou moins prononcés.
Spire convexe. Sommet obtus, corné, lisse, excepté vers
la suture, où le test paraît finement radié. Cinq tours assez
convexes, à croissance rapide, séparés par une suture
profonde, surtout vers les premiers tours. Dernier tour
très-grand, comprimé dans le sens de la hauteur, arrondi
et offrant vers l'ouverture une direction descendante des
plus prononcées. Ouverture très-oblique, peu échancrée,
transversalement oblongue. Péristome évasé et réfléchi.
Bord columellaire très-réfléchi et recouvrant la partie
ombilicale d'un vaste callus épais et blanchâtre. Bords
marginaux convergents, très-rapprochés, réunis par une
légère callosité.

> Hauteur . . . . 22 millimètres.
> Diamètre. . . . 41 —

Cette magnifique espèce, répandue dans les collections
sous le nom de *Kurdistana* (Parreyss), paraît être assez
abondante dans la partie montueuse du Kurdistan.

Helix Michoniana.

Testa imperforata, depressa, solidula, subtranslucida, sordide
striata, corneo-lutescente (epidermis fugax) ac duabus zonulis irregulariter interruptis, castaneis, circumcincta ;— spira convexa, sat elata ;
— apice obtusissimo, corneo, levigato, sicut mamillato ; — anfractibus 5 convexis, celeriter crescentibus, sutura impressa separatis ; ultimo maximo, rotundato, antice valde descendente ; — apertura obliqua, parum lunata, late transverse oblonga ; peristomate albido-in-
crassatulo, expanso ; margine columellari fere plano aut paululum
curvato, late reflexo, locum umbilicalem, callo crasso validoque,
obtegente ; marginibus convergentibus, approximatis, callo valido
junctis.

Coquille imperforée, globuleuse, déprimée, solide, un
peu transparente, grossièrement striée, recouverte d'un
épiderme très-fugace, d'une teinte cornée-jaunâtre et
entourée de deux larges bandes d'une nuance marron,

irrégulièrement interrompues. Spire convexe assez élevée, terminée par un sommet corné, lisse, très-obtus et comme mamelonné. Cinq tours très-convexes (les supérieurs sont très-saillants), à croissance rapide, séparés par une suture bien prononcée. Dernier tour très-grand, arrondi, présentant vers l'ouverture une direction descendante très-prononcée. Ouverture oblique, peu échancrée, transversalement oblongue. Péristome blanchâtre, épaissi, évasé. Bord columellaire presque droit ou un peu courbe, largement réfléchi et appliqué sur la partie ombilicale. Bords marginaux convergents, rapprochés, réunis par une forte callosité.

Hauteur . . . . 21 millimètres.
Diamètre. . . . 35 —

Habite les parties montueuses du Kurdistan et du Diarbekir.

Cette espèce, que nous dédions à M. l'abbé Michon, se trouve répandue dans les collections sous les noms de *Baskira* ou de *Baskirensis*.

L'Helix Michoniana ne peut être confondue qu'avec la véritable *guttata* d'Olivier. Elle s'en distingue notamment par sa taille plus forte; par son test plus grossièrement strié; par son sommet lisse, plus fort, plus obtus, comme mamelonné, tandis que celui de la *guttata*, plus petit, moins saillant, paraît, à la loupe, finement chagriné; par ses tours de spire plus saillants, plus étagés les uns au-dessus des autres; par son dernier tour plus développé et offrant vers l'ouverture une direction descendante moins brusque; enfin par son bord columellaire droit ou un peu courbe, tandis que celui de la *guttata* offre vers sa partie médiane un léger renflement tuberculeux.

Helix guttata.

Helix guttata, *Olivier*, Voy. emp. ottom., tome IV, p. 208, et atlas, pl. xxxi, f. 8, 1804.

Cette hélice, bien qu'établie en 1804, est une espèce pour ainsi dire inconnue et d'une grande rareté. Presque tous les auteurs, à l'exception de quelques-uns, ont pris pour celle-ci la *Cæsareana* ou la *spiriplana*. L. Pfeiffer lui-même, dans le dernier supplément à sa *Monographia Heliceorum viventium* (t. IV, p. 227, 1859), a décrit sous le nom de *guttata* l'Helix Dschulfensis et la Bellardii de Mousson, qui sont deux fort bonnes espèces, très-distinctes l'une de l'autre.

Les échantillons que nous faisons figurer et sur lesquels nous basons nós caractères proviennent des mêmes contrées où elle a été autrefois recueillie par Olivier et Brugulère.

« Le château d'Orfa, raconte Olivier, construit à la
« cime d'un rocher calcaire, excita notre curiosité. Nous
« y montâmes par un chemin très-rude, taillé, en quelques
« endroits, dans le roc... Nous prîmes, au bas de ce châ-
« teau, une Hélice inconnue, que l'on nous a dite être
« trouvée fort bonne à manger par les Arméniens d'Orfa;
« elle est d'un gris roussâtre strié transversalement; elle
« a deux zones plus obscures, marquées de quelques
« taches jaunes, et sa bouche est très-blanche et recour-
« bée (1). »

C'est cette même Hélice que nous décrivons de nouveau :

---

(1) Olivier (vol. IV, p. 223 et 228). En note, se trouve ensuite cette diagnose latine : « Helix guttata, depressa, utrinque modice « convexa, tenuiter plicata, guttatim rufo-bizonata ; labio candido, « recurvo, umbilicum demum obturante. »

Testa obtecte umbilicata, depressa, solida, leviter subtranslucida, plicatula præsertim supra ; epidermide fugaci (1), griseo-rufo et passim lutescente, ac duabus zonulis castaneis, albo vel luteo irregulariter guttatis, ornato ; — spira convexa, parum elata ; — apice obtuso, rufo, sub lente argutissime crispulato ; — anfractibus 5 convexis, regulariter celeriterque crescentibus, sutura impressa separatis ; ultimo rotundato, antice sat subito perdeflexo-descendente ; — apertura obliqua, parum lunata, transverse oblonga ; peristomate candido, patulo ac reflexo ; margine columellari recto, paululum subtuberculifero ac late reflexo, supra regionem umbilicalem adnato ; marginibus approximatis, conniventibus, callo tenui diaphanoque junctis.

Coquille déprimée, solide, faiblement transparente, fortement sillonnée, surtout en dessus, par des stries assez saillantes, régulières et légèrement ondulées. Épiderme très-fugace, d'une nuance grise-roussâtre, çà et là un peu jaunacée et ornée de deux bandes (2) d'une teinte marron plus ou moins prononcée, peu interrompues et ordinairement mouchetées par de petites taches blanches ou jaunâtres. Perforation ombilicale recouverte par le callus columellaire. Spire convexe, peu élevée. Sommet obtus, d'une nuance roussâtre et laissant apercevoir au foyer d'une loupe une surface élégamment et très-finement chagrinée. Cinq tours convexes, à croissance régulière et assez rapide, séparés par une suture bien prononcée. Dernier tour grand, arrondi, offrant vers l'ouverture une direction descendante assez subite et très-marquée. Ouverture oblique, peu échancrée, transversalement oblongue. Péristome blanc, épaissi, évasé et réfléchi. Bord columellaire très-réfléchi et recouvrant la partie ombilicale, rectiligne et présentant, en outre, vers sa partie médiane, un léger renflement. Bords marginaux convergents, rapprochés, réunis par une faible callosité transparente.

(1) Post incolæ obitum, testa albida.
(2) Chez certains échantillons se trouve, en dessous, une troisième bande étroite et peu marquée.

Hauteur . . . . 19 millimètres.
Diamètre. . . . 33   —

Habite, dans le Diarbekir, les contrées montueuses et calcaires, notamment à Orfa.

HELIX CÆSAREANA.

Cette Hélice, si abondante en Syrie, a été méconnue jusque dans ces derniers temps. Cette coquille était restée confondue tantôt avec la guttata ou la spiriplana, tantôt avec quelques Hélices du groupe de la Codringtoni, lorsque M. Mousson, en 1854, et Roth, de Munich, en 1855, l'ont réhabilitée au rang d'espèce.

Les principales synonymies de ce mollusque sont les suivantes :

Helix guttata (1), *L. Pfeiffer*, Monogr.•Hel., I, p. 284 (exclus. synon.), 1847.

— Cæsarea , *Boissier*, mss. (teste *Charpentier*, 1847).

— guttata,*Charpentier*, in *Zeitschr. für Malak.*, p.135, 1847.

—   —   *L. Pfeiffer*, in *Martini* und *Chemnitz*, Conch.cab. (éd. 2), Helix, III, p.386, pl. 142, f. 11-12.

—   —   *Bourguignat*, Cat. rais. Moll. de Saulcy, p. 19, 1853.

— Cæsareana, *Parreyss*, mss., in *Mousson*, Coq.orient. Bellardi, p. 34 et 44, 1854.

—   —   *Roth*, in *Malak. Blätt.*, p. 33, 1855, et *Spicil. orient.*, p. 17, 1855.

—   —   *L. Pfeiffer*, Monogr. Hel. viv., IV, p. 228, 1859.

—   —   *Mousson*, Coq. terr. fluv. Roth, Palestine, p. 34, 1861.

(1) Non Helix guttata d'Olivier, 1804, qui est une espèce différente, — nec Helix guttata le Guillou, 1842, qui est également une autre espèce

Testa obtecte umbilicata, subdepressa, solidula, valide rugoso-striata, ac striis spiralibus, præsertim in ultimo anfractu circa suturam sulcata, lutescenti-grisea, ac zonis 5 fuscis fulguratim albo-interruptis, sæpe evanescentibus, ornata; — spira convexa, obtusa; — apice fusco, sat parvulo, sub lente argutissime substrio-ato; — anfractibus 5 supra subplanulatis aut leviter convexiusculis, sat celeriter crescentibus; supremis carinatis (carina suturam sequens); ultimo rotundato, antice ad aperturam subito valde per-deflexo; — apertura obliqua, vix lunata, transverse ovali; peristo-mate albo-labiato, expanso, ac reflexo præsertim ad basin; margine columellari reflexo, supra regionem umbilicalem perdilatato, ad-nato; marginibus conniventibus, callo crasso junctis.

Coquille subdéprimée, solide, peu brillante, profondé-ment sillonnée par de fortes striations assez régulières, qui deviennent, sur le dernier tour, plus grossières, et quelque-fois qui finissent par s'émousser et par s'effacer. Ces stries sont interrompues par quelques sillons spiraux qui suivent la suture et qui sont surtout sensibles sur le dernier tour. Test d'un gris jaunacé, entouré de cinq bandes brunes ou fauves, élégamment interrompues par des taches ful-gurantes d'un blanc plus ou moins éclatant. Spire con-vexe, obtuse, terminée par un sommet assez petit, brun, laissant apercevoir au foyer d'une forte loupe une quan-tité de petites stries d'une extrême délicatesse. Cinq tours presque plans en dessus, à croissance assez rapide; les tours supérieurs sont fortement carénés. La carène suit la suture et s'évanouit ordinairement sur l'avant-dernier tour. Dernier tour grand, arrondi, présentant vers l'ouverture une direction descendante des plus prononcées et assez brusque. Ouverture très-oblique, peu échancrée, trans-versalement ovale. Péristome blanc, épaissi, évasé, réflé-chi surtout au bord basal. Bord columellaire largement réfléchi, sous la forme d'un callus épais, appliqué sur la région ombilicale qu'il recouvre entièrement. Bords mar-ginaux convergents, rapprochés, réunis par une callosité épaisse.

Hauteur . . . . 20 millim.
Diamètre . . . . . . 38 —

Cette Hélice varie beaucoup. Ses variétés les plus intéressantes sont les suivantes :

VAR. B *maxima.* — Coquille semblable au type, seulement beaucoup plus grande. — Haut. 22, diam. 45 millim.
— R. — Jérusalem.

VAR. C *nana.* (Helix Cæsareana, *var.* nana de *Mousson*,
Coq. terr. fluv. Roth, p. 36, 1861). Testa subtiliore; apice
nitido; maculis pallidis. — Coquille plus délicate, se distinguant du type par un sommet brillant et par la déco-
loration des taches. — Haut. 16-17, diam. 30 millim. —
Mar-Saba, près de la mer Morte; Jéricho; Jérusalem. —
Variété assez commune.

VAR. D *carinata.* — Coquille moins déprimée, plus
trapue. Carène se poursuivant jusque sur le dernier tour.
— Jérusalem ; environs de la mer Morte.

VAR. E *albidula.* — Coquille moins déprimée, crétacée,
entièrement blanche. — R. — Mar-Saba, près de la mer
Morte.

VAR. F *globulosa.* — Magnifique variété offrant un test
plus bombé, plus solide, plus crétacé, orné de taches ful-
gurantes beaucoup plus vives et plus éclatantes. Tours de
spire passablement convexes, tout en étant carénés. —
Haut. 38, diam. 42 millim. — Cette belle variété a été
recueillie, par M. de Saulcy, dans les montagnes au delà
du Jourdain (ammonitide); à Ouad-M'ktetir et à Aâraq-
el-Emir.

VAR. G *convexa.* — Coquille ordinairement de petite
taille, se distinguant du type par son dernier tour fortement renflé et convexe vers la région ombilicale. — Jérusalem.

Etc., etc.

L'Helix Cæsareana habite dans toute la Syrie ; elle a été
récoltée depuis Alep jusqu'au sud de Jérusalem. Elle se

trouve également en grande abondance dans les contrées montueuses, à l'orient du Jourdain et de la mer Morte.

Lorsqu'elle est jeune, cette Hélice est ombiliquée et fortement carénée. Lorsqu'elle est adulte, la carène s'efface et la perforation ombilicale est *toujours* recouverte par le callus du bord columellaire.

L'Helix Cæsareana diffère de la *guttata* d'Olivier, avec laquelle elle a été presque toujours confondue, par sa taille plus considérable; par son test plus épais, plus crétacé, plus fortement rugueux; par sa coloration et la disposition toute différente de ses taches; par son bord columellaire parfaitement arqué et non rectiligne, et offrant, comme celui de la *guttata,* une légère éminence tuberculeuse à sa partie médiane; par ses bords marginaux, toujours réunis par une épaisse callosité; enfin, surtout par ses tours de spire carénés, presque plans, séparés par une suture linéaire, tandis que ceux de la *guttata* sont convexes, non carénés et séparés par une suture assez profonde.

HELIX SPIRIPLANA.

Helix spiriplana,   *Olivier,* Voy. Emp. ottom., t. II, p. 353
        pl. XVII, f. 7, 1801.

—   —   *Roth,* Mollusc. species, p. 12, pl. I,
        f. 10-12, 1839.

—   —   *Rossmässler,* Iconogr., XI, p. 1, f. 682,
        1842.

—   —   *L. Pfeiffer,* Symb. Hist. Hel., III, n° 904,
        1846.

—   —   *Charpentier,* in *Zeitschr. für Malak.,*
        p. 136, 1847.

—   —   *L. Pfeiffer,* Monogr. Hel. viv., t. I,
        p. 366, 1848, et Supplém., t. III,
        p. 236, 1853, et in *Martini* und
        Chemnitz, Conch. cab. (éd. 2), Helix,
        I, p. 145, n° 112, pl. XIX, f. 12-13.

Helix lithophaga, *Conrad*, in *Lynch*, Offic. rep., p. 228,
    pl. xxii, f. 133, 1852.
— — *Leidy*, in *Lynch*, Offic. rep., p. 207,
    1852.
— spiriplana, *Bourguignat*, Cat. rais. Moll. de Saulcy,
    p. 19, 1853.
— — *Mousson*, Coq. terr. fluv. Bellardi, p. 23,
    1854.
— — *Roth*, Spicil. Moll. orient., p. 16, 1855.
— — *L. Pfeiffer*, Monogr. Hel. viv., t. IV,
    p. 281, 1859.
— — *Mousson*, Coq. terr. fluv. Roth Pales-
    tine, p. 34, 1861.

Quant à ces autres mollusques, édités également sous le
nom de *spiriplana*, soit par l'honorable Deshayes (1), soit
par Rossmässler (2), Audouin (3), etc., ils doivent être
rapportés à des espèces toutes différentes de celle-ci.

La vraie spiriplana habite les îles de Crète et de Rhodes.
« Elle se tient, raconte Olivier, dans les fentes des ro-
« chers, d'où elle ne sort probablement qu'aux premières
« pluies d'automne. La première fois que nous la vîmes,
« nous fûmes obligés d'employer des coins pour fendre la
« roche. » (Olivier, v. II, p. 353.)

Depuis, cette Hélice a surtout été récoltée en immense
quantité aux alentours de Jérusalem, de la mer Morte, etc.

Ces deux stations d'habitat ont paru à M. Mousson si
éloignées l'une de l'autre, qu'il a proposé (1854) de diviser les spiriplana :

1° En spiriplana *typica* pour les échantillons des îles
de Crète et de Rhodes ;

(1) Expéd. Morée, p. 163, 1836, et seconde édit. de Lamarck, An-
s. vert., t. VIII, p. 95, 1838.
(2) Iconogr., VI, p 39, f. 369 A et B, 1837.
(3) Description de l'Égypte, p. 162, et atlas de Savigny, pl. ii, f. i
et 5, etc.

2o En spiriplana, *var.* Hierosolyma de Boissier, pour les individus de Syrie.

Nous devons avouer que nous sommes peu disposé à admettre cette division, attendu qu'il existe en Syrie des échantillons tellement typiques et identiques à ceux de l'île de Crète, qu'il est impossible de les distinguer. Nous devons dire, cependant, que les individus de Syrie sont généralement plus développés, plus épais, plus largement ombiliqués.

Les caractères de la *spiriplana* type sont les suivants :

Testa umbilicata, depressa, solidula, cretacea, leviter translucida, oblique sulcato-plicata præsertim supra, albidulo-subviolacea, subtus pallide cinereo-albida, ac 5 zonulis fulvis vel fuscis (3 supra, 2 subtus) fulguratim albido-subflammulatis, circumornata ; — spira convexa, obtusissima ; — apice fusco, sub lente argutissime asperso ; — anfractibus 5 (supremis acute carinatis, planulatis ; ultimo rotundato, convexo), celeriter crescentibus, sutura (in prioribus lineari ac carinam sequente ; in ultimo impressa) separatis ; ultimo maximo, subcompresso, rotundato, antice perdeflexo ; — apertura perobliqua, transverse ovali ; peristomate albo-labiato ; marginibus : *supero* expanso ; *basali* reflexo ; *columellari* dilatato, umbilicum semitegente ; marginibus valde approximatis, subcontinuis, callo crasso junctis.

Coquille ombiliquée, déprimée, assez solide, crétacée, un peu transparente, profondément sillonnée, surtout en dessus, par des striations fortes et obliques. Test d'une teinte blanche, légèrement violacée en dessus, passant, en dessous, en une nuance blanche cendrée, et orné de cinq bandes brunes ou fauves (dont trois en dessus et deux en dessous) toujours élégamment interrompues par des flammules fulgurantes. Spire convexe, comme comprimée, très-obtuse. Sommet brunâtre, paraissant à la loupe très-délicatement chagriné. Cinq tours s'accroissant avec rapidité ; les premiers, aplatis, sont entourés par une forte carène qui suit la suture, tandis que le dernier est convexe et arrondi. Suture linéaire entre les premiers tours, et assez profonde vers le dernier. Ce dernier tour, grand, arrondi, un peu comprimé dans le sens de la hauteur, offre vers l'ouverture une direction descendante très-prononcée. Ouverture très-oblique, transversalement ovale. Péristome blanc, épaissi, évasé au bord supérieur, et surtout réfléchi au bord basal. Bord columellaire très-dilaté et réfléchi au-dessus de la perforation ombilicale dont il recouvre une très-petite partie. Bords marginaux très-rapprochés, presque continus et réunis par une callosité épaisse et saillante.

Hauteur. . . . . . 15 millim.
Diamètre. . . . . . 30 —

La spiriplana type a été recueillie dans les îles de Crète, de Rhodes; et aux alentours de Jérusalem.

Cette espèce, de même que la *Cæsareana*, offre de nombreuses variétés ; les plus intéressantes sont :

Var. B *maxima*. (Helix Hierosolyma, de Boissier. — Helix spiriplana, *var*. Hierosolyma, de Mousson). — Coquille de grande taille, à perforation ombilicale bien découverte. — Haut. 21-24, diam. 42-45 millim. — Jérusalem.

Var. C *carinata*. — Coquille de taille moyenne, offrant une carène qui se poursuit jusque sur le dernier tour. — Mar-Saba.

Var. D *globulosa*. — Coquille à spire plus convexe, plus élancée. — Jérusalem.

Var. E *lithophaga*. (Helix lithophaga de Conrad et de Leidy). — Coquille presque de la taille du type, seulement de forme un peu ramassée ; carène se poursuivant jusque sur le dernier tour ; perforation ombilicale recouverte à moitié par le labre columellaire. Cette variété a été récoltée dans des trous de rochers (de là son nom), par le capitaine Lynch, à Mar-Saba, près de la mer Morte.

Etc., etc.

Les Mollusques dont nous venons de donner les descriptions appartiennent à un groupe d'espèces spéciales aux contrées asiatiques qui dépendent du système européen.

Ces espèces, qui ne le cèdent en rien, en beauté, en élégance, à ces intéressantes coquilles de Grèce, décrites et figurées par nous sous les noms de Codringtoni, eucineta, eupœcilia, euchromia et Parnassia (1), forment une série d'Hélices dont les caractères viennent converger vers la *guttata* et la *Cæsareana*.

Les Hélices de ce groupe, pour la plupart d'une excessive rareté, n'out jamais été bien connues. Deux ou trois ont été décrites, et plus ou moins bien figurées; enfin elles ont été, presque toujours, confondues les unes avec les autres.

Cette confusion des signes distinctifs de ces Mollusques nous a déterminé à donner les descriptions des Helix *Kurdistana, Michoniana, guttata, Cæsareana* et *spiriplana;* de plus, afin de mieux faire ressortir ces rapports et les différences réciproques de toutes les espèces, nous avons consacré plusieurs planches à la représentation de ces Hélices, qui sont au nombre de huit.

Ces huit Hélices, les seules que nous connaissions, se divisent :

1° En espèces dont les tours supérieurs sont *convexes* et *non carénés :*

> Helix Kurdistana,
> — Dschulfensis,
> — Michoniana,
> — guttata,
> — Escheriana,
> Et — Bellardii;

2° En espèces dont les tours supérieurs sont toujours *fortement carénés:*

(1) In *Amén. Malac.*, t. II, f. 19 et suiv., et pl. vi et vii. Janvier 1857.

Helix Cæsareana,
— spiriplana.

Cette division est des plus naturelles, attendu qu'elle correspond parfaitement avec la distribution géographique des espèces.

Ainsi les Hélices dont *les tours supérieurs sont convexes et non carénés* semblent spéciales à la chaîne du Taurus, depuis le 30ᵉ jusqu'au 46ᵉ degré de longitude, c'est-à-dire depuis les montagnes qui enserrent le golfe de Satalieh en Anatolie, et celles de l'île de Chypre, qui, en définitive, en sont une ramification méridionale, jusqu'aux monts qui séparent la Perse de l'Arménie. Cette chaîne de montagnes, dont les ramifications occupent la partie sud de l'Anatolie ainsi que l'île de Chypre, se continue à travers les pachaliks de Merasch, d'Alep, du Diarbekir, du Kurdistan, de Van, jusqu'en Perse.

Les espèces, au contraire, dont *les tours supérieurs sont carénés* paraissent être des Hélices plus méridionales et particulières à cette chaîne qui, du nord au sud, se détache du Taurus, pour venir s'épanouir en nombreuses ramifications sur la Syrie, la Palestine et une partie du désert. Une des espèces de ce groupe se retrouve également jusque dans les îles de Crète et de Rhodes.

Il y a donc concordance parfaite entre la distribution géographique et les caractères des espèces de ces deux groupes.

Tous ces Mollusques *nouveaux*, *litigieux ou peu connus* sont représentés sur les planches qui accompagnent ce travail ; aussi espérons-nous que dorénavant on ne pourra plus méconnaître ces intéressantes Hélices sur lesquelles nous croyons devoir ajouter encore quelques mots.

1° L'HELIX KURDISTANA (1), la plus grande de toutes,

(1) Voyez ci-dessus pour la description.

est l'espèce la plus voisine du groupe des *Codringtoni;* elle se rapproche surtout de l'eucineta.

2° L'HELIX DSCHULFENSIS (espèce inédite de Dubois), décrite par nous en 1857 (1), et représentée d'après un échantillon un peu trop décoloré (2), a été mentionnée dernièrement par l'honorable Mousson, sous la nouvelle appellation de Djiulfensis (3). Cette coquille, dont nous venons de donner une autre représentation d'après un échantillon mieux conservé, habite les contrées montueuses du bassin de l'Araxe, entre le lac.Van et la mer Caspienne, notamment aux alentours de Dschulfa (Parreyss), Ordubat (Beyers), etc. Cette Hélice offre un test mince, un peu transparent, d'un blanc cendré, légèrement teinté d'une faible couleur de chair, et orné de trois bandes fauves interrompues. La bande supérieure est la plus large et semble quelquefois double ; les bandes inférieures sont peu prononcées ; l'ouverture, peu échancrée, est transversalement oblongue ; le péristome, légèrement évasé, est peu réfléchi ; enfin la perforation ombilicale est recouverte par la callosité du bord columellaire. Le sommet est fauve et très - délicatement strié.

3° L'HELIX MICHONIANA (4), espèce intermédiaire entre la Dschulfensis et la guttata, mais surtout voisine de cette dernière (5), est une coquille d'une grande rareté.

4° L'HELIX GUTTATA (6) est également très-rare. Olivier et Bruguière en ont autrefois rapporté quelques individus qui ont été dispersés entre les collections de Férussac, de Charpentier, etc. Ces années dernières,

(1) In *Amén. malac.*, t. II, p. 63. Décembre 1857.
(2) In *Amén. malac.*, t. II, pl. XII, f. 7-9.
(3) Coq. terr. fluv. Schœfli, fasc. II, p. 53, 1863.
(4) Voyez ci-dessus pour la description.
(5) Voyez ci-dessus pour les différences réciproques de ces deux espèces.
(6) Voyez ci-dessus pour la description.

M. Schœfli, dont les voyages scientifiques en Orient ont
été si utiles aux sciences malacologiques, en a expédié
quelques échantillons à l'honorable Mousson, de Zurich.
C'est d'après quelques individus de cet envoi que nous
avons donné une description et une représentation nouvelle de cette intéressante Hélice.

5° L'Helix Escheriana, dont nous donnons la figure
dans les planches qui accompagnent cette décade, est une
coquille inédite. Notre ami, l'honorable Mousson, a eu
la bonté de nous confier cette espèce pour la faire seulement représenter, et il s'est réservé le plaisir d'en donner
une description détaillée dans un prochain travail qu'il
élabore en ce moment sur les Mollusques du nord de la
Mésopotamie.

Il nous est seulement permis de dire que cette Hélice,
dédiée par Mousson à M. Escher de la Linth, est une espèce
voisine de la *guttata* dont elle diffère notamment par son
ouverture ovale-arrondie ; par son péristome détaché,
continu, parfaitement évasé et réfléchi de toute part ;
enfin surtout par une large perforation ombilicale jamais recouverte.

En un mot, l'Escheriana est à la guttata ce que la spiriplana est à la Cæsareana.

6° L'Helix Bellardii, décrite par le savant Mousson (1) en 1854, est une fort bonne espèce qui vit sur les
rochers calcaires de l'île de Chypre, entre Cérines et Ni-
cosie. Cette Hélice, dont nous donnons également la
représentation d'après les échantillons types que nous
tenons de l'obligeance de M. Mousson, a été ainsi caractérisée par ce naturaliste.

« Testa obtecte umbilicata, globoso-depressa, solidiuscula, lævius-
« cula, vix striatula, fusculo-grisea vel albescens, zonis 5 fuscis ful-
« guratim albo interruptis ornata ; anfr. 4 1/2, usque ad summum
« obtusum convexi, sutura subimpressa ; ultimus antice valde de-

(1) Coq. terr. fluv. Bellardi, p. 33, et pl. i, f. 5-6. 1854.

« flexus, subteres; — apertura obliqua, rotundata; peristoma late
« expansum, plane labiatum, album; marginibus conniventibus, callo
« crasso junctis, columellari umbilicum modicum semitegente. »

« Diam. maj. 33, min. 24 ; altit. 20 millim.

« Apert. diàm. maj. 19, min. 17 millim.

« L'Helix Bellardii est la plus globuleuse du groupe
« des *guttata*. Sa surface est presque lisse, à peine striée,
« quelquefois un peu vermiculée, cornée-grisâtre ou blan-
« châtre, ornée de fascies très-interrompues et incom-
« plètes. Sa spire, composée de tours convexes, s'élève
« régulièrement vers un sommet assez obtus ; l'ouverture,
« munie d'un péristome blanc, très-largement évasé, se
« rapproche de la forme d'une ellipse arrondie, qui se
« complète par un callus qui réunit les deux bords fort
« rapprochés. Le bord columellaire, à partir de son in-
« sertion, s'étend en ligne courbe et non droite jusqu'à
« la base. L'ombilic est ordinairement recouvert ; il y a
« cependant une variété assez constante, provenant pro-
« bablement d'une localité différente chez laquelle l'om-
« bilic n'est pas caché sous la large expansion du bord. »

« *Var.* occlusa, *Mousson.*

« Testa subdepressa; anfractus superne juxta suturam planius-
« culi; umbilicus major, partim modo tectus. »

« L'Helix Bellardii rappelle, à quelques égards, l'*Helix*
« *sarcostoma* (Webb et Berthelot) des Canaries dont elle
« diffère cependant par la présence d'un ombilic (fermé
« ou recouvert) et la forme toute différente du bord
« basal. »

7° L'Helix Cæsareana, au contraire de toutes les
espèces que nous venons de passer en revue, offre *vers
ses tours supérieurs une forte carène qui suit la suture* ;
aussi ses tours sont-ils, en dessus, généralement assez
aplatis. La carène s'efface ordinairement sur l'avant-dernier tour. La zone d'habitat de cette Hélice est toute la
Syrie, depuis Alep jusqu'au-dessous de la mer Morte, et

de la côte méditerranéenne jusque bien au delà du Jourdain. Cette *Cæsareana* préfère les endroits arides, rocheux et exposés aux ardeurs du soleil ; elle se tient, le plus souvent, sur les rochers chauffés à blanc, où elle reste des mois entiers sans sortir de sa coquille.

8° L'HELIX SPIRIPLANA est l'espèce la plus méridionale du groupe ; elle s'étend depuis les îles de Crète et de Rhodes jusqu'en Syrie, notamment dans la partie sud. Au contraire de la *Cæsareana*, cette Hélice vit dans les endroits humides et ombragés, dans les excavations de rochers ou sous les pierres.

(*La suite prochainement.*)

———

DESCRIPTION d'un nouveau genre et diverses espèces d'insectes coléoptères de l'île de Cuba, par M. A. CHEVROLAT.

Après avoir étudié avec soin le grand travail publié par M. Jacquelin du Val dans l'*Entomologie de Cuba* de M. Guérin-Méneville, après des recherches sérieuses dans la *Monographie des Cryptocéphalides* de M. Suffrian, j'ai reconnu que les espèces qui suivent ne figurent pas dans ces ouvrages et sont encore inédites. Cependant je n'oserais affirmer d'une manière absolue que les deux Cryptocéphales ne constituent pas des variétés d'espèces déjà décrites, car je n'ai pu en examiner un assez grand nombre d'individus pour avoir des sujets intermédiaires susceptibles de m'éclairer à cet égard. Dans le doute où je me trouve, j'ai cru devoir toujours décrire, à titre provisoire, les individus que j'ai pu observer.

Nov. gen. DENDROBLAPTUS (de δενδρον, arbre, βλαπτω, je nuis).

Mon ami, M. Felipe Poëy, vient de m'adresser de l'île de Cuba un nouveau Cérambycide très-remarquable .

ses mandibules sont simples, son prothorax formé comme dans le genre *Callipogon*. D'après ces caractères tranchés, ce genre me paraît devoir faire le passage des Mallodo- nites aux Callipogonites, et je le placerai après les *Stenodontes*.

Caractères : mâle. *Tête* arrondie, large, convexe. *Yeux* fortement réticulés, latéraux, étroits, assez grands, amin- cis en dessous, à l'extrémité. *Antennes* assez minces, attei- gnant aux 2/3 des étuis, à 1er art. fortement en massue, couvert de gros points; 2e court, noduleux; suivants presque aussi longs chacun que le premier; 3e à 6e lisses, ponctués çà et là; 7e à 11e ternes et couverts de canne- lures longitudinales. *Mandibules* sveltes, ayant presque l'étendue de la tête et du prothorax réunis, dirigées en avant, simples, arquées, très-aiguës, uni-carénées et uni- sillonnées en dessus, garnies, en dedans, d'une épaisse fourrure blonde. *Prothorax* transverse, presque carré, à côtés légèrement arqués sur le milieu, présentant chacun cinq dentelures distantes; angles postérieurs aigus, échan- crés obliquement en arrière. *Écusson* grand, semi-arrondi, couvert d'une ponctuation serrée, lisse sur les bords; *élytres* près de quatre fois aussi longues que le prothorax, de la largeur de ce dernier sur leur base respective, un peu atténuées au delà des 2/3, arrondies chacune sur l'extrémité, munies d'une petite épine suturale. *Pattes* ro- bustes, inermes; cuisses partout en massue, aplanies et uni-sillonnées en avant; jambes droites, élargies au sommet, frangées sur le dedans, d'une villosité blonde; tarses larges, velus, 1er et 2e articles triangulaires, 3e for- tement bilobé, dernier du double plus long que le précé- dent, longuement poilu. *Prosternum* et *métasternum* larges, aplatis, tronqués et marginés sur les côtés.

Dendroblaptus barbiflavus brunneus, pube brevi ci- nerea undique tectus; mandibulis inermibus, acutis, nigris, intus barbatis; prothorace transverso, subquadrato, ad medium convexo, lateribus laxe serrato, macula triangulari antica liturisque duabus albis obliquis atque abbreviatis utrinque notato; elytris cinnamomeis, prope suturam obsolete bicostatis.

Long. 62, lat. 18 mill. Cuba. Pinar del Rio.

M. Poëy me fait observer que cette espèce est ordinairement d'un décimètre plus grande et d'un brun plus foncé; il ne m'a pas fait connaître la femelle.

CRYPTOCEPHALUS BARDUS elongatus, parallelus, sanguineus; antennis gracilibus, geniculis, tibiis, tarsisque nigricantibus; prothorace lævi, angulis 4 breviter acutis, margine antico anguste marginato; scutello elytrisque nigrocyaneis: his sub remote fortiter punctato-striatis, margine sub humerali tenui fasciisque 4^{or} flavis, basali integra extus recurva, 2^a ante latera atque 3^a prope suturam interruptis; 4^a utrinque abbreviata. ♂ long. 4 1/2, lat. 1/3, Cuba.

Cet insecte est voisin du *Cr. tortuosus.* Suff., et pourrait bien n'être qu'une variété de cette espèce.

CRYPTOCEPHALUS DISTENSUS, subelongatus, postice dilatatus, stramineus, capite (sulco frontali), limbo antico prothoracis, elytrorum basi, pedibus (tibiis tarsisque rufulis), atque abdomine albis; prothorace rufo nitido, lævissimo, ad basin biarcuato, angulis posticis breviter acutis; scutello etiam rubido; elytris (singulo) undecim punctato-striatis (stria suturali); 5^a et 6^a abbreviatis, infra fasciam basalem incipientibus, interstiis convexis, callo humerali parvo, obliquo. ♂ long. 3 1/2, lat. 2 1/2 Cuba.

Cet insecte n'est probablement qu'une variété ou la ♀ du *Cr. quinquepunctatus* de Suffrian.

Les stries des élytres partent toutes de la limite de la bande basale et les points de ces stries sont tous au fond.

MASTACANTHUS ARCUSTRIATUS validus, flavus, antennis capillaribus obscuris, basi rufis; capite rufo, sulco tenui notato; oculis emarginatis, amplis, obscuris, flavo cinctis; prothorace parce punctulato, maculis tribus rufis, media elongata, litteram U efficiente; scutello postice elevato, rufo;

elytris (singulo) decem striis profunde impressis, intus punctatis : 2^bus suturalibus, 7^a atque 8^a abbreviatis; 3^a, 4^a (etiam ante apicem abbreviatis) et 5^a recurvis; pedibus rufis et flavo obscuroque maculatis. Long. 5, lat. 3 mill. Cuba.

Cette espèce, la 2e du genre, se distingue du *M. insularis*, Suff., par la forme arquée des stries centrales des élytres, et par la tache rousse médiane du prothorax, qui représente un U allongé, tandis que sur l'autre espèce c'est un V qu'on observe.

BLEPHARIDA IRRORATA alata, subovalis, convexa, lutea, oculis antennisque nigris, tibiis et tarsis nigricantibus; elytris elongatis, fuscis, numerose alboguttulatis, striis lateralibus impressis, striis dorsalibus obsolete atque remote punctulatis, interstitiis modice elevatis, punctatis. Long. 10, lat. 3 mill. Cuba.

Ce genre, composé d'espèces des Indes orientales, de l'Afrique australe et de l'Amérique septentrionale, n'avait encore eu que deux représentants de cette dernière partie du monde : la *Chrys. stolida* et *meticulosa* d'Olivier (*Rhois*, Forst.; *virginica*, Frœhlich.)

VARIABILITÉ DU BOMBYX YAMA-MAÏ. — L'étude que j'ai faite, il y a déjà assez longtemps, du *Bombyx* (*antheræa*) *mylitta*, et de mon *B.* (*anth.*) *Pernyi*, espèces du même groupe, très-variables pour la coloration de leurs individus, m'avait fait prévoir, par analogie, que l'*Antheræa yama-maï* présenterait les mêmes variations. J'avais annoncé cela à la fin de ma description de cette espèce (*Revue et mag. de zool.*, 1861 (1), p. 384 et 452, et tirage

(1) On trouve tous les renseignements relatifs à cette importante question dans la *Revue et magasin de zoologie*, année 1861, p. 187, 221, 227, 272, 282, 402 et 435. Ces documents sont continués

à part, p. 27), description faite d'après l'unique femelle produite par l'unique chenille que j'avais confiée aux soins si intelligents et si dévoués de M. Année, pendant qu'un grand nombre de ces chenilles périssaient dans la ménagerie des reptiles du muséum, ce qui retardait de trois ans l'introduction de cette précieuse espèce.

Aujourd'hui je puis annoncer que mes prévisions se sont vérifiées, car, ayant pu étudier un grand nombre d'individus de mon *B. yama-maï*, j'ai observé que cette espèce, bien réellement nouvelle pour la science, offrait encore plus de variétés que celles que j'ai citées plus haut.

Comme je l'ai dit en 1861, en décrivant pour la première fois l'espèce d'après l'unique femelle existant alors en Europe, le *B. yama-maï* se rapproche plus du *Pernyi* que du *Mylitta*, car, comme chez le premier, les ailes supérieures, surtout dans les mâles, offrent une coupe bien différente. Dans les deux sexes et dans toutes les variétés de coloration, la strie oblique placée près de l'extrémité des ailes est composée d'atomes noirs suivis, extérieurement, d'atomes blancs bien nettement marqués chez les femelles, à peine visibles chez les mâles, et même tout à fait absents chez quelques-uns.

Chez tous les sujets des deux sexes sans exception, et n'importe la couleur des variétés, l'ocelle des ailes inférieures présente invariablement la grande tache ovalaire et oblique dont j'ai parlé dans mon travail de 1861 (tir. à part, p. 24 ou *Rev. zool.*, 1861, p. 450) et que je croyais alors accidentelle, en sorte qu'on peut regarder ce signe constant comme un bon caractère de l'espèce.

Chez la majorité des mâles, on observe aux ailes supérieures, entre les stries basilaires et la strie de l'extrémité,

daus la *Revue de sériciculture comparée*, et commencent au nº 2, p. 33 ; mais c'est par erreur que je cite l'année 1862 de la *Revue de zoologie*, c'est 1861 qu'il faut lire.

une assez large strie médiane fortement dentelée et ondulée, qui part de la cote et arrive au bord inférieur en passant juste par le milieu de l'ocelle. Cette bande est d'un roux plus ou moins foncé chez les variétés jaunes et roussâtres, et d'un gris approchant plus ou moins du noir chez les variétés à couleur générale approchant plus ou moins du chamois. On trouve cette bande médiane assez bien marquée dans les femelles rousses et d'un gris chamois, mais elle est invisible ou ne présente que de très-faibles traces chez les variétés jaunes.

Dans quelques mâles à dessin plus accentué, on voit en outre, du côté interne et près de la strie de l'extrémité de l'aile, une seconde strie parallèle à la première, mais plus dentelée, qui est aussi de couleur rousse comme celle du milieu; mais, le plus souvent, elle n'existe pas chez les variétés jaunes ou grises, ou ne se manifeste que par de faibles traces. Elle ne se montre jamais chez les femelles.

Les ailes inférieures des mâles les mieux marqués présentent, en outre de la grande strie noire dont j'ai parlé, trois autres stries plus ou moins bien marquées, situées l'une au-dessus de l'ocelle, une autre, plus vague, passant au milieu de cet ocelle, et la troisième très-rapprochée de la strie noire et parallèle à celle-ci. Dans les femelles on ne voit jamais que la bande basilaire qui est supérieure à l'ocelle et dont j'ai parlé dans ma description de la femelle citée plus haut.

Quant à la couleur du fond des quatre ailes chez les deux sexes, elle donnerait motif à la formation de plusieurs espèces, si on ne possédait pas un grand nombre de sujets montrant tous les passages. Les couleurs qui dominent sont d'abord le jaune, arrivant insensiblement au roux, puis le roux plus vif passant par des nuances de plus en plus grisâtres et arrivant au gris chamois.

Dans les femelles, on trouve des sujets qui offrent aux ailes supérieures, et plus rarement aux inférieures, ces atomes roses que j'ai signalés dans ma description de la seule femelle obtenue en 1861. Dans quelques sujets, jaunes ou fauves, ces atomes sont nombreux, d'un rose vif, et ils occupent presque tout l'espace entre la strie et le bord externe de l'aile ; on en trouve plus rarement dans les femelles rousses, et je n'en ai jamais vu chez celles qui sont d'un gris plus ou moins rapproché du chamois.

Ayant cherché à obtenir le plus grand nombre possible d'œufs, j'ai consacré tous les sujets qui sont éclos à la reproduction, ce qui leur a permis de mutiler leurs ailes pendant la nuit. Je n'ai tué pour l'étude qu'un très-petit nombre de mâles éclos trop longtemps avant l'apparition des femelles, et, à la fin, quelques femelles nées quand il ne restait plus de mâles à venir. La pesée des cocons, faite chez moi et chez M. Royer-Desgenettes, a été un moyen certain pour distinguer les cocons de chaque sexe, et il est à remarquer que le hasard a fait qu'il y avait à peu près autant de cocons d'un sexe que de l'autre.

Il résulte de ce qui précède qu'il existe très-peu de sujets bien conservés de cette magnifique espèce, et que je pourrai en livrer à peine cinq à six à M. Marchand, à qui on en a demandé pour des musées et des collections. Il inscrit les demandes et il y satisfera, par ordre d'inscription, jusqu'à épuisement des sujets dont il peut disposer. (GUÉRIN-MÉNEVILLE.)

II. SOCIÉTÉS SAVANTES.

ACADÉMIE DES SCIENCES.

Séance du 23 *mai* 1864. — M. *Boussingault* présente à l'Académie des Prenadillas (*Pimelodes Cyclopum*), poissons que rejettent assez fréquemment les volcans de l'équateur pendant leurs éruptions. Ces poissons lui ont été envoyés de Quito par un voyageur, *M. Wisse*, que la science a perdu récemment.

M. Valenciennes est invité, par l'Académie, à examiner ces poissons.

M. *Donné* présente un travail intitulé : *Recherches sur la putréfaction des œufs couvés, pour servir à l'histoire des générations dites spontanées.*

M. *Milne-Edwards* rappelle les observations de M. *Pan-ceri*, qui montrent que la présence de certains êtres vivants, dans l'intérieur d'un œuf à coquille intacte, ne prouverait rien en faveur des générations spontanées.

M. *Gaudry* présente une note intitulée : *Sur la découverte du genre* PALOPLOTHERIUM *dans le calcaire grossier supérieur de Coucy-le-Château (Aisne).*

« Le muséum d'histoire naturelle a reçu, il y a quelques années, de M. Guérin, de Coucy-le-Château (Aisne), plusieurs pièces de *Paloplotherium* qui ont été trouvées dans le calcaire grossier de Jumencourt, près de cette ville (1). Ces espèces sont : un crâne presque entier, une mâchoire inférieure avec ses deux mandibules, plusieurs autres mâchoires, une partie supérieure du cubitus, un tibia, un astragale, des fragments de bassin et d'omoplate.

« Le *Paloplotherium* n'avait pas encore été signalé dans le calcaire grossier. Le type de ce genre est le *P. annectens* (Owen) de l'assise lacustre d'Hordwell (côte du Hampshire). L'animal de Coucy paraît avoir de grands rapports

(1) M. d'Archiac a bien voulu nous fournir les renseignements suivants : Jumencourt est un village situé à 3 kilomètres au sud-est de Coucy, sur les sables inférieurs ; il est adossé au plateau de calcaire grossier qui surmonte ceux-ci et sur le pourtour duquel de nombreuses carrières sont ouvertes dans le calcaire grossier moyen. C'est dans le décombre ou ciel de la carrière formée par les bancs du calcaire grossier supérieur qu'ont dû être rencontrés les échantillons de mammifères. Cette présomption est appuyée par les caractères de la roche, presque exclusivement composée de moules et d'empreintes de *Cerithium lapidum* et *calcitrapoïdes*, de *Natica mutabilis*, de *Paludina globulus* et de graines de *Chara*. On y trouve aussi des restes de Tortues d'eau douce.

avec lui. Cependant il a quatre prémolaires supérieures, tandis que celui d'Hordwell n'en a que trois ; sa dernière prémolaire supérieure est un peu plus rétrécie en avant ; sa face externe n'est point de même partagée en deux par une côte verticale, et sa face triturante n'a aucun indice de division en deux parties. La dernière arrière-molaire inférieure a trois lobes, au lieu que, suivant M. Owen, elle n'en a que deux dans le *Paloplotherium annectens;* mais, sur un échantillon de la Débruge, près d'Apt, attribué par M. Gervais à la même espèce, il y a également trois lobes.

« Le *Palæotherium minus* de Cuvier a été rattaché au genre *Paloplotherium;* il est plus petit que notre fossile ; il n'a que trois prémolaires supérieures ; sa dernière prémolaire est divisée en deux lobes et porte une côte verticale vers le milieu de sa face externe.

« Ce que M. Aymard a dit du fossile du Puy, nommé par lui *Palæotherium ovinum,* montre qu'il doit être rangé dans le genre *Paloplotherium,* mais ne suffit point pour en déterminer l'espèce. Si le *Paloplotherium* de Coucy en diffère, nous proposons de l'inscrire sous le nom de *Paloplotherium codiciense* (P. de Coucy).

« Par suite de renseignements que nos pièces du calcaire grossier ajoutent à ceux que l'on avait déjà sur le genre *Paloplotherium,* on peut faire sur ce genre les remarques suivantes :

« Le nombre de ses prémolaires supérieures n'est pas fixe ; il est de trois dans les *P. annectens* et *minus;* il est de quatre dans le *P. codiciense.* La dernière prémolaire supérieure a quatre racines, suivant M. Owen, dans le *P. annectens;* elle en a trois dans les *P. minus* et *codiciense.* La dernière molaire inférieure n'a que deux lobes, d'après M. Owen, dans le *Paloplotherium* d'Angleterre ; elle a trois lobes dans les *Paloplotherium* de la Débruge et du bassin de Paris. L'absence de bourrelet sur la face interne des molaires inférieures est un caractère peu constant ; ce

bourrelet manque ou est à peine visible sur les *P. annec-*
tens et *codiciense*, tandis qu'il est très-accusé sur le *P. mi-*
nus de la Débruge. Les saillies d'émail que l'on a signalées en arrière de plusieurs des molaires offrent une
particularité aussi peu importante ; la moindre usure due
à la trituration des aliments les fait disparaître.

« A côté de ces caractères instables, il en est un qui
persiste assez pour autoriser la séparation générique du
Paloplotherium et du *Palæotherium* : dans le premier, les
arrière-molaires sont nettement distinctes des prémolaires, au lieu que dans le second toutes ces dents, sauf
la première, sont similaires. Cependant cette différence
même n'est pas également sensible dans les trois espèces
de *Paloplotherium ;* dans le *P. minus,* la dernière prémolaire ressemble plus aux arrière-molaires que dans le
P. annectens et surtout que dans le *P. codiciense.*

« Les légères modifications de formes que nous venons d'indiquer montrent combien sont étroits les liens qui unissent
le *Palæotherium* et le *Paloplotherium.* Il est curieux de voir
ces modifications en relation avec les variations d'âge
géologique. Le *P. codiciense* est la plus ancienne forme
que nous connaissions du type paléothérien ; on vient de
dire qu'il se trouve dans le sous-étage supérieur du calcaire grossier et qu'il diffère assez des vrais *Palæothe-*
rium. Après lui est venu le *P. annectens,* qui s'en éloigne
le moins ; on le rencontre dans le sous-étage d'Hordwell.
Puis, à l'époque du gypse, se montre le *P. minus,* si voisin des autres *Palæotherium,* que Cuvier n'a pas cru devoir le distinguer génériquement ; et en même temps apparaissent les *Palæotherium* proprement dits. Il ne semble
pas que l'existence de ces derniers ait été d'une bien
longue durée ; lors de l'époque miocène, ils ont, à leur
tour, été remplacés par les *Acerotherium.* »

M. *de Quatrefayes* présente, de la part de M. *Pinson,*
une note ayant pour titre : *Maladie des Vers à soie (Bombyx*
Yama-maï) attaqués par la pébrine.

Cette maladie, que les auteurs qualifient de *pébrine*, n'a évidemment aucune analogie avec la collection de maladies qui constituent l'épidémie de la gattine des Vers à soie du mûrier. Les Vers à soie du chêne, dont il est question ici, sont tout simplement atteints des maladies que l'on observe en tout temps chez les Vers à soie dont la graine a été mise dans des lieux froids, quand elle a déjà éprouvé un notable avancement d'incubation. Ces accidents arrivaient toujours, même dans les temps les plus prospères de la sériciculture, quand des gelées tardives retardaient le développement des feuilles et obligeaient les éducateurs à remettre à la cave des œufs qui en avaient été retirés depuis plus ou moins longtemps.

Il n'y a donc là aucune analogie avec l'épidémie de la gattine, et ce fait, qui s'est produit aussi à mon laboratoire de sériciculture comparée de la ferme impériale de Vincennes, ne peut être considéré comme montrant que le *B. Yama-maï* est atteint de l'épidémie régnante.

Séance du 30 mai. — M. *Flourens* présente la troisième édition de son *Analogie naturelle*, ou *Étude philosophique des êtres.* Il continue ainsi :

« Je profite de la parole qui m'est accordée pour remercier l'Académie tout entière, et chacun de ses membres en particulier, des marques de sympathie qui m'ont été données pendant la maladie cruelle que je viens de subir.

« Je dois la vie à M. Velpeau ; il m'est bien doux de pouvoir lui exprimer ma reconnaissance dans le sein même de l'Académie. »

M. *Em. Decaisne* présente une note sur l'*Intermittence du cœur et du pouls par suite de l'abus du tabac à fumer.*

M. *Kuehne* adresse une note sur la *Terminaison des nerfs moteurs dans les muscles de quelques animaux supérieurs et de l'homme.*

M. *Dareste* adresse des *Recherches sur les origines de la monstruosité double chez les oiseaux.*

Séance du 6 juin. — M. *Flourens* présente, au nom de M. *Herpin*, un ouvrage sur l'acide carbonique et ses applications en thérapeutique. Nous reviendrons sur cet important travail.

Séance du 13 juin. — M. *Pouchet* lit des *Observations sur la prétendue fissiparité de quelques microzoaires.*

M. *Trémaux* continue la lecture de son travail intitulé : *Transformation de l'homme à notre époque, et conditions qui amènent cette transformation.*

M. *le ministre de l'instruction publique* autorise l'Académie à prélever, sur les fonds restés disponibles, une somme de 1,500 francs destinée à la continuation des recherches de M. Gervais sur les cavernes ossifères du midi de la France.

MM. *Joly* et *Musset* adressent un travail ayant pour titre : *Nouvelles expériences tendant à infirmer l'hypothèse de la panspermie localisée.*

M. *Dareste* adresse une lettre concernant sa dernière communication sur les origines de la monstruosité double chez les oiseaux.

III. MÉLANGES ET NOUVELLES.

NOTE *sur la rapidité de l'accroissement des* Mytilus, *par* P. FISCHER.

En annonçant le n° 1er de 1864 du *Journal de Conchyliologie* de MM. CROSSE et FISCHER (n° 1, p. 30), nous avons promis de reproduire cet intéressant article. Nous remplissons aujourd'hui cet engagement.   G M.

« Il est très-difficile d'assigner une durée exacte au développement des coquilles. Si nous connaissons à peu près le temps employé par une Hélice pour acquérir les attributs de l'état adulte, nous sommes réduits à des hypothèses au sujet des évolutions des mollusques marins.

« Du reste, l'influence des milieux est considérable sur la taille des mollusques. Des individus de *Mytilus* logés dans les anfractuosités de rochers atteignent à peine 2 centimètres en un an, et ne dépassent guère cette taille; néanmoins ils sont parfaitement adultes et aptes à la reproduction. Si d'autres individus de la même espèce s'accroissent plus librement, leur taille deviendra triple ou quadruple dans le même espace de temps.

« M. Petit de la Saussaye a présenté, à ce sujet, des observations intéressantes insérées dans le tome IV du *Journal de Conchyliologie*, p. 424 (1853). Il rapportait le fait suivant :

« Un navire caréné et doublé à neuf en zinc partit de Marseille pour la côte ouest d'Afrique, employa 48 jours à sa traversée, séjourna 68 jours dans la rivière de Gambie et mit 86 jours à effectuer son retour. Le voyage avait donc duré 200 jours.

« Arrivé à Marseille, le navire eut sa carène nettoyée, et l'on en retira plusieurs mollusques, entre autres un *Mytilus afer*, un *Avicula atlantica* de 78 millimètres de longueur, et un *Ostrea denticulata* de 95 millimètres de longueur. Ces trois espèces, appartenant à la faune du S. O. de l'Afrique, avaient donc au plus 154 jours d'existence à l'état adhérent ; or on sait que les *Mytilus* et *Ostrea* qui ne s'attachent pas dans les premiers jours qui suivent l'éclosion périssent inévitablement.

« La taille adulte aurait été atteinte par ces Acéphalés en 5 mois environ.

« J'ai observé récemment des faits du même genre dans le bassin d'Arcachon (Gironde). Tous les ans on retire les balises de la passe pour les nettoyer complétement, les enduire de goudron et les replacer.

« En 1862 je me rendis dans les passes et je recueillis sur une balise une énorme quantité de Moules (*Mytilus edulis*) d'une taille exceptionnelle (longueur 100 millimètres, largeur 48). La balise, nettoyée, goudronnée et remise en place, a été retirée de nouveau en 1863, un an après. Elle était chargée de milliers de Moules ayant les mêmes dimensions.

« Moins d'un an a donc suffi à cette espèce dont la taille moyenne sur nos bancs ne dépasse guère 5 à 6 centimètres pour acquérir une longueur double.

« Faut-il attribuer la grande taille de nos individus à leurs conditions d'existence? Je le suppose. Attachés, par un long byssus, à la balise et à son amarre, ballottés sans cesse par le flot, éloignés de toute cause de compression et de déformation, leur accroissement devient régulier et atteint ses limites extrêmes. Dans les bancs au contraire, les Moules adhèrent toutes au fond, sont pressées les unes contre les autres, émergent en partie à basse mer, circonstances défavorables à leur développement.

« Quant aux Moules qu'on trouve dans les anfractuosités de rochers, leur taille doit s'accommoder à la forme du trou qui les a reçues après l'éclosion; il leur est impossible de dépasser certaines limites, et leur facies change tellement, qu'on a pu prendre pour des espèces distinctes des individus rabougris et déformés. »   P. F.

TABLE DES MATIÈRES.

PARIS. — IMP. DE Mme Ve BOUCHARD-HUZARD, RUE DE L'EPERON, 5.

I. TRAVAUX INÉDITS.

MOLLUSQUES NOUVEAUX, LITIGIEUX OU PEU CONNUS (4e décade); par M. J. R. BOURGUIGNAT (1).

FERUSSACIA ROTHI.

Ferussacia Rothi, *Bourguignat*, Malac. Alg., t. II, p. 31. (Janvier 1864.)

Testa cylindraceo-oblonga, fragillima, nitidissima, levigata, diaphano-vitracea; — spira acuminato-oblonga; apice obtusiusculo; — anfractibus 8 fere planulatis, lente regulariterque crescentibus, sutura superficiali duplicataque separatis; ultimo majore, leviter convexiusculo, dimidiam altitudinis non æquante; — apertura coarctato-oblonga, superne angustissima, lamellifera; lamella una *parietali*, valida, albida, compressa elataque in medio ventre penultimi; lamella una *palatali*, valida (in speciminibus adultissimis *duabus lamellis*, quarum superior valde immersa, fere semper inconspicua); columella incurvata, *lamella valida*, *tortuosa* terminata; peristomate recto, acuto, intus leviter vix crassiusculo; margine dextro antrorsum regulariter arcuato; marginibus callo diaphano junctis.

Coquille oblongue-cylindrique, très-fragile, lisse, brillante, polie, vitracée et transparente. Spire allongée, diminuant peu à peu et terminée par un sommet assez obtus. Huit tours presque plans, à croissance lente et

(1) Les planches qui accompagnent cet article porteront les nos 11 à 18, et seront réparties dans divers numéros.

régulière, séparés par une suture superficielle, d'une teinte plus pâle, ceinte inférieurement par une seconde ligne imitant une rainure suturale. Dernier tour plus grand, faiblement convexe, n'atteignant pas la moitié de la hauteur. Ouverture oblongue rétrécie, très-aiguë à sa partie supérieure, plus élargie à sa base et ornée de plusieurs plis ainsi placés : un pli pariétal lamelliforme fort, très-saillant, comprimé, situé sur le milieu de la convexité de l'avant-dernier tour ; un pli palatal saillant et très-prononcé venant s'épanouir au péristome (chez les échantillons très-adultes, l'on remarque deux plis palataux au lieu d'un ; dans ce cas, le pli supérieur est plus faible, fortement immergé et la plupart du temps invisible). Columelle courbe, terminée par une forte lamelle tortueuse, s'enroulant à son extrémité. Péristome droit, aigu, légèrement épaissi à l'intérieur par un faible encrassement. Bord droit, offrant vers sa partie inférieure une projection en avant assez régulière. Bords marginaux réunis par une callosité transparente, à peine sensible.

Hauteur. . . . . 7 millimètres.
Diamètre. . . . 2 1/4 —

Cette magnifique espèce a été recueillie par M. Roth, de Munich, aux alentours de Jérusalem.

Cette Férussacie diffère de la Ferussacia Hierosolymarum (1), par son test plus élancé, moins ventru ; par ses tours à croissance plus régulière ; par sa spire un peu plus allongée (chez la Hierosolymarum, la spire est courte en comparaison du développement du dernier tour); par sa lamelle pariétale beaucoup plus comprimée, plus saillante et moins épaisse ; par sa columelle terminée par une lamelle qui s'enroule presque *à plat* à la base, ce qui n'existe pas

(1) Tornatellina Hierosolymarum, *Roth*, in *Malak. bl.*, p. 39, 1855.

chez l'*Hierosolymarum*, où la columelle est simplement
tordue par un pli lamelliforme qui, par une direction
oblique et descendante, vient aboutir à sa base ; enfin
par sa paroi externe ornée, intérieurement, d'un à deux
plis palataux, etc.

FERUSSACIA MOUSSONIANA.

Ferussacia Moussoniana, *Bourguignat*, Malac. Alg., t. II,
p. 31. (Janv. 1864.)

Testa cylindraceo-oblonga, fragili, nitida, levigata, vitracea
sæpe subopaca ; — spira acuminato-oblonga ; apice obtusiusculo ; —
anfractibus 8-9 subplanulatis vel fere subconvexiusculis, regulariter
lenteque crescentibus, sutura superficiali, pallidiore duplicataque
separatis ; — ultimo convexiusculo, paululum majore, 2/5 altitudinis æquante vel superante ; — apertura oblonga, superne angustissima, inferne dilatata, trilamellata ; lamella una parietali valida,
compressa, elata, in medio ventre penultimi ; lamella una minuta,
sæpe immersa ad partem superiorem columellæ, ac ad basin columellæ lamella una valida, tortuosa, columellam terminante ;—peristomate recto, acuto ; margine externo antrorsum arcuato ; marginibus
callo sat valido junctis.

Coquille oblongue-cylindrique, fragile, brillante, lisse,
vitracée, quelquefois peu transparente. Spire oblongue,
diminuant peu à peu et terminée par un sommet assez
obtus. Huit à neuf tours presque plans ou à peine convexes, à croissance lente et régulière, séparés par une suture plus pâle, superficielle, ceinte, inférieurement, par une
seconde ligne imitant une rainure suturale. Dernier tour
légèrement convexe, égalant ou dépassant faiblement les
2/5 de la hauteur. Ouverture oblongue, très-rétrécie à sa
partie supérieure, assez large à sa partie inférieure, et
ornée de trois plis lamelliformes ; savoir, un pli fort,
élevé, comprimé sur le milieu de la convexité de l'avant-
dernier tour ; un second pli beaucoup plus petit et assez
enfoncé, au sommet de la columelle ; enfin un troisième pli

fort, saillant, contourné à la base de la columelle. Péristome droit, aigu. Bord externe arqué en avant. Bords marginaux réunis par une callosité assez prononcée.

> Hauteur. . . . . . . 7 millimètres.
> Diamètre. 2   —

Environs de Jérusalem, de Bethléem, etc.; assez abondante sous les pierres et les rochers ou au pied des arbustes.

La Ferussacia Moussoniana se distingue de la Fer. Rothi par son test moins élancé, un peu plus globuleux à sa partie basale; par son ouverture plus dilatée à sa partie inférieure; par sa columelle armée de deux plis lamelliformes, un supérieur et un inférieur, tandis que chez la *Rothi* il n'existe qu'un seul pli columellaire à la columelle.

Ferussacia Saulcyi

Ferussacia Saulcyi, *Bourguignat*, Malac. Alg., t. II, p. 31. (Janv. 1864.)

Testa acuminato-oblonga, fragili, levigata, diaphana, vitracea; — spira acuminata; apice obtusiusculo; — anfractibus 8 subplanulatis vel vix convexiusculis, regulariter lenteque crescentibus, sutura pallidiore superficiali duplicataque separatis; ultimo dimidiam altitudinis æquante; — apertura elongata, coarctata, angustissima, bilamellata; lamella palatali (in speciminibus adultissimis) parvula, ac lamella una valida tortuosa, columellam terminante; margine externo antrorsum valide arcuato; marginibus callo junctis.

Coquille oblongue, acuminée, fragile, lisse, diaphane, vitracée. Spire diminuant peu à peu, terminée par un sommet obtus. Huit tours presque plans ou à peine convexes, à croissance lente et régulière, séparés par une suture plus pâle, superficielle, ceinte, inférieurement, par une seconde ligne imitant une rainure suturale. Dernier tour égalant la moitié de la hauteur. Ouverture très-allongée, excessivement étroite, rétrécie et ornée de deux plis lamelliformes, ainsi placés : un pli palatal, très-enfoncé, visible seulement par transparence et généralement plus prononcé que chez les échantillons très adultes, et un autre pli columellaire, tortueux, terminant l'extrémité de la columelle. Bord externe fortement arqué en avant, surtout à sa partie inférieure. Bords marginaux réunis par une callosité.

Hauteur. . . 6 1/2 millimètres.
Diamètre. . 2   —

Environs de Sayda. — Très-rare. — Cette coquille se distingue de toutes les autres espèces par son ouverture excessivement rétrécie, comme réduite à une simple fente, et par sa columelle nulle ou presque nulle terminée par une forte lamelle tortueuse.

FERUSSACIA MICHONIANA;

Testa minuta, oblonga, fragili, nitida, diaphana, vitracea, levigata; — spira brevi, attenuato-acuminata; apice obtusiusculo ; — anfractibus 6 convexiusculis, irregulariter crescentibus (prioribus minutis, ultimis maximis), sutura sat impressa duplicataque separatis; ultimo sat convexo, maximo dimidiam altitudinis superante ; — apertura oblonga, superne acute angulata, inferne sat dilatata; columella recta, ad basin sicut truncata ; margine externo antrorsum valide arcuato ; marginibus callo junctis.

Coquille petite, fragile, oblongue, brillante, transparente, lisse et vitracée. Spire courte, atténuée-acuminée, terminée un peu en forme de cône. Sommet obtus. Six tours assez convexes (à l'exception des premiers), s'accroissant irrégulièrement (les tours supérieurs sont petits et irréguliers entre eux, les deux derniers sont très-développés), et séparés par une suture assez prononcée, ceinte, inférieurement, par une seconde ligne imitant une rainure suturale. Dernier tour très-grand, assez convexe, dépas-

sant la moitié de la hauteur. Ouverture oblongue très-aiguë à sa partie supérieure, passablement dilatée à sa
partie inférieure. Columelle droite, paraissant tronquée
à sa base. Bord externe fortement arqué en avant. Bords
marginaux réunis par une callosité.

Hauteur. . . . 5 1/2 millimètres.
Diamètre. . . . 2 —

Alentours de Jérusalem, sous les pierres et les rochers.
— Rare.

Les Férussacies syriennes sont si peu connues, sont
d'une telle rareté dans les collections, que nous croyons
utile d'appeler l'attention sur ces intéressantes et curieuses
coquilles.

La première espèce signalée en Syrie a été décrite par
Roth en 1855, sous le nom de *Tornatellina Hierosolymarum.*

Mousson, depuis cet auteur, est le seul qui en ait men-
tionné d'autres. Seulement ce conchyliologue n'a pas su,
selon nous, discerner les espèces, ou, par de faux rappro-
chements, a rendu la connaissance de ces espèces d'une
extrême difficulté.

Ainsi ses Glandina acicula et aciculoides, *var.* torta
(Cat. coq. Bellardi, p. 48, 1854), et ses Tornatellina Hierosolymarum, *var.* discrepans, Glandina tumulorum; *var.*
Judaïca, et Glandina Liesvillei (Cat. coq. Roth, p. 51
et suiv., 1861), sont évidemment des espèces mal déterminées.

Les *vraies* acicula, aciculoides, Liesvillei et tumulorum
sont des *Cæcilianella* spéciales à la France, à l'Italie, au
centre de l'Allemagne, à la Grèce, et n'ont *jamais* été
trouvées en Syrie.

Il est de toute probabilité que les divers échantillons
que l'honorable Mousson a considérés comme *identiques*
ou du moins *analogues* à ces Cæcilianella ne sont, au con-

traire, que de véritables *Ferussacia* du groupe des *Hohenwartiana*. C'est, du reste, ce que nous avons reconnu après
un examen attentif de toutes nos espèces et de celles de
la collection de feu notre ami Roth, que M. Mousson a
bien voulu nous confier à notre passage à Zurich,
en 1861.

Les Férussacies syriennes sont au nombre de 8. Sur
ces espèces, 5 appartiennent au groupe des *Proceruliana*
et les trois autres à celui des *Hohenwartiana*.

Les Ferussacia du groupe des Proceruliana sont les

Ferussacia Hierosolymarum,   Ferussacia Saulcyi,
—   Rothi,   —   Syriaca (1).
—   Moussoniana,

Celles du groupe des Hohenwartiana sont les

Ferussacia Michoniana,   Ferussacia Judaica.
—   Berytensis,

Toutes ces espèces, pour la plupart d'une excessive rareté, vivent sous terre, sous les pierres et les rochers, dans
les endroits humides et ombragés. Il est rare de les trouver
vivantes. M. Félicien de Saulcy les a rencontrées mortes
notamment dans les fourmilières le long des sentiers. Les
contrées qu'elles paraissent affectionner sont les vallons
du plateau de Jérusalem, de Bethléem, de Jéricho, etc.;
enfin les vallées du Liban.

Pour compléter cet aperçu monographique des Férussacies syriennes, nous croyons utile de donner quelques

(1) Nous regrettons de ne pouvoir donner, dans cette décade, la
description et la figure de cette espèce, ainsi que celles des Ferussacia Berytensis et Judaica. Le cadre que nous nous sommes imposé
pour chaque livraison des MOLLUSQUES NOUVEAUX ne nous permet
pas de donner plus de dix descriptions d'espèces *nouvelles, liti-
gieuses* ou *peu connues*. — Plus tard, dans une autre décade, nous
compléterons les diagnoses des Férussacies syriennes.

notions scientifiques sur le genre, la distribution des espèces et les appellations des diverses coquilles qui le composent.

Les Ferussacia sont des animaux herbivores, quadritentaculés, ovovivipares, munis d'une mâchoire (1) cornée, légèrement arquée, et ne possédant à leur appareil génital ni dard ni glandes vaginales (2). Les petites coquilles qui les recouvrent, brillantes, polies, transparentes, lisses, offrent une ouverture dentée ou non dentée, et une columelle presque toujours calleuse, contournée, souvent pourvue d'une lamelle inférieure, mais, en tous cas, *jamais nettement tronquée*, comme celle des *Cœcilianella* ou des *Glandina*.

Les Férussacies (Ferussacia (3), *Risso*, Hist. nat. Europ. mérid., t. IV, p. 80, 1826. — *Bourguignat*, in *Amén. malac.*, t. I, p. 197, 1856, et *Malac. Alg.*, t. II, p. 23 (janv. 1864), constituent un genre essentiellement européen, voisin des Achatina, Azeca et Tornatellina. Toutes les espèces de ce genre, à l'exception de deux ou trois au plus (4), sont spéciales aux contrées du système européen.

Les Férussacies se divisent en deux grandes sections, en *Zua* et en *Euferussacia*, c'est-à-dire en Férussacies véritables ou proprement dites.

Les espèces de la section des Zua (Zua, *Leach*, Brit. Moll., p. 114, 1820, teste *Turton.*, Man. Brit., 1831, qui a pour type l'ancienne *lubrica* des auteurs) sont les Ferussacia subcylindrica,   Ferussacia Maderensis,
    —   azorica,   —   exigua (5).

(1) Raymond, in *Journ. Conch.*, t. IV, p. 14, 1853. — Moquin-Tandon, in *Journ. Conch.*, t. IV, p. 346, 352, etc., 1853.

(2) Vésicules multifides de certains auteurs.

(3) Non *Ferussacia*, Leufroy, 1828, nec *Ferussina*, Grateloup, 1827.

(4) Comme, par exemple, la Ferussacia Buddi, *Bourguignat;* Bulimus lubricus, *Say, Gould, Adams, Binney*, etc.; Bulimus lubricoides, *Stimpson;* Zua Buddii, *Dupuy*, 1849, qui est une espèce des États-Unis d'Amérique.

(5) La Ferussacia Buddi d'Amérique appartient à cette section.

Les Euferussacia se divisent naturellèment en trois groupes : en Folliculiana, Proceruliana et Hohenwartiana.

Le premier groupe, *Folliculiana*, a pour type l'ancienne espèce folliculus ; le second *Proceruliana*, la procerula ; enfin le troisième, *Hohenwartiana*, l'Hohenwarti.

Dans le groupe des *Folliculiana* doivent être compris les

Ferussacia	folliculus,	Ferussacia	Gronoviana,
—	regularis,	—	Vescoi,
—	amauronia,	—	proechia,
—	nitidissima,	—	gracilis,
—	Forbesi,	—	vitrea,
—	terebella,	—	aphelina,
—	amblya,	—	abromia.

Dans celui des *Proceruliana*, les

Ferussacia	Webbi,	Ferussacia	Tandoniana,
—	procerula,	—	ovuliformis,
—	eremiophila,	—	Leacociana,
—	carnea,	—	sciaphila,
—	agræcia,	—	celosia,
—	lamellifera,	—	ennychia,
—	charopia,	—	debilis,
—	Hierosolymarum,	—	scaptobia,
—	Rothi,	—	gracilenta,
—	Moussoniana,	—	Terveri,
—	Saulcyi,	—	abia.
—	Syriaca,		

Enfin, dans celui des *Hohenwartiana* (1), les

Ferussacia Hohenwarti,   Ferussacia Biondina,

_____

(1) Le nom de *Hohenwartiana* indique suffisamment que nous avons pris pour type l'*Achatina Hohenwarti* de Rossmässler (1839).

Ferussacia psilia,	Ferussacia Rizzeana,
— Michoniana,	— eucharista,
— Berytensis,	— Bourguignatiana,
— Judaica,	— thamnophila.

Au point de vue de leur distribution géographique, les *Folliculiana* sont surtout abondantes dans les îles occidentales de la Méditerranée et dans les contrées littorales de l'Algérie, de l'Italie, de la France et de l'Espagne. Les *Proceruliana* atteignent leur maximum de développement dans les contrées du nord de l'Afrique et dans les îles Madères et Canaries, tandis que les *Hohenwartiana* paraissent abonder surtout en Sicile et en Italie.

Voici, du reste, pour l'intelligence du genre Ferussacia, un aperçu synonymique des espèces bien caractérisées spéciales au système européen.

C'est, en effet, l'espèce la plus anciennement connue, et à elle revenait le droit de donner son nom à ce groupe de coquilles dont elle fait maintenant partie.

Longtemps l'on a cru que cette espèce était voisine de l'*Achatina acicula* des auteurs (Cæcilianella acicula, *Bourguignat*, 1856). Nous-même, nous basant sur de fausses indications, et nous fiant au *consensus omnium* des malacologistes, avions été amené à considérer cette coquille comme un mollusque du groupe de l'*acicula*. Aussi, dans nos *Aménités malacologiques* (t. I, p. 214, 1856), lors de la publication de la monographie des *Cæcilianella*, avions-nous placé l'*Hohenwarti* à la tête des espèces de ce genre, tandis qu'en réalité cette coquille est une véritable *Ferussacia*.

Les *Ferussacia* de ce dernier groupe sont toutes de *très-petites* coquilles, d'une extrême fragilité, d'un aspect cristallin blanchâtre, rarement d'un jaune pâle corné, et ressemblant beaucoup à des Cæcilianelles. L'ouverture acuminée, comme chez les *Proceruliana*, est ordinairement oblongue, et ne présente presque jamais ni dent ni lamelle sur la paroi aperturale. La columelle, d'une grande simplicité, peu contournée, généralement droite, *n'atteint jamais la base de l'ouverture*, et, comme elle est légèrement lamelleuse, elle paraît toujours tronquée, tandis qu'en réalité elle ne l'est pas. C'est cette apparence très-prononcée de troncature qui nous avait amené, en 1856, à classer quelques-unes des espèces de ce groupe dans le genre Cæcilianella.

1. FERUSSACIA SUBCYLINDRICA, *Bourguignat*, in *Amén. malac.*, t. I, p. 209, 1856.`— Helix subcylindrica, *Linnæus*, Syst. nat., t. II, 1248 (éd. XII), 1767. — Helix lubrica, *Müller*, Verm. Hist., II, p. 104, 1774. — Bulimus lubricus, *Bruguière*, in *Encyclop. méth.*, Vers. I, p. 311, 1789. — Bulimus lubricus et subcylindricus, *Poiret*, Prodr., p. 45, 1801. — Lymnæa lubrica, *Fleming*, in *Edimb. Encyc.*, t. VII (1re part.), p. 78, 1814. — Cochlicopa lubrica, *Risso*, Hist. nat. Europ. mérid., t. IV, p. 80, 1826. — Cionella lubrica, *Jeffreys*, Syn. test., in *Transact. Linn.*, t. XVI (2e part.), p. 347, 1830. — Achatina lubrica, *Menke*, Syn. Moll., p. 29, 1830. — Zua lubrica, *Leach*, Brit. Moll., p. 114 (teste *Turton*, 1831). — Columna lubricus, *Cristoforis* et *Jan*, Cat., n° 6, 1832. — Styloides lubricus, *Fitzinger*, Syst. Verzeichn., p. 106, 1833. — Achatina subcy lindrica, *Deshayes*, in *Anton*, Verz. Conch., p. 44, 1839. — Bulimus subcylindricus, *Moquin-Tandon*, Hist. Moll. France, t. II, p. 304, 1855 (1), etc. — Espèce abondante en Europe, ainsi que dans la partie occidentale du bassin méditerranéen.

2. FERUSSACIA MADERENSIS, *Bourguignat*. — Helix lubrica, *Lowe*, Primit. faun. Mader., p. 61, t. VI, f. 29, 1831. — Bulimus Maderensis, *Lowe*, Synops., p. 10, 1852 (extr. des *Ann. and Magaz.*, t. IX, p. 119). — Achatina Maderensis, *L. Pfeiffer*, Monogr. Helic. viv, supplém., III, p. 504, 1853, et t IV, p. 619, 1859. — Glandina Maderensis, *Albers*, Malac. Mader., p. 55, pl. XIV, f. 20-21, 1854. — Oleacina Maderensis, *Adams*, Gener. rec. Moll., t. II, p. 106, 1855, etc. — Espèce particulière aux îles Madères.

3. FERUSSACIA AZORICA, *Bourguignat*. — Glandina Azorica, *Albers*, Neue Helic., in *Zeitschr. für Malak.*, p. 125, 1852. — Achatina Azorica, *L. Pfeiffer*, Monogr. Helic.

---

(1) Il faut encore rapporter à cette espèce l'Achatina nitens de *Kokeil*, le Bulimus nitens de *Schmidt*, etc.

viv., supplém., t. III, p. 504, 1853, et t. IV, p. 620, 1859.
— Zua Azorica, *Mousson*, in Viert. d. nat. Zurich, p. 767,
1858. — Glandina lubrica, *Morelet*, Moll. terr. fluv. Açores,
p. 197, 1860. — Habite les îles Açores.

4. FERUSSACIA EXIGUA, *Bourguignat.* — Achatina exigua,
Menke, Syn. méth. Moll. (2e éd.), p. 29, 1830. — Achatina
minima, *Siemasko*, in *Bull. nat. Mosc.*, t. XX, 1847. —
Achatina pulchella; *Hartmann.* — Achatina lubricella,
Ziegler (teste *L. Pfeiffer*, 1848). — Achatina collina,
Drouët, Enum. Moll. terr. fluv. France contin., p. 46,
1855, etc. — Habite dans presque toute l'Europe. Cette
espèce, véritable miniature de la *subcylindrica* (lubrica
des auteurs), préfère les endroits secs, sablonneux, les
pays un peu montueux et arides.

5. FERUSSACIA FOLLICULUS, *Bourguignat.* Amén. malac., t. I, p. 197 (en note), 1856, et Malac. chât. d'If,
p. 22, pl. II, f. 1-3, 1860. — Helix folliculus, *Gronovius*,
Zoophyt., III, p. 296, pl. XIX, f. 15-16, 1781. — Achatina folliculus, *Lamarck*, Anim. s. vert., t. IV (2e part.),
p. 133, 1822. — Achatina Risso, *Deshayes*, Encycl. méth.
vers. 2 (1re part.), p. 12, 1830, etc. — Espèce peu connue,
spéciale aux côtes méridionales de la France et de la
Catalogne.

6. FERUSSACIA REGULARIS, *Bourguignat.* Malac. chât. d'If,
p. 20, pl. II, f. 8-9, 1860. — Habite l'île de Malte; se
trouve également à Portici, près de Naples. Cette espèce
se distingue de la *folliculus* par l'accroissement *lent* et
excessivement régulier de ses tours de spire; par sa columelle plus forte; par son bord externe régulièrement arqué
et n'offrant point de retrait à son insertion sur l'avant-
dernier tour.

7. FERUSSACIA AMAURONIA, *Bourguignat.* Malac. chât.
d'If, pl. II, f. 14-16, 1860, et Malac. Alg , t. II, p. 37,
pl. III, f. 10-12, 1864. — Espèce algérienne.

8. FERUSSACIA NITIDISSIMA, *Bourguignat.* — Bulimus ni-
tidissimus, *Krynicki*, in *Bull. nat. Mosc.*, t. VI, p. 420,

1833. — Achatina nitidissima, *L. Pfeiffer*, Symb. Hist.
Hel., II, p. 134, 1842, et Monogr. Hel. viv., t. II, p. 284,
1848. — Oleacina nitidissima, *L. Pfeiffer*, Monogr. Hel.
viv., t. IV, p. 637, 1859. — Espèce particulière à la Crimée.

9. Ferussacia Forbesi, *Bourguignat*, in *Amén. malac.*,
t. I, p. 204. (Juin) 1856. — Achatina nitidissima, *Forbes*,
in *Jard. ann.*, t. II, p. 283, 1838, et supplément, pl. XII,
f. 2, 1839. — Glandina nitidissima, *Küster*, Conch. cab.
(2ᵉ édit.), g. Gland., pl. XVIII, f. 20-21, et *Morelet*, Cat.
Moll. Alg., in *Journ. Conch.*, p. 292, 1853. — Achatina
nitidissima, *L. Pfeiffer*, Monogr. Hel. viv., t. II, p. 284,
1848. — Oleacina nitidissima, *Gray*, Cat. Pulmon., p. 49,
1855, et *H.* et *A. Adams*, Gener. rec. Moll., II, p. 106,
1855. — Achatina Forbesi, *L. Pfeiffer*, Monogr. Hel. viv.,
t. IV, p. 621, 1859. — Espèce abondante en Algérie.

10. Ferussacia terebella, *Bourguignat*. — Achatina
terebella, *Lowe*, in *Ann. and Mag.* (2ᵉ série), IX, p. 120,
1852 (et *tirage à part*, Synops. diagn., p. 11, 1852). —
Küster, in *Chemnitz und Martini*, Conch. cab. (2ᵉ édit.),
Bul., t. XXV, f. 31-32. Achat., n° 34. — Achatina terebella, *L. Pfeiffer*, Monogr. Hel. viv., suppl., t. III, p. 510,
n° 169, 1853. — Glandina terebella, *Albers*, Malac. Mader.,
p. 56, t. XIV, f. 22-23, 1854. — Oleacina terebella, *Gray*,
Pulmon., p. 46, 1855, et *L. Pfeiffer* (loc. sup. cit.), t. IV,
p. 636, 1859. — Espèce particulière aux îles Madères.

11. Ferussacia amblya, *Bourguignat*, Malac. chât. d'If,
pl. II, f. 17-19, 1860, et Malac. Alg., t. II, p. 40, pl. III,
f. 13-15. (Janv.) 1864. — Espèce algérienne. — Se trouve
également dans le Maroc. — La Glandina folliculus des
îles Madères (*Albers*, Malac. Mader., p. 57, pl. XV, f. 3-4,
1854) doit, selon toute probabilité, être rapportée à cette
coquille.

12. Ferussacia Gronoviana, *Risso*, Hist. nat., etc.,
Europe mérid., t. IV, p. 80, pl. III, f. 27 (mauvaise), 1826.
— *Bourguignat*, Malac. chât. d'If, p. 18, pl. II, f. 4-6.
(Janv.) 1860. — Espèce particulière aux contrées du lit-

toral de la Provence, du Piémont. — Se trouve également
en Italie. — Cette Férussacie se distingue de toutes les
autres par son apparence *streptaxiforme*.

13. FERUSSACIA VESCOI, *Bourguignat*, in *Amén. malac.*,
t. I, p. 203, 1856, et Malac. chât. d'If; p. 23, pl. II,
f. 10-13. (Janvier 1860.) — Glandina Vescoi, *Bourguignat*,
in *Amén. malac.*, t. I, p. 105, pl. xv, f. 2-4 (mauvaises),
1856. — Achatina palustris, *Parreyss*, mss. — Achatina
Vescoi, *L. Pfeiffer*, Monogr. Hel. viv., t. IV, p. 621, 1849.
— Achatina folliculus, VAR. Vescoi, *Benoît*, Illustraz. sist.
Test. estram. Sicil. ulter. (4e fasc.), p. 236, pl. VIII, f. 4,
1862, etc., etc. — Espèce des plus abondantes dans le
bassin méditerranéen. Le type se trouve à Malte, en Sicile
et en Algérie. — Cette Férussacie habite également en
Italie, en Espagne, en Portugal, en Grèce, en France, etc.
— Cette coquille est surtout caractérisée par l'accroissement irrégulier de sa spire, par sa columelle forte, intérieurement calleuse et contournée, par sa forme obèse,
sa taille plus forte, etc.

14. FERUSSACIA PROECHIA, *Bourguignat*. Mal. Alg., t. II,
p. 44, pl. 3, f. 26-28, 1864. — Espèce algérienne.

15. FERUSSACIA GRACILIS, *Bourguignat*. — Helix gracilis,
Lowe, Prim. faun. Mader., p. 64, pl. VI, f. 28, 1833. —
Achatina gracilis, *L. Pfeiffer*, Monogr. Hel. viv., II,
p. 284, 1848. — *L. Reeve*, Conch. icon. Achat., t. XXII,
f. 117. — *Küster*, in *Chemnitz und Martini*, Conch. cab.
(édit. 2), Bul., t. XXV, f. 20. Achat., p. 32. — *L. Pfeiffer*,
Monogr. Hel. viv., suppl., t. III, p. 505, 1853, et t. IV
p. 623, 1859. — Glandina gracilis, *Albers*, Mal. Mader.,
p. 56, pl. XIV, f. 24-25, 1854. — Acicula gracilis, *H. et A.
Adams*, Gener. rec. Moll., t. II, p. 313, 1856. — Espèce
spéciale aux îles Madères.

16. FERUSSACIA VITREA, *Bourguignat*. — Achatina vitrea, *Webb* et *Berthelot*, Synops. Moll. Canar., p. 16, 1833.
— Bulimus vitreus, *A. d'Orbigny*, Moll. Canar., p. 72,
pl. II, f. 28, 1839. — Achatina vitrea, *L. Pfeiffer*, Monogr.

Hel. viv., t. II, p. 274, 1848, et suppl., p. 505, 1853. —
Bulimus vitreus, *L. Pfeiffer*, Monogr. Hel. viv., t. IV,
p. 455, 1859. — Férussacie spéciale à l'île Ténériffe.

17. Ferussacia aphelina, *Bourguignat*. Malac. Alg.,
t. II, p. 29, 1864. — Espèce sicilienne, à spire très-allongée, analogue à la *vitrea* de l'île Ténériffe.

18. Ferussacia abromia, *Bourguignat*. Malac. Alg.,
t. II, p. 45, pl. iii, f. 29-31, 1864. — Espèce lancéolée
comme la *vitrea*, costulée, particulière aux côtes d'Algérie
et de Sicile.

19. Ferussacia Webbi, *Bourguignat*. — Achatina folliculus, *Webb* et *Berthelot*, Syn., p. 320, 1833. — Bulimus
Webbii, *A. d'Orbigny*, Moll. Canar., p. 72, t. VI, f. 1-2,
1839. — Et *L. Pfeiffer*, Monogr. Hel. viv., t. II, p. 165,
1848, et t. IV, p. 420, 1859. — Espèce des îles Canaries.

20. Ferussacia procerula, *Bourguignat*. In *Amén.
malac.*, t. I, p. 198, pl. xix, f. 7-9. (Juin) 1856. — Glandina procerula, *Morelet*, Test. nov. Alg., in *Journ. Conch.*,
p. 357, t. IX, f. 12, 1851. Et Cat. Moll. Alg., in *Journ.
Conch.*, p. 292, 1853. — Achatina procerula, *L. Pfeiffer*,
Monogr. Hel. viv., III, p. 511, 1853. — Oleacina procerula, *H.* et *A. Adams*, Gener. rec. Moll., t. II, p. 106,
1855. — *Gray*, Pulmon, p. 47, 1855. — Azeca procerula,
L. Pfeiffer, Monogr. Hel. viv., t. IV, p. 647, 1859. —
Espèce algérienne.

21. Ferussacia eremiophila, *Bourguignat*, in *Amén.
malac.*, t. I, p. 199, pl. xix, f. 20-23. (Juin) 1856. — Azeca
eremiophila, *L. Pfeiffer*, Monogr. Hel. viv., t. IV, p. 648,
1859. — Espèce algérienne.

22. Ferussacia carnea, *Bourguignat*, Étud. syn. Moll.
Alp.-Marit., p. 52, pl. i, f. 23-25, 1861. — Pegea carnea,
Risso, Hist. nat., etc., Nice, t. IV, p. 88, pl. iii, f. 29
(mauvaise), 1826. — Helix munita, *Férussac*, mss. — Tor-
natellina Fraseri, *Benson*, mss., et *L. Pfeiffer*, Monogr.
Hel. viv., t. III, p. 526, 1853, et t. IV, p. 652, 1859. —
Férussacie spéciale aux parties nord de la régence de

Tunis et orientales de la province de Constantine. — Espèce acclimatée accidentellement aux environs de Nice.

23. FERUSSACIA AGRÆCIA, *Bourguignat.* — Malac. Alg., t. II, p. 51, pl. III, f. 36-38, 1864.—Espèce algérienne.

24. FERUSSACIA LAMELLIFERA, *Bourguignat*, in *Amén. malac.*, t. I, p. 200, pl. XIX, f. 13-16 (mauvaises), juin 1856. — Glandina lamellifera, *Morelet*, Test. nov. Alger., in *Journ. Conch.*, p. 358, pl. IX, f. 13, 1851, et Cat. Moll. Alg., in *Journ. Conch.*, p. 292, 1853. — Tornatellina lamellifera, *L. Pfeiffer*, Monogr. Hel. viv., t. III, p. 525, 1853, et *H. et A. Adams*, Gen. of recent. Moll., t. II, p. 106, 1855. — Azeca lamellifera, *L. Pfeiffer*, Monogr. Hel. viv., t. IV, p. 648, 1859. — Espèce algérienne spéciale à la province de Constantine. — M. Benoît, Illust. sistem. Test. estram. Sicil. (4e fasc.), p. 242, pl. V, f. 28, 1862, signale cette espèce en Sicile, sous le nom d'*Achatina lamellifera*. — Quid?

25. FERUSSACIA CHAROPIA, *Bourguignat.* — Malac. Alg., t. II, p. 54, pl. IV, f. 8-10, 1864. — Espèce algérienne.

26. FERUSSACIA HIEROSOLYMARUM, *Bourguignat.* — Tornatellina Hierosolymarum, *Roth* in *Malac. Blätter*, p. 39, 1855, et in *Spicil. orient.*, p. 23, pl. I, f. 8-9, 1855. — Achatina Hierosolymarum, *L. Pfeiffer*, vers. anordn. Hel. in *Malac. Bl.*, p. 170, 1855. — Tornatellina Hierosolymarum, *L. Pfeiffer*, Monogr. Hel. viv., t. IV, p. 652, 1859, et (pars) *Mousson*, Coq. terr. fluv. Roth, en Palestine, p. 51, 1861. — Espèce syrienne parfaitement représentée dans le travail de Roth.

27. FERUSSACIA ROTHI, *Bourguignat*, Malac. Alg., t. II, p. 31 (janv.) 1864, et (voyez ci-dessus pour la description). —Espèce syrienne.

28. FERUSSACIA MOUSSONIANA, *Bourguignat*, Malac. Alg., t. II, p. 31 (janv.) 1864, et (voyez ci-dessus pour la description). — Espèce syrienne.

29. FERUSSACIA SAULCYI, *Bourguignat*, Malac. Alg.,

t. II, p. 31 (janv.) 1864, et (voyez ci-dessus pour la description). — Espèce syrienne.

30. Ferussaçia Syriaca, *Bourguignat*, Malac. Alg., t. II, p. 31 (janv.) 1864. — Glandina aciculoides, var. *torta, Mousson*, Coq. terr. fluv. Bellardi en Orient, p. 48, 1854. — Cæcilianella Syriaca, *Bourguignat*, in *Amén. malac.*, t. I, p. 223, 1856.—Achatina Syriaca, *L. Pfeiffer*, Monogr. Hel. viv., t. IV, p. 626, 1859.—Espèce syrienne à columelle non tronquée, mais terminée par une lamelle tortueuse. Ouverture sans lamelles.

31. Ferussacia Tandoniana, *Bourguignat*. — Bulimus Parolinianus (1), *A. d'Orbigny*, Moll. Canar., pl. ii, f. 29, 1839 (exclus. Descript., p. 73, et fig. tab. iii, f. 27). — Achatina Tandoniana, *Shuttleworth*, in *Bern. mith.*, etc..., p. 293, 1852, — et *L. Pfeiffer*, Monogr. Hel. viv., t. III, p. 656, 1853, et p. IV, t. 623, 1859 ; — Bulimus pulchellus (2), *Moquin-Tandon*, mss. (teste *L. Pfeiffer*, Monogr. Hel. viv., suppl., t. III, p. 656, 1853). — Espèce des îles Canaries.

32. Ferussacia ovuliformis, *Bourguignat.*—Helix ovuliformis, *Lowe*, Primit. faun. Mader., p. 61, t. VI, f. 27, 1833. — Achatina ovuliformis, *L. Pfeiffer*, Symb. ad Hist. Hel., t. II, p. 134, 1842, et Monogr. Hel. viv., t. II, p. 278, 1848, et *Low. Reeve*, Conch. Icon. Achat., t. XXII, f. 119. — Tornatellina ovuliformis, *Küster* in *Chemnitz und Martini*, Conch. cab. (édit. 2e), Pupa, p. 149, t. XVIII, f. 8-9.

(1) Non Achatina Paroliniana, *Webb* et *Berthelot*, Synops. Moll. Canar., p. 16, 1833, — et Bulimus Parolinianus, *d'Orbigny*, Moll. Canar., p. 73, et pl. iii, fig. 27, 1839, — et Achatina Paroliniana, *L. Pfeiffer*, Monogr. Hel. viv., II, p. 278, 1848, — et Tornatellina Paroliniana, *L. Pfeiffer*, Monogr. Hel. viv., supplém., III, p. 524, 1853, qui est une espèce à rapporter au genre Azeca. (Voyez *Bourguignat*, Aménit. malac., t. II, p. 94 (Azeca Paroliniana), décembre 1858.)

(2) Non Bulimus pulchellus, *Menke*, Synops. (2e édit.), p. 20, 1830, et *L. Pfeiffer*, Monogr. Hel. viv. III, p. 144, 1848, qui est une espèce de Bulimus de la Bolivie, etc.

— Glandina ovuliformis, *Morelet*, Discuss. Gland., in *Journ. Conch.*, p. 39, 1852. — Tornatellina ovuliformis, *L. Pfeiffer,* Monogr. Hel. viv., t. III, p. 524, 1853, et t. IV, p. 631, 1859. — Glandina ovuliformis, *Albers*, Malac. Mader., p. 56, t. XV, f. 1-2, 1854. — Espèce des îles Canaries.

33. FERUSSACIA LEACOCIANA, *Bourguignat*. — Achatina Leacociana, *Lowe* in *Ann. and Mag.*, t. IX, p. 119, 1852, et (tirage à part) Synops. Diagn., p. 10, 1852, et *L. Pfeiffer*, Monogr. Hel. viv., t. III, p. 511, 1853. — Glandina Leacociana, *Albers*, Malac. Mader., p. 57, 1854. — Oleacina Leacociana, *H.* et *A. Adams*, Gener. rec. shells, t. II, p. 106, 1855, et *Gray*, Cat. Pulmonat., p. 48, 1855, et *L. Pfeiffer*, Monogr. Hel. viv., t. IV, p. 637, 1859. — Espèce des îles Madères.

34. FERUSSACIA SCIAPHILA, *Bourguignat*, Amén. malac., t. I, p. 201, pl. XIX, f. 17-19. (Juin) 1856. — Azeca sciaphila, *L. Pfeiffer*, Monogr. Hel. viv., t. IV, p. 648, 1859. — Espèce algérienne.

35. FERUSSACIA CELOSIA, *Bourguignat*. Malac. Alg., t. II, p. 57, pl. IV, f. 14-16, 1864.

36. FERUSSACIA ENNYCHIA, *Bourguignat*, in *Amén. malac.*, t. I, p. 202, pl. XIX, f. 10-12. (Juin) 1856. — Achatina ennychia, *L. Pfeiffer*, Monogr. Hel. viv., t. IV, p. 620, 1859. — Espèce algérienne.

37. FERUSSACIA DEBILIS, *Bourguignat*, in *Amén. malac.*, t. I, p. 206, pl. XIX, f. 1-3, 1856. — Glandina debilis, *Morelet*, in *Journ. Conch.*, p. 416, pl. XII, f. 6, 1852. — Achatina debilis, *L. Pfeiffer*, Monogr. Hel. viv., t. IV, p. 62, 1859. — Espèce algérienne.

38. FERUSSACIA SCAPTOBIA, *Bourguignat*, in *Amén. malac.*, t. I, p. 207, pl. XIX, f. 4-6, 1856. — Achatina scaptobia *L. Pfeiffer*, Monogr. Hel. viv., t. IV, p. 622, 1859. — Espèce algérienne.

39. FERUSSACIA GRACILENTA, *Bourguignat*. — Glandina gracilenta, *Morelet*, in *Journ. Conch.*, t. VI, p. 41, pl. I,

f. 4-5. (Juillet) 1857. — Azeca gracilenta, *L. Pfeiffer*, Monogr. Hel. viv., t. IV, p. 649, 1859. — Espèce algérienne.

40. FERUSSACIA TERVERI, *Bourguignat*, in *Amén. malac.*, t. I, p. 208, 1856. — Achatina folliculus (pars), *Michaud*, Cat. test. Alg., p. 9, 1830, et *Terver*, Cat. Moll. nord de l'Afrique, p. 31, pl. IV, f. 16-17, 1839. — Achatina Terveri, *L. Pfeiffer*, Monogr. Hel. viv., t. IV, p. 623, 1859. — Espèce algérienne.

41. FERUSSACIA ABIA, *Bourguignat*. Malac. Alg., t. II, p. 65, pl. IV, f. 31-34. (Janv.) 1864.

42. FERUSSACIA HOHENWARTI, *Bourguignat*. — Achatina Hohenwarti, *Rossmässler*, Iconog., X, p. 34, f. 637, 1839. —Cæcilianella Hohenwarti, *Bourguignat*, in *Amén. malac.*, t. I, p. 214, 1856. — Espèce répandue çà et là en Carniole, en Lombardie, en Vénétie et en Toscane.

43. FERUSSACIA PSILIA ,*Bourguignat*. Malac. Alg., t. II, p. 33, 1864. — Espèce de Toscane.

44. FERUSSACIA MICHONIANA, *Bourguignat*. Malac. Alg., t. II, p. 33. (Janv.) 1864. — Espèce syrienne. — (Voir ci-dessus pour la description.)

45. FERUSSACIA BERYTENSIS, *Bourguignat*. Malac. Alg., t. II, p. 33. (Janv.) 1864.—Espèce syrienne.

46. FERUSSACIA JUDAICA, *Bourguignat*. Malac. Alg., t. II, p. 33. (Janv.) 1864.—Glandina tumulorum, VAR. Judaica, *Mousson*, Coq. terr. fluv. Roth, p. 53, 1861. Espèce syrienne.

47. FERUSSACIA BIONDINA, *Bourguignat*. — Achatina Biondina, *Benoît*, Illustr. syst. test. estram. Sicil. (4ᵉ fasc.), p. 239, pl. VIII, f. 6. 1862. —Espèce sicilienne.

48. FERUSSACIA RIZZEANA, *Bourguignat*. — Achatina Rizzeana, *Benoît*, Illust. sist. test. estram. Sicil. (4ᵉ fasc.), p. 245, pl. VIII, f. 10 (mauvaise), 1862.—Espèce sicilienne.

49. FERUSSACIA EUCHARISTA, *Bourguignat*. Malac. Alg.,

t. II, p. 67, pl. IV, f. 45-47.(Janv.) 1864. — Espèce algérienne.

50. FERUSSACIA BOURGUIGNATIANA, *Bourguignat.* Malac.
Alg., t. II, p. 68, pl. IV, f. 35-40. (Janv.) 1864.—Achatina
Bourguignatiana, *Benoît,* Illust. sist. test. estram. Sicil.
(4ᵉ fasc.), p. 241, pl. VIII, f. 5 (mauvaise), 1862. — Espèce
sicilienne et algérienne.

51. FERUSSACIA THAMNOPHILA, *Bourguignat.* Malac. Alg ,
t. II, p. 69, pl. IV, f. 41-44. (Janv.) 1864. — Espèce algérienne.

Nous aurions pu ajouter à cette liste, déjà considérable,
plusieurs autres espèces; mais, comme nous ne sommes
pas parfaitement sûr de ces coquilles, nous préférons les
passer sous silence. Quant aux autres Achatines publiées
par l'honorable Benoît, de Messine (in *Illust. sist. test.
estram. Sicil.*, 4ᵉ fasc., 1862), nous croyons, d'après l'examen des descriptions (les figures de l'ouvrage sont si mauvaises), que l'*Achatina Aradasiana* (p. 244, pl. x, f. 7) est
une Ferussacia non adulte, et que les *Achatina Stepha-
niana* (p. 246, pl. VIII, f. 11), *Petitiana* (p. 247, pl. VIII,
f. 8), *Gemellariana* (p. 248, pl. VIII, f. 9), sont des Cæcilianella.

ÉCHINIDES NOUVEAUX OU PEU CONNUS, par M. G. COTTEAU.
(Suite.)

G. DIADEMOPSIS, Desor, 1858.

Nous avons eu récemment à nous occuper, dans la *Paléontologie française*, de la famille des Diadématidées, représentée, à l'état fossile, par un si grand nombre de
genres et d'espèces. Le groupe des Hémipédines, caractérisé par ses tubercules perforés et non crénelés, a été tout
particulièrement l'objet de notre examen; il nous a paru

nécessaire d'introduire, dans le grand genre *Hemipedina* de M. Wright, plusieurs coupes génériques, et à côté des *Diademopsis*, que M. Desor en avait démembrés dès 1856, nous avons établi les *Cidaropsis*, les *Orthopsis* (1). Nous voulons, en ce moment, appeler l'attention sur le genre *Diademopsis*, dont nous avions, il y a quelques années, contesté la valeur, et que nous n'hésitons pas aujourd'hui à conserver dans la méthode avec les caractères que M. Desor lui avait assignés dès l'origine.

Voici la diagnose du genre :

Test de taille très-variable, subcirculaire, plus ou moins renflé. Zones porifères droites, composées de pores simples, se multipliant à peine près du péristome. Tubercules ambulacraires et interambulacraires scrobiculés, non crénelés, perforés; les tubercules interambulacraires forment deux ou plusieurs séries; les rangées principales sont placées le plus ordinairement sur le bord externe des plaques, près des zones porifères, et laissent entre elles une zone miliaire toujours très-large. Granules intermédiaires abondants et homogènes. Péristome assez étendu. Appareil apicial non solide. Radioles grêles, allongés, aciculés, garnis de stries fines et longitudinales.

Les *Diademopsis* sont les premiers représentants de la famille des Diadématidées; presque toutes les espèces que nous connaissons caractérisent les différents étages du lias, notamment le lias inférieur, et forment deux groupes assez distincts : le premier renferme les *Diademopsis*, garnis, sur les aires interambulacraires, de deux ou quatre rangées de tubercules; le second s'applique aux espèces dont les rangées sont plus nombreuses et plus homogènes, surtout à la face inférieure. Les deux espèces que nous allons décrire appartiennent à l'une et à l'autre de ces divisions, et feront voir facilement les différences qui les séparent.

(1) *Paléont. franç.*, t. VII, p. 374, 1863.

52. DIADEMOPSIS *Heberti*, Cotteau, 1864.

Hauteur, 6 mill. 1/2; diam., 15 mill.

Diadema Heberti, Agassiz et Desor, *Catal. rais. des Éch.*, Ann. sc. nat., 3ᵉ sér., t. VI, p. 349, 1846. — *Hypodiadema Heberti*, Desor, *Synops. des Éch. foss.*, p. 63, 1857. — *Id.*, Dujardin et Hupé, *Hist. nat. des Zooph. Échinod.*, p. 503, 1862.

Espèce de petite taille, circulaire, médiocrement renflée en dessus, presque plane en dessous. Zones porifères droites, formées de pores arrondis rapprochés les uns des autres, séparés par une cloison étroite et subgranuliforme; à la face inférieure les paires de pores dévient un peu de la ligne droite, sans cependant se multiplier. Aires ambulacraires garnies de deux rangées de tubercules de petite taille, finement perforés, homogènes, également espacés, au nombre de douze à treize par série dans l'exemplaire que nous avons sous les yeux; mais ce nombre varie suivant la taille plus ou moins forte des individus. Granules intermédiaires inégaux, peu abondants, formant une ligne subsinueuse au milieu de l'ambulacre, et se prolongeant çà et là entre les scrobicules en séries horizontales. Aires interambulacraires pourvues de deux rangées de tubercules principaux beaucoup plus gros que les tubercules ambulacraires, plus largement scrobiculés, au nombre de onze par série, placés très-près des zones porifères. Tubercules secondaires petits, à peu près de même taille que les tubercules ambulacraires, plus espacés, disparaissant au-dessus de l'ambitus; zone miliaire large. Granules intermédiaires peu abondants, inégaux, quelquefois mamelonnés, épars, disposés en cercles autour des scrobicules. Péristome assez grand, enfoncé, subcirculaire, médiocrement entaillé.

Tous les exemplaires que nous connaissons présentent, adhérents encore aux tubercules, un certain nombre de radioles; ils sont grêles, cylindriques, aciculés, très-allongés, garnis, sur toute la tige, de stries fines, régulières, longitudinales; la collerette est nulle et le bouton muni d'un anneau saillant et crénelé; facette articulaire lisse et perforée.

Rapports et différences. — Cette espèce se distingue de ses congénères par sa petite taille, ses tubercules ambulacraires fins, délicats, homogènes, ses tubercules interambulacraires relativement assez gros, ses granules inégaux et peu abondants; elle se rapproche du *Diademopsis Michelini*, du lias inférieur de Pouilly (Côte-d'Or); elle en diffère cependant par sa taille moins forte, sa face supérieure plus déprimée, ses tubercules moins gros, ses granules intermédiaires moins nombreux et plus inégaux, son péristome plus enfoncé. C'est à tort que M. Desor, dans le *Synopsis des Échinides fossiles*, range cette espèce dans son genre *Hypodiadema*, et la considère comme provenant du terrain crétacé d'Orglandes (Manche). Nous avons sous les yeux l'exemplaire qui a servi à établir l'espèce. Nous nous sommes assuré, en l'examinant à la loupe, que ses tubercules n'étaient point crénelés comme ceux des *Hypodiadema*, et qu'il rentrait par tous ses caractères dans le genre *Diademopsis*, spécial jusqu'ici au terrain jurassique inférieur. Il résulte, du reste, des renseignements stratigraphiques qui nous ont été donnés par M. Hébert lui-même, que l'individu type provient, ainsi que plusieurs autres exemplaires que nous nous sommes procurés depuis, non pas de la craie d'Orglandes, mais du lias inférieur de Valognes (Manche). En décrivant ici cette intéressante espèce, nous avons eu pour but de faire disparaître cette double erreur.

Loc. —Valognes (Manche). Assez commun. Lias inférieur. Coll. de la Sorbonne, coll. Bonissent, ma coll.

Expl. des fig.—Pl xix, fig. 1, *Diademopsis Heberti*, de ma coll., vu de côté; fig. 2, face inf.; fig. 3, plaques ambul. et interambul. grossies; fig. 4, radiole; fig. 5 le même grossi.

53. Diademopsis *Bonissenti*, Cotteau, 1864.

Hauteur, 20 mill ; diam., 58 mill.

Espèce de grande taille, subcirculaire, médiocrement renflée en dessus, presque plane en dessous. Zones porifères formées de pores simples, arrondis, rapprochés les uns des autres, déviant un peu de la ligne droite à la face inférieure et tendant à se multiplier près du péristome. Aires ambulacraires étroites, garnies de deux rangées de petits tubercules finement perforés et mamelonnés, serrés, nombreux, homogènes dans la région infra-marginale, paraissant s'espacer un peu au-dessus de l'ambitus. Granules intermédiaires abondants, délicats, remplissant l'espace qui sépare les deux rangées, et se prolongeant entre les scrobicules en séries horizontales. Aires interambulacraires présentant vers l'ambitus huit à dix rangées de tubercules à peu près identiques à ceux qui recouvrent les ambulacres ; deux de ces rangées cependant sont un peu plus apparentes et arrivent seules jusqu'au péristome ; les autres rangées disparaissent au fur à mesure qu'elles se rapprochent de la bouche et sont remplacées, sur le bord des zones porifères et dans la zone miliaire, par de petits tubercules secondaires qui tendent eux-mêmes à se confondre avec les granules qui les accompagnent. Au-dessus de l'ambitus, autant qu'on en peut juger dans l'exemplaire unique que nous avons sous les yeux, les tubercules semblent moins nombreux, plus petits et moins serrés. Granules intermédiaires abondants, épars, inégaux et quelfois mamelonnés dans la zone miliaire, formant, entre les scrobicules, des séries fines, délicates, homogènes. Plaques coronales étroites, allongées, très-peu flexueuses, péristome médiocrement développé, sub-circulaire, s'ouvrant dans une dépression assez prononcée. L'appareil masticatoire existe au fond du péristome : les pyramides seules sont apparentes ; leur extrémité est légèrement recourbée et marquée d'un sillon étroit et profond.

Radioles grêles, allongés, ornés de stries longitudinales comme chez tous les *Diademopsis.*

Rapports et différences. — Nous ne connaissons de cette espèce qu'un seul exemplaire dont la face supérieure est en grande partie engagée dans la roche. Bien qu'incomplet, il se distingue très-nettement de tous les *Diademopsis,* et nous n'avons pas hésité à en faire le type d'une espèce nouvelle que nous dédions à M. Bonissent, qui a bien voulu nous le communiquer. Le *Diademopsis Bonissenti* appartient au groupe des *Diademopsis* à tubercules multiples, et sera toujours facilement reconnaissable à sa grande taille, à ses tubercules ambulacraires et interambulacraires petits, nombreux, serrés et homogènes, aux granules délicats et abondants qui les accompagnent. Par la disposition de ses tubercules cette espèce rappelle l'*Hemipedina Marchamensis,* Wright, du coral-rag d'Angleterre; elle s'en éloigne par ses tubercules beaucoup moins gros et tout autrement disposés.

Loc. — Yvetot (Manche), Très-rare. Infra-lias. Coll. Bonissent.

Expl. des fig.—Pl. xix, fig. 6, *Diademopsis Bonissenti,* de la coll. de M. Bonissent, vû sur la face inf.; fig. 7, plaques ambul. et interamb. grossies.

54. Stomechinus *Schlumbergeri,* Cotteau, 1864.

Hauteur, 10 mill.; diam., 21 mill.

Espèce de petite taille, circulaire, renflée et subhémisphérique en dessus, presque plane en dessous. Zones porifères étroites, s'élargissant vers le péristome, formées de pores petits, arrondis, rapprochés les uns des autres, paraissant, au premier aspect, directement superposés, mais offrant, en réalité, une tendance bien marquée, notamment vers l'ambitus, à se grouper par triples paires, et se multipliant d'une manière très-apparente près de la bouche. Aires ambulacraires garnies de deux rangées de

tubercules, relativement assez gros, fortement mamelonnés, serrés, placés sur le bord des zones porifères, diminuant brusquement de volume à très-peu de distance
du sommet. L'espace intermédiaire entre les deux rangées
est occupé par des granules abondants, inégaux, épars,
au milieu desquels se montrent quelquefois vers l'ambitus
deux ou trois tubercules plus petits que les tubercules
principaux, mais cependant distinctement mamelonnés.
Aires interambulacraires pourvues de huit rangées de tubercules à peu près identiques à ceux qui couvrent les
ambulacres; deux de ces rangées, plus développées et plus
régulières que les autres, occupent le milieu des plaques,
et s'étendent depuis le sommet jusqu'au péristome; les
rangées latérales disparaissent successivement et au fur à
mesure que l'aire interambulacraire se rétrécit. Zone miliaire un peu déprimée à la face supérieure. Granules intermédiaires assez abondants, très-inégaux, épais, tendant à se grouper en cercles autour des tubercules. Péristome grand, décagonal, légèrement enfoncé. Périprocte
irrégulier, subelliptique; appareil apicial solide, petit,
subpentagonal, granuleux. Les plaques génitales abou-
tissent seules sur le périprocte; la plaque madréporiforme
est un peu plus développée que les autres.

Nous rapportons à cette même espèce un exemplaire
recueilli par M. Joubert, dans la grande oolithe de Valauris
(Var) : sa taille est un peu plus forte; ses tubercules interambulacraires sont plus nombreux et peut-être un peu
plus développés; malgré ces différences, il ne saurait être
séparé du type que nous venons de décrire.

Rapports et différences. — Le *Stomechinus Schlumbergeri*
forme un type qui sera toujours reconnaissable à sa petite
taille, à ses tubercules assez gros, abondants, serrés,
n'augmentant pas de volume à la face inférieure, et surtout à la structure de ses pores ambulacraires, qui, tout en
paraissant directement superposés, tendent à dévier de la
ligne droite et à affecter une disposition trigéminée. Ce

caractère, que nous ne connaissons chez aucun autre *Sto-mechinus*, est intéressant à signaler et rapproche cette espèce des *Magnosia;* elle s'en éloigne cependant par sa taille plus forte, ses tubercules moins fins, moins serrés et moins homogènes, son péristome moins enfoncé, ses pores moins directement superposés. Nous avons préféré la laisser parmi les *Stomechinus,* sur les limites extrêmes du genre : c'est un type anormal, intermédiaire, d'autant plus curieux à étudier qu'il est de nature à établir un lien entre la famille des *Diadématidées,* dont les pores sont simples, et celle des *Échinidées,* dont les pores sont multiples.

Loc — Villey-Saint-Étienne (Meurthe); Valauris (Var). Très-rare. Étage bathonien. Coll. Schlumberger, Jaubert.

Expl. des fig.— Pl. xix, fig. 8, *Stomechinus Schlumbergeri,* de la coll. de M. Schlumberger, vu de côté; fig. 9, face supérieure; fig. 10, aire ambulacraire grossie.

(*La suite au prochain numéro.*)

II. SOCIÉTÉS SAVANTES.

Académie des sciences.

Séance du 20 juin 1864.—M. *Ramon de la Sagra* envoie deux échantillons des produits de l'Abeille mélipone de Cuba (cire et *propolis*), sur lesquels il fournit les indications suivantes :

« Grâce aux savantes recherches du naturaliste havanais M. Philippe Poëy, les mœurs de l'Abeille sauvage de l'île de Cuba sont aujourd'hui bien connues. Ces insectes établissent leurs ateliers dans le creux des arbres, qu'ils commencent par nettoyer, et dont ils bouchent après les fentes, avec un mélange de résines ramassées sur différents arbres du pays. Ce mélange porte à Cuba le nom de *lacre de colmena :* le mot *lacre* sert en espagnol pour désigner tout mélange de cire et de résine, comme la *cire à cacheter,* et le mot *colmena* répond à celui de *ruche.* J'ignore si ce mélange, provenant des arbres de Cuba et ramassé par le *Melipona fulvipes,* a été analysé. Un mélange semblable, qui se trouve dans les ruches des Abeilles d'Europe, a été appelé *propolis* par Pline. J'ignore aussi si la cire noire fabriquée par les Mélipones de Cuba a été analysée. J'ai l'honneur de vous envoyer deux échantillons de ces substances. »

M. *le secrétaire perpétuel* annonce que MM. Pouchet, Joly et Musset n'ont pas cru pouvoir accepter le programme d'expériences à faire pour la question des générations dites spontanées, tel que l'avait rédigé la commission, et en ont proposé un autre qui sera examiné.

M. *Baudelot* adresse un travail intitulé : *De l'influence du système nerveux sur la respiration des insectes.*

Après avoir rappelé les expériences de M. Faivre sur ce sujet, M. Baudelot fait connaître celles auxquelles il vient de se livrer, et résume ainsi leurs résultats :

« Tous ces résultats et d'autres entièrement semblables que j'ai obtenus sur des larves de Dystiscides, probablement du genre *Colymbetes,* me paraissent de nature à prouver que, chez les insectes, les mouvements respiratoires ne sont pas, comme chez les vertébrés, sous la dépendance d'un foyer spécial d'innervation. Chaque ganglion abdominal est, au contraire, un foyer d'innervation locomotrice et concourt pour sa part à l'accomplissement de l'acte respiratoire dans son ensemble. Ce qu'il importe aussi de remarquer, c'est qu'après la section de la chaîne nerveuse l'action isolée du ganglion paraît d'autant plus faible que ce ganglion se trouve uni à un nombre moins considérable d'autres éléments ganglionnaires.

« En résumé, nous voyons que l'expérience ne fait que confirmer ici ce que pouvait faire prévoir l'anatomie : lorsque l'on considère la répartition souvent si uniforme de l'élément nerveux dans les anneaux du tronc et de l'abdomen chez les articulés, lorsque l'on voit chez les crustacés l'appareil respiratoire occuper les positions les plus variées, soit au niveau du thorax, soit au niveau de l'abdomen, et recevoir ses nerfs des points les plus différents, il n'était guère possible d'admettre chez les insectes un foyer unique d'innervation pour la fonction respiratrice. »

Séance du 27 juin. — M. *Milne-Edwards* présente, au nom de l'auteur, M. *E. Lartet,* un mémoire *Sur une portion de crâne fossile d'Ovibos musqué* (O. moschatus, Blainv.), trouvée par M. le Dr *Eugène Robert, dans le diluvium de Précy* (Oise).

Après avoir tracé, comme il sait si bien le faire avec son érudition si connue, une histoire de l'espèce en question, M. Lartet ajoute :

« En France, jusque dans ces dernières années, aucune trace paléontologique de l'Ovibos musqué n'avait été signalée dans les dépôts d'origine quaternaire, lorsque, en 1859, M. Hébert, professeur de géologie à la faculté des sciences de Paris, voulut bien me confier, pour l'étudier, une dent molaire trouvée par M. l'abbé Lambert, membre de la Société géologique de France, dans le dépôt si riche en ossements fossiles de Viry-Noureil, près Chauny, dans la vallée de l'Oise. Cette dent réunissait des caractères si spécifiquement distincts, qu'à elle seule elle me parut suffisante pour annoncer la présence de l'Ovibos ou bœuf musqué dans notre faune quaternaire. Aujourd'hui ce premier aperçu se trouve pleinement confirmé par la découverte faite, dans cette même vallée de l'Oise, d'une portion notable de crâne dont l'attribution à l'Ovibos musqué ne peut laisser aucun doute. Cette découverte, sans contredit l'une des plus intéressantes de celles faites, dans ces derniers temps, aux environs de Paris, est due à M. le Dr Eug. Robert, dont le nom et les travaux scientifiques sont bien connus de l'Académie.

« Sans plus insister sur les détails anatomiques, nous

rappellerons, en abrégeant aussi les informations précises fournies par M. le Dr Robert, que ce premier morceau a été recueilli dans une sablière de Précy, sur la rive droite de l'Oise, à l'extrémité la plus reculée d'une anse que forme la vallée dans cet endroit. Il gisait à 2 mètres de profondeur, dans la partie moyenne du dépôt caillouteux ordinairement désigné sous le nom de *diluvium* ou terrain de transport, lequel terrain est recouvert par 3 ou 4 mètres d'un limon argilo-sableux analogue au *lœss* des géologues. Il a été trouvé dans la même sablière d'autres débris fossiles de grands animaux, entre autres une défense d'Éléphant, qui malheureusement était réduite en fragments lorsque M. Robert arriva sur les lieux.

« Voilà donc un animal, aujourd'hui retiré dans l'Amérique du Nord, au delà du 60e degré de latitude, et qui a pu, à une époque ancienne, vivre sous le 49e parallèle, dans notre Europe quaternaire. Nous savons, il est vrai, que le Renne, encore plus arctique dans ses migrations extrêmes, s'est avancé, à la même époque, jusqu'au pied des Pyrénées. D'autres espèces présentement américaines paraissent aussi avoir vécu anciennement sur le sol de notre France. Ainsi le Spermophile découvert par M. Desnoyers dans les brèches osseuses de Montmorency n'a pu être rapproché que du *Sp. Richardsonii* de l'Amérique du Nord. C'est encore dans la même région qu'il faut aller chercher l'analogie d'un autre Spermophile que nous venons, M. Christy et moi, de découvrir dans les cavernes du Périgord. Le prétendu *Agouti* des cavernes de Liège, dont les dents figurées par Schmerling m'avaient d'abord semblé devoir être rapprochées de celles du Porc-épic, me paraissent, aujourd'hui que j'ai pu en faire une étude plus directe, être bien mieux rapportables à l'Urson du Canada (*Hystrix dorsata*, Gm.).

« D'autres écarts d'habitat se sont produits en direction de longitude. Ainsi les fouilles faites récemment dans deux stations humaines de l'époque du Renne, dans le Périgord, nous y ont fait découvrir des restes d'un Antilope que nous serons probablement conduit à attribuer au saïga (*Ant. Saïga*, Sall.) qui vit encore en troupes nombreuses dans la Russie méridionale et sur les pentes nord de l'Altaï. Dans mon dernier voyage à Londres, en 1863, j'ai pu vérifier au British Museum, par comparaison directe et matérielle, que le *Palæospalax magnus*, Owen, dont une demi-mâchoire fossile a été trouvée dans les assises pliocènes (tertiaire supérieur) du Norfolk, n'est autre que le Desman de Moscovie (*Sorex moschatus* de Pallas), qui vit encore dans la Russie d'Europe, entre le Don et le Volga.

« Comment se sont effectués de tels changements dans la répartition géographique de ces divers animaux? Est-ce par migration élective d'habitat, ou bien par retraite forcée devant les envahissements progressifs de l'homme, ou bien encore par réduction graduelle de l'espèce, condamnée à s'éteindre, comme se sont successivement éteints le grand Ours des cavernes, l'Éléphant et le Rhinocéros velus des temps glaciaires, le grand Cerf d'Irlande, etc.? Ces questions restent à résoudre, et l'on se trouve conduit à répéter ce que disait, il y a trente ans, Étienne Geoffroy-Saint-Hilaire : « Le temps d'un véritable savoir en paléon- « tologie n'est pas encore venu. »

M. *de Quatrefages* présente, au nom de M. *Boutin*, une note intitulée : *Anciennes races françaises.—Sur la grotte de l'Aven-Laurier de Laroque-Ainier, canton de Ganges (Hérault)*.

« La grotte de l'Aven-Laurier doit être rangée dans la même catégorie que celle d'Aurignac : c'est aussi une grotte sépulcrale. Dans une terre meuble et grise qui forme la majeure partie du sol de la grotte, mais qui, sur beaucoup de points, a été recouverte d'une couche de stalagmite, on découvre, au moindre coup de pioche, des ossements humains et des tessons de poteries.

« Peu de ces ossements sont complets : les os sont très-friables, à moins qu'ils n'aient été retirés de dessous la couche de stalagmite. Quelques-uns cependant ont été parfaitement conservés à l'abri du contact de l'air par une croûte calcaire de 5 à 6 millimètres d'épaisseur, qui les enveloppe. complétement.

« Les ossements que j'ai pu recueillir peuvent se rapporter à huit individus d'âges divers : *l'enfant* y est représenté par trois fragments de maxillaires inférieurs dans lesquels se distinguent parfaitement les deux dentitions; *l'adolescent*, par un demi-maxillaire inférieur, dans lequel la couronne de la dernière grosse molaire est encore à demi cachée sous l'os de la mâchoire; *l'homme d'âge mûr*, par un maxillaire inférieur à peu près complet dans lequel manquent seulement la dernière grosse molaire droite et la deuxième petite molaire de chaque côté; *le vieillard* enfin, par un fragment de maxillaire inférieur portant une seule molaire.

« L'avant-dernier de ces débris offre tous les caractères de l'orthognathisme; le dernier se trouve dans le même cas que la mâchoire d'Abbeville. La molaire que porte ce maxillaire paraîtrait, au premier coup d'œil, offrir quelques caractères de prognathisme, Mais on voit bientôt que c'est par accident que cette dent n'a pas conservé sa position verticale. L'alvéole de la dent antérieure a été comblé par l'ossification de celle-ci, et la molaire qui a persisté, n'étant plus retenue en place par la pression de la précédente, a pu prendre peu à peu sa position oblique.

« A côté de ces mâchoires ont été recueillis, en grande quantité, des os de toutes les parties du corps; mais ce sont surtout les os courts des extrémités qui se sont trouvés dans un état parfait de conservation. »

L'auteur ajoute la liste d'ossements d'animaux, et d'autres objets indiquant la présence de l'homme, qui ont été trouvés dans cette grotte.

M. *Balard* présente à l'Académie, de la part de M. le

professeur *Cauvy*, de Montpellier, quelques individus d'une mouche envahie par un cryptogame parasite.

Ces insectes sont renvoyés à l'examen de M. Tulasne.

M. *Dareste* adresse la lettre suivante à l'occasion d'une communication récente de M. *Donné*, concernant la putréfaction des œufs d'oiseaux dont la coquille est restée intacte.

« Dans une communication récente, M. Donné a fait connaître le résultat d'expériences dans lesquelles des embryons de poulets contenus dans l'intérieur de la coquille s'étaient décomposés et putréfiés sans donner naissance à aucun être organisé, végétal ou animal ; il en a conclu que la coquille de l'œuf, tant qu'elle reste intacte, s'oppose à la pénétration de germes provenant de l'atmosphère.

« M. Milne-Edwards a fait remarquer, à l'occasion de cette communication, que M. Panceri a récemment constaté la pénétration, dans l'œuf, de plantes cryptogames déposées à la surface de la coquille.

« Je prends la liberté de vous transmettre un passage fort curieux de Réaumur, dans lequel ce célèbre expérimentateur a signalé, il y a longtemps déjà, des faits de ce genre :

« Les expériences de la machine pneumatique ont
« appris, il y a longtemps, que les liqueurs mêmes de
« l'œuf peuvent suinter au travers de sa coque. Sans ma-
« chine pneumatique, le même fait nous a été montré par
« ces œufs, de nos premiers essais, au travers de la coque
« desquels transsudait la plus puante liqueur. Des obser-
« vations plus rares m'ont fait voir que des particules qui
« doivent être incomparablement plus grossières que
« celles de l'air peuvent pénétrer dans les œufs ; j'ai trouvé
« des moisissures dans des œufs que j'avais cassés, bien
« par delà le terme où le poulet aurait dû naître ; je n'ai
« pu apercevoir aucune fêlure à ces œufs. Les physiciens
« ont ennobli les moisissures, il les ont élevées au rang
« des plantes ; ils ont fait voir, et Micheli surtout, qu'elles

« viennent de graines ; les graines de ces petites plantes
« avaient donc passé au travers de la coquille et de la
« membrane qui la tapisse. »

« Je n'insisterai pas, monsieur le secrétaire perpétuel,
sur l'intérêt que présente ce passage quand on le rapproche des observations récentes de M. Panceri. Je me
contenterai seulement de faire remarquer que les expériences de M. Donné ne sont pas aussi concluantes qu'il
l'a cru, puisque des cryptogames peuvent se développer
dans l'intérieur de la coquille non brisée. »

M. *Flourens*, à l'occasion de cette communication, fait
la remarque suivante :

M. Donné ignorait si peu la *perméabilité* des coquilles,
que, pour l'empêcher, il s'est servi, dans ses expériences,
de divers enduits ; mais, même sans se prémunir contre
elle, il n'a jamais vu les œufs corrompus donner aucun
produit qu'on pût attribuer à la *génération spontanée*.

Séance du 4 juillet. — M. *Flourens* présente, en notre
nom, une note intitulée : *Exposé de quelques faits tendant
à prouver la possibilité d'obtenir en France de la graine
saine de Ver à soie.*

Il est reconnu aujourd'hui, par tous les agriculteurs qui
s'occupent de l'élevage des Vers à soie, que des graines
(œufs) provenant de localités où l'épidémie de la gattine
ne sévit pas peuvent donner de bonnes récoltes dans les
pays atteints, et l'expérience a montré que, si l'on fait de
la graine, dans les pays où règne l'épidémie, avec les cocons obtenus de ces bonnes récoltes, elle est infectée le
plus souvent dès la première génération.

Il résulte de ces faits que tous les éducateurs de nos départements producteurs de soie sont obligés de faire venir
la graine nécessaire à leurs récoltes des pays étrangers
présumés sains, ce qui fait sortir de la France, suivant
M. Dumas, une somme approchant, chaque année, de
17 millions de francs.

« J'ai observé, depuis quelques années, qu'il y a en

France, et sur quelques autres points de l'Europe, des localités dans lesquelles les races de Vers à soie qu'on y
élève depuis un plus ou moins grand nombre d'années
sont demeurées saines, et, profitant de la mission qui m'a
été confiée par S. Exc. le ministre de l'agriculture, du
commerce et des travaux publics, pour la propagation des
tentatives d'acclimatation des nouveaux Vers à soie de
l'ailante, du chêne, etc., je me suis attaché à étudier ces
localités et à en chercher de nouvelles.

« J'ai déjà fait connaître, dans ma *Revue de sériciculture
comparée*, plusieurs de ces faits, et je vais en ajouter d'autres observés cette année. J'ai parlé, entre autres, des éducations, constamment réussies, des Ursulines de Montigny-
sur-Vingeanne (Côte-d'Or), qui m'ont été signalées, l'année
dernière, par M. de Monny de Mornay, directeur de l'a-
griculture au ministère de l'agriculture, du commerce et
des travaux publics. J'ai voulu étudier cette localité privi-
légiée, comme je venais d'en voir d'autres en Savoie et
en Suisse, et j'y ai trouvé (3 juillet) des Vers à soie très-
sains, donnant une récolte magnifique dont on va obtenir,
comme les années précédentes, des graines excellentes
pour l'année prochaine.

« Quoique les sœurs fussent prévenues de mon arrivée,
elles avaient laissé leurs magnaneries dans l'état ordinaire,
ne connaissant pas les petites pratiques de la plupart des
éducateurs du Midi, qui auraient fait disparaître les morts
et enlevé les litières. J'ai donc trouvé les quelques morts
de jaunisse que l'on voit toujours dans les éducations les
mieux réussies, et, ce qui m'a donné la meilleure preuve
de la bonne santé et de la vigueur de leurs Vers, c'est que
la litière ne se composait que des rameaux et des grosses
nervures des feuilles consommées, ce qui montrait qu'ils
avaient mangé avec avidité jusqu'au dernier moment et
qu'ils avaient monté aux bruyères avec vigueur et ensemble. »

J'ai pensé que ce fait, joint à plusieurs autres que je

m'abstiens de citer, avait une importance suffisante pour qu'il fût utile de le publier, et je dépose sur le bureau de 'Académie quelques-uns des magnifiques cocons blancs pris au hasard dans la récolte du couvent de Montigny-sur-Vingeanne. J'y joins quelques échantillons de cocons jaunes pris dans des éducations non moins saines, faites par M. l'avocat Mercier et par Melle Dessaix, à Thonon (Savoie); par M. le Dr Marin, à Genève; par M. le capitaine Jacquier, à Troyes, réservant pour un travail plus étendu beaucoup d'autres faits analogues qu'il serait trop long d'énumérer ici.

Ces faits sont un indice favorable, montrant qu'il serait possible d'arriver, dans un avenir plus ou moins prochain, à nous affranchir de l'acquisition des 44,000 kilogrammes d'œufs de Vers à soie à 400 fr. le kil., nécessaires à notre consommation annuelle. Une étude persévérante, quelques encouragements distribués aux éleveurs et une grande publicité donnée à ces faits suffiraient peut-être pour ramener notre récolte de soie, réduite si déplorablement aujourd'hui au sixième, à l'état normal, inconnu chez nous depuis plus de dix ans, et qui faisait la richesse de nos départements méridionaux.

M. *Flourens* présente, au nom de M. *Bianconi*, professeur de zoologie à l'université de Bologne, un mémoire écrit en italien et ayant pour titre : *la Théorie de l'Homme-Singe examinée sous le rapport de l'organisation.*

« L'auteur, dit M. Flourens, s'attache à faire voir qu'une comparaison rigoureuse entre l'organisation de l'Homme et celle des grands Singes anthropomorphes ne permet pas de s'arrêter à l'hypothèse qui représente l'homme comme un singe perfectionné. M. Bianconi s'est principalement attaché à l'étude du système osseux et même presque exclusivement de la tête et des extrémités : partout il trouve des différences capitales; ainsi, dans les mâchoires d'un Orang-Outang ou d'un Gorille, tandis que les molaires sont celles d'un Frugivore, analogues jusqu'à un certain point à celles de l'homme, les canines sont d'un Carnivore, comparables à celles du Lion et du Tigre et mues par un appareil musculaire non moins puissant. »

Séance du 11 juillet. — M. *Valenciennes* lit des *Observations sur les animaux marins qui s'attachent aux vaisseaux.*

Les importantes études de M. Becquerel, sur la conservation des métaux employés pour le doublage des vaisseaux, l'ont conduit à reconnaître que la carène du navire blindé en fer seul ne se couvre pas des mêmes animaux que celle qui est recouverte en cuivre seul, et que le verre ou le bois à nu donnent adhérence à des animaux divers et différents des précédents.

M. Valenciennes a examiné des échantillons de ces divers animaux rapportés de Toulon par M. Becquerel. C'est sur les plaques en fer qu'il a trouvé la plus grande variété d'espèces et le plus grand nombre d'animaux. Il y avait : des Huîtres ; des Astéries (*Asteracanthion rubens*, Agass.): des Actinies (*Actinia rufa*, Cuv.); des Moules (*Mytilus gallo-provincialis*, Lam.); des Sabelles avec leur tube coriace et membraneux et leurs branchies en panaches ; un *Gobius niger* (un de ces petits poissons était engagé et retenu dans le byssus des mollusques).

Sur les plaques de cuivre il n'y avait que quelques Moules ; quelques Huîtres plissées ; *Echinus lividus*, quelques touffes de Sertulaires.

Les plaques en verre immergées depuis vingt-cinq jours se sont abondamment couvertes d'une seule espèce de Polype, le *Sertularia spinosa* d'Ellis et Lam.

Enfin la frégate *la Provence*, mise à l'eau depuis plusieurs mois et restée dans cette partie du port que l'on nomme *la petite Rade*, avant d'avoir reçu son doublage, avait sa carène en bois envahie par une innombrable quantité d'*Ascidia clavata*, Cuv.

M. *Léon Dufour* lit des *Recherches anatomiques et physiologiques sur les Insectes lépidoptères.*

« Le plus ancien, et sans doute aussi le plus vieux correspondant de la section d'anatomie et de zoologie, a l'honneur de soumettre à la bienveillante appréciation de l'Académie ses *Recherches sur l'anatomie et la physiologie des Insectes lépidoptères.*

« Appelé par une vocation spéciale à l'étude des petits organismes, j'ai, pendant le cours d'un grand demi-siècle, porté le scalpel dans les entrailles des neuf ordres d'Insectes qui composent, dans l'acception la plus large, le vaste domaine de l'entomologie. J'ai déjà publié huit de ces ordres. C'est le neuvième qui est aujourd'hui l'objet d'une oblation académique. Vu mon grand âge, il devient mon testament scientifique, sans renoncer toutefois à quelque codicille, si Dieu me prête vie.

« L'Académie a déjà accueilli avec une faveur inespérée les travaux qui ont précédé celui-ci, en les honorant de l'admission dans ses *Mémoires.* Si je ne me fais point illusion, mon *Anatomie* actuelle, par cela seul qu'elle succède aux huit autres, doit être moins imparfaite, ce qui m'enhardit à solliciter de l'illustre compagnie l'insigne honneur accordé à mes précédents labeurs.

« Par une coïncidence qui a bien son côté pittoresque, les Papillons ou Lépidoptères sont échus à mon vieux scalpel au terme de ma carrière d'âge et à celui de mes travaux sur une science à laquelle j'ai pu consacrer les loisirs de mes devoirs professionnels.

« Dans les quatre campagnes papilionicides qui viennent de s'écouler, mes instruments de dissection ont pu s'exercer activement sur l'anatomie viscérale de cent trente espèces de ces volages aéronautes. Mes yeux seuls en ont subi les tristes conséquences, mais je ne murmure point de ce sacrifice, qui a servi ma passion entomotomique, ainsi que la science des Malpighi et des Lyonet.

« Mes nécropsies des neuf ordres d'Insectes se comptent déjà par milliers. J'ai constamment dirigé et mon scalpel et mon esprit vers les conformités organiques de ces petits êtres avec celles des animaux supérieurs, même de l'homme. La grande idée de Geoffroy-Saint-Hilaire,

quoique loin de s'élever au titre de loi, a néanmoins des
vérités dont je me suis attaché à démontrer l'application.
J'en offre une preuve irrécusable dans mon respect à
maintenir pour les Insectes la nomenclature consacrée
depuis des siècles à l'anatomie des Vertébrés. La *tech-
norrhée* des novateurs, qu'on me passe l'expression, est
désespérante pour le naturaliste consciencieux qui, dans
l'intérêt de la mémoire et de la bonne instruction, ap-
précie les traditions du passé conciliables avec les faits
du présent.

« Après cette profession de foi scientifique, je reviens à
mon sujet actuel.

« Les Insectes de cette populeuse nation des Lépidoptères, quoique ayant tous une grande conformité de structure buccale qui se réduit à un suçoir tubuleux plus ou
moins enroulé, quoique ayant le même genre d'alimen-
tation et une composition identique de l'appareil digestif,
ont été partagés par la classification en trois grandes divisions ou familles. Celles-ci sont fondées sur les formes
extérieures et les habitudes que le génie créateur a diversifiées à l'infini. Dans mon exposition anatomique, j'ai
suivi cette classification, et le scalpel en a confirmé le lé-
gitime établissement.

« Ces trois familles lépidoptériques sont :

« 1° Les *Diurnes* ou vrais Papillons, qui ne se produisent
qu'au grand jour. Ils voltigent de fleurs en fleurs
pour en sucer le nectar. Leur volitation incessante est
muette, tant par l'absence de ballons aérostatiques inté-
rieurs ou trachées vésiculaires du système respiratoire,
que par l'ampleur de leurs ailes qui font l'office de véritables voiles, et par la gracilité, la légèreté de leur
corps.

« 2° Les *Crépusculaires*, moins nombreux que les premiers, justifient leur nom par leur apparition au coucher
du soleil. Avec leur corps lourd et des ailes étroites, ils
ont une puissance musculaire considérable, et leur vol
convulsif est bruyant et sonore.

« 3° Enfin les *Nocturnes*, aussi indomptables pour le classificateur que pour l'anatomiste et les études de mœurs. Ils ne circulent que dans les ténèbres de la nuit. Ce sont surtout les Nocturnes dont les chenilles voraces désolent nos champs, nos jardins, nos forêts. Par une de ces compensations, par un de ces contrastes où la nature se complaît à faire éclater son omnipotence, c'est une de ces chenilles voraces qui fournit la matière première de ces étoffes lustrées et brillantes qui parent le trône comme l'autel, et que l'envahissement du luxe insinue dans tous les étages de la société.

« Dans mon *Anatomie des Lépidoptères*, j'ai déroulé, dans chaque famille, les divers appareils organiques. Je me suis attaché à rendre mon texte concis sans devenir obscur et à concilier l'économie de l'iconographie avec les strictes exigences de la science.

« J'ai donc, dans les cent trente espèces qui ont subi mon scalpel, passé en revue les appareils organiques suivants :

« 1° *Système nerveux* avec *cerveau, ganglions rachidiens, paires de nerfs* émanés des centres nerveux.

« 2° Organe de la *respiration*, cumulant celui de la circulation et consistant en *stigmates* ou ostioles respiratoires et en *trachées* ou système vasculaire aérifère ramifié à l'infini.

« 3° Appareil *digestif* et ses annexes, *glandes salivaires, tube alimentaire*, vaisseaux *hépatiques* ou foie, tissu *adipeux* splanchnique.

« 4° Enfin, organes de la *génération* dans les deux sexes; dans le mâle, *testicules, conduits déférents, vésicules séminales, canal éjaculateur, verge, armure copulatrice;* dans la femelle, *ovulaires, ovaires, oviducte, œufs, poche copulatrice* et système *glandulaire* de l'oviducte.

« Sans doute, pour le complément de mon œuvre, il eût été désirable que le scalpel interrogeât aussi comparativement les entrailles des chenilles et des chrysalides dans leurs mystérieuses évolutions métamorphosiques. Je n'ai point négligé quelques aperçus essentiels sur ces points, mais *ars longa, vita brevis!* »

M. *Flourens* met sous les yeux de l'Académie l'Atlas qui accompagne le travail dont vient de l'entretenir M. Léon Dufour, et fait remarquer que de semblables recherches rentrent tout à fait dans la classe de celles qu'a eu l'intention d'encourager le fondateur du prix de physiologie expérimentale.

M. le *secrétaire perpétuel* présente, au nom de l'auteur M. *Meneghini*, la description, accompagnée de figure, d'un Poisson (le *Dentex Munsteri*) dont les restes fossiles ont été trouvés par M. le docteur G. Amidei, dans l'argile subapennine du Volterrano.

M. le *secrétaire perpétuel* présente aussi, au nom de M. *Béchamp*, un mémoire sur les générations dites spontanées et sur les ferments. A ce mémoire est joint un résumé manuscrit que l'auteur avait préparé dans l'espoir qu'il pourrait trouver place au *Compte rendu*.

Les usages de l'Académie, relativement aux travaux qui ont été rendus publics par la voie de l'impression, ne lui permettent pas d'accéder au désir manifesté par M. Béchamp.

M. *de Quatrefages* présente, de la part de M. *Lacaze-Duthiers,* un mémoire sur les *Antipathaires*, genre *Gerardia* (L. D.).

A la suite d'un examen approfondi de plusieurs espèces considérées comme diverses parce qu'elles avaient été étudiées desséchées dans des collections, l'auteur démontre que l'espèce désignée par J. Haime, sous le nom de *Leiopathes Lamarcki*, doit former un genre nouveau sous le nom de *Gerardia Lamarcki*.

M. *C. Bernard* présente une note de M. *Marcusen* sur l'*anatomie* et l'*histologie du Branchiostoma lubricum,* Costa (*Amphioxus lanceolatus,* Yarrell). L'auteur s'attache à décrire le système musculaire, le tissu conjonctif, le système vasculaire et l'épithélium de ce singulier animal.

Séance du 18 juillet. — M. *de Quatrefages* entretient

l'Académie des *Nouveaux ossements humains découverts* par M. Boucher de Perthes *à Moulin-Quignon.*

Après avoir fait connaître les minutieuses précautions prises par M. Boucher de Perthes dans la recherche de ces ossements, M. de Quatrefages ajoute :

« De toutes ces raisons, des précautions dont s'est entouré M. Boucher de Perthes, des témoignages apportés par des hommes dont plusieurs ont été longtemps fort peu enclins à admettre la réalité de ses découvertes, je crois pouvoir conclure que les nouveaux ossements découverts à Moulin-Quignon sont aussi authentiques que la première mâchoire, et que, comme elle, ils sont contemporains des bancs d'où M. de Perthes et ses honorables associés les ont extraits.

« L'Académie voudra bien remarquer le point où je m'arrête. Aujourd'hui, comme l'année dernière, je laisse aux géologues le soin de déterminer l'âge des terrains de transport de Moulin-Quignon et, par conséquent, l'ancienneté de la race humaine dont ils nous ont conservé les restes.

« En tout cas, l'existence de cette race humaine, antérieure aux temps historiques et bien distincte des races celtiques, ne peut plus être contestée. L'étude de ses caractères aura pour l'ethnologie européenne en général, pour l'ethnologie française en particulier, une importance sur laquelle il est inutile d'insister. Déjà l'examen de la mâchoire de Moulin-Quignon m'avait conduit, au moins sur quelques points, à des conclusions assez précises : tout ce que j'ai vu jusqu'à présent des ossements récemment découverts tend à les confirmer. »

« M. *Élie de Beaumont* profite de l'occasion que lui présente l'intéressante communication de M. de Quatrefages, pour réitérer l'expression de son désir de voir analyser avec précision les ossements trouvés dans la carrière de Moulin-Quignon. »

Une *copie du rapport fait à la Société impériale d'Abbe-ville sur la fouille faite le 17 juin à Moulin-Quignon* par

M. Boucher de Perthes, et l'extrait d'une lettre sur le même sujet écrite par M. Buteux, sont insérés aux *Comptes rendus*.

M. *Milne-Edwards* rend brièvement compte de recherches faites récemment par M. le docteur *Steenstrup* (de Copenhague) sur la manière dont s'effectue la déformation de la tète chez les poissous pleuronectes. Il a constaté que l'existence des deux yeux du même côté de la face ne dépend pas seulement d'un mouvement de torsion qu'aurait subi cette partie de l'organisme, mais du déplacement de l'un des yeux qui perce la voûte de l'orbite pour aller se loger dans une cavité nouvelle pratiquée dans la portion interne de l'os frontal correspondant ou entre les deux frontaux.

M. *Cazalis de Fondouce* adresse une note *sur une caverne sépulcrale observée à Sorgues* (Aveyron).

Séance du 25 juillet. — M. *Coste* lit un travail des plus intéressants sur le *développement des Infusoires ciliés dans une macération de foin.*

Après avoir exposé en détail les remarquables expériences qu'il a faites avec l'aide de MM. Gerbe et Balbiani, le savant académicien résume ainsi leur résultat :

« 1° Les Infusoires ciliés apparaissent dans l'eau d'une infusion bien longtemps avant la formation de la pellicule à laquelle on a cru devoir donner le nom de *stroma* ou de *membrane proligère,* en lui attribuant une fonction qu'elle n'a pas.

« 2° Ils y sont introduits, soit à l'état d'œufs, soit à l'état de kystes, avec le foin, la mousse, les feuilles d'arbres que l'on met à infuser.

« 3° Quoique la pellicule dite *proligère* se produise dans les infusions faites avec des substances qui ne sont pas exposées au contact de l'air, telles que la pulpe de pomme de terre, celle des fruits, des racines charnues, etc., jamais ces infusions ne présentent d'Infusoires ciliés, pourvu qu'on ait le soin de recouvrir le récipient d'un disque en verre.

« Cependant, si dans ces infusions, où, pendant dix, quinze et vingt jours on n'a pu constater la présence d'un seul Infusoire cilié, on introduit quelques sujets seulement, soit de Kolpodes, soit de Chilodons, soit de Glaucomes, ces espèces ne tardent pas à s'y multiplier et à s'y montrer en quantités prodigieuses.

« 4° L'invasion rapide d'une infusion par des Infusoires ciliés est une conséquence de leur mode de multiplication immédiate par division.

« 5° Les uns, tels que les Glaucomes, les Chilodons, les Paramécies, se segmentent, sans s'enkyster; d'autres, comme les Kolpodes, s'enkystent pour se diviser.

« 6° Après s'être multipliés par division, dans l'intérieur de leur kyste, les Kolpodes s'enkystent une dernière fois et demeurent dans cet état jusqu'à la complète dessiccation de l'infusion, pour ne revenir à la vie active qu'après une nouvelle humectation.

« 7° Les filtres laissent passer les Infusoires ciliés de petite taille, tels que les Kolpodes, les Chilodons, etc., leurs kystes et leurs œufs.

« En communiquant à l'Académie cette première étude sur le développement des Microzoaires ciliés, je n'en veux pas faire un argument absolu contre la théorie des générations spontanées. Je n'ai ni l'espoir ni le désir de décourager ses partisans. La science est le domaine réservé du libre examen. Ceux qui affirment et ceux qui nient y tendent au même but, c'est-à-dire à la découverte de la vérité. Je convie donc les hétérogénistes à continuer l'œuvre d'agitation salutaire qui est un appel au travail. Je les suivrai le microscope à la main partout où ils placeront la question sur le terrain de l'observation directe. »

Ce remarquable travail est suivi d'observations faites par MM. *Milne-Edwards* et *Chevreul*.

M. *de Quatrefages* lit une *Note sur la distribution géographique des Annélides*.

M. *Lacaze-Duthiers* présente un *Mémoire sur les Antipathaires*, genre Antipathes, Sol.

III. ANALYSES D'OUVRAGES NOUVEAUX.

OBSERVATIONS sur les ennemis du *Caféier*, à Ceylan, par
M. J. NIETNER. (*Suite.* — Voir p. 120.)

27. *Golunda Ellioti* (coffee Rat). — Cet animal ne vit
pas habituellement dans les plantations de café, mais y
vient à ce qu'il paraît pour y trouver sa nourriture quand
elle lui manque dans la jungle. De là il résulte que les plantations très-entourées de jungle sont plus sujettes à être
infestées que les autres, de même que les parties, d'une
plantation qui sont le plus près de la jungle souffrent plus
que celles qui en sont éloignées.

Il y a une plante qui forme dans les jungles des montagnes un tapis de 6 à 12 pieds de hauteur. C'est le « Nilloo » des indigènes (*Strobilanthus*, sp. div.) que l'on pré-
tend qui fleurit tous les sept ans et meurt ensuite, ce qui
prive alors les Rats de leur nourriture accoutumée, et les
engage ou les force à se lancer sur les plantations. Telle
est l'opinion vulgaire, mais elle ne me semble pas claire,
et je n'y ai guère foi. Je ne conteste pas que le Nilloo ne
fleurisse et ne meure tous les sept ans, et que les Rats ne
se nourrissent de quelque partie de cette plante. Mais tous
les Nilloos ne sont pas du même âge, et par conséquent
quelques-uns seulement doivent périr chaque année. En
outre, l'histoire des Rats venant tous les sept ans n'est
pas du tout confirmée par mon expérience personnelle ;
nous les avons eus ici en 1858 et en 1860, et de nouveau
en 1861. Quoi qu'il en soit, quand ils viennent, c'est souvent en très-grand nombre, et leurs dévastations sont très-
sérieuses. Au moyen de leurs longues incisives tranchantes,
ils coupent les branches les plus petites et les plus jeunes
des arbustes avec beaucoup de régularité et de netteté, et
généralement à environ 1 ligne de la tige, de manière à
pouvoir se tenir sur le tronçon pendant qu'ils la rongent
omplétement. Si les plantes sont tout à fait jeunes et sor-

tant de la pépinière, ils les coupent franc à quelques pouces du sol. Leur but, en faisant cela, est sans doute d'abord d'arriver à l'écorce qu'ils ne semblent pas dévorer entièrement, mais mâcher à cause du suc qu'elle contient; en cela, ils agissent probablement d'abord sous l'impulsion de leur appétit, et ensuite pour obtenir des feuilles pour leurs nids. Ceux-ci se trouvent généralement dans des arbres creux, où les Rats entraînent aussi les branches qu'ils ont coupées. Ils semblent manger rarement les baies. On les détruit par le poison ou par des trappes. On dit que par ce dernier moyen l'on en a pris des nombres considérables. Il n'y a guère de plantations qui ne reçoivent de temps à autre leurs visites.

Un petit Écureuil (probablement le *Sciurus Layardi*, Blyth) se trouve communément dans les plantations de café ; il fait ce que le Rat ne semble pas faire, il mange les baies qui, n'étant pas digestibles, à l'exception de la pulpe extérieure, sont ensuite rejetées et se trouvent sur les troncs d'arbres renversés et sur le sol, sous la forme de grains de café dans l'enveloppe de parchemin. Les Chacals et les Singes font quelquefois de même, et de temps à autre un Daim sortira de la forêt pour brouter les sommets des jeunes arbustes; mais ces dégâts ne sont pas sérieux. Ceux qui sont produits par les Buffles égarés sont bien autrement graves.

J'arrive à la fin de mes observations sur les ennemis du caféier. Je dois cependant, pour terminer, ajouter quelques mots sur les insectes qui se rencontrent habituellement sur les plantations et ne sont pas nuisibles, ainsi que sur les causes de leur présence dans ces localités.

Les plus remarquables d'entre eux sont les Cerfs-Volants noirs (deux espèces de Lucanus), les Taupins vert brillant (cinq espèces de Campsosternus), et les Taupins noirs et blancs (deux espèces d'Alaus). Ces insectes vivent pendant les premières périodes de leur existence dans les troncs d'arbres pourris qui gisent au milieu des caféiers ;

les grands Vers blancs, charnus, sont les larves des Cerfs-
Volants; les longs Vers bruns, cylindriques, lents, sont
ceux des Campsosternus; et la larve des Alaus est noire,
assez déprimée, active et guerrière. Quand ils sont arrivés
à l'état parfait, ces insectes sortent et se voient naturellement sur les caféiers où le Cerf-Volant attaquera de temps
à autre un bouquet de baies. Les Campsosternus se nourrissent de miellée et d'Acarus, et dévorent peut-être de
temps à autre un coccus. Ce genre de vie fait que l'on les
trouve exclusivement sur les caféiers, tandis que les Lucanus et Alaus volent et se rencontrent ailleurs. Les espèces plus petites de Vers blancs que l'on trouve dans les
troncs pourris sont les larves de ces coléoptères noirs,
aplatis, que l'on rencontre avec elles (trois ou quatre espèces de Passalus); ces larves n'ont que deux paires de
pattes bien développées; elles sont inoffensives et ne doivent
pas être confondues avec le « *Ver blanc* » ou larve des Hannetons. Vers le mois de décembre un Charançon vert (*As-
tycus*, Sp.) se trouve sur les caféiers, et les fleurs, qui
éclosent quelques mois plus tard, sont visitées par divers
insectes voisins des Cétoines des Roses d'Europe (*Clinte-
ria, Tæniodera, Popilia, Singhala*), mais aucune de celles-
ci ne semble faire grand mal.

Un arbre couvert de Coccides présente généralement
par un beau jour de soleil un tableau très-animé et, pour
l'entomologiste, très-intéressant; c'est un petit monde spécial, un microcosme. Outre quelques-uns des insectes auxquels je viens de faire allusion, et peut-être quelque papillon aux couleurs éclatantes, de nombreux Hyménoptères
(surtout des Formicidæ, Sphegidæ et Ichneumonidæ),
plusieurs Phryganides et Diptères s'y rencontrent, et une
Mante vert brillant fond à chaque instant de derrière les
feuilles sur quelque Mouche imprudente. Je crois que dans
ces circonstances l'on pourrait facilement récolter vingt-
cinq espèces différentes d'insectes sur un seul plant de caféier. Aucun de ces insectes ne fait de tort à la plante, ni

de mal aux coccus; la plupart d'entre eux ne viennent là que pour se nourrir de la miellée, et quelques-uns pour faire leur proie des petits insectes qui sont attirés par cette substance sucrée. Parmi les Phryganides, on trouve très-fréquemment la *Chimarrha auriceps*, Hag., qui est rouge avec des ailes, et des antennes, des yeux noirs. Je mentionne cet insecte en particulier, parce que Westwood (Introd., vol. II, p. 69) dit que les Phryganes ne prennent pas de nourriture à l'état parfait; cela n'est pas exact pour l'espèce en question.

La Mante du caféier (*M. tricolor*, N.) est verte; les ailes inférieures sont rougeâtres avec de grandes taches noirâtres au bord postérieur. La femelle a 1 pouce de long, 1 pouce et 1/2 d'envergure; le mâle est considérablement plus petit. Les jeunes larves sont noires. Les œufs sont déposés sur les feuilles du caféier en masses qui ont la forme de cocons de 5/8 de pouce de long, non compris une longue pointe qui termine la masse de chaque côté et qui lui donnerait plus de 1 pouce de long. Ces nids, qui sont très-délicats, ressemblent à des gâteaux; ils sont beaucoup moins épais et moins grossiers que ceux des espèces plus grandes. Parmi les Mouches, on trouve, vers le mois de décembre, une belle et grande *Tephritis* avec des yeux verts et des ailes variées. Je n'ai pas observé que sa larve vécût dans aucune partie du caféier.

TABLE DES MATIÈRES.

PARIS. — IMP. DE Mme Ve BOUCHARD-HUZARD, RUE DE L'ÉPERON, 5.

I. TRAVAUX INÉDITS.

Sur l'Equus bisculus, de Molina.

Lettre de M. G. Claraz à M. H. de Saussure (1).

Dans les armes du Chili, on voit figurer à côté du Condor un autre animal qu'on a longtemps pris pour un être fabuleux et dont les formes sont imaginaires. L'abbé Molina, qui, du reste, n'avait jamais vu cet animal, et qui ne le connaissait que d'après les rapports des Indiens, lui donna le nom d'*Equus bisculus* dans son « *Compendito de* « *la historia natural del reño de Chile, etc.* » Malheureusement je n'ai pas pu me procurer cet ouvrage afin de rapporter ce qu'il en dit.

Quand bien même les Indiens des Pampas et de la Cordillère des Andes méridionales ne conservent aucune trace d'anciennes traditions, vu leur tendance à n'accorder de l'importance qu'aux faits, et quoiqu'ils n'aient pas l'habitude de peindre des êtres fantastiques, on a souvent prétendu que, dans ce cas, ils avaient donné à Molina la description d'un animal mythique en abusant de la crédulité de l'auteur espagnol. Certains auteurs supposaient que Molina n'avait pas fait erreur et que la description des Indiens se rapportait au *Huetnul* ou *Guemul (Cervus*

---

(1) Je me suis efforcé de traduire cette lettre aussi exactement que possible, mais il se peut néanmoins qu'il se soit glissé quelques fautes dans les mots exotiques, fort nombreux, dont elle est chargée. H. S.

chilensis). Néanmoins, à la fin du siècle dernier, cet animal énigmatique fut exactement décrit par le jésuite Falkner, et fut placé dans le genre *Anta* ou Tapir. J'extrais de la traduction espagnole de son ouvrage intitulé : « *Descrip-* « *cion de la Patagonia y de las partes adiacentes*, etc., » le passage suivant, où il parle des vallées habitées par des Indiens *Tehuelches*, qui, suivant sa carte, s'étendent au sud du 44e degré. Voici ce passage : « Il y a là bas beaucoup « de *Guanacos* et non moins d'*Antas*; les Tehuelches et les « Puelches font commerce de leur peau et s'en servent « aussi pour faire des tentes. » Ensuite il décrit l'animal comme suit : « L'*Anta* est une espèce de cerf, mais sans « cornes, son corps ressemble à celui d'un âne; la tête est « longue, graduellement atténuée, et elle se termine par « une petite trompe; le corps est très-fort, les épaules et « le train de derrière sont très-larges, les jambes sont « longues et fortes, les sabots fendus comme ceux des « cerfs, mais un peu plus grands. La force de l'*Anta* est « très-grande, car cet animal peut entraîner deux chevaux. « Quand on le poursuit vigoureusement, il se fraye un che- « min à travers les bois les plus épais, brisant et renver- « sant tout ce qui pourrait l'arrêter. » Falkner ajoute que l'on n'a jamais essayé d'apprivoiser l'*Anta* (1).

Dans le « *Diario del Piloto de B. Villarino, del Reconoci-* « *miento que hizo del Rio Negro, el ano* 1782 » (Journal du Pilote de B. Villarino établi pendant la reconnaissance qu'il fit du Rio Negro, en 1782), on lit, sous la date du 26 avril 1783, la petite notice suivante : « Les Indiens « Guilliches donnent le nom de *haleglique* à l'Anta et ils « appellent sa peau *ysanam*. » Il faut remarquer que Villa-rino se trouvait alors dans les vallées de la Cordillère qui s'étendent au sud du 39e degré 1/2 de latitude. Dans le

---

(1) Obs. — *Anta* est le mot espagnol par lequel on désigne le Tapir. Les *Tehuelches* sont, comme on le sait, les vrais Indiens Pa-tagons, tandis que les Guelches appartiennent au rameau qui habite entre les Araucans ou *Aucas* et les Tehuelches.

journal de De la Cruz (1), de 1806 (voyage d'Antuco de
Chili à Melincue, province argentine de Santa-Fé), on
trouve aussi une notice sur un animal singulier qui habi-
terait la patrie des Indiens Peguenches dans les Cordillères.
De la Cruz dit à ce sujet : « Dans les bois on trouve
« quelques *Guemules;* les Peguenches disent aussi qu'il
« existe d'autres animaux qu'on appelle *Oop,* ayant la
« grandeur d'un chien, mais avec la tête, la bouche, les
« pieds, la queue et les oreilles d'une vache, le corps cou-
« vert de laine comme un mouton. » Cette description, si
défectueuse qu'elle soit, prouve cependant qu'il ne s'agit
pas du *Guemul (Cervus chilensis).* Ceux qui ont eu l'occasion de s'entretenir avec les Indiens ne s'étonneront pas
de cette singulière description, attendu que les Indiens
n'ont pas le don de la clarté, surtout lorsqu'ils s'expriment
en espagnol.

D'Orbigny, qui voyagea en Patagonie en 1827, dit, dans
ses voyages (*Voyage dans l'Amérique méridionale*, tome II,
page 117), en racontant la manière dont les Tehuelches
se battent, ce qui suit : « Ils s'affublent d'une longue cui-
« rasse à manches ressemblant à une ample chemise et
« composée de sept à huit doubles d'une peau souple et
« parfaitement préparée, peinte en dessus en jaune... »
Il ajoute en note : « Les *Aucas* (Indiens) prétendent que
« ces peaux sont celles du *Guemule (Equus bisculus)* de Mo-
« lina. Ne serait-ce pas cet animal singulier dont parle
« Wallis, et qui lui parut différent du guanaco? Dans tous
« les cas, le nom d'*Equus* lui est mal à propos appliqué,
« car le *Guemule* est une espèce voisine du lama. »

Le même auteur dit ailleurs, en parlant des Indiens
Aucas (tome II, page 231 du même ouvrage) : « Ils chaus-
« sent des bottes de potros (cuir de cheval), ou de cuir
« tanné et souple de *Guemal*, artistement cousues avec des

(1) *Collection de obras documentos*, etc., par D. L. Angelis. —
Buenos-Ayres, 1837.

« tendons d'animaux. » Et il ajoute : « Cet animal nommé
« *Equus bisculus* par Molina, et qui n'est rien moins qu'un
« cheval, mais bien une espèce voisine du lama... »

Dans le *Voyage de Burmeister dans les États de la Plata*,
tome Ier, page 299, on lit ce qui suit : « J'ai discuté tous
« les animaux qui appartiennent à la faune de Mendoza;
« leur nombre est fort restreint, mais j'accorderai volon-
« tiers que, parmi les petites espèces, il m'en a échappé un
« certain nombre, surtout parmi les chauves-souris et les
« rats; mais, en revanche, je puis affirmer avec certitude
« que parmi les plus grands aucune espèce ne m'est restée
« inconnue. Les renseignements qu'on peut obtenir des
« habitants doivent être soigneusement contrôlés. Ainsi
« l'on m'a parlé, à San Luce, d'une chèvre sauvage d'un
« brun roux qui vivrait dans les gorges des montagnes
« circonvoisines et si farouche qu'il serait impossible de
« l'approcher. Je ne saurais en aucune façon douter que
« ces renseignements ne reposent sur une erreur, ou bien
« qu'ils doivent se rapporter à une petite espèce de cerf.
« L'*Equus bisculus*, de Molina, animal certainement fabu-
« leux dont l'existence ne repose non plus que sur le rap-
« port des Indiens; cet animal, dis-je, ne s'est-il pas
« conservé jusque dans la science moderne, quoiqu'il ne
« puisse y avoir de doute qu'un être tel que Molina le dé-
« crit ne se rencontre nulle part au Chili? On suppose que
« cet animal mythique doit être un cerf, peut-être le *Cer-*
« *vus chilensis.* »

Il est assez remarquable que les notices de Falkner, de
cet auteur si digne de confiance, ne fassent aucune mention
de l'*Equus bisculus*. (Ces notices ont été citées par Parish,
dans son ouvrage bien connu : *Buenos-Ayres and the pro-*
vinces of the river Plata, London, 1852.)

Le docteur Heussler et moi nous avons pris des renseignements au sujet de cet animal auprès d'un certain
nombre de personnes qui ont vécu dans la partie septentrionale de la province de Buenos-Ayres, parmi les In-

diens, et nous avons reçu à ce sujet des réponses contradictoires. Plus tard, lorsque je me rendis à Patagones,
je cherchai en vain des renseignements sur l'Anta auprès
des négociants qui trafiquent avec les Indiens. Ce fut seulement lorsque je visitai la tribu d'Indiens amie de San-
Gabriel (5 lieues au-dessus de Patagones), tribu qui est
descendue récemment des Manzanas (ou forêts de pommiers de la Cordillère), que je pus obtenir à cet égard
quelques renseignements satisfaisants. Les noms d'*ysanam* et *anta* étaient inconnus à ces Indiens; en revanche,
ils connaissaient un animal nommé *Schenam*, dont ils ne
purent cependant me montrer que des morceaux de peau
ayant perdu leurs poils. Quand bien même ces Indiens
trafiquent constamment avec les habitants de la Patagonie,
et qu'ils parlent assez couramment l'espagnol, leur description était cependant très-imparfaite. Les uns compa-
raient le *Schenam* au mulet, les autres au cochon, l'un
d'eux affirmait que l'animal portait de larges cornes, sur
quoi un autre répondit qu'il l'avait aussi cru jusqu'au moment où il avait lui-même tué l'animal, il avait pu s'assurer que ces soi-disant cornes n'étaient autres que de grandes
oreilles. De retour à Patagones, j'appris d'un négociant,
M. H. Yribarne, que l'animal connu des Indiens sous le
nom de *Schenam* était connu des créoles sous le nom de
Cisnal ou *Cisnam*. Tous les négociants de Patagones
avaient connaissance que les Tehuelches se servent de leur
peau pour fabriquer des cuirasses de guerre; mais aucun
ne se représentait au juste la forme de l'animal, et quelques-
uns croyaient que ce devait être quelque espèce de mulet,
vu la grandeur de ses oreilles. Ceci seulement était incontestable que la peau de cet animal est devenue, depuis
plus d'un demi-siècle, un article de commerce, et qu'elle
s'expédie de Patagones en Europe par Buenos-Ayres, sans
que jamais personne, ni ici, ni en Europe, ait cherché a
savoir de quel animal elle provenait. A quel usage cette
peau sert-elle en Europe, c'est ce que j'ignore; j'appris

seulement que, depuis quelques années, sa valeur avait tellement baissé que les Tehuelches n'en apportent plus.

J'ai réussi à trouver encore un petit morceau d'une seconde peau du même animal; en outre, M. Yribarne me promit de me trouver une peau complète chez les Tehuelches, et il me l'a, en effet, apportée récemment; mais il est probable que cette peau appartient à un jeune animal, à en juger par la comparaison avec les petits morceaux détachés que j'ai mentionnés. La peau a 5 pieds de longueur des oreilles à la queue; les oreilles ont 6 1/2 pouces, les poils des hanches et des flancs ont de 6 à 8 lignes de longueur; au cou ils sont plus courts, et ceux des oreilles sont très-ras; sur la ligne du dos ils forment, sur une étendue d'environ 1 pied, un rudiment de crinière, et ils ont alors 12 à 14 lignes de longueur; ensuite vient une étendue de 6 pouces avec des poils plus ras, et ensuite une seconde élévation de 4 pouces avec des poils de 12 à 14 lignes; les poils les plus longs se trouvent sur la poitrine où ils atteignent 15 à 16 lignes. Le ventre est faiblement fourni, en avant, de poils noirâtres; en arrière, de poils plus clairs ou de duvet. Le poil est partout couché, excepté sur les élévations de la ligne médiane du dos. Les poils sont roides et ondulés; de la racine jusqu'au milieu de leur longueur ils sont gris clair, et passent ensuite au jaune et brun et se terminent par une pointe noire. La couleur est assez uniforme sur tout le corps, seulement un peu plus claire aux oreilles, blanchâtre à la face interne des cuisses et autour de l'anus. Entre les poils on trouve un duvet laineux court et fin d'un gris brunâtre (1).

Pour ce qui concerne la distribution de cet animal, les renseignements oraux et écrits s'accordent tous sur ce point : qu'on ne commence à le rencontrer qu'assez loin

(1) L'auteur compare ensuite l'*Equus bisculus* au Tapir, et suppose que cet animal est une espèce propre à ce genre; mais des débris de peau qu'il a bien voulu nous adresser prouvent qu'il s'agit d'un Cerf de grande taille.   (*Note du traducteur.*)

au sud de Mendoza, dans les vallées habitées par les Peguelches vers le 26° 1/2 degré. A partir de cette région on le trouve sur tout le versant oriental des Cordillères jusque vers le détroit de Magellan, où quelques navigateurs (si je ne me trompe, Wallis) l'ont vu; j'ignore s'il se trouve aussi sur le versant occidental des Cordillères. Suivant le rapport des Indiens, il ne se rencontrerait pas sur les plateaux de la Patagonie, qui sont couverts d'une végétation d'arbustes. En revanche, il doit se rencontrer, quoique rarement, sur ces plaines qui entourent les sources du Rio Negro, en particulier du Limay, qui sont couvertes de pommiers (Manzana); les Indiens nomment cette région *Guechuehueben*, et les Espagnols *las Manzanas* (les pommes). La limite méridionale du Tapir du Brésil (*Tapirus suillus*) est, en général, fixée dans la province de Corrientes; cependant des gens dignes de foi m'ont assuré qu'on l'a aussi tué dans les bois de Montiel, dans la province d'Entre-Rios. A l'ouest on le trouve dans les provinces de San-Jago de Estero y Tucuman; à Cordova, il doit être très-rare. Il ne s'étend donc pas dans la région qu'habite l'*Equus bisculus;* en sorte que ce n'est pas à cet animal que Molina a pu appliquer ce nom.

Une étude approfondie des organismes de toute cette étroite région qui commence vers les sources du Rio Negro et qui se termine vers la Terre de Feu fournirait des données intéressantes sur la distribution des faunes, par la comparaison de la faune patagonienne avec celle des régions plus septentrionales. Comme on le sait, le climat de l'hémisphère septentrional est caractérisé par des extrêmes de température plus grands que celui de l'hémisphère austral, qui, à cause du petit développement des terres, offre un climat plus constant, plus égal. Des observations faites dans la colonie chilienne de Punta Arenas (ou Sandy-Point), sur le détroit de Magellan, montrent que la température moyenne y est de 11°,6 pour l'été, de 6°,99 pour l'automne, de 2°,15 pour l'hiver et de 7°,7 pour le

printemps ; ce qui donne une température moyenne générale de 7°,11. L'humidité du climat, le long de la côte
chilienne, et l'égalité de la température qui engendrent
la riche végétation de Valdivia, de Chiloë et de la Terre
de Feu, et qui permettent aux palmiers de végéter encore
sous le 37ᵉ degré, s'étendent aussi sur les vallées du versant oriental des Cordillères, comme le prouvent les forêts
d'araucarias, de pins et de hêtres. Le climat proverbia-
lement sec de Patagonie forme le plus grand contraste
avec celui de la côte orientale.

La proximité de climats aussi différents, qui s'entre-croi-
sent sur les mêmes latitudes, permet à certains animaux de
la faune tropicale de s'étendre jusque dans ces régions et
de venir se mêler à la faune des régions froides, un peu
comme le chameau et le renne se rencontrent dans les
plaines de l'Asie centrale.

Note sur un nouveau Batracien du Portugal, *Chioglossa
lusitanica*, et sur une Grenouille nouvelle de l'Afrique
occidentale, par M. Barbosa du Bocage, directeur du
muséum d'histoire naturelle de Lisbonne.

L'espèce nouvelle que je viens ajouter à la liste des Batraciens d'Europe appartient à la famille des Salaman-
drides. Ne pouvant pas la faire rentrer convenablement
dans aucun des genres déjà établis dans cette famille, je
me suis vu dans la nécessité de créer un genre nouveau,
dont elle reste, pour le moment, le seul représentant.
Malgré mon extrême répugnance à trop multiplier les divisions génériques dans nos classifications naturelles, j'ai
dû céder en présence d'un ensemble de caractères qui me
paraissent plus que suffisants pour bien définir un genre.
Quant à la place à lui accorder dans un catalogue méthodique de l'erpétologie européenne, elle doit être intermédiaire aux genres *Triton* et *Geotriton*.

Voici les caractères sur lesquels j'entends établir le genre *Chioglossa* :

Langue grande, oblongue, attachée antérieurement à la mâchoire inférieure, libre des deux côtés et en arrière, supportée par un long pédicule qui vient se fixer au milieu de sa face inférieure. (*Vid.* pl. xxi, fig. 5.) Deux rangées longitudinales de dents palatines très-convergentes en avant, entre les arrière-narines, où elles arrivent presque à se toucher, très-divergentes en arrière, parallèles au milieu. (Fig. 4.) Membres antérieurs tétradactyles, postérieurs pentadactyles ; pollex antérieur et postérieur excessivement courts. Pas de parotides. Peau très-finement chagrinée, presque lisse. Pas d'arcade osseuse temporo-frontale. (Fig. 2.)

Chioglossa lusitanica. — Le corps est allongé, arrondi, étroit ; la queue très-longue, mesurant un peu plus des deux tiers de la longueur totale, arrondie à sa base, un peu comprimée dans sa dernière moitié. La tête est courte, le museau très-court et arrondi, les yeux gros et proéminents. Les narines sont placées près du bout du museau, presque en dessus, et assez écartées entre elles. Membres antérieurs grêles, membres postérieurs plus forts. Les doigts et les orteils sont un peu déprimés, libres, légèrement bordés ; leur face palmaire est parfaitement lisse, mais les articulations des phalanges sont nettement accusées par de fortes dépressions circulaires de la peau. Le second doigt dépasse le quatrième, le troisième est le plus grand de tous : les troisième et quatrième orteils sont égaux et les plus longs ; le cinquième est, après le pollex, le moins long. Tous mes individus présentent en dessus, sur un fond noir finement ponctué de blanc, deux larges raies dorsales d'un beau rouge de cuivre, qui se prolongent sur la queue en une seule raie de la même couleur. Sur la tête, ces deux raies avancent bien distinctes jusqu'aux yeux. Les flancs, la région du ventre et le dessous de la queue présentent la même couleur noire du dos, sur laquelle de nombreux points blancs, inégalement distribués et plus confluents par places, dessinent des taches irrégulières laiteuses plus ou moins apparentes. La face inférieure de la tête et le cou, jusqu'à l'insertion des membres antérieurs, sont d'un brun clair uniforme. Cette même couleur couvre la face inférieure des membres, dont la face dorsale présente, au contraire, une coloration tout à fait identique à celle des flancs. L'*Onychodactylus japonicus*, tel, du moins, que je le trouve figuré dans l'atlas de l'*Erpétologie générale* (pl. xxxiii, fig. 1), pourrait servir à donner une idée assez exacte de la coloration, mais de la coloration seulement, de l'espèce du Portugal.

J'ai dit que les raies dorsales et caudale sont d'un beau rouge de cuivre, mais j'ai besoin d'ajouter qu'elles semblent peintes avec du cuivre en poussière très-fine mélangée avec un peu de poudre d'or. La nuance dorée est d'autant plus prononcée que les individus sont plus adultes : dans les jeunes, la teinte rouge domine. L'alcool a la fâcheuse propriété d'attaquer promptement cette couleur et de la faire disparaître au bout de quelque temps. Après quelques heures de séjour dans ce liquide, la couleur rouge a perdu son aspect métallique et brillant ; après quelques semaines, elle est remplacée par une teinte blanchâtre, ou plutôt laiteuse, assez confuse.

La singulière conformation de la langue de cet animal fournit un caractère différentiel assez important. Le pédicule osseux qui la supporte est assez long ; il a près de 4 millimètres. Sur les côtés de son extrémité antérieure s'articulent deux branches cartilagineuses destinées à soutenir la partie libre de la langue. En effet, chacune de ces branches, après avoir atteint, en se courbant en dehors et en arrière, le bord latéral de cette portion de la langue, suit exactement ce bord, et elle se prolonge encore sur le bord postérieur, en le contournant. Entre son attache antérieure, à l'extrémité de la mâchoire inférieure, et son pédicule central, la langue n'est retenue, le long de la ligne médiane, que par du tissu cellulaire. Cette disposition de la langue, par laquelle le genre *Chioglossa* me semble se rapprocher beaucoup d'autres Batraciens urodèles (genres *Bolitoglossa*, *Heredia*, *Geotriton*), rappelle également le genre *Heteroglossa*, établi récemment par M. Hallowel pour un petit Batracien raniforme de l'Afrique occidentale.

La langue du *Chioglossa lusitanica* est-elle protractile? Est-il permis à l'animal de la faire sortir de la bouche par un mouvement d'expiration?

Malgré les fortes présomptions qui découlent de l'examen anatomique de cet organe, n'ayant jamais pu surprendre l'animal sur le fait, je n'ose pas faire à cette question une réponse affirmative. En ouvrant la bouche de l'animal vivant, l'abaissement de la mâchoire inférieure suffit pour imprimer un mouvement de bascule très-prononcé en avant à la portion libre de la langue, sans cependant la faire sortir de la cavité de la bouche. D'autre part, le pédicule qui soutient la langue est composé, indépendamment de la tige osseuse déjà mentionnée, de deux paires de muscles grêles, situées l'une derrière la tige, l'autre de ses deux côtés; mais, d'après leur direction et leurs insertions, je ne pense pas que ces muscles puissent aider au mouvement d'expuition de la langue, car ils me semblent plutôt destinés à agir dans un sens contraire. Il faudra donc chercher ailleurs l'explication d'un tel mouvement, si toutefois il existe; et j'essayerai de le faire aussitôt que d'autres occupations plus pressantes me permettront de poursuivre mes études sur l'anatomie de cette curieuse espèce.

Dimensions. — Longueur totale, $0^m,142$; longueur de la tête $0^m,011$; longueur du tronc, $0^m,036$; longueur de la queue, $0^m,095$.

Habitat. — Les premiers individus que j'aie vus de cette espèce m'ont été envoyés de Coïmbra en mai de l'année dernière par M. Rosa, l'un de mes plus zélés et plus infatigables correspondants. Ils ont été rencontrés aux environs de cette ville, dans le voisinage d'un bois de pins et non loin d'une rivière ; ils n'étaient pas dans l'eau, mais sur terre, cachés sous un amas de bruyères sèches. Je les ai reçus encore vivants ; mais s'étant échappés, pendant la nuit, d'une petite boîte où je les tenais enfermés avec un peu d'herbe fraîche, le lendemain on les a trouvés tous morts. Cette année, mon ami M. Rosa vient de me faire un nouvel envoi de ces animaux, mais ceux-ci ont été pris, dans les derniers jours de janvier, sur la montagne de Bussaco, à 5 lieues de Coïmbra (1). Comme les premiers, ils ont été rencontrés sous des feuilles mortes, et même cachés par des pierres. Ils sont, pour la plupart, encore vivants, après dix jours comptés de leur arrivée. La figure 1 de la planche XXI représente très-fidèlement le plus grand de ces individus.

J'espère que d'ultérieures recherches permettront d'assigner à cette espèce une bien plus large zone d'habitation, surtout dans le nord du pays.

EXPLICATION DE LA PLANCHE XXI.

Fig. 1. Le *Chioglossa lusitanica* de grandeur naturelle.

Fig. 2. La tête osseuse (grossie deux fois).

Fig. 3. Pédicule qui supporte la langue (grossi deux fois): *a*, pédicule ou tige osseuse ; *b*, branches antérieures qui s'articulent des deux côtés sur l'os de la langue, et contournent les bords de la portion libre de la langue ; *c*, cornes postérieures de l'hyoïde, lesquelles viennent s'articuler sur l'extrémité postérieure de la tige osseuse.

Fig. 4. Dents palatines.

Fig. 5. Tête avec la bouche ouverte, pour faire comprendre la singulière conformation de la langue.

(1) Sur cette montagne de Bussaco, M. d'Oliveira, professeur à l'université de Coïmbra, avait déjà rencontré, l'année dernière, au printemps, quelques individus de notre *Chioglossa lusitanica*.

Rana bragantina, Nob. — Caractères. Corps gros, ramassé. Tête grande, non déprimée, convexe; museau conique, obtus. Langue très-large antérieurement, rétrécie et fourchue en arrière. Trois fortes apophyses dentiformes à l'extrémité de la mâchoire inférieure, reçues dans trois enfoncements de la mâchoire supérieure. Yeux grands, saillants. Tympan distinct, médiocre, égalant à peine les 2/3 du diamètre de la fente palpébrale. Narines situées en dessus, à égale distance de l'angle antérieur de l'œil et du bout du museau. Deux rangées de dents vomériennes en chevron, s'étendant obliquement depuis le milieu du bord antérieur de l'arrière-narine jusqu'à la ligne médiane, où elles arrivent presque au contact (15 *à* 17 *dents dans chaque série*). Orifice interne des trompes auditives assez ouvert. Doigts et orteils à tubercules sous-articulaires petits, mais élevés. Doigts courts, libres; le troisième le plus grand, les trois autres presque égaux. Orteils palmés, *à palmure grande, s'étendant jusqu'à l'extrémité des orteils*. Un tubercule étroit à l'origine du premier orteil. Peau du dos lisse, sans renflements glanduleux. Un cordon glanduleux étroit contournant le tympan, depuis l'œil jusqu'à l'angle de la mâchoire.

Malgré un séjour de plusieurs mois dans l'alcool, la coloration de notre spécimen ne nous semble pas sensiblement altérée. Régions supérieures, d'un vert de bouteille parsemé de taches irrégulières noirâtres, sans aucun vertige apparent de raie dorsale. Régions inférieures, d'un jaunâtre foncé marbré de brun. Faces supérieures des membres semblables au dos, mais avec des taches noires plus grandes et plus arrondies. En dessous, les membres sont tachetés de brun sur un fond jaunâtre. Sur les flancs et sur la partie postérieure des cuisses on remarque de nombreuses taches rondes d'un jaune vif.

Dimensions : du bout du museau à l'anus, 0,15; longueur de la tête, 0,055; longueur des membres postérieurs 0,19; longueur des membres antérieurs, 0,07; diamètre de la fente palpébrale, 0,012 ; diamètre du tympan, 0,008.

Patrie : Angola (Afrique occidentale). —District du Duque de Bragança.

Le muséum de Lisbonne vient de recevoir un seul individu de cette espèce par les soins de M. Periheiro Bayao, chef militaire du district du Duque de Bragança. Par sa grande taille et par cet ensemble de caractères qu'on est convenu d'appeler le *facies*, cette Grenouille se rapproche évidemment de plusieurs espèces bien connues, et notamment d'une Grenouille d'Afrique occidentale que M. A. Duméril a fait connaître sous le nom de *Rana subsigillata* (Revue et Mag. zool., 1856, p. 560; Arch. Mus. Par., t. X, p. 224). Cependant des dissemblances bien manifestes nous semblent s'opposer à l'identification de ces deux espèces. Nous avons d'abord la palmure des orteils, qui, chez la *B. bragantina*, s'étend jusqu'à leur extrémité, au lieu de s'arrêter à la moitié de leur longueur, comme M. A. Duméril l'indique positivement pour sa *R. subsigillata*. Ensuite nous avons encore à mentionner, comme des moyens faciles de les distinguer, la forme et la grandeur relative de la tête, la forme de la langue, la position et le nombre des dents vomériennes; enfin la coloration, quoique nous n'attachions pas une grande valeur à ce dernier caractère pris isolément.

Le Dr Livingstone parle d'une énorme Grenouille comestible, connue sous le nom de *Mattanetto* dans le pays des Bakouains, dont les dimensions s'accordent assez bien avec celles de notre individu; et, quoique dans une note de son ouvrage elle soit rapportée au *Pixicephalus adpressus*, nous nous demandons si elle ne serait pas plutôt notre *R. bragantina*, dont l'usage, comme aliment, dans une partie de l'Afrique occidentale, semble chose avérée. (V. Livingstone. — *Exploration dans l'intérieur de l'Afrique*, trad. franç., p. 49)

OBSERVATIONS sur la nidification des Crénilabres,
par M. Z. GERBE.

A Monsieur le directeur de la *Revue de zoologie.*

Mon cher directeur,

Voici enfin, sur la nidification des Crénilabres, le petit
travail que je vous promets depuis près de cinq ans. Il
présente, tel qu'il est, de nombreuses lacunes; mais, s'il
me fallait les combler avant de vous le livrer, vous pour-
riez bien l'attendre quelques années encore, tant la mer
laisse difficilement pénétrer ses secrets. C'est ma répugnance à publier des observations incomplètes qui m'a
fait différer de l'écrire, et le même sentiment m'empêche-
rait aujourd'hui de vous l'adresser, si je n'avais à cœur
de dégager ma parole.

On ne peut citer encore qu'un petit nombre de poissons qui aient le singulier instinct de construire un nid,
soit pour dérober leur ponte à la voracité des autres animaux, soit pour créer aux œufs des conditions favorables
au développement. Parmi ceux qui habitent les eaux
douces, la femelle du Gourami (*Osphrosmenus olfax*,
Comm.), espèce transportée de la Chine à l'Ile-de-France,
où elle s'est acclimatée et multipliée, creuserait, dit-on,
une fossette pour y déposer ses œufs. Dans nos climats,
M. Coste nous a fait assister au curieux spectacle qu'offrent de petits poissons de nos ruisseaux, les Épinoches
(*Gasterost. trachurus* et *leiurus*, G. Cuv.) et l'Épinochette
(*Gasterost. pungitius*, Linn.), dont les mâles, au temps des
amours et en vue des pontes qui vont avoir lieu, construisent un vrai nid avec des brins d'herbes aquatiques, qu'ils
enduisent de mucosités, et auxquels ils mêlent de très-
petites pierres et de la boue. Peut-être faudrait-il joindre
à ces espèces celles de la famille des Salmonidés, dont les
femelles, sans faire un nid proprement dit, n'abandonnent cependant pas leurs œufs au hasard, mais les cachent

sous un monticule de gravier, de cailloux, après les avoir
déposés dans une excavation qu'elles ont préalablement
pratiquée.

Quant aux espèces si nombreuses que nourrit la mer,
c'est à peine, également, si l'on en connaît trois ou quatre
qui préparent un lit de ponte, et le *Phycis* des anciens
est resté fort longtemps le seul poisson auquel on reconnaît cette habitude.

Il faut arriver jusque vers le milieu du XVIᵉ siècle, pour
voir Rondelet attribuer la même industrie à un Ga-
doïde (1), qu'il nommera, pour cette raison, *Phycis*, persuadé qu'il est que c'est bien là l'espèce ainsi appelée par
Aristote. « Ce qui me fait le plus croire, » dit-il en parlant
du poisson vulgairement connu de son temps sous le nom
de *Moule* ou *Mole*, « ce qui me fait le plus croire que c'est
« le *Phycis* des anciens, c'est que *j'ai veu faire son nid*
« *dans l'alga, où fait ses œufs*, ce que ont veu aussi plu-
« sieurs pescheurs, ce que fait ce seul poisson si nous
« croyons à Aristote et Pline, combien que lui seul ne le
« fasse, car les Boulerots et Chevaux-Marins font le
« semblable (2). » Ainsi Rondelet a vu la Mole ou Tanche
de mer faire son nid dans l'algue, ce qu'aucune observation, que je sache, n'a infirmé jusqu'ici ; mais il savait
aussi, comme son contemporain Guillaume Pellicier, cité
par Gesner, et de qui il tenait peut-être le fait, que les
Boulerots et les Hippocampes avaient la même habitude.

Si Rondelet et les observateurs de son temps se sont
trompés relativement à l'Hippocampe ou Cheval marin,
dont les pontes se font dans des conditions actuellement
bien connues, ils étaient dans le vrai pour ce qui con-

---

(1) *Blennius Phycis*, Linn.; *Phycis Mediterraneus*, Laroche;
Phycis tinca, Scheider.

(2) Rondelet, *Histoire des Poissons*. Lyon, 1558, l. VI, ch. X,
p. 158.

cerne les Gobies, que Rondelet désigne sous le nom vulgaire et méridional de *Bourelots*. Près de deux cent cinquante ans plus tard, l'abbé Olivi constatait, en effet, qu'un des Gobies des lagunes de Venise, qu'il dit être le Gobie noir (*Gobius niger*, Linn.), choisit, au printemps, un fond couvert d'herbes marines, et y creuse une demeure moins profonde que large, dont il garnit les parois de grossières racines de zostères, sur lesquelles la femelle dépose ses œufs. M. de Martens (1), qui rapporte l'observation d'Olivi, dans le deuxième volume de son *Voyage à Venise*, dit que ce nid est confié à la garde du mâle, qui s'y établit pour féconder les œufs que les femelles viennent successivement y déposer, pour veiller à leur conservation, et pour défendre les petits nouvellement éclos.

L'opinion, vaguement énoncée par Rondelet et par Gesner, que les Gobies nichaient, a donc été confirmée par la découverte de l'abbé Olivi. Des observations ultérieures sont venues lui donner une confirmation nouvelle. M. Nordmann (2) a constaté que trois Gobies au moins, parmi lesquels son *Gobius constructor*, font réellement un nid dans des trous, ce qui n'a pas seulement lieu à la mer, mais encore dans les torrents rapides, comme en 1846 il a eu l'occasion de l'observer en Abassie.

Ainsi donc, la Mole ou Tanche de mer, si ce qu'en dit Rondelet est exact, et trois ou quatre espèces de Gobies, dont l'un représenterait le *Phycis* d'Aristote, opinion sur laquelle je reviendrai tout à l'heure, sont les seuls poissons que l'on ait vus construire un nid.

Une autre espèce, appartenant certainement à un genre

(1) Georg. Martens, *Reise nach Venedig*. Ulm, 1824, t. II, 1er suppl. *Pisces*, p. 419.

(2) Nordmann, *Voy. dans la Russie mérid.*, Paris, 1840, Poissons, p. 429, et *Bull. de l'Acad. de Saint-Pétersbourg*, 1837.

différent, viendrait augmenter ce nombre bien restreint, si
les nids provenant du Bouquereau de Terre-Neuve et présentés par M. Valenciennes à l'Académie des sciences (1),
dans la séance du 5 décembre 1859, étaient bien le travail
d'un poisson. Mais on n'a, sur ce point, aucune certitude.
Après l'examen que M. A. Duméril a bien voulu me laisser
faire d'un de ces nids, je partage le doute qu'exprime, à
cet égard, M. Valenciennes et comme complément à cette
question : « Les poissons sont-ils les seuls animaux marins qui construisent des nids ? » je me permettrai d'a-
jouter : ceux du Bouquereau ne seraient-ils pas des abris
protecteurs temporaires ou permanents, que se créeraient
certains crustacés ? Quoi qu'il en soit, ces nids, en supposant qu'ils appartiennent à un poisson, ne peuvent avoir
pour constructeur, vu leur peu de développement, qu'une
petite espèce, plus petite même que le Lodde Capelan,
auquel M. Valenciennes ne serait pas éloigné de les attribuer.

Mais s'il nous faut, jusqu'à nouvel ordre, laisser en dehors des exemples de nidification des poissons de mer le
fait publié par M. Valenciennes, je puis, comme compen-
sation, en faire connaître deux nouveaux cas, dont je suis
redevable au hasard, du moins pour le premier.

(La suite au prochain numéro.)

RÉVISION DES *Coléoptères du Chili*, par MM. L. FAIRMAIRE
et GERMAIN.

Nous avons publié, dans les *Annales* de la Société entomologique de France, une révision des Buprestides et des
Cérambycides du Chili, savoir : pour les premiers, dans
l'année 1858, p. 709, et, pour les seconds, dans les an-

(1) *Comptes rendus*, 1859, t. XLIX, p. 878.

nées 1859, p. 483, et 1861, p. 105. Les dernières explorations faites par M. Germain, avant son retour en France, nous permettent d'ajouter un supplément important à nos précédents travaux sur ces deux familles, dont nous aurons plus que doublé le nombre des espèces chiliennes.

Fam. BUPRESTIDÆ, 1ᵉʳ supplément.

PSILOPTERA FASTIDIOSÀ. — Long. 23 mill. — *Oblongus, crassus, supra depressus, elytris postice attenuatus, capite prothoraceque valde corrosis, æneis, cupreo tinctis, elytris obscure viridi-œneis, vix nitidis, corpore subtus cuprescente, nitido, abdominis lateribus maculis albido-tomentosis ornatis; prothorace transverso, antice paulo angustato, medio valde excavato lateribus impressis, elytris grosse substriato-punctatis, sutura et utrinque costulis tribus elevatis, interstitiis sparsim punctatis, margine externo rugoso-punctato; corpore subtus grosse valde punctato.*

Corps oblong, épais, déprimé au-dessus, rétréci en arrière; tête et corselet d'un bronzé assez brillant mélangé de cuivreux; dessous du corps d'un cuivreux brillant avec une rangée de taches de pubescence blanche sur les côtés de l'abdomen; élytres d'un bronzé verdâtre assez terne, avec un faible reflet légèrement cuivreux. Tête grossement rugueuse avec une petite bande élevée assez lisse entre les yeux. Corselet transversal, rétréci seulement en avant; base fortement sinuée de chaque côté, ce qui rend les angles postérieurs assez aigus; surface fortement corrodée et grossement ponctuée; au milieu une grande impression assez profonde, large, tenant toute la longueur, avec les côtés saillants et la base plus lisse; de chaque côté, une impression corrodée bien marquée. Écusson petit, très-court, tronqué; élytres à lignes de très-gros points, formant presque des stries, les intervalles parsemés de points peu serrés, finissant, vers l'extrémité, par se confondre avec les points des stries; sur chaque élytre 3 côtes peu

convexes, mais distinctes, séparées par des intervalles non
élevés, plus saillants à la base ; entre la troisième et le
bord externe, quelques rangées de points confondus par
des rides transversales et un vestige de côte peu marquée ;
extrémité échancrée un peu obliquement et biépineuse.
Dessous du corps très-grossement ponctué, ces points souvent confluents et formant presque des fossettes. —
Chili.

Diffère du *P. Buqueti* par le corselet plus corrodé, à la
base plus fortement sinuée, ce qui rend les angles postérieurs plus saillants, et par les côtes des élytres non interrompues par de petites dépressions ponctuées ; le dessous
du corps est moins fortement corrodé en long ; et du *De-
caisnei* par les côtes des élytres non interrompues avec les
intervalles beaucoup moins ponctués et les côtés de l'abdomen tachetés de blanc.

HYPOPRASIS, nov. gen. — *Corpus parum crassum, longitudinaliter arcuatum. Antennæ ab articulo quinto dentatæ.
Epistoma valde emarginatum. Oculi magni, supra sat ap-
proximati. Prothorax transversus, angulis posticis productis.
Scutellum subquadratum. Elytra apice denticulata, apice
ipso spinoso, haud emarginato. Abdomen basi haud canali-
culatum. Prosternum planum, haud striatum.*

Genre voisin des *Latipalpis* et des *Capnodis*, en diffère
par le prosternum non sillonné, les yeux peu distants en
dessous, les élytres non échancrées à l'extrémité, mais
denticulées avant l'extrémité, les pattes peu robustes et
les tarses peu larges.

H. HARPAGON. — Long. 25 mill. — *Oblonga, griseo-pi-
losa, hirta, supra æneo-fusca, nitida, capite vix cuprea, elytris utrinque maculis marginalibus tribus cupreis ornatis,
his maculis dense sulphureo-tomentosis, subtus cuprea, ful-
gida ; capite rugoso ; prothorace brevi, lateribus rugoso-punctato, impresso, basi medio sulcato, antice angustato ; elytris
utrinque quadri-costatis, interstitiis concavis, latis, parum*

profunde punctatis; subtus dense ác grosse punctata, tibiis
œneis, tarsis œneo-cœruleis.

Oblong, faiblement convexe, arqué dans le sens de la
longueur, hérissé de poils blanchâtres assez longs, peu
serrés, tant en dessus qu'en dessous. Dessus du corps d'un
brun noir un peu métallique, brillant; dessous d'un cuivreux éclatant avec les tibias d'un vert métallique et les
tarses d'un vert-bleu foncé; sur les élytres, 4 ou 5 taches
marginales, dont 3 grandes cuivreuses, cachées par des
floccosités plus ou moins longues d'un beau jaune presque
soufre; la 1re longe le bord externe depuis l'épaule jusqu'auprès du milieu, la 2e est transversale, la 3e poncti-
forme, la 4e presque arrondie, la 5e extrêmement petite.
Tête rugueusement ponctuée, un peu cuivreuse. Antennes
grêles, n'atteignant pas la base du corselet; 3e article
aussi long que le 1er, 2e de moitié plus court que le 3e,
4e plus court que le 3e, mais un peu plus long que le 5e, et
commençant à former une dent; noires avec les 2 ou 3 premiers articles bronzés. Corselet court, assez fortement
rétréci en avant; côtés sinués en arrière, un peu déprimés
et relevés en avant; angles postérieurs saillants en arrière:
surface fortement et rugueusement ponctuée sur les côtés,
ayant au milieu des points peu serrés, et en arrière un
sillon bien marqué, formant presque une fossette à la
base. Écusson tronqué, fortement sillonné. Élytres légèrement élargies au milieu, puis rétrécies avec les côtés den-
ticulés à partir du milieu; extrémité se terminant par une
assez forte épine; sur chacune 4 côtes minces, ne commençant pas dès la base, les deux internes assez élevées,
les autres plus courtes et peu distinctes; intervalles larges,
un peu concaves, à ponctuation assez grosse, mais peu
profonde et peu serrée; à la base même, quelques rides
et une légère impression juxta-humérale. Dessous du
corps grossement et densément ponctué. Abdomen arqué
en dessous; dernier segment presque caréné au milieu,
bi-échancré à l'extrémité. Pattes assez grêles; tarses peu

larges, creusés en cuiller en dessous, décroissant de longueur, le 4e presque en carré arrondi.

Ce bel insecte rappelle, par la coloration de la partie inférieure du corps, les *Polybothris* de Madagascar.

ANTHAXIA SUBÆQUALIS. — Long. 12 mill. — *Oblonga, parum convexa, supra viridi-ænea, prothorace cupreo tincto, parum nitido; supra cuprescens, nitidior; capite antice impresso, medio sulcatulo; prothorace transverso lateribus valde rotundato, utrinque late depresso, medio longitudinaliter impresso, rugose punctato, medio tenuiter punctato, elytris margine externo dense crenulato, lateribus basique tantum obsolete impressis, substriato-punctatis, interstitiis densissime rugosulis.*

Extrêmement voisin de l'*A. angulosa*, en diffère par les élytres plus courtes, à impressions indistinctes, par la tête plus concave en avant avec l'épistome plus échancré, par le corselet plus court, plus fortement échancré en avant, à bords latéraux plus minces, à ponctuation plus fine dans la partie médiane, qui présente, au lieu d'un simple sillon, une dépression longitudinale un peu plus marquée en avant et en arrière; les élytres présentent au bord externe une denticulation plus marquée; l'écusson paraît un peu plus étroit et plus tronqué; le bord antérieur du prosternum présente une impression transversale qui ne se retrouve pas chez l'*angulosa*. —Cordillères d'Aculco, pris au vol.

A. VERECUNDA. Er. Meyen's Reise um die Erde, 229. — Ce nom est antérieur à celui de *A. marginicollis*, donné par Solier au même insecte dans l'ouvrage de M. Gay, et doit, par conséquent, lui être préféré.

(La suite prochainement.)

II. SOCIÉTÉS SAVANTES.

ACADÉMIE DES SCIENCES.

Séance du 1ᵉʳ août 1864. — M. *Flourens* présente un livre qu'il vient de publier sous le titre de *Psychologie comparée.*

M. *de Quatrefages* présente, de la part de M. *Boucher de Perthes,* les procès-verbaux détaillés des deux fouilles faites à Moulin-Quignon les 9 et 16 juillet 1864.

« Il résulte de ces procès-verbaux que toutes les précautions les plus minutieuses ont été prises pour s'assurer de l'intégrité des terrains et de l'impossibilité de toute fraude. La sévérité du contrôle et de la surveillance était d'autant mieux assurée que, parmi les témoins appelés par M. de Perthes, se trouvaient quelques personnes qui professaient hautement la plus grande incrédulité relativement à la réalité des découvertes qu'il s'agissait de constater. Ces personnes, convaincues par les faits, ont signé les procès-verbaux aussi bien que celles dont les convictions résultaient d'observations antérieures. »
Suivent les noms des témoins des deux fouilles.

M. *Fromentel* adresse des *Recherches expérimentales sur la question des générations spontanées.*

M. *Segond* présente un travail intitulé : *Application des principes de morphologie à la classification des Oiseaux.*

« Quand on recherche, dit l'auteur, dans les parties les moins variables du squelette des Oiseaux les caractères qui peuvent le mieux révéler le degré d'affinité qui existe entre les animaux de cette classe, on reconnaît que toutes les espèces dérivent, soit directement, soit par mélange, de quatre types, dont la plus parfaite réalisation se manifeste dans l'*Aigle,* le *Cygne,* le *Coq* et l'*Autruche*.......

« Dans mon programme de morphologie dont la partie anatomique fut, en septembre 1862, soumise au jugement de l'Académie, j'ai pu faire la distribution méthodique des Mammifères par la seule considération de la partie centrale de la colonne vertébrale, qui, dans cette première classe, offre un degré suffisant de complexité ; mais, dans la classe des Oiseaux, il faut, à cause de la plus grande spécialité du squelette, recourir à l'ensemble du tronc. En tenant compte de l'épine dorsale, du bassin et du sternum, on arrive à séparer les Oiseaux en quatre lignées naturelles, à partir des types que je viens d'indiquer... »

M. *J. Swaim* adresse, de Philadelphie, une boîte contenant plusieurs rameaux de *Vernonia noveboracensis* sur lesquels des fourmis ont construit de petites cabanes destinées à abriter les pucerons dont elles sucent la liqueur sucrée.

« Cette espèce de *Vernonia,* dit M. Swaim dans la lettre qui accompagne son envoi, est très-sujette à être couverte de pucerons, mais je n'y avais jamais vu de constructions destinées à les loger, et je crois le fait nouveau pour la science (1). »

(1) Le fait n'a peut-être pas encore été signalé pour les Fourmis américaines, mais il l'est depuis longtemps pour les nôtres. Hubert l'a observé chez plusieurs espèces, et est entré, à ce sujet, dans de grands détails : nous lui emprunterons seulement le passage suivant :

« Je découvris un jour un Tithymale qui supportait, au milieu de sa tige, une petite sphère à laquelle il servait d'axe. C'était une case que des Fourmis avaient bâtie avec de la terre. Elles en sortaient par une ouverture fort étroite pratiquée dans le bas, descendaient le long de la branche et passaient dans une fourmilière voisine. Je démolis une partie de ce pavillon construit presque en l'air, afin d'en étudier l'intérieur ; c'était une petite salle dont les parois, en forme de voûte, étaient lisses et unies ; les Fourmis avaient profité de la forme de cette plante pour soutenir leur édifice ; la tige passait donc

La boite qui contient ces rameaux, recueillis à 3 milles environ à l'est de Philadelphie, renferme aussi quelques-unes des Fourmis architectes.

MM. *Leplat* et *Jaillard* font présenter par M. *Pasteur* un travail intitulé : *De l'action des Bactéries sur l'économie animale.*

Après avoir rapporté une assez longue série d'expériences, les auteurs ajoutent :

De ces expériences nous concluons

« 1° Que les Vibrioniens (Bactéries ou Vibrions), provenant d'un milieu quelconque, ne produisent aucun accident chez les animaux dans le sang desquels on les a introduits, à moins, toutefois, qu'il ne soient accompagnés d'agents virulents qui, eux seuls, sont responsables des effets fâcheux qui peuvent survenir ;

« 2° Que, si le véhicule injecté qui les contient est putride et en trop grande quantité, il y a empoisonnement septicémique, mais qu'il ne se développe pas de maladies virulentes, puisque les mêmes phénomènes ne se reproduisent pas par l'injection du sang contaminé. »

M. *Lacaze-Duthiers* adresse une note *sur la couleur des alcyonaires et ses variations, expliquée par l'histologie.*

M. *Dareste* adresse une note *sur les caractères qui distinguent la cicatricule féconde et la cicatricule inféconde dans les œufs de Poules.*

Séance du 8 août. — M. *Pouchet* communique un mémoire sous ce titre : *Embryogénie des infusoires ciliés. Réponses aux observations de* M. Coste.

au centre de l'appartement et ses feuilles en composaient toute la charpente ; cette retraite renfermait une nombreuse famille de Pucerons, auprès desquels les Fourmis brunes venaient paisiblement faire leur récolte, à l'abri de la pluie, du soleil et des Fourmis étrangères... »

(Hubert, *Recherches sur les mœurs des Fourmis indigènes.* Genève, 1810, p. 198)

M. *Alph. Milne-Edwards* présente des *Recherches sur le groupe des Chevrotains.*

L'objet de ce travail est brièvement indiqué par son auteur dans ces deux phrases :

« Les faits exposés dans ce travail me paraissent conduire à plusieurs résultats intéressants pour la zoologie, et que l'on peut résumer de la manière suivante :

« Les Chevrotains, comprenant le Chevrotain porte-musc (*Moschus moschiferus*, Linné), le genre *Tragulus* de Brisson (1) et le genre *Hyæmoschus* de Gray (2), loin de former un groupe naturel, présentent entre eux les plus grandes différences, et les faits que j'expose conduisent à séparer complétement le Porte-Musc des autres Chevrotains, que je désigne sous le nom collectif de *Traguliens.* »

M. *Budge* adresse de Greisswald la troisième partie de ses Recherches concernant l'*action du système nerveux sur les voies urinaires.*

Séance du 17 août. — M. *Lemaire* lit des *Recherches sur les Microphytes et le Microzoaire.*

M. *Gratiolet* lit un travail intitulé : *Comparaison du bras et de la main de l'homme avec l'avant-bras et la main des grands Singes à sternum plat désignés à tort par les naturalistes sous le nom d'*anthropomorphes.

« J'ai profité de l'occasion qui m'a été généreusement offerte par M. Aubry-Lecomte de disséquer un grand Chimpanzé de l'Afrique équatoriale, différant, par certains

(1) Le genre *Tragulus* se compose des cinq espèces suivantes : T. *Javanicus* (Pallas) des îles de la Sonde ; T. *Napu* (Raffles) de Sumatra ; T. *Kanchil* (Raffles) de Cochinchine ; T. *Stanleyanus* (Gray) des Indes ; T. *Meminna* (Erxleben) de Ceylan.

(2) Le genre *Hyæmoschus* ne compte qu'une seule espèce vivante, originaire du Gabon, l'*H. aquaticus* (Ogilby), et une espèce fossile l'*H. crassus* (Lartet) de Sansan.

caractères, du *Troglodytes niger*. Ces différences sont une physionomie plus bestiale, des formes plus massives, une lèvre supérieure froncée au lieu d'être sillonnée régulièrement de haut en bas, une face toute noire, et par-dessus tout un talon bien prononcé à la partie postérieure de la dernière molaire d'en bas. Ce Chimpanzé est donc très-certainement une espèce nouvelle ; et, pour consacrer ma reconnaissance, je propose de le désigner sous le nom spécifique de *Troglodytes Aubryi*.

« Dans la note que j'ai l'honneur de soumettre aujourd'hui au jugement de l'Académie, je ne traite pas de l'ensemble des remarques que j'ai pu faire sur l'anatomie de ce curieux animal ; elles seront l'objet d'un grand travail que je rédige en ce moment avec M. le docteur Alix. Mais j'ai cru utile de résumer, parmi les observations que j'ai pu faire, celles qui sont relatives à l'anatomie de la main dans les Singes dits anthropoïdes. Cette anatomie révèle des différences profondes et réellement typiques entre l'Homme et les Singes les plus élevés. Chez les Singes, le pouce est fléchi par une division oblique du tendon commun du muscle fléchisseur commun des autres doigts. Il est donc entraîné dans les mouvements communs de flexion et n'a aucune liberté. Le même type est réalisé dans le Gorille et dans le Chimpanzé, mais ce petit tendon qui meut le pouce est réduit chez eux à un filet tendineux qui n'a plus aucune action, car son origine se perd dans les replis synoviaux des tendons fléchisseurs des autres doigts, et il n'aboutit à aucun faisceau musculaire ; le pouce s'affaiblit donc d'une manière notable dans ces grands Singes. Chez aucun d'eux il n'y a aucune trace de ce grand muscle indépendant qui meut le pouce dans l'Homme. Et, loin de se perfectionner, ce doigt si caractéristique de la main humaine semble chez les plus élevés de tous ces Singes, les Orangs, tendre à un anéantissement complet. Ces Singes n'ont donc rien dans l'organisation de leur main qui indique un passage aux formes humaines, et j'insiste à ce sujet, dans mon mémoire, sur les différences profondes que révèle l'étude des mouvements dans des mains formées pour des accommodations d'ordre absolument distinct.

« Une étude approfondie des muscles du bras et de l'épaule dans ces prétendus anthropomorphes confirme ces résultats. D'ailleurs, c'est surtout dans le Singe en apparence le plus semblable à l'Homme, dans l'Orang indien, que la main et le pied présentent les dégradations les plus frappantes. Ce paradoxe, ce défaut de parallélisme chez l'Homme et chez les grands Singes dans le développement d'organes corrélatifs tels que le cerveau et la main, montre avec une absolue évidence qu'il s'agit ici d'harmonies différentes et d'autres destinées; tout dans la forme du Singe a pour raison spéciale quelque accommodation matérielle au monde; tout, au contraire, dans la forme de l'Homme, révèle une accommodation supérieure aux fins de l'intelligence. De ces harmonies et de ces fins nouvelles résulte dans ses formes l'expression d'une beauté sans analogue dans la nature, et l'on peut dire, sans exagération, que le type animal se transfigure en lui.

« Les faits sur lesquels je viens d'insister me permettront, du moins, d'affirmer, avec une conviction fondée sur une étude personnelle et attentive de tous les faits connus, que l'anatomie ne donne aucune base à cette idée, si violemment défendue de nos jours, d'une étroite parenté entre l'Homme et le Singe. On invoquerait en vain quelques crânes anciens évidemment monstrueux trouvés par hasard, tels que celui de Neanderthal. On trouve encore çà et là des formes semblables; elles appartiennent à des idiots. L'une d'elles fut recueillie, il y a quelques années, par M. le docteur Binder. A la prière de M. Jean Macé, M. Binder voulut bien m'en faire don; je n'ai pas cru qu'un spécimen aussi précieux pût rester dans mes mains; il appartient aujourd'hui aux collections du muséum. Il comptera désormais parmi les éléments de cette grande discussion sur la nature de l'Homme qui agite aujourd'hui les philosophes et trouble les consciences, mais d'où la divine majesté de l'Homme sortira quelque jour, consacrée par le combat, et dès lors inviolable et triomphante. »

M. *Husson* adresse des *Recherches complémentaires sur les cavernes à ossements des environs de Toul.*

M. l'abbé *Chevalier* annonce à M. Élie de Beaumont la *découverte d'un atelier de fabrication d'instruments en silex.*

M. *Davaine* adresse une *réponse à une communication de* MM. Leplat et Jaillard *relative à l'action des Bactéries sur l'économie animale.*

MM. *Leplat et Jaillard* adressent une note intitulée : *De l'action du* Penicillum glaucum *et de l'*Oidium Tuckeri *sur l'économie animale.*

D'une série d'expériences que les auteurs exposent dans ce travail, ils tirent les conclusions suivantes :

« 1° Les spores du *Penicillum glaucum,* introduites dans le sang, ne sont pas susceptibles de déterminer une dermatose caractéristique et spéciale, ainsi que M. Wertheim semble l'affirmer; elles disparaissent rapidement du torrent circulatoire (nous n'avons pu en retrouver vingt-quatre heures après nos opérations); elles ne sauraient produire d'embolies capillaires, attendu que leur diamètre est à peine le tiers de celui des globules sanguins.

« 2° Les spores d'*Oidium Tuckeri* ne sont point transmissibles aux animaux, elles ne sont ni virulentes ni toxiques; elles ne produisent point, lorsqu'on les injecte dans le sang ou qu'on les dépose sous la peau, les accidents formidables que M. Colin a rencontrés chez ses malades et que, pour être logique, il faut nécessairement rapporter à une autre cause. »

M. *Colin* adresse, de Saint-Honoré (Nièvre), une réclamation de priorité à l'occasion d'une communication de *MM. Bouché de Vitray* et *Desmartis,* concernant la possibilité de transmission des végétaux à l'Homme, d'une espèce d'*Oïdium.* M. Colin dit avoir fait, dès les premiers jours de mai, une communication sur ce sujet à l'Académie de médecine qui l'a renvoyée à l'examen d'une commission. C'est évidemment devant l'Académie de médecine qu'il doit se pourvoir pour décider la question de priorité. Ce point sera peut-être difficile à établir, puisque c'est aussi des premiers jours de mai que date la note de MM. Bouché de Vitray et Desmartis. Elle a été présentée à l'Académie dans la séance du 9 mai, et était partie de Bordeaux quelques jours plus tôt. Dans cette note, d'ailleurs, les auteurs se réfèrent à une publication faite par l'un d'eux dès l'année 1852.

Séance du 22 août. — M. *Coste* lit un travail intitulé : *Développement des infusoires ciliés. Réponse aux observations de* M. Pouchet.

M. *Lemaire* présente des *explications sur un passage de son mémoire concernant les Microphytes et les Microzoaires.*

MM. *Duméril* et *Jacquart* présentent une note *sur les muscles de la déglutition chez les Ophidiens.*

M. *Davaine* adresse des *Nouvelles recherches sur la nature de la maladie charbonneuse connue sous le nom de sang-de-rate.*

III. ANALYSES D'OUVRAGES NOUVEAUX.

A Catalog. —Catalogue des Coléoptères Lucanides, avec l'illustration et la description de diverses espèces nouvelles et intéressantes; par le major F. J. Sidney Parry.

Le savant entomologiste Sidney Parry vient de faire

paraître, dans les *Transactions de la Société entomologique de Londres* (vol. II, third ser., part. 1, mai 1864), le beau mémoire qu'on attendait depuis longtemps. C'est un travail consciencieux, basé sur sa magnifique collection de Lucanides, à laquelle ont été ajoutés tous les sujets des autres collections de l'Europe, qui lui ont été généreusement communiqués.

Dans son introduction, il trace l'histoire de ce superbe groupe et des travaux des auteurs qui en ont traité; il arrive ensuite à la description des nouvelles espèces et aux notes qu'il a recueillies sur quelques espèces déjà décrites mais rares et imparfaitement connues.

Ayant étudié, soit dans sa riche collection, soit dans celles qui lui ont été communiquées, un grand nombre d'individus, il a pu reconnaître, comme l'avait déjà si bien fait M. le comte Mniszech, que beaucoup d'individus décrits comme formant des espèces distinctes n'étaient que des sujets plus ou moins développés appartenant à des espèces plus anciennement publiées. Cette partie du travail du major Parry est des plus intéressantes, et elle forme l'objet des notes que l'auteur a données sur des espèces déjà décrites.

Après cette partie principale, qui occupe plus de 60 pages, M. Parry a donné un catalogue complet du groupe des Lucanides, avec la synonymie des genres et des espèces, la citation de tous les auteurs qui les ont décrits ou figurés, et l'indication de la date de ces descriptions, suivant en cela, comme bien d'autres aujourd'hui, la méthode que j'ai inaugurée dans mon *Species* des Coléoptères, commencé il y a très-longtemps et que des circonstances indépendantes de ma volonté m'ont empêché de continuer.

En outre, M. Parry a terminé l'ouvrage par une liste ou synopsis des Lucanides connus jusqu'à ce jour, en numérotant les genres et les espèces. Il en résulte qu'il existe aujourd'hui, dans les collections, 332 espèces de ce groupe, réparties dans 48 genres et 7 familles; tandis que M. Thomson n'en mentionnait que 181 en 1862 et M. Hope 128 en 1845.

L'ouvrage est orné de 12 planches lithographiées et en partie coloriées, représentant la plupart des espèces décrites par l'auteur.   (G. M.)

IV. MÉLANGES ET NOUVELLES.

Destruction des fourmis.

Nous trouvons dans l'excellent recueil publié par M. J. COLLONGE, dans *la Science pour tous* (n° du 28 juillet 1864), une note de M. Garnier, sur un moyen simple et efficace de se débarrasser des Fourmis. Il consiste dans une solution de sucre ou de miel, dans laquelle on ajoute un dixième de son poids d'oxyde blanc d'arsenic.

Plusieurs fois, et à diverses époques, M. Garnier a placé dans le voisinage de fourmilières une soucoupe contenant le mélange, et chaque fois il a vu, au bout d'une heure à peine, que les Fourmis ne reparaissaient plus.

TABLE DES MATIÈRES.

PARIS. — IMP. DE Mᵐᵉ Vᵉ BOUCHARD-HUZARD, RUE DE L'ÉPERON, 5.

I. TRAVAUX INÉDITS.

OBSERVATIONS sur la nidification des Crénilabres,
par M. Z. GERBE.

Dans le printemps de 1859, en parcourant à mer basse
les terrains émergents du bassin d'Arcachon, vulgairement connus sous le nom de *crassats*, mon attention fut
attirée par de petits amas de végétaux ayant l'apparence de
taupinières, les uns parfaitement à découvert, les autres
complétement ou en partie cachés par les zostères que
l'eau, en se retirant, avait étalées sur le sol. Poussé par la
curiosité, je pris successivement plusieurs de ces petits
amas, et, à ma grande surprise, je découvris dans tous
une innombrable quantité d'œufs, dont le développement,
en général très-avancé, rendait la détermination facile.
Ces amas de végétaux représentaient manifestement des
nids, et les œufs qu'ils renfermaient étaient certainement
ceux d'un poisson. Mais à laquelle des espèces assez
nombreuses que nourrit le bassin appartenaient-ils?

Afin de pouvoir le constater, des bas-parcs furent établis sur un point où les nids étaient assez abondants, et
parmi les poissons que la mer, en se retirant, laissa dans
les filets, un petit Crénilabre, que j'ai su depuis être le Crénilabre massa (*Crenilabrus massa*, Risso), s'y trouvait en
grand nombre, et était le seul dont les mâles et les femelles
présentassent des signes de reproduction actuelle. Le

Crénilabre massa (1) devait donc être, d'après ce seul indice, l'artisan des nids que j'avais vus. J'ai acquis immédiatement une preuve plus convaincante en ouvrant des
femelles qui, par le développement de leur ventre, me paraissaient sur le point de pondre. Leurs œufs, complètement libres dans l'ovisac, étaient tellement identiques,
et par la forme, et par le volume, et par la couleur, à ceux
de fraîche ponte dont quelques nids étaient dépositaires,
que le doute n'était plus possible : c'était bien à ce Crénilabre qu'appartenaient les ouvrages disséminés sur les
crassats.

Cette certitude acquise, il restait à examiner, mieux que
je n'avais pu le faire au moment de la découverte, la position, la forme, la structure, la composition du nid et la
disposition que les œufs y avaient. Voici le résultat de cet
examen :

Le nid repose toujours dans un creux formé, soit par le
ressac de l'eau, soit par les crabes, et peut-être aussi par
le poisson lui-même. Sa forme, comme je l'ai dit, est celle
d'une taupinière ou d'un petit tumulus, dont les bords,
en s'affaissant, se confondent avec le sol. Ces bords sont
le plus souvent interrompus sur un seul point par une petite cavité qui entoure partout la base, et quelquefois par
une prompte dépression. Son volume ne varie pas beaucoup, et il est généralement moins haut que large. J'en ai
vu qui, mesurés à la base, avaient de 12 à 15 centimètres de large, sur une hauteur de 7 à 8 centimètres, et
d'autres qui mesuraient jusqu'à 20 centimètres dans leur
plus grand diamètre, et de 10 à 11 centimètres en hauteur.
Les uns et les autres paraissaient achevés, car tous avaient
des œufs plus ou moins développés.

La cavité que l'on observe sur le pourtour n'a pas d'o-
rientation déterminée et n'est jamais très-profonde.

(1) Sur une grande étendue des côtes de la Méditerranée, les pêcheurs connaissent ce poisson sous le nom vulgaire de *Comadello,*
nom qu'ils donnent aussi à d'autres petites espèces du même genre.

A l'exception de cet accident, les bords ne présentent pas, comme dans le nid des épinoches, ces brèches assez nombreuses qui restent comme un témoignage du passage des femelles qui sont venues y pondre. Ici il n'y a rien de semblable : on n'y voit ni d'ouverture d'entrée, ni d'ouverture de sortie, ni même de cavité centrale.

Quoique les matériaux qui la composent et qui consistent principalement en tiges de cladophores, auxquelles se trouvent mêlés des fragments de conferves et de zostères, ne soient liés les uns aux autres par aucune matière agglutinante, ils forment cependant un tout solidaire capable de résister à l'action des flots, lorsque la mer se retire ou lorsqu'elle monte. Ils sont, d'ailleurs, assujettis par une grande quantité de coquilles de la cérite lime, du buccin réticulé, par des fragments de troque, de valves d'huîtres, de vénus, de bucardes, etc. (1). Quelquefois ces coquilles sont entassées en grand nombre sur le même point; d'autres fois elles sont disséminées; mais toujours les bords du nid en sont ordinairement moins garnis que le centre. Un peu de sable vaseux, mêlé à ces divers éléments, forme le complément de l'édifice. Il est difficile de dire si ce sable est déposé par les eaux, ou si, comme chez les épinoches, il est déporté par l'ouvrier chargé de la construction.

Lorsqu'on éventre un de ces nids, on voit qu'il est entièrement compacte, et qu'il contient dans son épaisseur, aussi bien qu'à la surface, des dépôts de petits coquillages. Mais

---

(1) J'ai été curieux de connaître le nombre de cérites que contient un nid, pris au hasard, que je conserve depuis quatre ans dans du papier, et j'ai constaté que ce nombre est actuellement de 516. Si l'on y ajoutait les coquilles qui ont dû tomber au moment où il a été pris et celles qui se sont perdues depuis, ce ne serait pas exagérer que de porter ce nombre à 600. Quant aux fragments de coquilles univalves et bivalves, j'ai dû renoncer à les compter. Ces fragments et les cérites, malgré leur extrême dessiccation, pèsent ensemble 48 grammes.

la disposition qu'affecte l'élément végétal est certainement
ce qu'il offre de plus singulier. Les cladophores, les fragments de zostères, les longs filaments de conferves,
dont quelques-uns, lorsqu'on les développe, mesurent
au delà de 20 centimètres, s'y trouvent convertis en petits
tampons, les uns réguliers, ovales, de même volume,
ayant de 10 à 12 millimètres de long sur 7 à 8 millimètres
de large ; les autres irréguliers, comprimés, tiraillés, laissant échapper des brins qui s'enchevêtrent, mais conservant, pour la plupart, des traces manifestes de la forme
des premiers. L'explication de ce fait curieux est simple,
à mon avis. Ces tampons, comme je m'en suis assuré sur
ceux qui n'étaient pas altérés, ont évidemment pour moule
la cavité buccale du poisson : ils en reproduisent la forme,
et leur volume en égale la capacité. Or il est certain que
le Crénilabre massa, après avoir pris des bouchées de végétation, doit, avant de-les employer, les agglomérer en
les tournant et les retournant dans sa bouche, jusqu'à ce
qu'il les ait réduites au volume et à la forme voulus.

C'est parmi ces agglomérations de fibrilles végétales,
plus ou moins pelotonnées, que les œufs sont déposés.
Ils y paraissent jetés par ordre : plus entassés sur quelques
points, ils sont disséminés sur d'autres. On dirait que
la femelle, soit en pondant, soit après la ponte, les disperse volontairement. Ces œufs n'ont entre eux aucune
adhérence, et ne sont pas même agglutinés aux végétaux
ou aux coquilles qui les environnent. Le moindre souffle
les fait changer de position.

Sur une vingtaine de nids que j'ai ouverts, je n'en ai
rencontré que deux dont les œufs provinssent de deux
pontes différentes et éloignées, car les uns étaient sur le
point d'éclore, pendant que les autres ne présentaient encore que les premiers linéaments de l'embryon. En général, tous ceux d'une nichée, quel que soit leur nombre, ont
à peu près le même développement.

Mais dans quelles conditions se fait la ponte ? La femelle

pénètre-t-elle dans le nid par une voie ménagée à l'avance, ainsi que cela a lieu pour les gasterostés, ou bien, lorsqu'une couche suffisante est formée, y dépose-t-elle ses œufs, qui sont ensuite recouverts par une autre couche? Jusqu'ici, je n'ai pu rien savoir à cet égard; cependant, si l'on considère l'état du nid, sa structure compacte, l'absence d'ouverture sur ses bords, et surtout la manière dont les œufs y sont disposés, on est autorisé à penser que la femelle, pour pondre, ne doit pas y pénétrer. Ce qui paraît beaucoup plus probable, c'est que, après avoir été versés sur un lit préalablement disposé, les œufs sont mis à l'abri sous un amas d'autres matériaux.

Les nids du Crénilabre massa ne sont pas indifféremment établis sur toute l'étendue des terrains qui émergent. Si quelques-uns occupent des points élevés que les eaux abandonnent durant plusieurs heures par jour, le plus grand nombre se trouve au voisinage de la ligne qu'atteignent les marées basses des syzygies, dans une zone, par conséquent, où les uns sont toujours submergés et où les autres ne peuvent rester longtemps à découvert. D'ailleurs, les nids que la mer, en se retirant, laisse plusieurs heures à sec conservent assez d'humidité, lors même qu'ils ne sont point protégés par les zostères, pour que les œufs ne souffrent pas.

Le mâle épinoche, comme nous l'a appris M. Coste, construit seul le nid et en recueille seul les matériaux. Les femelles, durant ce travail, restent dans la plus complète indifférence. En est-il de même pour le Crénilabre massa? Ce poisson vit dans un milieu et à des profondeurs qui nous dérobent si bien ses actes, que, pendant trois ans, il m'a été impossible de rien connaître à cet égard. Enfin, grâce aux persévérantes observations qu'a bien voulu faire pour moi M. Dauris, que ses fonctions comme agent de la marine retiennent toute l'année sur le bassin, j'ai pu savoir que le mâle et la femelle travaillaient de concert; que celle-ci portait au nid aussi bien que celui-là;

et, ce qui n'est pas sans importance, qu'à l'époque des amours les mâles pâlissaient au point de paraître quelquefois blancs. Le changement de couleur, si remarquable chez les mâles épinoches, gobies, truites, au moment des pontes, se manifeste donc aussi sur le Crénilabre massa.

Mais, si chez cette espèce le mâle et la femelle, comme M. Dauris m'a affirmé l'avoir vu, contribuent, pour une part égale, à la construction du nid, il faut admettre qu'il y a formation préalable de couples, ce qui serait un fait si extraordinaire dans l'histoire des poissons chondroptérygiens, que je n'ose m'y arréter. Il faudrait admettre aussi qu'un nid ne reçoit pas la ponte de plusieurs femelles, mais seulement celle de l'ouvrière. Or, dans cette hypothèse, et pour expliquer les deux cas dont j'ai parlé plus haut, on doit supposer que les œufs, si inégalement développés, que j'ai rencontrés dans le même nid, ou provenaient de deux pontes éloignées d'une même femelle, par conséquent de deux portées, ce qui entraîne d'autres conséquences sur lesquelles je ne veux pas m'appesantir; ou bien que, par exception, une autre femelle a été admise à pondre dans un nid qui lui était étranger. Ce sont là des points sur lesquels règne encore une certaine incertitude que de nouvelles observations peuvent seules dissiper.

Le nid, après la ponte, devient-il indifférent aux parents, comme cela a lieu pour les salmonidés? Est-il, au contraire, l'objet de leur vigilance, ce que laisserait penser la petite retraite qui s'y trouve ménagée? Dans ce cas, est-ce au mâle, est-ce à la femelle qu'est confiée la surveillance? Les œufs, durant leur évolution, reçoivent-ils des soins particuliers, et restent-ils longtemps en incubation? Enfin les jeunes qui viennent d'éclore sont-ils surveillés et protégés par leur gardien, comme le sont les épinoches et les jeunes gobies? Les viviers de Concarneau, dus à l'initiative de M. Coste, permettront probablement de répondre à ces diverses questions. Je fais aussi appel, pour les résoudre, aux naturalistes que leurs travaux fixent sur les bords de la Méditerranée, où les eaux, plus souvent calmes et transparentes que dans l'Océan, rendent l'observation plus facile.

(*La suite prochainement.*)

COQUILLES NOUVELLES OU PEU CONNUES, décrites par M. BONNET.

ACHATINA DE LORIOLI. — *Bonnet.*
Pl. XXII, fig. 1, 1 *a*.

Coquille mince, transparente, obtuse, marquée de stries légèrement obliques, assez fortes sur le dernier tour; plus fines au sommet de la spire où elles sont croisées par d'autres en spirales aussi très-peu visibles; les deux ou trois derniers tours couverts d'un épiderme d'un fauve assez foncé, plus clair au sommet ainsi que vers la région ombilicale; spire composée de sept tours légèrement arrondis, à sutures légèrement sinueuses; le dernier semi-globuleux, marqué par de grandes taches allongées, irrégulières, d'un brun foncé, n'atteignant pas les extrémités des tours; quelquefois ces taches sont tout à fait obliques et disparaissent vers le sommet de la spire : ouverture ovale à bords très-minces, colorée de blanc violacé à l'intérieur, mais jaunâtre par transparence, les taches extérieures bien visibles; columelle blanchâtre.

Habite le Brésil.

Hauteur 72, largeur 32 millim.

BULIMUS WAIRGEIRENSIS. — *Bonnet.*
Pl. XXII, fig. 2, 2 *a*, 2 *b*.

Cette petite espèce est conique, assez obtuse, transparente, finement striée; d'un brun fauve avec les sutures et le bord inférieur du dernier tour blanc jaunâtre ; quelques échantillons sont marqués par de petites lignes blanchâtres dans le sens de la longueur, mais cela tient au plus ou moins de fraîcheur de l'individu ; le type est uniforme. Spire composée de sept tours légèrement arrondis à sutures bien marquées ; ouverture ovale, brune à l'intérieur avec un labre assez large violacé et jaunâtre à l'extérieur, quelquefois tout à fait blanc, se replie un peu vers le bord columellaire et forme un ombilic assez sensible.

Cette espèce ne paraît pas devoir être rare, car j'en possède sept individus.

Habite Wairgeir.

Hauteur 17, largeur 7 1|2 millim.

PLANORBIS SINUOSUS. — *Bonnet.*
Pl. xxii, fig. 3, 3 *a.*

Coquille discoïde, à ombilic peu profond, mince, assez transparente, cornée avec de fines stries obliques sur toute la surface du test, très-apparentes vers la région de la bouche ; contour de la coquille interrompu par quelques petits renflements occasionnés par des stries assez fortes ; spire peu enfoncée d'un côté, beaucoup plus de l'autre, composée de quatre à cinq tours peu convexes et presque aplatis sur l'un des côtés. Couleur cornée, opaque uniforme ; ouverture légèrement oblique à bord latéral droit sinueux, blanchâtre à l'intérieur ; les stries bien visibles par transparence.

Habite River-Grand dans le nouveau Mexique.

Plus grande largeur 22, plus petite 18 millim.

Cette espèce paraît être assez commune, car j'en possède plusieurs individus variant légèrement de dimension.

LITTORINA AUREA. — *Bonnet.*
Pl. xxii, fig. 4, 4 *a.*

Coquille mince, transparente, presque diaphane, à spire allongée, aigüe, composée de sept à huit tours arrondis, ornés de fines stries spirales, irrégulières, assez fortes sur le dernier tour ; serrées vers le bord supérieur, elles deviennent plus larges vers le milieu et plus petites vers le bord inférieur ; elles sont croisées par d'autres stries obliques assez nombreuses, dont quelques-unes bien marquées. Test d'un blanc paille très-transparent avec des taches irrégulières en zigzag d'un brun clair entourées d'une zone orange ; on remarque aussi des petits points bruns vers le bord supérieur de chaque tour ; ouverture grande, arrondie, d'une couleur violacée avec des taches de la même couleur mais plus foncées : opercule mince, d'un brun clair avec un centre plus foncé d'où partent de fines stries concentriques.

Habite ?

Hauteur 27, largeur 14 millim. ;

TROCHUS (monodonta) MILLE-LINEATUS. — *Bonnet.*
Pl. xxii, fig. 5.

Coquille munie d'un ombilic très-profond atteignant presque le sommet, épaisse, peu luisante, d'une couleur légèrement jaunâtre, avec des taches allongées flexueuses inégales d'un brun verdâtre avec quelques points de la même couleur ; spire peu élevée, aigüe à son sommet, composée de six tours à sutures bien marquées par des sillons assez larges, obliquement striés ; le dernier tour très-volumineux, formant à lui seul les deux tiers au moins de la coquille, arrondi du côté de la bouche, obtusément anguleux de l'autre côté, muni d'une nombreuse série de côtes spirales irrégulières, beaucoup plus fortes et au nombre de six sur la face ombilicale avec des larges intervalles striés aussi obliquement. Ouverture oblique de forme arrondie, nacrée à l'intérieur avec des reflets verdâtres; les saillies des côtes bien marquées. Opercule arrondi, mince, brun avec quelques légères stries.

Habite Jorris Straits.

Hauteur 19 , largeur 21 millim.

CONUS RUBESCENS. — *Bonnet* (1).
Pl. 22 , fig. 6.

Forme générale du Conus textile de Linné, avec lequel il a beaucoup de ressemblance, mais il s'en distingue facilement par sa coloration et par une plus grande finesse dans le dessin; coquille épaisse, légèrement transparente, lisse avec quelques stries à la base; spire un peu convexe, moins élevée et plus obtuse que dans le Conus textile, et beaucoup plus arrondie que dans ce dernier; munie de huit tours bien marqués. La coloration de cette espèce est assez remarquable, une teinte rosée bien fraîche règne sur toute la surface de la coquille; le dessin du manteau, quoique très-semblable à celui du textilis, s'en distingue cependant par une plus grande variété de détails, les taches d'un brun orange plus grandes et plus fondues que dans ce dernier; les taches triangulaiers réticulées semblables au Cône de Linné: ouverture allongée, assez épaisse sur ses bords, d'un beau rose très-brillant devenant plus pâle vers la base.

Habite l'île d'Anam.

---

(1) A la suite d'un examen fait dans la collection de M. Deshayes, si riche en variétés de toutes les localités, ce sujet serait une variété un peu roulée du *Conus canonicus*.   (G. M.)

RÉVISION DES *Coléoptères du Chili*, par MM. L. FAIRMAIRE et GERMAIN.

(Suite.)

STIGMODERA CYANICOLLIS, Fairm. et Germ., *Col. Chil.*, 1860, in-8. — Long. 22 mill. — *Cyaneo-metallica, elytris ochraceo-flavis, nitidis, post medium fasciis duabus transversis, anteriore interrupta, et macula apicali cyaneometallicis; prothorace fere conico, parum dense punctato, lateribus obsolete impresso; elytris post medium lateribus serratis.*

Oblongue, peu convexe, presque également rétrécie aux deux extrémités, d'un beau bleu d'acier brillant, parfois verdâtre, avec les élytres d'un jaune d'ocre, ayant, après le milieu, deux bandes transversales d'un bleu d'acier, très-dentelées et variables, parfois presque interrompues, et une petite tache apicale de même couleur. Tête densément ponctuée, très-plane, presque concave, ayant, comme le corselet, des poils blanchâtres rares. Corselet presque en triangle tronqué, transversal, les côtés convergeant fortement après le tiers et un peu sinués avant les angles postérieurs qui sont pointus; surface à ponctuation grosse, serrée sur les côtés, bien au milieu, surtout à la base, qui présente, vis-à-vis de l'écusson, une très-faible impression partagée en deux; sur les bords, une impression oblongue, peu sensible, excepté à la base. Écusson presque cordiforme, concave au milieu, lisse. Élytres allongées, presque parallèles, rétrécies peu à peu vers les 3/5, finement dentées sur les bords à partir du milieu, échancrées à l'extrémité; à stries finement ponctuées, plus profondes vers la suture, les intermédiaires se perdant avant l'extrémité; intervalles faiblement convexes, alternativement plus saillants, surtout vers les côtés et à la suture, le 2ᵉ intervalle beaucoup plus que les autres. Dessous densément ponctué, surtout sur le sternum, qui est garni d'assez longs poils blanchâtres, médiocrement serrés. — Valdivia.

Cette espèce se distingue facilement de ses congénères chiliennes par le corps moins arqué, et le corselet notablement plus étroit que les élytres, à peine déprimé au milieu de la base, avec les impressions latérales très-courtes.

S. CONSOBRINA. — Long. 25 mill. — *Supra virescenti-cuprea, elytris ochraceo-flavis, nitidis, post medium fasciis duabus transversis, œneis, anteriore abbreviata et macula apicali tribus per suturam conjunctis, sutura ipsa antice angustissime virescenti, subtus metallico viridis; prothorace minus conico, lateribus arcuatis, sat dense punctato, medio sulcato, lateribus leviter impressis; elytris post medium lateribus serratis.*

Tête et corselet d'un vert bronzé cuivreux; élytres d'un beau jaune d'ocre brillant; après le milieu deux bandes transversales et une tache apicale d'un vert bronzé, se réunissant par une étroite bande suturale, la 1re n'atteignant pas les côtés, la 2e large au milieu, mince vers les bords, la suture paraissant avoir et ayant une étroite teinte d'un vert bronzé; dessous d'un vert métallique brillant. Tête déprimée, presque rugueusement ponctuée, presque lisse à l'épistome. Corselet transversal rétréci en avant, à côtés légèrement arqués, couvert de gros points profonds, assez serrés, à peine davantage sur les côtés; au milieu un sillon bien marqué, se terminant à la base par une faible impression transversale; sur les côtes une légère impression plus marquée à la base. Écusson cordiforme, lisse, très concave. Élytres pas plus larges à la base que le corselet, mais s'élargissant immédiatement après, puis légèrement sinuées et s'élargissant légèrement vers le milieu; finement denticulées sur les côtes et échancrées à l'extrémité; à stries bien marquées, indistinctement ponctuées, avec les intervalles convexes, les 2e, 4e, 6e et 8e plus saillants que les autres, mais tous diminuant à la base.

Abdomen très-ponctué, avec le bord apical de chaque segment presque lisse. — Chili.

Re ss em b l e à la précédente, en diffère par le corselet plus arrondi sur les côtés, canaliculé au milieu, à ponctuation presque également serrée ; par les élytres un peu moins parallèles, à intervalles plus convexes, et par le sternum glabre ; ressemble encore plus à la *Chiliensis*, en diffère par le corselet moins impressionné au milieu de la base, à angles postérieurs ne débordant nullement la base des élytres; par l'écusson plus pointu, par les élytres striées moins ponctuées, à intervalles d'une convexité plus égale, à épine suturale aussi longue que l'avant-dernière; la tête est aussi plus concave, les angles antérieurs du corselet sont plus pointus et les élytres, plus ocracées, n'ont pas de bande longitudinale sur les côtés de la base.

✓ Chrysobothris bothrideres, Fairm. et Germ., *Col. Chil.*, 1860, in-8. — Long. 12 à 14 mill. — *Oblongus, depressus, æneus, cupreo obscure marginatus, albido parce pruinosus; prothorace lato, valde rugoso, utrinque impresso, fovea media lata; elytris rugosis, tricostatis, costis lateralibus clathratis, utrinque leviter bi-impressis.*

Oblong, assez épais, déprimé en dessus, d'un bronzé obscur peu brillant, légèrement cuivreux sur les bords, à pubescence grisâtre clair-semée et à pruinosité blanchâtre dans les dépressions. Tête densément ponctuée, fortement rugueuse entre les yeux; épistome largement échancré; corselet presque trois fois aussi large que long, très-faiblement rétréci en avant dans les 3/4 de sa longueur, puis fortement rétréci; angles postérieurs un peu aigus, émoussés à la pointe; surface très-rugueuse, au milieu une forte impression tenant toute la longueur; de chaque côté 2 ou 3 dépressions à peine séparées l'une de l'autre; bord postérieur fortement sinué de chaque côté, lobé au milieu. Élytres de même largeur que la base du corselet, rétrécies vers les 2/3 postérieurs, ayant chacune 4 côtes assez minces, la 1re entière donnant naissance à la base interne, à une

petite côte qui va se confondre avec la suture, les 2 dis-
coïdales peu régulières, vermiculées et un peu anastomo-
sées, interrompues par une impression; la 2ᵉ avant le milieu, la 3ᵉ après; la côte externe ne commençant pas à
l'épaule, anastomosée à sa base avec la 3ᵉ, devenant plus
nette après le milieu et allant rejoindre l'extrémité de la
première; tous les intervalles un peu inégaux, fortement
et assez densément ponctués; à la base de chaque élytre
deux impressions bien marquées. Dessous rugueusement
ponctué. Tarses d'un bleu bronzé, comme l'extrémité des
antennes. — Santiago, sur le *Trevoa trinervis*.

Le mâle, plus petit que la femelle, a le corps plus in-
égal et les côtes des élytres plus saillantes, plus réticulées;
le dernier segment de l'abdomen est échancré.

CALLISPHYRIS TESTACEIPES. — Long. 18 mill. — *Ater,
opacus, nigro-velutinus, antennarum articulis 2°, 3°, 4° que
testaceis, pedibus elytrisque, his basi excepta, rufo-testaceis;
tarsis nigris, metasterno postice pube sericeo-aurea anguste
marginato; abdomine nigro-subcyanescente, segmentis pube
sericeo-aurea anguste marginatis.*

D'un noir presque mat, à pubescence noire, courte, un
peu veloutée. Antennes dépassant un peu le milieu du
corps, grossissant à peine vers l'extrémité, ayant les 2ᵉ, 3ᵉ
et 4ᵉ articles roussâtres avec l'extrémité noire. Élytres
noires à la base, puis d'un testacé roussâtre. Pattes d'un
roux testacé clair avec les tarses noirs. Tête assez déprimée et assez brillante en avant, ayant un assez fort sillon
entre les antennes, se terminant en avant à une petite élévation médiocrement saillante; de chaque côté une fine
ligne élevée allant de la base des mandibules vers l'échancrure de l'œil. Antennes ayant les 3ᵉ, 4ᵉ et 5ᵉ articles
grêles, les derniers diminuant de longueur, plus épais et
un peu prolongés à l'angle apical interne. Corselet convexe, avec une impression à la base, ayant de chaque côté
un tubercule conique, puis sinué jusqu'au bord postérieur. Écusson noir velouté; élytres assez larges à la base,

se rétrécissant brusquement, après le tiers de leur longueur, en une languette étroite, striée, qui dépasse le milieu de l'abdomen ; leur base est finement ridulée avec une petite côte longitudinale accompagnée d'une légère impression. Dessous du corps et abdomen d'un noir un peu violacé et un peu brillant; une étroite bordure d'un soyeux doré aux extrémités latérales du métasternum et à chaque segment inférieur de l'abdomen; en dessus, cette bordure est indistincte. — Chili.

Ressemble extrèmement au *C. uniformis*, en diffère par les antennes un peu plus courtes, avec les 3e, 4e et 5e articles roux, la tête beaucoup moins ponctuée au sommet, à sillon médian moins marqué en arrière, par le corselet bien moins ponctué, satiné ; à tubercules latéraux plus émoussés, plus arrondis en devant, par la base des élytres plus noire, etc.

(*La suite au prochain numéro.*)

ÉCHINIDES NOUVEAUX OU PEU CONNUS, par M. G. COTTEAU.

(Suite.)

55. PSEUDODIADEMA *hemisphæricum*, Desor, 1855.

Nous ne reviendrons pas sur la synonymie et la description de cette belle espèce souvent figurée par les auteurs, l'une des mieux connues et des plus caractéristiques de l'étage corallien (1). Nous voulons seulement appeler

(1) Agassiz, *Échin. foss. de la Suisse*, t. II, p. 11, pl. XVIII, fig. 47-53, 1840. — Cotteau, *Études sur les Éch. de l'Yonne*, t. I, p. 193, pl. XVI, fig. 5-9, 1850. — Desor, *Synops. des Éch. foss.*, p. 68, pl. XIII, fig. 4, 1854. — Wright, *Monog. of the Brit. Foss. Echinod.*, p. 127, pl. VIII, fig. 1, 1857. — Cotteau et Triger, *Éch. du dép. de la Sarthe*, p. 111, pl. XXII, fig. 1, 1858.

l'attention sur un magnifique exemplaire que nous a communiqué M. Schlumberger et qui présente en place, au milieu du péristome, son appareil masticatoire dégagé de manière à ce qu'il soit possible d'étudier plusieurs de ses caractères.

L'appareil masticatoire, considéré dans son ensemble, présente, chez tous les *Échinides* réguliers, une structure à peu près identique et ne se distingue, dans la longue série des genres qui composent cette division, que par des différences relativement peu importantes.

M. Valentin, auquel nous devons un excellent travail sur l'anatomie du genre *Echinus*, a étudié dans tous ses détails l'appareil masticatoire de l'*Echinus lividus,* et nous emploierons dans les quelques observations purement descriptives qui vont suivre, les termes dont il s'est servi pour désigner les différentes parties de cet organe (1).

L'appareil masticatoire du *Pseudod. hemisphœricum* est fortement constitué et très-gros relativement à la grandeur du péristome. Les seules pièces qui soient apparentes sont la *dent* proprement dite et la *pyramide*. La *dent* fait saillie à l'extrémité inférieure de la pyramide; elle est épaisse, lisse et conique. La *pyramide,* visible seulement sur sa face externe, est légèrement bombée; la double protubérance qui se développe de chaque côté de la suture longitudinale est aplatie et sub-flexueuse(fig. *a*). La grande fossette (*fovea magna externa*, fig. 6) est très-peu accusée et à peine un peu plus déprimée que la protubérance médiane ; en se rapprochant du grand creux (*foramen magnum pyramidis,* fig. *e*), elle disparaît et se renfle au même niveau que la protubérance médiane. Les deux sillons (*sulcus longitudinalis externus major et minor,* fig. *c*) marquent les contours internes de la fossette; ils sont étroits et à peu près aussi prononcés l'un que l'autre. Le

---

(1) *Anatomie du genre Echinus par Valentin,* p. 63, pl. v, **1841.**

bord qui limite extérieurement la fossette (*margo proeminens externus*, fig. *d*) est droit, saillant, aigu. Le grand creux qui se montre à la partie supérieure de la pyramide (*foramen magnum pyramidis*, fig. *e*) est étroit, conique et non triangulaire.

Si maintenant nous comparons les pièces que nous venons de décrire avec l'appareil masticatoire de quelques-uns des genres les plus rapprochés du nôtre, et notamment du genre *Diadema*, si longtemps confondu avec les *Pseudodiadema*, et que M. Desor en a démembré avec tant de raison, nous voyons de notables différences : dans l'appareil du *Diadema Europæum* que nous avons sous les yeux, les pyramides sont plus grêles à leur extrémité inférieure ; la double protubérance médiane est moins large et plus droite ; la grande fossette (*fovea magna externa*) est plus étendue, beaucoup plus profonde, et se prolonge jusqu'au bord du grand creux (*foramen magnum pyramidis*) ; le bord externe est aussi plus saillant, plus aigu, plus tranchant ; le grand creux est plus étroit et plus anguleux. Ces différences dans un des organes les plus essentiels de l'animal suffiraient pour distinguer les deux genres, et justifier une séparation que M. Desor avait établie d'après la structure des radioles.

L'exemplaire que nous avons fait figurer a été recueilli à Renerville près Villers (Calvados), dans le coral-rag inférieur, et appartient à M. Schlumberger de Nancy.

Expl. des fig. — Pl. xx, fig. 1, *Pseudod. hemisphæricum* vu sur la face inf. : *a*, protubérance médiane ; *b*, grande fossette ; *c, c*, sillons ; *d*, bord extérieur ; *e*, le grand creux : fig. 2, pyramide du *Diadema Europæum* vue sur la face externe : *a*, protubérance médiane ; *b*, grande fossette ; *c, c*, sillons ; *d*, bord extérieur ; *e*, le grand creux.

56. Echinobrissus *trigonopygus*, Cotteau, 1864.

Hauteur, 10 mill. 1/2 ; diam. transv., 22 mill. ; diam. antéro-post., 30 mill.

Espèce de taille moyenne, oblongue, arrondie en avant, un peu dilatée et sub-tronquée en arrière; face supérieure amincie sur les bords, élevée et gibbeuse dans la région antérieure, oblique et déclive en se rapprochant du périprocte, ayant sa plus grande hauteur un peu en avant du sommet; face inférieure très-déprimée. Sommet ambulacraire excentrique en avant. Ambulacres pétaloïdes, légèrement renflés, resserrés à leur extrémité, formant, à la face supérieure, une étoile parfaitement circonscrite; l'ambulacre antérieur et les ambulacres postérieurs un peu plus longs que les autres. Zones porifères composées de pores inégaux, les internes petits et arrondis, les externes étroits, obliques, allongés. Tubercules fins, abondants, serrés, homogènes, scrobiculés. Péristome pentagonal, excentrique en avant, paraissant entouré d'un bourrelet assez prononcé. Périprocte très-éloigné du sommet, triangulaire, s'ouvrant au sommet d'un sillon peu évasé, qui s'atténue rapidement, et entame à peine le bord postérieur. Appareil apicial étroit, étoilé; quatre pores génitaux.

Rapports et différences. — Cette jolie espèce, que M. Schlumberger a bien voulu nous communiquer, se distingue nettement de ses congénères par sa forme oblongue et un peu amincie sur les bords, sa face supérieure sub-gibbeuse en avant, ses ambulacres fortement pétaloïdes, étoilés, son péristome muni de bourrelets, son périprocte triangulaire. Ce dernier caractère, joint à la forme bien accusée de l'étoile ambulacraire, rapproche un peu cette espèce du genre *Stimatopygus*, d'Orbigny; elle s'en éloigne cependant par son périprocte dépourvu de cette petite fissure supérieure propre aux *Stimatopygus* et sa face inférieure très-déprimée; aussi nous a-t-il paru plus naturel de la laisser parmi les *Echinobrissus*.

Loc.— Batna? (Algérie.) Très-rare. Étage turonien, coll. Schlumberger.

Expl. d fig.— Pl. xix, fig. 11, *Echinob. trigonopygus*
vu de côté; fig. 12, face sup.; fig. 3, ambulacre impair
grossi.

(*La suite au prochain numéro.*)

II. SOCIÉTÉS SAVANTES.

ACADÉMIE DES SCIENCES.

Séance du 29 août 1864. — M. *Pouchet* adresse une note
intitulée : *Développement des Infusoires ciliés*, en réponse
à M. Coste.

M. *J. Lemaire* lit un mémoire ayant pour titre : *Origine
des Microphytes et des Microzoaires.*

MM. *Davaine et Raimbert* présentent un travail *sur la présence des Bactéridies dans la pustule maligne chez l'homme.*

M. *Armand Moreau* fait présenter par M. Ch. Bernard
un travail *sur la voix des poissons.*

« L'expérience que je vais citer montre que le son se
produit chez certains Poissons, sous l'influence des nerfs,
comme la voix dans le larynx des animaux supérieurs.
Les *Trigles* font entendre des sons particuliers, qni les ont
fait appeler *Grondins* par les pêcheurs. Les noms de
λύρα (lyre) que l'on trouve dans Aristote, d'*organo* (orgue),
qui est employé en Italie pour désigner certaines espèces,
semblent empruntés à la fonction de phonation. Voici
brièvement les dispositions anatomiques :

« Dans le genre *Trigle*, et en particulier chez le *Trigla
hirundo*, la vessie natatoire possède des muscles épais et
forts. Ces muscles, qui, vus au microscope, offrent la fibre
striée, reçoivent deux nerfs volumineux naissant de la

moelle épinière, au-dessous des nerfs pneumogastriques et tout près de la première paire dorsale. La membrane muqueuse de la vessie natatoire forme, en s'adossant à elle-même, un repli ou diaphragme qui subdivise la cavité en deux cavités secondaires, communiquant entre elles par une ouverture circulaire analogue à l'ouverture pupillaire. Ce diaphragme est assez mince pour pouvoir être examiné au microscope sans préparation. On distingue nettement des fibres circulaires concentriques, situées au pourtour de l'ouverture centrale, et constituant un sphincter dans lequel viennent se perdre des faisceaux de fibres musculaires dirigées perpendiculairement aux tangentes de ce cercle. Les fibres circulaires et les fibres radiées ne sont point striées comme les fibres des muscles des parois de la vessie natatoire; elles sont lisses.

« Ces diaphragmes existent plus ou moins complets dans plusieurs autres genres de Poissons, et, en particulier, chez le *Zeus faber*, qui produit des sons analogues à ceux des Grondins, comme les pêcheurs l'ont observé de tout temps, et comme je l'ai moi-même constaté. Les muscles de la vessie natatoire du *Zeus faber* reçoivent des nerfs venant de trois paires rachidiennes.

« Au mois d'août 1863, je sacrifiai un Grondin par la section de la moelle au-dessus de la région dorsale, et, ayant ouvert l'abdomen, j'appliquai un courant électrique faible sur les nerfs qui vont à la vessie natatoire. Aussitôt les sons caractéristiques, que j'avais entendu l'animal produire volontairement pendant la vie, se répétèrent. J'appliquai le même courant sur les muscles de la vessie natatoire, mais sans résultat; m'étant ainsi assuré que la contraction des muscles n'était pas due à des courants dérivés, mais à l'action physiologique du nerf excité, j'augmentai l'intensité du courant et j'excitai de nouveau les muscles. Les sons caractéristiques déjà observés se reproduisirent; semblables à un grondement sonore et prolongé, ils furent entendus par des personnes situées à plusieurs pas de distance. J'ai ensuite coupé d'un trait de ciseaux l'extrémité inférieure de la vessie natatoire. La cavité inférieure de l'organe a été ainsi ouverte ; le diaphragme et l'ouverture centrale qu'il présente sont devenus visibles. Alors j'ai de nouveau galvanisé les nerfs, et j'ai vu d'une manière très-manifeste le diaphragme vibrer pendant toute la durée de la galvanisation. Ces vibrations du diaphragme n'étaient pas sonores dans ces conditions. Il convient d'en appeler à de nouvelles expériences, que je me propose de faire pour déterminer avec précision le rôle de ce diaphragme dans la phonation des Poissons. »

M. *Guérin-Méneville* adresse une *note sur un nouveau Ver à soie de l'Amérique méridionale*, découvert par MM. Juan José de Herrera et A. Fauvety.

En adressant à M. Gelot, agent commercial du Paraguay à Paris, quelques cocons vides accumulés sur des branches d'une espèce de mimosa, M. Fauvety donne les renseignements suivants :

« Ce nouveau Ver à soie sauvage, à cocon naturellement ouvert, existe en abondance dans les missions correntines de la rive droite de l'Uruguay, sur le 31e degré de latitude sud. Il se nourrit des feuilles de l'*Espinillo*, qui, par l'échantillon de feuilles que j'ai reçu et par le bois sur lequel sont posés les cocons, me paraît être le *Mimosa Farnesiana* à l'état sauvage.

« Les trente-deux cocons qui sont posés sur les branches peuvent donner une idée de l'immense abondance de ces Vers dans la forêt où ils ont été recueillis. En effet, il paraît qu'ils y sont tellement nombreux, que, selon la relation faite verbalement à M. Herrera, les arbres en sont couverts depuis un demi-mètre de terre jusqu'à 2 mètres de hauteur.

« Les Vers sont des chenilles couleur orange avec des points noirs. Le cocon est orangé quand il est frais. Le soleil et les pluies lui font perdre cette couleur. Ce cocon est toujours posé sur l'écorce exposée au soleil. »

MM. de Herrera et Fauvety proposent de donner à cet insecte le nom de Ver à soie URUGUAYO, qui devra lui être conservé désormais, car il est très-probable que cette espèce est encore inédite.

La forme et la contexture du cocon, fait entièrement d'une soie très-pure et très-fine, montrent que cette espèce doit appartenir au grand genre *Bombyx* des auteurs, et qu'elle entrera dans un des nombreux sous-genres du groupe des Bombycites. En voici un signalement provisoire :

VER A SOIE URUGUAYO, *Bombyx Fauvetyi.* — Chenilles velues (1), d'un jaune orangé avec des points noirs ; cocon ovalaire, un peu acuminé aux deux extrémités, ouvert en manière de nasse du côté par lequel doit sortir le papillon. Ils sont réunis en grand nombre contre le tronc et les branches d'une espèce de mimosa, chrysalides et papillons.....

Je crois qu'il convient de désigner scientifiquement cette espèce par le nom de l'observateur instruit et zélé qui l'a fait connaître le premier. En dédiant ainsi cet intéressant Ver à soie à M. Fauvety, je regrette de ne pouvoir que mentionner le nom de son honorable collaborateur M. de Herrera ; mais les règles admises en histoire naturelle ne permettant pas de désigner une espèce par le nom de plusieurs personnes, j'ai dû opter entre les deux observateurs à qui la zoologie doit la connaissance de cet utile insecte.

M. Fauvety annonce qu'il va faire un voyage dans l'Uruguay, sur les lieux mêmes dont ces Vers sont origi-

---

(1) J'ai reconnu que la chenille est très-velue, en ouvrant un cocon dans lequel j'ai trouvé la dépouille de la chenille et la peau de sa chrysalide.

naires, et qu'il se propose d'envoyer des renseignements
plus complets avec le papillon, les chenilles, des échantillons du mimosa dont elles se nourrissent, et qu'il fera
tout son possible pour faire parvenir en France des cocons
vivants et des œufs de cette espèce.

Je n'ose espérer que l'on pourra introduire et acclimater ce Ver à soie sauvage en Europe; mais je pense
qu'il pourrait être l'objet d'un commerce fructueux, si
MM. Fauvety et de Herrera faisaient recueillir des quantités de ces cocons pour les envoyer en France. Il y aurait
aussi à faire quelques tentatives pour favoriser la multiplication de cette espèce dans le pays même et dans les
contrées voisines, et, si ces deux observateurs parvenaient
à obtenir ce résultat, ils auraient rendu un service réel
au pays qu'ils habitent et aux manufactures de l'Europe,
qui ont un si grand besoin de matières textiles.

Dans la lettre qui accompagne l'envoi de cette note,
j'ai eu l'honneur d'annoncer l'éclosion, dans le Laboratoire de sériciculture comparée de la ferme impériale de
Vincennes, d'un *Bombyx Atlas* sorti de l'un des seize
cocons qui m'ont été envoyés par M. le capitaine *Hutton*,
sériciculteur très-distingué de Mussoree, petite ville située
sur un des plateaux supérieurs de l'Himalaya.

« Ce gigantesque Bombyx, le plus grand des Lépidoptères connus, n'avait jamais été observé vivant en Europe, et son introduction en France serait déjà un fait zoologique d'un grand intérêt. Mais
cet intérêt augmente beaucoup, quand on considère que
son énorme cocon, qui pèse 9 grammes, quand celui des
Vers à soie ordinaires et de l'ailante n'en pèse que 2,
pourrait être produit en France et en Algérie, si je parve-
nais à acclimater cette magnifique espèce. J'ai appris du
savant M. Hutton que la chenille de ce Bombyx se nourrit
des feuilles du *Berberis asiatica*, et l'on sait que les espèces
indiennes de Berberis des montagnes de l'Himalaya et du

Népaul ont été introduites depuis assez longtemps, et figurent dans les massifs de tous nos parcs et jardins. Il est fâcheux que l'éclosion de ces précieux cocons commence si tard, et cette circonstance me fait craindre de ne pouvoir acclimater, pour cette fois, le Bombyx Atlas. Cependant le grand abaissement de température qui est survenu me donne l'espoir que les autres cocons n'éclôront pas cette année, qu'ils passeront l'hiver, comme cela arrive le plus souvent pour nos Bombyx d'Europe, et ne donneront leurs papillons qu'au commencement de l'année prochaine. »

Séance du 5 septembre 1864. — M. *Desgouttes* adresse la note suivante :

« La communication récente de M. Coste, dit l'auteur dans une lettre jointe à sa note et adressée à M. Flourens, appelant actuellement l'attention sur la génération des infusoires, j'ai pensé qu'il pourrait y avoir opportunité à porter à la connaissance de l'Académie une observation faite il y a quelques années sur ce sujet. J'ai donc l'honneur de prier M. le secrétaire perpétuel de lui présenter cette note et je profite de cette occasion pour me rappeler au souvenir de M. Flourens dont j'ai suivi le cours aussi longtemps que cela m'a été possible.

« ..... En décembre, par une température assez douce, ayant cueilli dans une mare une touffe de conferves, j'en étendis sur le porte-objet quelques brins suffisamment humectés, que je recouvris d'un verre mince. Je vis dans cette eau, avec quelques autres infusoires peu nombreux, un grand nombre d'*Amphileptus fasciola* d'une forme un peu trapue, exprimée par la figure 1, dans la planche jointe à ma note où l'individu est vu sur le dos par un grossissement d'environ 250 fois. Plusieurs de ces animalcules offraient la particularité d'avoir un double renflement dorsal. Je m'attachai à observer un de ces derniers, qui tournoyait vivement par un mouvement de rotation dont son extrémité antérieure était le centre ; quittant bientôt cette allure, il imprima à son corps des secousses réitérées, et peu à peu l'extrémité caudale s'effaçant devint obtuse, tronquée, et donna passage à un corps rond, gris, pointillé, qui faisait saillie au dehors.

« A ce moment, un autre *Amphileptus,* à renflement dorsal simple, arrive en nageant lentement sur le champ de l'observation, et, parvenu à une distance de plus de deux longueurs du corps de l'*Amphileptus* en travail, qui continuait de s'agiter, quitte tout à coup son allure lente et se précipite avec la vitesse d'un trait sur le corps arrondi qui saillait au dehors de l'extrémité caudale du premier *Amphileptus,* comme il a été dit, applique sur cette partie saillante le dessous de son cou, dont la mobilité et les cils dirigés en arrière dont il est muni font un organe de préhension, et, secouant vivement son corps d'avant en arrière, aide efficacement, après quelques secousses, le premier *Amphileptus* à se délivrer enfin de la masse ronde.

« La pondeuse, délivrée, se retire près d'un amas de débris de conferves, et y reste immobile sans quitter le champ d'observation.

« De son côté, l'*Amphileptus* accoucheur, si je puis dire ainsi, s'attache à la boule pondue, passe et repasse autour d'elle en frottant sur sa surface le dessous de son corps, en commençant par l'extrémité antérieure et à chaque fois dépassant la boule de deux ou trois longueurs du corps, puis se retournant pour revenir s'y frotter de nouveau. S'étant livré à ce manège pendant environ quatre minutes, il s'éloigne et disparaît.

« Cependant la pondeuse, jusqu'ici à l'écart, a repris sa forme ordinaire et ne tarde pas à se mettre en mouvement ; elle se dirige vers la boule, la saisit avec l'extrémité de son cou, qu'elle y applique en dessous, et la secoue violemment jusqu'à ce que les petits corps dont elle est composée, et qu'il faut bien considérer comme des œufs, soient désagrégés et dispersés, soit seuls, soit réunis en fragments, dans le liquide. Ces œufs, encore agrégés, semblaient autant de points légèrement scintillants ; désagrégés et isolés, ils m'ont semblé irisés et doués d'un faible mouvement tremblotant, qui en a déplacé plusieurs de trois fois leur diamètre ; ils avaient, en outre, une forme irrégulièrement triangulaire, mais ils n'ont pas tardé à devenir tout à fait immobiles, incolores et à peu près ronds.

« J'ai, dans la même eau et dans d'autres eaux observées depuis, retrouvé plusieurs fois ces boules d'œufs, que j'ai vu quelquefois un *Amphileptus* venir féconder par le frottement ventral ; mais je n'ai pas vu, quelque patience que j'aie mise à l'attendre, qu'après l'éloignement de l'*Amphileptus* fécondateur il en soit survenu un autre qui ait disséminé les œufs, comme il est arrivé dans la présente observation, dont la durée n'a pas dépassé quinze minutes.

« J'ai souvent remarqué que des liquides, d'abord dépourvus d'*Amphileptus fasciola*, mais où l'on voit se produire successivement les formes représentées sur ma planche, lettres *a*, *b*, *c*, *d* de la figure 6, finissent, à moins de prompte corruption de l'eau ou de son manque d'aliments, par renfermer des *Amphileptus fasciola* bien développés (*fig.* 6 *e*), ce qui me fait présumer que ces diverses formes et leurs intermédiaires sont les différents âges de l'*Amphileptus fasciola*.

« L'extrémité antérieure de l'animalcule *a* (*fig.* 6) est mal exprimée par une couronne de cils ; c'est plutôt l'irradiation d'un point d'un blanc plus éclatant que le reste du corps. »

Séance du 12 *septembre.* — M. *Dubourguet*, à l'occasion des faits cités par M. *Babinet* comme exemples des hautes températures que peut atteindre l'air comprimé, rappelle les expériences, fort connues d'ailleurs, sur l'emploi de la chaleur pour rappeler à la vie des insectes qui, par suite d'une immersion prolongée, se trouvent dans un état de mort apparente.

Séance du 19 *septembre.* — M. *Pasteur* présente, de la part de M. l'abbé *Moigno*, des insectes envoyés du Mexique et portant le nom de *Pyrophores.* Ces insectes portent deux corps phosphorescents qui répandent un éclat extraordinaire. La lumière fournie par ces animaux ne donne pas de raies dans le spectre.

Le genre *Pyrophore* est composé d'un grand nombre d'espèces de Coléoptères de tailles diverses et qui ont toutes la faculté phosphorescente des *Lampyres.*

III. ANALYSES D'OUVRAGES NOUVEAUX.

DESCRIPTION d'un nouveau genre d'insecte coléoptère perdue dans le texte du voyage d'Osculati dans les régions équatoriales de l'Amérique méridionale, aux bords du Napo et de l'Amazone, par Maximilien SPINOLA.

Lorsque nous avons rédigé le petit travail entomologique qui a paru dans le Recueil de la Société zoologico-botanique de Vienne, sous le titre de *Catalogue des insectes coléoptères recueillis par M. Gaetano Osculati pendant son exploration de la région équatoriale, sur les bords du Napo et de l'Amazone*, plus de la moitié de l'ouvrage du savant voyageur était imprimée, et il avait placé en note de la page 202 un petit travail provisoire de Spinola, composé du catalogue de 26 coléoptères et 34 hyménoptères. Ce travail, que nous aurions dû fondre dans le nôtre, ou du moins citer, ne nous ayant pas été communiqué, se trouve tellement perdu au milieu de la relation du voyage du savant italien, que peu de zoologistes pourront le découvrir, ce qui les exposerait à des erreurs regrettables. Nous croyons donc faire une chose utile en le plaçant dans notre recueil, exclusivement consacré à la zoologie et dans lequel on est accoutumé à chercher ces sortes de documents.

Voici ce qu'on lit aux pages 202 à 204 de la relation de M. Osculati :

L'istoria naturale del Cantone di Quixos e di tutto il corso del Napo offrirebbe un campo vastissimo agli scienziati, che si troverebbero compensati ad usura delle loro fatiche nella certezza di rinvenirvi oggetti tuttavia ignorati; il botanico specialmente vi scoprirebbe una infinità di piante medicinali, e fiori e frutti e semi che certamente non sono entrati per anco nel dominio della scienza. Il zoologo poi una grande quantità di uccelli, rettili ed insetti curiosi e rarissimi:

Fra le variate specie d'insetti da me raccolti nel Quixos e lungo il rio Napo, il Nestore degli entomologi italiani, l'illustre marchese Massimiliano Spinola, vi rinvenne e descrisse venticinque specie nuove, e fra quelle vi trovò il tipo di un genere affatto nuovo di *coleotteri*. La diagnosi e la descrizione delle suddette, non che i disegni delle principali specie testé speditemi, non potendo essere inserte in questo volume per troppa brevità di tempo, mi sono limitato a pubblicarne per ora la sola numerazione delle specie meno cognite, e la descrizione del nuovo genere.

COLEOPTERA.

Megacephala Klugii, Moritz.
— *jucunda*, Dejan.
— *Amandi*, Bœt.
Trichogatus marginatus, Dej.
Sterculia gigas, Erichs.
Philonthus corruscus, id.
— *gratiosus*, id.
Bœoscelis Osculati, Spin.
Auge thelephorina (Omalysus), Perty.
Nyctophanes pallida, Dej. cat.
Callianthia Proserpina, Spin.
n. sp.
Desytes variegatus, Spin. n. sp.
Iphthinus scrobiculatus, Spin. n. sp.
Pœcilesthus crux, Dej. cat.
Epicauta major, Spin. n. sp.
Nacerdes coxalis, id.
Heilipus rufescens, Sch.
— *cruentatus*, in Coll. Banon.
Sipalus barbicornis, Sch.
Cosmisoma decoratum, Sp. n. sp.

Amphionycha consobrina, id.
Doryphora Feisthameli, Guérin.
— *undato - fasciata* , Sp. n. sp.

Chalcophana purpurea, Dej. cat.
Erotylus gibbosus, Fab.
Brachysphanus Napensis, Spin. n. sp.

HYMÉNOPTERA.

Formica spinicollis, neutra.
Acodoma cephaloles, neutra et ♀
— *crassinoda*, id.
Ponera clavata, id.
Odontomachus armiger (Atta), Latreille.
Odontomachus unispinosus (formica), id.
Mutilla cærulans, Spin. n. sp.
— *colombica*, id.
Monedula punctata, Lat.
Scolia atra, Fab.
Pepsis smaragdina, id. ♂
Sphex fuliginosa, Kl. M. S.
Polistes labiata (Zethus), Fal.
— *lanio*, id.
— *callosa*, M. B.
Rhopalidia pallens (Polistes), M. B.
Ropalidia minutissima, Spin.

Chartergus apicalis (Vespa), Fab.
Eumenes brunnea, M. Berol.
— *rethoides*, Spin. v. n. sp.
Odyneras Quixensis, Spin.
Halictus sub - petiolatus, Spin. n. sp.
Cælioxys tridentata, Spin. ♀
Chrisendetis dentata (Euglossa), Fab.
Hylocopa frontalis, Fab.
Ceratina rotundiventris, Spin. n. sp.
Hemisia unicincta, id.
Epicharis binotata, id.
— *flavo-zonata*, id.
Tetralonia sub-hæmmorrha, Sp.
Euglossa Brullei, Lepell. ♂ ♀
Bombus Napensis, ♂
— *semivetulus*, Spin.
Melipona trilinea, m. operaria.

NOVUM GENUS.

BOEOSCELIS OSCULATI.

Genus Bæoscelis, Spin.

· *Antennæ* in medio frontis paulo ante oculos in tuberculo elevato insertæ magis inter se quam a margine exteriore remotæ, 11-*articulatæ*, *articulo primo* breve crassiore *simplici, sequentibus* 2-10 subæqualibus longioribus, ac tenuioribus *apice biramosis*, ramulis filiformibus rectis articulo genuino saltem quadruplo longioribus, undecim sive *ultimo præcedentibus multo longiore ramulos laterales facie simulante* ac longitudine æquante.

Caput, mediæ magnitudinis, *detectum* horizontale, clypeo antrorsum declive longitudinaliter sulcato, antice sub-emarginato, postice recte truncato : oculis lateralibus magnis, elevato-globosis.

Mandibulæ, fere longitudinis capitis, tenues, intus eden-
tulæ arcuatæ unciniformes, extremitate acuta ac incurvata
tantummodo conniventes. *Palpi* filiformes : *maxillares*
duplo longiores, 5 articulati, articulo primo cylindrico
crassiore, secundo longiore basi attenuato obconico, sequentibus tribus gradatim longitudine diminutis, ultimo
brevissimo hemisphærico : *labiales* quadri articulati, articulo primo crassiusculo obconico, secundo cylindrico attenuato sequentibus duobus uno longiore, his brevibus
moniliformibus. *Mentum* planum transverso quadratum.
Reliquæ partes oris inobservatæ.

Prothoracis dorsum clypeiforme, trapezioideum, postice
dilatatum medio convexiusculum utrinque depressum,
marginibus exterioribus arcuatis expantiæ lamellosis horizontalibus. *Scutellum* conspicuum triangulare, plus longius
quam latius, postice sensim attenuatum et in arcu elliptico
terminatum. *Prosternum mesosternumque* depressa con-
cava. *Metasternum maximum*, convexum, subinflatum.

Abdomen supra planum, subtus concavum, septem annu-
latum, annulis sub-æqualibus, sex primis transverso-qua-
dratis, septimo inviso.

Elytra abbreviata, thoracis dorsum vix superantia,
post scutellum fere immediata oblique truncata, angulis
postero-internis rotundato-obsoletis, postero-externis longitrorsum acuminatis. *Alæ* magnæ, sed in quiete abdominis extremitatem haud attingentes.

Pedes grassarii, tenues, longitudine inæquales, ante-
riores breviores, posteriores longiores ad extremitatem
abdominis haud pervenientes, *tarsis* filiformibus pubes-
centibus quinque articulatis, articulis a 1º ad quintum
gradatim decrescentibus, *intermediis* ac posterioribus vi-
sibiliter *plus tibiis* longioribus a quo charactere nomen
BOEOSCELIS (brevis tibia). Genus hoc locum habet natura-
lem in Melyridium familia, et in *Phengodoidorum* sub-fa-
milia, prope *G. Phengodes* et *Actenista*. A primo differt
anteunarum appeudicibus ramulosis neutiquam in spira-

lem convolutis, a secundo capite horizontali detecto, ab ambobus tarsis intermediis ac posterioribus plus tibiis longioribus.

Species unica. BOEOSCELIS OSCULATI, Spinola.

Bœosc. rufo-testacea, antennis elytris tibiis tarsisque brunneo-nigris.

Specimen mihi communicatum haud integrum, antenna sinistra infracta, abdominis segmento ultimo deficiente et inde sexu latente. Reliquum corpus long. $0^m,024$; antennæ nigræ, articulo primo rufo-testaceo. Palporum articulis extremis sive primo et ultimo quoque rufo-testaceis, intermediis nigris. Capitis pagina inferiore prope mentum profunde foveata, foveola parva semi-elliptica distincte marginata, margine elevato carinæformi. Elytra puberola, confusim punctulata, opaca. Abdominis annuli extus singulatim arcuati, laminis superioribus vix postice emarginatis, inferioribus longitrorsum canaliculatis, Alæ obscuræ nigrescentes. Typum descriptum D. *Osculati* invenit prope litus fluminis Napo.

IV. MÉLANGES ET NOUVELLES.

Développement de la fibrine par la mort du sang.

On lit dans la correspondance anglaise du Dr *Phipson*, donnée dans le *Cosmos* du 1er septembre 1864.

« M. *Beale* a publié dans le *Quarterly journal of microscopic science*, une théorie ingénieuse de la production de la fibrine dans le sang sorti des vaisseaux. Cette production serait due à la mort graduelle des petits corpuscules blancs, qui s'observe quand le sang s'est échappé des vaisseaux du corps vivant. Le sang ne meurt pas à l'instant même qu'il quitte les vaisseaux sanguins, et l'on peut, comme on sait, entretenir sa vitalité pendant un certain temps en le plaçant dans les conditions voulues de température, de repos, etc. Il est même probable que ces corpuscules sanguins peuvent absorber des matières nutritives, et s'accroître pendant quelque temps après l'extravasement du sang, de sorte qu'il est possible qu'une certaine quantité de fibrine et même quelque peu de la matière organique dont elle provient puissent avoir été produits après que le sang a quitté les vaisseaux. Un corpuscule blanc de sang *vit et se meurt* pendant quelques heures après que le sang a été extrait du corps. »

Je dois ajouter que le même phénomène a été observé par moi, lorsque je faisais des études sur les maladies des Vers à soie il y a plus de quinze ans. J'ai consigné cette observation dans mes publications sur ces maladies ; seulement je n'ai trouvé aucun moyen de prolonger la vie des globules blancs du sang des insectes, globules auxquels la mort fait prendre des formes très-différentes de celles qu'ils affectaient pendant la vie. J'ai établi aussi, dans ces études, que l'on devait regarder le sang des insectes, dans lequel on ne trouve que des globules blancs, comme affecté d'un simple arrêt de développement devenu l'état normal dans ce groupe. (G. M.)

TABLE DES MATIÈRES.

I. TRAVAUX INÉDITS.

BLATTARUM NOVARUM SPECIES ALIQUOT,
conscripsit, H. DE SAUSSURE (1).

GENUS POLYZOSTERIA, Burm.

1. *Corpus deplanatum plus minusve gracile.*

A. *Sat gracile, antice paulum attenuatum.*

a. Tegminibus indicatis, squamiformibus.

1. POLYZ. BIGLUMIS. φ . Nigra, sat minuta, *P. conso-
brinæ* simillima, ejusdem staturæ, sed mesonoto utrinque
lobis angulatis instructo, sulco separatis, sed *tantum apice*
liberis, distinctis. Corpus apice squamoso-punctulato ; lamina supra-anali trigono-rotundata, latiore quam longiore, apice trigono-emarginata, tenuiter bilobata, laminam infra-genitalem paulum superante ; hac transversa,
margine postico lato, subsinuato, utrinque juxta stylos
acutos dentulo instructo. Antennæ, palpi, maculæ ocellares, cerci apice, tarsi, rufescentes. Long. 0,014. — Nova
Hollandia.

b. Tegminibus nullis.

2. POLYZ. ANALIS. Sat gracilis, valde depressa, fusco-

(1) Des circonstances indépendantes de notre volonté, provenant de
l'abondance des matériaux, nous ont empêché de faire paraître plus
tôt ce travail, dont nous avons le manuscrit depuis le printemps de
cette année.   G. M.

nigra; pronotum sat minutum, antice valde arcuatum, semi-circulare, trigonale, postice in medio margine sub-angulatum. Tegmina nulla. Meso- et metanotum postice paulum angulata. Abdominis segmenta ultima utrinque spinoso-angulata; cercis mediocribus. Tarsi subcrassi. Maculæ ocellares, os et cercorum apex, fulvi; coxæ testaceo-marginatæ; pedes et antennæ fusco-ferruginea. — ♀. Lamina supra-analis trigona, punctata valde producta, cercis paulo longior, et margine utrinque spinoso; lamina infra-genitalis brevior, trigona, subcarinata et subfissa (fere ut in *Periplanetis*). — ♂. Lamina supra-analis brevior, truncata, apice fissa et subfoveolata (pseudo-marginata), fulvo-pilosa; margine utrinque spinis 1 vel 2 elongatis obliquis armato; lamina infra-genitalis eadem longitudine, subbiloba et cercis apice juxta cercum utrinque spina minuta armata; stylis elongatis spiniformibus. — Long. 0,028-30. Australia.

Puppa: supra postice rugosa, acute granulosa, antice impressionibus notata.

3. Polyz. consobrina. ♂. *P. anali* affinissima at minor, fusco-nigra, lamina supra-anali trigonali, apice fissa (ut in *P. anali* ♀); marginibus pilosis, vix denticulatis; cercis elongatis; lamina infra-genitali late et recte truncata; stylis elongatis, minus acutis; segmentis ventralibus 2 penultimis margine arcuato; maculis ocellaribus, cercorum apice, antennis et tibiis rufescentibus; coxis tenuiter testaceo-marginatis. Long. 0,012. — Nova Hollandia.

4. Polyz. (Blatta?) meridionalis. ♀. Nigra. Sat gracilis, attenuata; antice caput prominulum depresso-globosum; pronotum parabolicum, supra caput subtruncatum, subfornicatum, utrinque fascia sanguinea marginatum;-meso-et metanotum postice utrinque angulata; abdominis margines tantum in segmentis 6-8 dentato-serrati; segm. 8^m postice sinuatum, utrinque dente spiniformi instructum; lamina supra-anali minuta arcuata; lamina infra-genitali

vix longiore, convexa, margine arcuato. Cerci mediocres, fusci. Antennæ apice fuscescentes, pilosæ; pedes fusci, tibiis et tarsis ferrugineis. Long. 0,015.—Africa meridionalis.

♂. Verisimiliter alatus, nam puppam maris conspeximus huic feminæ conformem, sed meso- et metanoto valde lobatis (cercis flavis). (An species diversa?)

B. *Corpus minus gracile, antice vix attenuatum.*

5. Polyz. Capensis. ♂. Sat parva, fusco-nigra; depressa, sat lata, antice vix attenuata; vertex convexus, vix prominulus; pronotum trigono-rotundatum, latum et breve; supra caput truncatum, marginibus lateralibus convergentibus, antice paulum deflexis; meso-et metanotum utrinque paulum angulata; abdominis margines haud serrati; segmentum ultimum postice subsinuatum, utrinque extra cercos dente instructum; lamina supra-anali minuta, arcuata; lamina infra-genitali magna pro mare, sed paulo breviore, sulco arcuato notata, in medio margine truncata; stylis minutis. Maculæ ocellares, pronoti utrinque fascia lata flava, arcuata, postice aucta, styli, cerci, tibiæ tarsique, flava. Long. 0,013. — Africa meridionalis.

2. *Corpus latius, fornicatum, postice dilatatum.*

6. Polyz. bicolor. Crassa, convexa, ovata, postice lata, antice valde attenuata, sed nihilominus rotundata; pronotum supra caput subtruncatum, postice utrinque rotundatum, subangulatum ; thoracis segmenta postice in medio margine subangulata; abdomen antice tenuiter, postice crasse corrugatum; segmento 7° utrinque spinoso. —♂. Lamina supra-anali magna, transversa, rugosa, paulum excavata, margine postico transverso, hirsuto, utrinque spina acuta armato; lamina infra-genitali supra-analem superante, minus lata, margine postico transverso, vix emar-

ginato, sed utrinque in spinam trigonalem acutissimam excurrente; stylis lateralibus, acutissimis, arcuatis. — ♀.Lamina supra anali-subconvexa, trapezoidali-rotundata; infra–genitali convexa, sulcata vel fissa (fere ut in *Periplanetis*). Corpus rufo–castaneum ; thorace late flavo vel luteo marginato; abdominis segmentis utrinque macula lutea ; coxis luteo-marginatis, ore fusco. Long. 0,020. — Nova Hollandia.

Variat ♀ thoracis segmentis postice plus minus flavo-marginatis.

7. POLYZ. PULCHELLA. ♂. Sat minuta, fusco-castanea, convexa, ovata, latiuscula, antice attenuata, corpore nitidiusculo ; capite vix prominulo ; pronoto convexo, sat elongato, antice subtruncato; thorace medio tenuissime carinato; abdominis marginibus nullo modo serratis, segmentis haud angulatis; segmentis ultimis 3 supra squamoso-punctulatis ; lamina supra-anali transversa, lata et angustissima, margine crasso; lamina infra–genitali paulo longiore, truncata, utrinque dente luteo, acuto, trigono instructa. Thorax late sulfureo-marginatus; abdomen ejusdem coloris serrato-marginatum ; thoracis segmentis posice anguste sulfureo-marginatis; abdominis segmentis rufo et frequenter partim sulfureo-limbatis; coxis luteo-limbatis, cercis luteis; caput et antennarum basis rufo-fusca. Long. 0,014. — Nova Hollandia.

GENUS PARATROPES, Serv.

1. *Pronotum ellipticum, antennæ crassæ; pronotum et elytra vestita.*

8. PARATR. VESTITA. Gracilis, nigra, antennis crassis, nigris, pilosis; pronoto et elytris rufo-ferrugineis, holosericeis, grisco-velutinis, marginibus pallidioribus; pronoto elliptico, fornicato, haud sulcato; elytris striatis, parum dilatatis, vena humerali et margine suturali, nigris, alis

aurantiis postice nigro-marginatis. Long. 0,027. — Brasilia.

2. *Pronoti margo posticus magis arcuatus quam anticus; pronotum et elytra sericea, his sulco anali obsoleta.*

a. Elytris apice membranaceis, reticulatis.

9. Paratr. Æquatorialis. Pronoto nigro, transverso, trigonale, lobis lateralibus angustis, postice angulato, antice grosse punctato et fulvo-bimaculato; elytris fulvo-aurantiis, basi corneis, margine maxime dilatato; supra linea humerali et suturali, sulco anali et margine interno, nigris; ano et coxis testaceo-marginatis. Long. 0,019, cum elytris 0,026.— Respublica Equator.

b. Elytris punctatis, corneis.

10. Paratr. Heydeniana. ♀. Fulva; abdomine supra nigrescente; elytris ferrugineo marmoratis, corneis, apice attenuatis; pronoto pellucido, disco medio et postico rufo tessellato; margine postico valde arcuato, angulatim supra scutellum producto; alis antice aurantiacis, postice subinfuscatis. Long. 0,018. — Brasilia.

Genus BLATTA, L.

I. *Elytra truncata, corpore valde breviora.*

11. Bl. phalerata. ♂. Ferrugineo-testacea, depressa. Caput prominulum. Pronotum parabolicum, postice fere planum, transversim vix arcuatum. Elytra quadrata, truncata, vix ad marginem 2^i segmenti abdominis producta, tantum pone medium contigua, scutellum haud obtegentia, margine interno arcuato, venis furcatis, subelevatis, obsoletis, instructa; sulco anali distincto; campo anali piriformi, angusto, elongato, apice acuminato, sulcis axillaribus 3-4 instructo (secundo frequenter furcato). Abdomen supra castaneum, segmentis omnibus testaceo vel albido-marginatis; subtus fusco-nigrum; apice margine serrato;

cercis elongatis apice ferrugineis, lamina supra-anali minuta, trigonali, acuta; infra-genitali magna, arcuata, convexa, paulum elongatiore, linea intra ornata marginali fusca. Pedes testacei, coxarum basi linea intra-marginali fusca. Antennæ ferrugineæ. Long. 0,019.

♂. Lamina supra-anali transversa, lata, truncata; infra-genitali elliptica, producta, stylis elongatis, acutis, nigris. —Africa meridionalis.

Puppa : mesonotum utrinque læve, angulis vix productis.

II. *Elytra corporis longitudine vel longiora haud obliterata.*

1. *Caput parum prominulum.*

a. Elytris membranaceis, apice rotundatis.

12. Bl. Capensis. Testacea, depressa. Caput vix prominulum, facie longitudinaliter fusco-bifasciata, vertice fuscescente; antennis testaceo-ferrugineis. Pronotum fuscum, depressum, convexiusculum, parabolicum, sed medio margine anteriore et angulis posticis, truncatis; marginibus lateralibus, late testaceo-marginatis, pellucidis; postico tenuiter testaceo-liturato. Elytra membranacea, ferrugineo-pellucida, corporis longitudine vel paulo longiora, margine dilatato, arcuato, apice rotundato; campo marginali lato, oblique venoso, basi pallide marginato; campo anali apice acuminato, venis elevatis 5-6 perducto; campo discoidali basi lævi, apice valde venosis. Abdomen?... Long. cum elytris 0,020.— Africa meridionalis.

13. Bl. venosa. Parvula, aurantiaca, subtus testacea; vertice rufescente. Pronotum ellipticum, margine utrinque hyalino, disci fusci linea testacea et maculis 6 testaceis, ornatum; margine postico truncato sed angulum minutum in medio margine efficiente; elytris et alis subhyalinis, venis fuscis; elytris secundum venas fusco-fasciatis; alis tantum apice et in area fenestrata reticulatis. Long. 0,012. — Mexico.

14. Bl. Mexicana. ♀ . Gracilis, testacea, abdomine apicem versus fusco. Caput prominulum, fuscum; ore, maculis ocellaribus et primo antennarum articulo, testaceis.
Pronoti postice truncati disco fusco, margine toto late
flavo, utrinque paulum deflexo. Elytra corpore valde longiora, fusca vel fusco-ferruginea, striata, margine, præ-
cipue basi, pallidiore, et linea humerali brevi fusca ornata.
Alæ apice nebulosæ, margine antico ferrugineo, oblique
venoso; area fenestrata, grosse quadrato-reticulata ; vena
discoidalis apice 4-ramosa. Cerci longissimi. Lamina supra-analis trigono-rotundata; infra-genitalis magna, convexa. Pedes testacei. Long. 0,013, cum. elytris 0,016.—
Mexico.

b. Elytris in medio dilatatis, apice acuminatis, elevato-venosis.

15. Bl. pellucida. Minuta, pallida, subtus albida, supra aurantiaca; vertice prominulo; pronoto hyalino, per-
fecte elliptico,sed postice truncato, disco medio et margine
postico fusco-testaceis ; elytris basi dilatatis, apice acuminatis, pellucidis, pennato-venosis, confluenter reticulatis,
inter venas flavo-maculosis. Long. 0,013. — Mexico.

16. Bl. translucida. Minuta, *Bl. ericetorum* affinis,
pallide testacea; pronoto fere semi-circulari, postice late
truncato; elytris elongatis, ut in *Bl. pellucida* venosis ;
vena principali trivenosa; campo marginali et postico
pennato-venosis, sed obsolete reticulatis; campo anali
apice attenuato; alis nebulosis. Long. 0,008. — Mexico.

2. *Caput validum, valde prominulum.*

17. Bl. Peruana. Griseo-testacea, capite maximo,
valde prominente; pronoti disco fusco, rufo-notato,
utrinque testaceo ; elytris elongatis, valde venosis; campo
anali piriformi, longitudinaliter 6-venoso ; campo postico
valde reticulato. Long. 0,012, cum elytris 0,015. — Peru.

Genus ELLIPSIDION, Sauss. (1).

1. *Corpus latum, crassum.*

18. ELL. AUSTRALE, Sauss. (*puppa*). Ovato-circulare, nitidum, nigrum, fascia verticis, pronoti margine, lobis meso-et metanoti, aurantiacis; abdominis segmentis subtus albido-limbatis, supra flavo–punctato-marginatis; ultimis 2 immaculatis; cercis aurantiis, apice nigris; tibiarum spinis testaceis. — Nova Hollandia.

19. ELL. RETICULATUM. Præcedenti maxime affine; pronoto elliptico, transverso, sed margine postico in humeros fracto, marginibus latero-posticis distinctioribus. Corpus nigrum; verticis fascia et maculæ ocellares, flavæ. Antennæ crassæ, nigræ, plumato-pilosæ (apice fulvæ?). Pronotum aurantiacum, disci fasciis 2 nigris et inter illas fascia rufa. Elytra elongata, lata, aurantia, diaphana, ubique dense flavo-reticulata, valde venosa, apice et basi macula nigra. Alæ hyalinæ, venis aureis, margine postico et apice fusco-limbatis; campo marginali valde oblique venoso; area fenestrata in parte antica quadrato-reticulata, in parte postica tantum apice paulum reticulata; vena discoidali basi simplice, post medium tantum 4-ramosa; campo discoidali tantum apice reticulato; campi postici vena antica 3-ramosa, reliquis simplicibus, venulis transversis rarissimis. Abdominis segmenta subtus et coxæ, albido-marginata; cercis aurantiis, basi nigris; lamina infra-genitali apice compresso-carinata. Pedum spinæ testaceæ et interdum tibiæ posticæ in medio fulvæ. Long. 0,014, cum elytris 0,017. — Nova Hollandia.

20. ELL. AURANTIUM. Præcedenti affine, gracilius (an ♂?). Caput nigrum, vertice et palpis flavis; antennis nigris, plumato-pilosis, apice fulvis. Corpus nigrum, subtus albido lituratum; pronotum flavo-aurantium, elongatius, trigo

(1) *Mélang. orthopt.*, I, 18, 11.

no-rotundatum. Elytra angustiora, margine externo sinuato; aurantia, valde flavo-reticulata, basi paulum nigra et apice subgrisescentia. Alæ aurantiæ, apice nigræ margine flavo. Pedes aurantii, tarsis apice nigris; coxis nigris, albido-marginatis. Abdomen supra flavo-varium. Long. 0,011, cum elytris 0,014. — Nova Hollandia.

2. *Corpus gracile.*

ELL. HEYDENIANUM. Ferrugineo-fuscum, vertice latissimo; antennis crassis, nigris, pilosis; pronoto transverso, elliptico, postice truncato, ferrugineo; elytris fusco-rufis, extus albido-marginatis. Long. 0,010. — Brasilia.

GENUS ISCHNOPTERA, Burm.

1. *Tegmina abbreviata, abdomine breviora.*

21. ISCHNOPTERA BREVIPENNIS. ♀. Fusca, gracilis, elongata: pronoto, elytris et pedibus, fusco-ferrugineis; pronoto parabolico, subfornicato, corneo, nullomodo corrugato; elytris quadratis, truncatis, secundum abdominis segmentum attingentibus, corneis, elevato-venosis; lamina supra-anali trigona, acuta; infra-genitali convexa, arcuato-angulata; coxis supra et in margine testaceis. Long. 0,018. — Chile.

2. *Tegmina elongata, abdomen superantia.*

A. *Species americanæ. Elytra parallela.*

22. ISCH. IGNOBILIS. ♀. Gracilis, fusco-nigra; capite parvulo, antennis nigris, ore et maculis ocellaribus castaneis; pronoto trigonale-rotundato, lævi, nitido, nigro, profunde bisulcato, marginibus utrinque valde deflexis; elytris fusco-ferrugineis, linea humerali nigra, campo marginali angusto; alis hyalinis costa ferruginea. — Long. 0,017, cum elytris 0,027. — Buenos-Ayres.

B. Species africanæ. Elytra basin versus angustiora.

* Pronoti margines deflexi.

23. ISCHN. JUNCEA. ♂. Gracillima, nigra. Caput prominulum, foveolis ocellaribus testaceis, nitidis. Pronotum
antice truncatum, sulcis vel foveolis 2 disci valde impressis, marginibus valde deflexis, sulco perductis. Lamina
infra-genitalis secundum marginem transversum sulco
instructa; stylis elongatis. Alæ longissimæ. Elytra fla-
vescentia, angusta, basi angustiora, apice rotundata,
ubique submembranacea, valde striata, elevato-reticulata;
margine campi marginalis angustissimi basi haud arcuato,
recto, deflexo; area basilari lineari; campo anali piriformi, apice acuminato, sed sulco anali vix sinuato; elytrum dextrum in margine suturali haud pellucido, sed
elytro sinistro conforme. Alæ postice hyalinæ, antice flavescentes, campo marginali ramoso-venoso; area fenestrata pellucida, vix reticulata, sed vena furcata sejuncta;
campo discoidali ramoso-venoso et reticulato. Long.
corpor. 0,021, cum elytris 0,030. — Africa meridionalis.
Variat corpore subtus fusco; tegminibus et alis apice
fuscescentibus.

24. ISCHN. SIMILIS. ♂. *I. junceæ* similis, at minor; fusco-
nigra; pedibus et ore ferrugineis; pronoti marginibus magis deflexis, utrinque macula ferruginea notatis; elytris
basi et margine externo fuscis, margine interno et apice
pallidioribus, ferruginescentibus; alis secundum costam
et venis ferrugineis. Long. 0,016, cum elytris 0,020. —
Africa meridionalis.

** Pronoti margines lamellares, *subreflexi.*

25. ISCHN. ERYTHROCEPHALA? Fabr. ♂ Fusco-nigra.
Abdomen valde dilatatum, ovatum; thorax valde angustior. Caput rubrum vel aurantium; foveolis ocellaribus flavis; antennis fuscis, primo articulo rubro.
Pronotum latum, ellipticum, antice truncatum, pro-

funde bisulcatum, sed marginibus lateralibus horizontalibus, nullomodo infra reflexis. Abdominis apex subtus convexus; lamina infra-genitali arcuata, margine apicali subdeflexo; segmento præcedenti minuto haud angulato; lamina supra-analis brevior, subquadrata; cerci mediocres; styli breves, sed perspicui; tegmina perlonga, fusco-nigra, basi margine arcuato, dilatato; area basilari lata, subreflexa; sulco anali paulo arcuatiore quam in *I. juncea;* campo anali distinctius densissime reticulato. Alæ fusco-nigræ, venulatione *I. junceæ* conformes at area fenestrata magis distincte reticulata. Pedes gracillimi, ferruginei, coxis fuscis. — *Variat* pronoti disco medio rufescente. Long. 0,020, cum elytris 0,033. — Africa meridionalis.

Genus NYCTOBORA, Burm.

1. *Tegminibus et alis nullis.*

26. Nyct. terrestris. ♂. Fusco-nigra, corpore convexo. Caput nigrum, convexiusculum, pronotum haud superans; oculis invicem propinquis, apice attenuatis, in fronte valde divergentibus. Pronotum fornicatum parabolicum; margine postico vix convexo, in medio haud angulato; margine antico flavo-limbato. Meso- et metanoti utrinque fuscescentis margo posticus paulum concavus, in medio paulum angulatus, lobis lateralibus haud acutis, paulum truncatis. Abdominis segmenta 2-5 tenuiter utrinque angulata; 6, 7 margine valde serrato, *supra reflexo;* lamina supra-anali elongata, trigona, apice subtus sulco sejuncto; infra-genitali lata, breviore, apice sulco obsoleto partita, margine medio concavo, et utrinque subtus cercos incisa. Tarsi sat crassi; 4° articulo subtus apice valde producto. Cerci magni, fusci vel ferruginei. Styli acuti, validi. Corpus totum supra, segmentis ultimis tribus exceptis, cinereo-sericeum. Long. 0,024. — *Puppa.* Minor, conformis; segmento ventrali penultimo sejuncto, seg-

mentum arcuatum efficiente; lamina infra- genitali parvula, fere trigonali. — Brasilia.

2. *Tegminibus abdomine longioribus.*

27. N. OBSCURA. ♀. *N. mexicana* paulo minor; elytris
basi minus dilatatis; pronoto longiore, minus elliptico;
id est margine anteriore arcuatiore. Obscure fusca, seri-
ceo-iridescens; alarum campo antico ferruginescente,
postico griseo. Long. 0,023, cum elytris 0,030. — Brasilia.

Genus EURYZOSTERIA (Nob.).

Corpus antice attenuatum, postice dilatatum. Caput sat
globosum, oculis distantibus. (Tegmina nulla.) Lamina
infra-genitalis ♀ ut in *Periplanetis*, apice carinata et fissa.
Cerci brevissimi.

28. EURYZ. DELALANDI. ♀. Nigra, corpore antice subfornicato, attenuato, postice deplanato, maxime dilatato.
Caput globoso-depressum, rufo-aurantium, maculis ocellaribus minutis, flavis; oculis distantibus, minutis, vix
emarginatis; vertice convexo, vix prominulo. Thoracis
segmenta utrinque haud producta. Pronotum antice truncatum, supra haud sulcatum; mesonotum utrinque sulco
elytrali obsoleto, vix perspicuo, instructum; metanotum
in medio margine angulum minutum efficiens. Abdominis
latissimi margines haud serrati, 5° segmento dorsali utrinque attenuato, margine valde sinuato, in medio subexciso,
utrinque in angulum producto, et lamina subjacente instructo; segm. 5-6 utrinque vix angulata; lamina supra-
analis, minuta, compressa, carinata; lamina infra-genitalis paulum prominula, valde compressa, carinata et fissa.
Cerci minutissimi. Pedes rufi, coxis nigris. Long. 0,023,
pronoti latit. 0,0105, abdom. latit. 0,015. — Africa meridionalis.

Genus PERIPLANETA, Burm.

1. *Alæ (in utroque sexu) nullæ; elytra rudimentaria,*
   squamiformia.

29. PERIPL. HEYDENIANA. ♀ . Gracilis, elongata, depressa, antice parum attenuata, ferruginea. Caput vix
prominulum. Pronotum elongatum, parabolicum, supra
corrugatum. Mesonotum utrinque tegula alari angusta,
apice rotundata, segmentum haud superante, instructum.
Metanotum utrinque rotundato-angulatum, sine alarum
vestigio. Abdomen postice subserratum; lamina supra-
anali elongata, infra-genitalem superante, subcompressa,
postice angustata, apice bidentata et trigono-emarginata;
lamina infra-anali compressa, carinata, fissa, valviformi.
Cerci validi, subgranulati. Pedes elongati. Corpus fascia
testacea marginatum et fascia intra-marginali obsoleta
ornatum; abdomine supra postice fuscescente, subtus fuscescente, testaceo-marginato; tibiis et tarsis, ferrugineis.
Long. 0,019.

♂ Lamina supra-analis quadrato-trapezoidalis, apice
foveolata, margine postico subexciso; lamina infra-genitalis lamina supra-anali brevior, lata, fere ejusdem formæ.
Styli elongati, apice obtusi. — *Puppa.* Imagini conformis
at tegulis nullis. — Nova Hollandia. Portus regis Georgii.

30. PERIPL. ÆTHIOPICA. ♀ . Nigra, fornicata, lævis.
Caput læve et antennæ, fuscescentia; vertice convexo,
parum prominulo. Pronotum convexum, parabolicum,
postice recte truncatum. Mesonotum utrinque elytro minuto squamiformi, mesonotum haud superante, instructum; hoc elytrum læve, bisulcatum, extus marginatum,
apicem versus paulo attenuatum. Metanotum utrinque sub-
angulatum, margine postico paulum concavo, sed medio
subangulato. Abdominis segmenta utrinque marginata,
tenuissime acute-angulata; sed segmenta 6, 7 lobato-
angulata et margine valde reflexo; 7° apice compresso.

Lamina supra-analis producta, trigona, compressa et carinata, apice trigono-excisa, infra-genitalem superans; hæc valde bivalva, compressa, striata. Segmentum ultimum ventrale utrinque in dentem trigonalem productum, et inter dentem et laminam infra-analem margine impresso. Cerci depressi, elongati. Pedes graciles. Long. 0,023. — Africa 47/52.

31. PERIPL. HISTRIO. ♀. Depressa. Antennæ validæ et longæ. Pronotum parabolicum, postice truncatum; margine antico supra caput vix arcuato; disco lævi. Alæ nullæ. Elytra squamiformia, fere quadrata, mesonotum vix superantia, punctata, venis humerali et anali indicatis. Anus supra et subtus carinatus, fissus; cerci elongati, acuminati. Corpus fuscum; caput testaceum, fascia verticis et 2 faciei, fuscis; antennæ fuscæ; pronotum fusco-nigrum, linea intra-marginali antice bisinuata, maculis 2 anticis disci et 4 posticis (vel fascia intra-marginali postice lacerta), flavis; elytra extus flavo-notata; meso-et metanota fascia hieroglyphica fusco-punctata, flava; abdominis segmenta supra transversim fasciis flavo-testaceis, ter interruptis, ornata; cerci apice flavi; abdomen subtus utrinque flavo-maculatum; pedes testacei, fusco-marginati. Long. 0,023. *Variat* elytris fuscis, abdomine supra in marginibus tantum flavo-maculato; elytris fere totis flavo-testaceis.

Ceylon, India orientalis, Mauritius, etiam in Brasiliam translata.

2. *Elytra ♀ articulata, sed abdomine breviora.*

(STYLOPYGA, Fisch. w.)

32. PERIPL. OCCIDENTALIS. ♀. Staturæ *P. orientalis* et illi affinis; nigra; capite prominulo; pronoto corneo, fornicato, lævi, nullomodo corrugato; elytris quadratis, latis, sed vix longioribus quam latioribus, segmenti 2^i abdominis basin attingentibus; abdomine apice serrulato, sed marginibus haud reflexis. Long. 0,022. — Antillæ.

3. *Elytra et alæ abdominis longitudine seu longiora.*

(Periplaneta, B.)

a. Campo postico alarum ramoso-venoso.

33. Peripl. alaris. ♂. Crassa, castanea, frontis vitta et pronoti margine antico pallidioribus; pronoto lato, lævi, deplanato; abdomine lato et convexo, nigrescente; lamina supra-anali cornea subquadrata, carinata et margine subreflexo; elytris corporis longitudine, corneis, politis, in margine tantum venosis; sulco anali tantum apice perspicuo; alis latis et brevibus, campo antico ferrugineo, longitudinaliter valde - ramoso-venoso; campo postico venis ramosis, nigris, basi ferrugineis, valde repleto; cercis lanceolatis; stylis acuminatis (mediocribus); tarsis crassis, brevibus. Long. 0,027. — Brasilia.

b. Campo postico alarum simpliciter venoso.

34. Peripl. marginalis. ♀. Media, rufo-castanea, coxis et femoribus testaceis. Caput paulum prominulum, subtus flavum, vertice et fascia faciali, fuscis. Pronotum deplanatum, margine postico parum arcuato, antico parabolico, antice subtruncato, late luteo-marginato. Elytra abdomen paulum superantia vel corporis longitudine, lævia, apice striata, secundum marginem externum usque ad medium luteo-marginata; sulco anali arcuato; campo anali apice late rotundato, nullomodo acuminato. Alæ subtruncatæ, campo antico fusco-ferrugineo, valde ramoso-venoso et reticulato, apice lato, subtruncato; campo postico nebuloso, venis fusco-ferrugineis, simplicibus; anticis tantum ramosis. Abdominis segmenta ultima 2 utrinque spinosa. Lamina infra-analis haud acute carinata fusca; supra-analis longissima, angusta, utrinque marginata, in medio subcarinata, apice bispinosa, margine concavo. Long. 0,028. — Nova Hollandia.

35. Peripl. soror. ♀. Præcedenti simillima, et forte mera varietas? Paulo minor; capite et pedibus testaceis;

pronoti disco testaceo bipunctato; elytris in toto margine externo luteo limbatis, abdomine paulo brevioribus; lamina supra-anali haud bispinosa, breviore quam infraanalis, magis compressa; abdomine luteo-marginato. Long. 0,023. — Nova Hollandia.

36. PERIPL. REGINA ♂. Depressa, crassa, testacea, canthis, spinis, tibiis et tarsis posticis, abdomine subtus, fuscis vel fusco-variis. Caput prominulum, fascia transversa verticis, frontis et oris, fusca. Pronotum corneum, læve, convexiusculum, latum, antice attenuatum et truncatum. Elytra abdomen superantia, striata; campo marginali lato, venis costalibus bifurcatis; campo postico dense striato, inter venas densissime et tenuissime reticulato; campo anali lævi, ovato, sat angusto et elongato; alarum campo antico ubique æqualiter secundum longitudinem ramoso-venoso; area fenestrata, angustissima, lineam medianam membranaceam efficiente. Cerci et styli longissimi. Pronotum fuscum, fascia marginali lata marginis antici testacea, in elytrorum basi producta, et fascia transversa libera marginis postici ornatum; elytra castanea; alarum campus anticus ferrugineus, apicem versus secundum marginem costalem fuscescens; campus posticus griseus. Long. 0,036, cum elytris 0,038. — Malacca.

GENUS EPILAMPRA, Burm.

1. *Alæ nullæ; pronotum postice haud angulatim productum.*

37. EPIL. FORNICATA. ♀. Ovata, aptera, corpore fornicato, fusco. Caput prominulum, circulare, ore, antennis et maculis ocellaribus, testaceis. Pronotum parabolicum, convexum, utrinque angulatum, sed margine postico medio haud angulato, nec non fascia repanda testacea marginali utrinque ornatum. Alæ nullæ. Meso- et metanotum convexa, utrinque parum producta; metanoti margine

medio angulum minutum efficiente. Abdomen nullomodo serratum ; lamina supra-anali transversa, arcuata ; infra-genitali magna, convexa, lævi, margine vix sinuato, cercis brevissimis, pyramidalibus ; segmentis omnibus in lateribus testaceo-punctulatis, margine postico testaceo-punctato et carinulis tuberculiformibus instructo. Long. 0,019. — Nova Hollandia.

Hæc species formis inter *Blattas* collocaretur, sed colore, dorso fornicato et facie ad *Epilampras* pertinere videtur.

2. *Elytra abbreviata, abdomine breviora.*

38. Epil. nudiventris. ♂. Sat valida, deplanata ; caput haud prominulum, sed vix obtectum ; vertice fusco. Pronotum antice fornicatum, postice planum, marginibus lateralibus deflexis, marginatis ; margine postico transverso, haud arcuato, sed in medio angulum obtusissimum efficiente ; disco haud bisulcato. Elytra abbreviata, lata, sed in tertio abdom. segmento truncata; angulo postico rotundato ; vena humerali carinata ; campo anali et discoidali plano, striato et seriatim punctato ; campo marginali oblique cadente, apicem versus striato-venoso. Abdominis segmento penultimo dente pyramidali instructo ; lamina supra-analis plana, cornea, rotundata, paulum bilobata ; infra-genitalis magna, convexa, utrinque subsinuata ; cerci sat minuti, acuti. Corpus testaceum, fusco adspersum ; pronotum fuscum, marginibus diaphanis, fusco punctatis ; elytris in dorso fuscis, pallide punctato-maculatis, marginibus diaphanis, fusco punctatis ; pedibus testaceo-ferrugineis. Long. 0,036, elytri 0,013. — Tasmania.

39. Epil. Heusseriana. Fulvo-testacea, fusco-punctulata. Pronotum fornicatum, læve, sparse punctatum ; lateribus deflexis, valde marginatis, postice utrinque in angulum productis ; disco nigro-tessellato, margine postico medio valde angulato. Elytra abbreviata, secundum abdominis segmentum haud superantia, striata, fusco punctata, linea humerali nigra et campo marginali testaceo. Long. 0,020 — Uruguay.

3. *Elytra et alæ abdominis longitudine vel longiora.*

EPIL. BELLA. ♀. Valida, gracilis, castanea. Caput paulum prominulum, flavo griseum, fascia frontis et fàciei castanea. Antennæ castaneæ. Pronotum fuscum, sat minutum, sat trigonale, læve, tenuiter striatum, haud sulcatum, marginibus utrinque cadentibus, fascia lata utrinque pallide flava, sed margine extremo latero-antico fusco ; margine postico valde angulato. Abdomen fuscum, marginibus spinoso-dentatis; lamina infra-genitali magna, elongata, apice carinula partita. Elytra valde elongata, pallide flava, basi fusca, apicem versus rufo-fusca, sparse punctulata ; sulco anali et trunco humerali nigrescentibus ; margine externo valde sinuato, pone medium exciso, campo marginali fere impunctato, in longitudinem oblique striato ; campo anali elongato, sulco arcuato, haud sinuato; campo postico submembranaceo, dense striato et duplo reticulato; dextri elytri pars obtecta rufo-castanea. Alarum campus anticus angustus, rufo-ferrugineus; area fenestrata antice duplo-reticulata; campus posticus, valde major, hyalinus, ferrugineo-venosus. Pedes fusci, graciles. Long. 0,034, cum elytr. 0,045, elytr. 0,039.— Brasilia.

40. EPIL. AGATHINA. ♀. Pallida, subgracilis lævissima, jaspideo-nitens. Caput prominulum. Pronotum postice valde angulatum, fornicatum, haud sulcatum ; pronotum et elytra griseo-ferruginea, ferrugineo-punctulata, subnebulosa. Elytra pallide ocellata. Alæ margine antico fuscescente. Lamina subgenitalis elongata. Long. 0,037.— Brasilia.

41. Epil. bivittata. ♀. Fusca, nitida; pronoto coriaceo, postice parum arcuato, supra deplanato, polito, utrinque fascia lata, in 'elytri margine perducta, testacea, ornato. Long. 0,026. — Brasilia.

42. Epil. Crossea, *Ep. Burmeisteri*, Guér., affinissima, ferrugineo-testacea; pronoto postice in angulum producto, dense fusco-punctulato; elytris tenuiter ferrugineo-tessellatis; alis antice ferrugineo-venosis. Long. 0,20. — Brasilia.

43. Epil. Heydeniana. ♀. Fusco-testacea; vertice acuto, flavo-fasciato; pronoto lato, valde marginato, postice obtuse angulato, supra tenuissime griseo-punctulato et punctis impressis distantibus sparso; elytris ferrugineo-adspersis; alis fuscescentibus. Long. 0,020. — Brasilia.

44. Epil. Yersiniana. Valida, depressa, testacea; vertice convexo, prominulo, oculis elongatis. Pronotum pentagonale-rotundatum, subcordiforme, margine antico paulum, postico maxime convexo; postico valde angulato, latero-posticis vix divergentibus. Elytra valde venosa; vena scapulari percrassa, 7-8 ramosa. Pronotum et elytra fusco-marmorata; illo fusco scutellato. Alæ hyalinæ. Abdomen supra fuscescens, subtus segmentis utrinque macula fusca. Long. 0,057. — Brasilia.

II. MUTICÆ.

FEMORA INERMIA.

Genus HYPERCOMPSA (1), n. g.

Generi *Holocompsæ* affinis. Corpus latum, capite haud prominulo, cercis elongatis, arcuatis. Pronotum velu-

(1) Ὑπερ-κομψός, maxime elegans.

tinum, fimbriatum. Elytra membranacea, pellucida, tantum campi marginalis basi opaca et stigmatibus 2 opacis; vena anali et venis 2 anticis opacis, cellulás 2 delineantibus. Alæ ut in *Holocompsis.* Campus discoidalis elytri et posticus alæ venis tenuissimis instructus.

45. H. **fenestrina.** Parvula, fusco-nigra; pronoto et capite fusco-hirtis et fimbriatis ; tegminibus pellucidis, stigmatibus venis et elytrorum margine, fuscis, opacis; antennarum apice, macula in elytri basi cercisque albidis. — Brasilia.

Genus PROSOPLECTA (1).

Alæ transversim duplicatæ, apice supra proflexæ.

1. *Corpus ovato-globosum, valde convexum. Caput vix prominulum, trigonale ; oculi distantes, prominuli. Pronotum transversim quadratum, margine postico magis arcuato quam antico. Tegmina convexa, cornea, corporis longitudine, sulco anali obsoleto vel nullo, basi angulato. Alæ valde venosæ, apice retrorsum duplicatæ, ut in genere Anaplecta. Pedes graciles, breves. Cerci mediocres. (Facies coccinellæ).* = Prosoplecta.

46. P. **coccinella.** ♀. Parvula, supra fornicata. Caput et pedes rufo-ferruginea, facie et tarsis obscurioribus. Pronotum elliptico-transversum, margine antico transverso, in lateribus tantum arcuato, margine postico inter humeros vix arcuato; marginibus latero-posticis obliquis; lobis lateralibus deflexis, sed margine reflexo; disco nigro, flavo circumdato; lobis lateralibus pellucidis in angulo marginis fusço-limbatis. Scutellum fuscum. Elytra ferruginea, cornea, valde fornicata et punctata, ad basim humeri fere in tuberculum elevata ; margine basis

(1) Πρόσω, en avant. — πλέκτω, plier.

valde reflexo, flavo-limbato; vena humerali ramos parallelos elevatos emittente ; campo discoidali et anali punctatis ; sulco anali obsoleto, angulato ; puncto minuto humerali, altero in vena humerali ante medium sito, tertio majore juxta sulcum analem, corneis, albidis. Alæ valde fusco-venosæ ; campo antico quadrato reticulato, postico secundum longitudinem venoso. Abdomen fuscum, laminæ supra-analis margine flavo, subbilobato ; laminæ infra-genitalis margine lato planato, vix arcuato ; cercis brevibus. Long. 0,009.

2. *Corpus deplanatum ; pronotum semicirculare, utrinque angulatum; tegmina cornea, sulco anali nullo; alæ valde reticulatæ, secundum longitudinem et in medio transversim bis duplicatæ (facies* Silphæ). = DIPLOPTERA.

47. P. SILPHA. ♀ . Ovata, depressa, fusco-nigra. Caput prominulum , oculis valde distantibus; maculis ocellaribus et ore, testaceis; antennis ferrugineis, articulis 12 basalibus fuscis. Pronotum fuscum, parum fornicatum, semicirculare, margine postico transversim recto, utrinque angulum acutum efficiente et juxta angulum subemarginatum; margine antico supra caput subtruncato (vel minus arcuato). Abdomen obscurum, subserrulatum, subtus convexum; lamina infra-genitali transversa, arcuata ; supra-anali ejusdem longitudine, angustiore trapezoidali, truncata; cercis minutis. Elytra deplanata, abdominis longitudine vel paulo longiora, cornea, castanea usque ad apicem cribrato-punctata ; venis longitudinalibus aliquot obsolete indicatis, sed trunco humerali nullo, margine externo apice arcuato, interno fere recto, apicem acutum elytri efficiente. Pedes crassiusculi, fusci ; femora apice supra spinam acutam gerentia. Alæ hyalinæ, iridescentes ; *campo antico secundum longitudinem duplicato, et insuper in medio transversim supra antrorsum reflexo et duplicato ;* valde reticulatæ, venis lon-

gitudinalibus in plica transversa fractis et postice plicam
longitudinalem versus invicem arcuatis (1).

Genus APTERA, nob.

Corpus ovatum, fornicatum, antice paulum angustatum
et convexius. Thorax sine ullo alarum vestigio ; caput
globosum, prominulum, oculis minutis, valde distantibus.
Abdomen crassum, h audserratum ; laminæ supra-analis
margine arcuato ; infra-genitali simplice; cercis brevissimis. Pedes breves, graciles, femoribus inermibus, tibiis
breviter spinosis; tarsis crassis, breviter articulatis ; arolio
inter ungues maximo.

48. A. LENTICULARIS. ♀. Valida, ovata, crassa, antice
angustata; corpore transversim sat convexo. Caput crassum, depresso-globosum, in vertice tenuiter, in facie
crassius, punctatum ; oculis valde distantibus. Pronotum
latum et breve, antice subtruncatum, transversim fornicatum; meso- et metanoti angulis vix productis. Abdominis margines nullomodo serrati ; segmenti penultimi
margo posticus paulum arcuatus ; lamina supra-analis
cornea, subarcuata, infra-genitalis ejusdem longitudine,
arcuata, punctata. Cerci brevissimi, pyramidales. Corpus supra ubique dense et sat crasse punctatum, abdominis segmentorum basi tantum læviore. Pedes breves,
tarsis crassis, brevibus; aroliis magnis instructis; spinis
tibialibus minutis. Corpus fusco-badium, subtus nigrum ;
capite obscure-ferrugineo ; antennis ferrugineis ; supra
segmentorum marginibus, ano pedibusque, badio-ferru-
gineis. Long. 0,040, abd. latit. 0,020. — Cap. Bon. Sp.

---

(1) Cp. Sauss., *Mémoires pour servir à l'histoire naturelle du
Mexique.* Blattides, fig. 28.

(*La suite au prochain numéro.*)

II. SOCIÉTÉS SAVANTES.

ACADÉMIE DES SCIENCES.

Séance du 26 *septembre* 1864. — M. *Guyon* lit un mémoire intitulé, *Du danger, pour l'homme, de la piqûre du grand Scorpion du nord de l'Afrique*, Androctonus funestus (Hempr. et Ehrenb.).

« Il est des faits sur lesquels il faut sans cesse revenir, parce qu'ils sont sans cesse contestés, et tel est, pour l'homme, celui du danger de la piqûre des Scorpions d'une certaine taille, comme l'*Androctonus funestus*, auquel se rapporte notre communication. Que la mort, par cette piqûre, soit rare pour l'homme, que sur cent piqûres, par exemple, elle ne s'observe qu'une fois, je le veux bien : mais la question n'est pas là, elle est tout entière dans la possibilité du fait. Les anciens n'en doutaient pas, et je remarque de suite que presque tout ce qu'ils ont dit du Scorpion, en général, se rapporte à l'espèce dont nous parlons (1); les anciens, disons-nous, n'en doutaient pas. Ainsi, dans *la Pharsale*, liv. IX, Lucain dit :

« Qui croirait, à voir le Scorpion, qu'il eût la force de « donner une mort si précipitée ?

« Les voyageurs arabes qui, à différentes époques, « parcoururent le nord de l'Afrique n'en doutaient pas « davantage.

(1) C'est le Scorpion que j'appellerai *historique*, le même qui a été figuré sur les monuments de l'antique Égypte. Je l'ai vu admirablement gravé sur une pierre antique trouvée à Sousse (Tunisie), et que portait au doigt le frère d'un médecin que nous aurons à citer plusieurs fois.

« Il naît, dans les maisons de Biskra, dit Léon l'Afri-
« cain, tant de Scorpions et de si venimeux, qu'on meurt
« sitôt qu'on en est piqué. » (*De la Numidie*, liv. VIII.)

« On trouve à Kous, en abondance, dit Abd-Allatif,
« qui était à la fois voyageur et médecin, des Scorpions
« dont la piqûre est souvent mortelle. » (*Description d;
l'Égypte*, chap. 1er, traduction de Silvestre de Sacy.)

« Il me serait facile de multiplier les citations, mais un
plus grand nombre seraient ici déplacées.

« Déjà nous avons présenté à l'Académie, dans sa séance
du 15 mars 1852, plusieurs cas de mort, chez l'homme,
par la piqûre de l'*Androctonus funestus* (1); nous venons
lui en présenter deux autres cas qui ne pouvaient passer
inaperçus dans les lieux où ils se sont offerts. »

Après avoir donné les deux observations annoncées, le
savant médecin et naturaliste a réuni dans un tableau
les principaux cas de mort dont il a eu connaissance pendant son séjour en Algérie. Ces cas, qui lui paraissent
réunir toute l'authenticité désirable, sont au nombre de
onze, et ont pour sujets, savoir quatre hommes, dont
trois encore adolescents, quatre jeunes femmes et trois enfants du sexe masculin. Il ressort de notre tableau, ajoute-
t-il,

« 1° Que les enfants, à raison, sans doute, de leur taille
plus petite que celle des adultes, et sans doute aussi en
raison de leur sensibilité plus grande que celle des derniers, sont ceux qui offrent le plus de cas de mort, et
qu'après eux viennent les femmes, qui s'en rapprochent
généralement sous ces deux rapports (2). D'où nous
sommes conduit à rappeler les paroles de Pline, lib. XI,

---

(1) Six, dont trois chez des hommes, deux chez des femmes, et
l'autre chez un enfant.

(2) Des faits assez multipliés établissent que les femmes et les
enfants sont généralement plus accessibles à l'action des poisons que
les adultes.

sur la piqûre du Scorpion en général, à savoir qu'elle est mortelle pour les vierges surtout, et presque toujours pour les femmes : *Virginibus lethali semper ictu, et feminis fere in totum.*

« 2° Que, parmi les adultes, ceux qui offrent le plus de cas de mort sont ceux piqués à la tête, cas dans lequel la mort peut être considérée comme produite, non par une action générale du venin ou poison, mais par une extension, au cerveau, de la tuméfaction locale à laquelle la piqûre donne généralement lieu (1). Nous rapportons, dans un autre travail (2), un cas de mort ainsi produit à la suite d'une piqûre à la face par l'*Androctonus occitanus*, et qui s'est offert à Alger, en 1835, chez un militaire du nom de Pétion. »

M. Guyon entre ensuite dans des détails du plus haut intérêt aux points de vue historique et médical.

M. *Sédillot* a lu un très-remarquable travail ayant pour titre, *De l'influence des fonctions sur la structure et la forme des organes.*

Séance du 3 octobre. — MM. *Garrigou* et *Filhol* présentent un mémoire *sur les cavernes de l'âge de la pierre suisse, dans la vallée de Tarascon* (Ariège).

Séance du 10 octobre. — M. *Carus* adresse la note sui-

---

(1) Ceci se trouve corroboré par une observation du docteur Lumbroso, qui, ayant plusieurs fois parcouru la régence de Tunis (avec les troupes du bey, pour recueillir l'impôt), a souvent été témoin de piqûres de Scorpion. Je le laisse parler : « Je me souviens d'avoir vu « un grand nombre d'individus d'un âge avancé ressentir avec « moins de force l'action délétère du venin, tandis qu'au contraire « j'avais beaucoup de peine à obtenir, sur les hommes encore jeunes, « la guérison désirée. » (Lumbroso, *Lettres médico-statistiques sur la régence de Tunis*, p. 60. Marseille, 1860)

Dans des conclusions sur l'action du venin en général, le même auteur formule ainsi, p. 61, celle portant le numéro 5 : « Qu'il semble que les hommes jeunes en sont plus fortement atteints que les adultes. »

(2) Sur la piqûre de l'*Androctonus occitanus.*

vante, intitulée *Expériences sur la matière phosphorescente
de la* Lampyris italica, *action de l'eau pour rendre à la
matière desséchée cette phosphorescence.* (Extrait d'une lettre
adressée par M. Carus, à l'occasion d'une communication
récente de M. Pasteur) (1).

« L'Académie me permettra d'appeler son attention sur
les expériences que j'ai faites pendant l'été de l'année 1828,
à Florence (2), en examinant l'organisation et la faculté
phosphorescente de la *Lampyris italica.* Je trouvai alors
que si l'on ôtait du corps de l'insecte la matière luisante
qui est une matière onctueuse, et ressemble, comme dit
très-bien M. Blanchard d'après Spix, au phosphore fondu,
et si on la mettait sur une p'aque de verre, en séchant,
elle perdait immédiatement toute phosphorescence; mais,
aussitôt qu'on mettait le verre avec cette matière sous un
peu d'eau, elle recommençait à répandre de la lumière.
C'est une expérience qu'on pourra répéter une ou deux
fois toujours avec le même succès (3). Quoique cette observation fût déjà, ce me semble, assez digne d'attention,
on n'a pas encore, cependant, senti assez, jusqu'à présent, l'importance du fait. J'espère que, aujourd'hui que
l'analyse spectrale a, elle-même, signalé comme très-remarquable la nature de cette substance, mon observation

(1) Nous ne croyons pas nécessaire de reproduire la première partie de cette note, dans laquelle l'auteur résume la communication
faite par M. Pasteur, dans la séance du 19 septembre dernier, et les
remarques auxquelles elle a donné lieu de la part de M. Blanchard ;
nous conservons entière la partie où le savant correspondant de l'A-
cadémie rappelle ses propres expériences. F.

(2) Voyez mon livre, *Analecten zur Natur- und Heilkunde*;
Leipzig, 1829.

(3) Dans la *Lampyris italica*, la lumière n'est pas égale et tranquille comme dans la *Lampyris noctiluca*; elle est, au contraire,
fulgurante, et, dans cette périodicité, répond exactement aux pulsa-
tions du cœur de l'insecte, fait que je m'explique à présent assez facilement, puisque chaque onde du sang, en humectant plus fortement
la matière luisante, donne, au moment, une lumière plus éclatante.

devra être mieux appréciée, d'autant qu'il est à remarquer que nous ne connaissons, jusqu'à présent, aucune substance qui, mise sous l'eau (1), commence immédiatement à répandre de la lumière, et qui perde de nouveau cette faculté quand elle devient sèche. Il s'agit donc probablement ici d'une substance organique douée d'une qualité absolument nouvelle. C'est une chose qui est certainement assez digne d'exciter l'attention des savants.

« J'ajouterai que notre académie Léopoldo-Caroline allemande a proposé, dès l'année 1860, un prix assez considérable pour le meilleur travail sur la physiologie compiéte de la *Lampyris,* et que, après deux ans, ce prix, qui a été doublé, a été prorogé jusqu'au terme du 1er septembre 1864, sans qu'aucune réponse nous ait été encore donnée, ce qui prouve qu'il n'est pas facile de parvenir, dans cette question, à des résultats satisfaisants. »

M. *Davaine* fait présenter par M. *Rayer* un travail intitulé, *Recherches sur les Vibrioniens.*

Séance du 17 *octobre.* — M. *Blandet* lit un mémoire intitulé, *Observations de sommeil léthargique à longue période, et nouvelle application zoologique de la théorie du sommeil.*

M. *Eug. Robert* présente un travail intitulé, *Rapprochement entre les gisements de silex travaillés des bords de la Somme et ceux de Brégy, Meudon, Pressigny-le-Grand,* etc., *dans l'intérieur des terres ou bien au-dessus des grands cours d'eau.*

Séance du 24 *octobre.* — M. *Dareste* lit de *Nouvelles recherches sur la production artificielle des anomalies de l'organisation.*

M. *Ancelon* présente un travail ayant pour titre, *De la nature de la maladie de la vigne et de l'impossibilité d'inoculer l'*oidium Tuckeri

---

(1) Le phosphore même perd plus tôt sa faculté luisante dans l'eau.

Après quelques remarques générales sur la marche qu'auraient dû suivre ceux qui ont prétendu établir la réalité d'une inoculation de la maladie de la vigne à l'homme, l'auteur poursuit en ces termes :

« Pourquoi ceux qui ont mis en avant ou soutenu cette thèse, au lieu de s'aventurer comme ils l'ont fait, ne se sont-ils pas demandé tout d'abord, ce que c'est que l'inoculation ? Ils auraient compris, en cherchant à la bien définir, que le champignon auquel Tucker a donné son nom, n'étant point le principe matériel d'une maladie contagieuse, ne peut être artificiellement introduit dans l'économie : loin de représenter la maladie de la vigne, il n'en est qu'un accessoire bien secondaire. On inocule avec succès les virus variolique, morveux, rabique, carbonculeux, etc.; mais, en introduisant l'oïdium à travers nos tissus normaux, on ne détermine, dans l'économie vivante, que des accidents plus ou moins variés, plus ou moins légers, sans aucune identité entre eux.

« Quel rôle joue donc l'*oïdium Tuckeri* dans la maladie de la vigne? Celui de tous les champignons que l'on ne rencontre que sur les matières organiques en décomposition, sur les cadavres ou sur les parties nécrosées des corps organisés et vivants : de même que c'est sur les cellules en voie de décomposition du follicule pilifère (1) que se dépose et se développe le champignon de la teigne, de même les sporules de l'oïdium, suspendues dans l'atmosphère, rencontrent sur les feuilles, les rameaux et les grains de la grappe de la vigne les conditions nécessaires à leur existence et y étalent leur luxuriante végétation, lorsque ces divers organes de la plante sont parsemés de taches brunes, nécrosées, par suite de la piqûre vénéneuse d'un insecte particulier.

« C'est en 1851, avec Robineau-Desvoidy, de regret-

_____

(1) Voir les travaux microscopiques du savant docteur Vallois.

table mémoire, que nous eûmes l'occasion d'observer, d'étudier, dans les vignes de l'Orléanais, la nécrose de la plante et l'insecte qui la produit. L'insecte, pour les dimensions, pour la forme, pour la couleur, pour la rapidité des évolutions, est identiquement semblable à l'*acarus* de la gâle humaine. Pour le trouver, il faut le chercher au revers des feuilles de la vigne et dans le labyrinthe de fils microscopiques qu'il a tendus d'une nervure à l'autre. Bien qu'il soit ordinairement d'un blanc mat, nous l'avons parfois trouvé jaunâtre, vers le soir, alors, sans doute qu'il rentre de la pâture. Depuis que nous l'avons observé, M. Gonzalès de Palalda en a fait une chenille (1); mais nos observations nous ont convaincu que cet arachnide, pour pondre des œufs dans des nids soyeux, comme les autres insectes de son ordre, n'est pas condamné à subir les métamorphoses des lépidoptères. Si donc on conservait la prétention d'inoculer le principe matériel de la maladie de la vigne, ce n'est plus à l'oïdium de Tucker qu'il faudrait s'adresser, mais à notre *acarus*. »

Depuis très-longtemps je soutiens, comme l'établit aujourd'hui M. Ancelon et bien d'autres observateurs libres de toute théorie avancée antérieurement, que l'oïdium n'est pas la cause de la maladie de la vigne, mais qu'il n'en est qu'un accessoire, une conséquence. J'ai donc vu avec plaisir que M. Ancelon, en étudiant, comme moi, la maladie dans la grande culture, est arrivé aussi à constater cette vérité fondamentale, et à établir, contrairement à des assertions lancées par des savants arrivés, que ce ne sont pas les sporules de l'oïdium, *apportées sur l'aile des vents*, qui donnent la maladie aux vignes.

Je ne suis plus de l'avis de M. Ancelon, quand il établit que la maladie des vignes provient des attaques de petits acariens qui produisent la nécrose de la plante, et que

---

(1) *Revue des sciences, des lettres et des arts*, 15 décembre 1858.

c'est sur ces parties nécrosées que se développe l'oïdium. Les nombreuses observations que j'ai faites à ce sujet m'ont démontré que l'*acarus* joue le même rôle que l'oïdium. Il est, comme animal, un phénomène consécutif du même genre que l'oïdium, et il ne se développe là qu'à titre d'agent chargé de hâter la décomposition d'un être malade. Il représente l'*acarus* de la gale, le champignon de la teigne, etc., etc. Dans toutes mes observations, faites sur divers points de la France, et depuis plus de dix ans, sur la maladie de la vigne et des autres végétaux, j'ai toujours trouvé ces *acarus* se développant là comme la maladie pédiculaire se développe sur certains sujets, comme se développent aussi des myriades d'*acarus*, parce que le sujet est disposé, par un état maladif particulier, à favoriser le développement de ces parasites qu'on pourrait appeler *pathologiques*. Les *acarus* des végétaux malades se comportent comme ceux qui ont été observés sur une femme qui en était littéralement couverte, et dont le mari, couché cependant dans le même lit, n'avait jamais trouvé un seul individu sur lui.

M. le secrétaire perpétuel présente un ouvrage de M. *Arthur Mangin*, intitulé, l'*Air et le Monde aérien*. Nous reviendrons sur cet utile et magnifique livre.

Séance du 31 octobre. — Rien sur la zoologie.

III. ANALYSES D'OUVRAGES NOUVEAUX.

L'*Air et le Monde aérien*, par ARTHUR MANGIN. Illustrations par MM. Freeman, Yan Dargent, Désandré, Guignet, Lix, Oudinot, Richard. — 1 vol. grand in-8 orné de nombreuses figures. Tours, Alfred Mame, 1865.

Encouragé par l'accueil flatteur qu'a reçu son beau

livre traitant des *Mystères de l'Océan*, M. Arthur Mangin, intelligent vulgarisateur des sciences naturelles qu'il a étudiées profondément, vient aujourd'hui donner de splendides étrennes à la jeunesse studieuse en lui dévoilant ce qu'on pouvait appeler non les mystères, mais les merveilles de l'Air.

La tâche que se sont donnée les écrivains dévoués à la vulgarisation des connaissances acquises par les maîtres de la science est très-difficile. Elle exige une connaissance complète de travaux souvent très-étendus et peu clairement exposés, et des qualités particulières de clarté dans l'exposition, de discernement et de sobriété dans le choix des sujets qu'il s'agit de mettre sous les yeux des enfants ou des personnes totalement étrangères aux sciences.

M. Mangin a montré déjà toutes ces qualités dans son premier ouvrage, et il vient de s'en servir de la manière la plus heureuse dans celui que nous admirons aujourd'hui.

La partie la plus difficile de sa tâche était d'initier ses lecteurs, jeunes et vieux, aux principes de physique, de mécanique et de chimie météorologiques indispensables à l'explication des merveilleux phénomènes qu'il voulait leur faire connaître. On peut dire qu'il a surmonté avec beaucoup de talent et de bonheur cette grande difficulté. Il est parvenu ainsi à rendre ces préliminaires indispensables de son œuvre assez attrayants et assez clairs pour que toutes les intelligences puissent le suivre avec plaisir dans ses descriptions et ses explications des phénomènes atmosphériques. Des figures habilement choisies et admirablement exécutées viennent puissamment l'aider dans ses savantes et claires démonstrations, et, en les consultant, les lecteurs peuvent se croire transportés dans les salles de la Sorbonne ou du collège de France, au milieu des appareils et des expériences de nos plus célèbres professeurs.

Dans la troisième partie de son livre, M. A. Mangin traite des habitants de l'air. Je considère l'atmosphère, dit-il, non plus comme une masse gazeuse inerte, subissant l'influence des forces fatales et servant de véhicule à d'autres corps également inertes, mais comme un des trois grands théâtres sur lesquels se joue le drame éternel de la vie et de la mort. Ici, les acteurs s'appellent les Oiseaux et les Insectes. Je place sous les yeux du lecteur les types les plus remarquables de cette troupe ailée, et j'essaye de le faire assister aux scènes les plus curieuses du drame.

Le choix était difficile dans la masse de matériaux offerts à M. Mangin par ce riche et vaste sujet, et l'on voit qu'il a été obligé d'en laisser beaucoup, car, s'il avait tout pris, il aurait fait plusieurs volumes. Quant aux jolies figures qui accompagnent ses notices, on ne peut rien voir de mieux sous tous les points de vue.

Il est évident que le livre de M. Mangin est le plus beau et le plus utile cadeau qu'un père puisse faire à ses enfants, car il renferme, à un degré éminent, l'utile et l'agréable, et laissera toujours, même à celui qui ne fera que le parcourir, des notions du plus haut intérêt et des idées sur l'admirable ensemble de la création, qui fructifieront plus tard dans son esprit. Ce livre sera donc un compagnon aussi agréable et aussi utile à la jeunesse qu'à l'âge mûr.   G. M.

TABLE DES MATIÈRES.

PARIS. — IMP. DE Mme Ve BOUCHARD-HUZARD, RUE DE L'ÉPERON, 5.

I. TRAVAUX INÉDITS.

OBSERVATIONS sur la nidification des Crénilabres,
par M. Z. GERBE. (Voir p. 273.)

Le Crénilabre massa faisant un nid, on pouvait en in-
férer que d'autres espèces du genre devaient avoir une
semblable industrie. M. Hautefeuille, commandant du
Sylphe, que j'avais prié de faire des recherches sur les
côtes de la Bretagne, m'en a bientôt fourni la preuve en
m'envoyant de Concarneau un nid de Crénilabre mélope
(*Crenilabrus melops*, G. Cuv. et Val.) pris dans les her-
biers émergents de la baie de la Forêt (1).

Ce nid, qui se trouvait près de la laisse de basse mer
des vives eaux, affectait, dans son ensemble, comme le
précédent, la forme d'un monticule. Sa hauteur était de
20 centimètres environ, et sa largeur, mesurée à la base,
de 30 centimètres. Il ne présentait aucune trace de cavité
intérieure, et les œufs qu'il contenait, dispersés sans ordre,
par tas plus ou moins grands, étaient libres de toute
adhérence, soit entre eux, soit avec les corps au contact
desquels ils se trouvaient. Les matériaux qui le formaient
n'étaient liés par aucune sécrétion muqueuse, et ces matériaux, empruntés non plus aux confervacées, mais, en
grande partie, aux diverses fucacées de nos mers, particulièrement au *fucus*.

(1) Cette espèce est vulgairement connue sur les côtes de la
Bretagne, notamment dans le Finistère, sous le nom de *Gourlazo*.

Au lieu d'être réduits en pelotes, ils conservaient leur forme, se croisaient et s'enchevêtraient de mille façons sur plusieurs points. Quelques tiges de corallines, un peu de gravier, des débris de coquilles univalves et bivalves étaient mêlés aux *fucus*.

Le nid du Crénilabre mélope a donc de très-grands rapports avec celui du Crénilabre massa ; celui que j'ai examiné n'en différait que par les matériaux mis en œuvre, par la manière dont ces matériaux étaient employés et par le volume qui était considérable. Il offrait encore ceci de particulier que sa température intérieure était beaucoup plus élevée que celle de l'air ambiant, mais ce développement de chaleur était évidemment le résultat de la fermentation qui se produit dans tout amas de vé- gétaux humides et soumis à l'insolation.

Quoique je ne puisse citer jusqu'ici que ces deux exemples, j'ai cependant la certitude que la plupart des Crénilabres, sinon tous, font un nid (1). Il est même pro- bable que d'autres labroïdes ont aussi cette habitude.

Et maintenant demandons-nous si ce n'est pas parmi les Crénilabres que se trouverait le *Phycis* des anciens.

Ce poisson, d'après Aristote (2), étant *le seul qui fît un nid de feuilles, et qui y déposât ses œufs*, Rondelet, comme je l'ai dit, devait nécessairement être conduit à re-

_____

(1) De ce que la tradition qui se rattache au *Phycis* a été rapportée par Bélon (*De Aqualilibus*, Parisiis, 1580, p. 256) à un poisson dont G. Cuvier et M. Valenciennes ont fait leur *Crenilabrus pavo*, on pourrait croire que la nidification des Crénilabres est un fait connu depuis trois cents ans. Rien pourtant ne justifierait une pa- reille opinion. Bélon, en attribuant à cette espèce l'habitude de faire un nid, n'invoque aucune observation comme preuve, et tous les autres naturalistes de la renaissance, sous quelque nom qu'ils aient parlé du Crénilabre paon, ne lui reconnaissent nullement cette habi- tude. Ce n'est pas à dire que cette espèce n'ait pas les instincts de ses deux congénères, les *Cren. melops* et *massa* ; mais c'est ce qui reste à constater.

(2) Aristote, *Hist. anim.* Lipsiæ, 1811, t II, l. VIII, ch. 30.

connaître dans sa Môle, qu'il avait vue nicher. On comprend aussi que G. Cuvier (1), après l'intéressante découverte de l'abbé Olivi, ait pu le rapporter à l'un des Gobies de la Méditerranée ; ce que , plus tard, Nordmann (2) a fait aussi. Mais aujourd'hui, en considérant, provisoirement toutefois, les nids du Bouquereau de Terre-Neuve comme l'œuvre d'un poisson ; aujourd'hui voilà des espèces marines de quatre genres différents qui ont, comme le *Phycis*, des instincts de nidification. La question est donc plus complexe qu'elle n'était, et le texte d'Aristote est certainement peu fait pour en dissiper l'obscurité. Tout ce qui est attribué au *Phycis*, d'être saxatile, de se nourrir de divers végétaux marins, de mêler fréquemment à ce régime de petits crustacés, de changer de couleur selon la saison, ne saurait servir à caractériser une espèce aussi problématique que celle-ci, attendu qu'on peut en dire autant non-seulement des Gobies et des Crénilabres, mais d'une foule d'autres poissons. Ce qui a rapport à la nidification est également exprimé en termes trop vagues pour que l'on puisse s'en éclairer. Toutefois, je ne puis me dispenser de faire observer que le mot στιϐαδας (lit de feuilles ou d'herbes), par lequel Aristote caractérise l'ouvrage du *Phycis*, me paraît caractériser parfaitement aussi le nid des Crénilabres.

Pline (3) et Plutarque (4) ne sont pas, sur ce point, plus explicites qu'Aristote, car ils se sont bornés à le copier presque textuellement. Mais, parmi les auteurs contemporains du naturaliste grec, il en est un dont il me semble qu'on peut tirer quelque lumière. Speusippe, disciple de

---

(1) G. Cuvier, *Règ. anim.* Paris, 1829, t. II, p. 242. — Et G. Cuvier et Valenciennes, *Hist. nat. des Poiss.* Paris, 1839, in-8°, t. XII, p. 7.

(2) Nordmann, *Voy. dans la Russ. mérid.*, Poissons, p. 423.

(3) Pline, *Hist. nat.* Aug.-Tauroniorum, 1831, t. IV, l. IX, ch. 42.

(4) Plutarque, *De Solertia*, p. 196, Hutten.

Platon et son successeur comme chef de l'Académie, dit, dans *Athénée* (1), en parlant du *Phykis* ou *Phycis*, qu'il est analogue au *Perca* et au *Channa*, poissons voisins des Perches, et dont G. Cuvier et M. Valenciennes font des Serrans. Si le *Phycis* ressemblait à ces derniers, ce ne serait donc ni parmi les Gobies, ni parmi les Gadoïdes qu'il faudrait les chercher, mais bien parmi les Crénilabres qui, par leur forme générale et surtout par les fines dentelures de leur préopercule, ont de grandes analogies avec le *Channa* et le *Perca* des anciens.

En supposant que le *Phycis* soit réellement un Crénilabre, à quelle espèce doit-il être rapporté? C'est une question qui restera longtemps pendante, si jamais elle est résolue. Les éléments de détermination que les anciens nous ont laissés font trop défaut pour élucider ce point.

DESCRIPTION d'un nouveau Longicorne européen, par M. L. FAIRMAIRE.

Cyamophthalmus nitidus.—Long. 11 à 12 mill.—Brunneo-rufus, nitidus, parce fulvo-pilosus, capite tenuiter sat dense punctato, inter oculos sulcato, antennarum articulis 5-10 serratis, prothorace postice leviter angustato, lateribus antice rotundatis parum dense punctato, lateribus densius, medio sat tenuiter sulcato, sulco postice abbreviato, elytris oblongis, subparallelis, humeris rotundato-angulatis, dense sat fortiter punctato. Subtus dilutior, longius pilosus, prosterno transversim rugosulo, metasterno asperato.—Gréce, Algérie.

(1) Athénée, *Banquet des Savants* (trad. de Lefèvre Villebrune). Paris, 1819, t. III, p. 163.

BLATTARUM NOVARUM SPECIES ALIQUOT,

conscripsit, H. DE SAUSSURE.

GENUS MELESTORA, Stal.

49. M. ORNATA. Caput minutum, vix prominulum, nigrum, ore testaceo. Pronotum ellipticum, transversum, margine antico et postico fere æqualiter arcuatis; marginibus latero-posticis truncatis; lobis lateralibus angulato-rotundatis, paulum deflexis. Elytra apicem versus striata, margine externo basi prominente, rotundato-angulato, ultra medium subexciso; area basali distincte delineata, deflexa, cornea; vena humerali basi carinam efficiente; sulco anali lato, obsolete canaliculato, fere angulato. Caput, pronotum et elytra valde pilosa; pronoto fusco, utrinque macula flava. Elytra flava, apice fusca, macula marginis interno et fascia arcuata repanda marginis externo, fuscis, angulo humerali flavo-maculato. Alæ flavescentes, apice et margine postico fusco; vena humerali marginem versus ramosa; area fenestrata vix reticulata; ramis venæ discoidalis bifurcatis; campo postico reticulato. Corpus fusco-testaceum; abdomine flavo. Long. cum. elytr., 0,013. — India, Bombay.

GENUS PANCHLORA, Burm.

1. *Corpus crassum; pronoto postice elevato; elytrorum margine valde deflexo.*

50. P. FERVIDA. ♀. P. *æstuanti* (1) affinissima, crassa, dilatata, fulvo-testacea. Caput prominulum. Pronotum valde fornicatum, flavo-testaceum, marginibus valde cadentibus, parte postica elevata, plana, striata, grisescente, valde supra elytrorum basim producta; disci macula bidentata (vel lyrata) fusca, testaceo conspersa,

(1) Sauss., *Mélanges orthoptérol.*, I, fig. 20.

humeris maculis 2 fuscis. Elytra lata, striata, pallide, fusco-grisea, paulum testaceo conspersa, margine valdo arcuato, deflexo, basi testaceo, apice testaceo consperso; campo anali piriformi, campo postico densissime striato. Alæ fuscescentes, venis crassis, fuscis; margine fusco, aureo-limbato; area fenestrata et campo discoidali simpliciter quadrato-recticulato; sectoribus venæ discoidalis simplicibus; campo postico duplice reticulato. Abdomen dilatatum, serratum; lamina infra-genitali lata, transversa, margine sinuato; supra-anali breviore, subbilobata. Long., 0,019; cum. elytr. 0,025. — Senegambia.

51. P. AFRICANA. ♂. Sat crassa; facie fere præcedentis. Caput minutum, prominulum, testaceum, oculis invicem propinquis, fascia frontis et faciei castanea; antennis testaceis. Pronotum fusco-castaneum, striatum, antice parum, postice maxime, arcuatum, angulatum, margine toto flavo-limbato; disco punctis 2 impressis. Elytra castanea, margine externo subsinuato, maculis 2 flavis ornato (maculis flavis, nigro-marginatis); sulco anali medio arcuatiore. Alæ pellucidæ, venis et margine antico ultra medium, ferrugineis; venulatione *P. fervidæ* conformi. Corpus testaceum; tibiæ obscuriores. Cerci elongati. Lamina supra-analis infra-genitali paulo longior, bilobata. Long. 0,018; cum. elytr. 0,022.—Africa. (Gabon).

2. *Corpus deplanatius, pronoto postice parum elevato.*

52. P. PERUANA. Viridi-hyalina; oculis subcontiguis; elytris apicem versus puncto coriaceo fusco instructis. Long. 0,015.—Peru.

53. P. LUTEOLA. *P. virescenti* affinissima at prima vena campi postici apice bifurcata. Long. 0,018. — Surinam.

54. P. LANCADON. *P. virescentis* statura, virescens, utrinque fascia flava. Pronotum nitidum, tantum postice striatum et sulco arcuato transverso notatum; areis lateralibus

dense et tenuiter punctatis, margine arcuato, rotundato. Elytra corpus valde superantia, puncto nigro in fascia laterali flava instructa. Long., 0,020. — Guatimala.

Genus NAUPHOETA, Burm.

55. N. AMOENA. ♀. Caput prominulum. Pronotum paulum convexum, carneum, haud sulcatum, antice paulum attenuatum; marginibus lateralibus paulum cadentibus, marginatis. Cerci styliformes, sat elongati; lamina supraanalis integra, subexcavata, carinata; infra-genitalis convexa, margine sinuato, subdeflexo. Tegmina corporis longitudine vel longiora, striata, campo postico longitudinaliter (haud oblique) venoso, dupliciter reticulato; margine externo vix sinuato; campo anali piriformi; apice haud acuto, ut in *N. circumdata,* H. sed paulum obtundato. Alæ haud truncatæ, campo antico angusto, apice rotundato; margine medio paulum dilatato, opaco, venis costalibus 3 e vena scapulari et numerosis e ramo venæ humeralis emissis, impleto; vena humerali apice 3 —ramosa; area fenestrata simplice. Corpus fusco-nigrum; maculæ oris, foveolæ antennares, fascia verticis, fascia pronoti utrinque intra-marginalis, macula utrinque in abdominis segmentorum angulis, cerci apice, albida; elytra fusca, puncto humerali, macula vel fascia scapulari, et macula majore ultra medium marginem sita, albida; alæ fusconebulosæ, campo antico obscuriore; subtus margine fusco, et fascia albida in stigmate opaco. Antennæ piceæ, annulis 2 vel 3 ferrugineis, basi nigræ. Long. 0,016; elytii 0,014. — Madagascar.

Genus ZETOBORA, Burm.

56. Z. CASTANEA. ♀. Dilatata, castanea, maxime depressa. Pronotum breve et latum, valde granosum, cucullatum, sulco furcato distincto; margine antico regulariter arcuato, reflexo; postico paulum planato, fere recto sed medio obtusissime angulato; marginibus latero-posticis obliquis; humeris subcarinatis. Abdomen depressum, latum, lamina supra-anali transversim subquadrata, infra-genitali paulum breviore, lævi, medio margine arcuato, utrinque emarginato-sinuato. Elytra lata, abdomen paulum superantia, ubique ramoso-venosa et elevato-reticulata, margine externo arcuato, apicem versus subexciso; alæ secundum costam in vena scapulari opace reticulata; vena fenestrata apice furcata; area fenestrata, crasse quadrato-reticulata. Corpus castaneum, subtus et medio abdomine pallidius; caput fusco-nigrum, ore et maculis ocellaribus testaceis; pronoti margine antico pellucido; elytris fusco-ferrugineis; alis hyalinis venis ferrugineis, costa flavescente. Long. 0,024; cum. elytr. 0,025. — Cayenna.

57. Z. VERRUCOSA. *Z. castaneæ* simillima, at major; pronoto elongatiore, margine antico arcuatiore, humeris carinatis; marginibus latero-posticis majoribus, arcuatis; elytris fusco-castaneis, densius et elevatius reticulatis; alarum vena fenestrata, apice haud furcata; vena discoidali apice ramum anteriorem emittente (vel ramo postico ultimo triramoso); abdominis margine serrato, lamina supra-anali in medio margine emarginata. Long. cum. elytr. 0,034. — America meridionalis.

Genus PLANETICA, Sauss.

58. P. PHALANGIUM. ♂. *Pl. araneæ* simillima at minor. Vertex grosse cribrato-punctatus, oculis prominulis, sat propinquis. Abdominis segmentum dorsale ultimum sinuatum, medio margine subbilobatum; lamina supra-anali transversa, carina sejuncta, medio margine tenuiter emarginato; lamina infra-anali magis producta, valde sinuato-arcuata, stylis gracillimis; cerci depressi, apice testacei. Elytra elongata; vena humerali recta; campo marginali toto verticaliter deflexo; vena scapulari distincta, foveola humerali profunda. Alæ valde venosæ; campi antici venæ longitudinales valde ramosæ; area fenestrata irregu-

lariter reticulata; venis discoidalibus ramosis. Corpus fusco-nigrum; pronotum et elytra, obscure castanea; alæ ferrugineo-fuscæ, margine opaco, postice griseo-pellucidæ. Long. 0,020, elytri 0,025. — India orientalis.

Genus BRACHYCOLLA, Serv.

1. *Pronoto medio excavato.* (Brachycolla.)

59. B. DIABOLUS. Atra, pronoto valde parabolico, antice reflexo, disco corrugato, excavato, utrinque tuberculo maximo rotundato lævi instructo. Elytris brevissimis, in tegularum formam delineatis, crasse punctatissimis; abdomine corrugato, fascia lata rufa ornato et albido tuberculoso. Long. 0,033. — Brasilia.

60. B. BILOBATA. ♀. Convexa, postice deplanata et dilatata; fulvo-testacea; capite haud prominulo; frontis macula 4—loba, castanca; antennis fuscis, 1° articulo rufo-fusco; pronotum elevato-marginatum, grosse punctatum, læve, disco postice depressione lævi notato et macula magna nigra, rubro varia et in medio aurantio et fusco tessellata. Elytra trigonalia abdominis basim vix attingentia, punctata et lævia, basi puncto nigro ornata. Corporis segmenta transversim basi fusco-maculata; abdomen subtus et coxæ, fu co, rubro et testaceo varia; tibiarum spinæ rubro-fuscæ. Long. 0,026. — Brasilia.

2. *Pronoto convexo haud excavato* (Hormetica).

61. B. CHILENSIS, Sss. *Rev. zool.*, 1862, 233 *(subimago).* — *Imago.* ♀. Nigro-castanea; caput prominulum, ore, maculis occllaribus, antennarum articulis 1, 2, testaceis. Pronotum convexum, fascia utrinque repanda et macula medii marginis antici, flavis; disco rugulato sed haud excavato; tegminibus flavis, rotundatis, brevissimis, squamiformibus; alis nullis. Abdominis segmenta utrinque puncto flavo.

III. NUDITARSI.

Inter ungues pulvillus nullus. Femora mutica.

Genus POLYPHAGA, Br.

62. P. Syriaca. ♂. Statura *P. ursinœ;* fusca. Pronotum convexiusculum, supra haud bisulcatum, fusco-nigrum, aureo vel fulvo pilosum et fimbriatum; margine postico paulum, antico valde, arcuatum; hoc albido-limbato; disco lineis sinuatis glabris, figuram trigonalem (postice latiorem) delineantibus, instructo. Elytra lata, membranacea, diaphana, ubique fusco conspersa, basi utrinque et in campi marginalis apice, albido pictis; sulco humerali profundo, fusco-nigro; margine externo reflexo, fimbriato, campo marginali apice valde reticulato; sulco anali haud angulato, sed valde convexo; campo anali apice attenuato. Long. cum elytris 0,020; elytri 0,016. — Syria.

Genus PANESTHIA, Serv.

63. P. cribrata. ♀. Fusco-nigra, sat gracilis. Caput læve. Pronotum latiusculum; marginis antici incisura obsoleta, trituberculata; disco tuberculis 2 sat distantibus et tertio mediano obsoleto, instructo. Elytra brevissima, abdominis basim vix attingentia, subtrigona, postice oblique sub serratim truncata. Alæ brevissimæ. Metanoti margo utrinque pone elytra emarginatus. Abdomen postice crasse cribrato-punctatum, antice læve, sparse punctulatum; ultimo segmento utrinque dentulo armato, penultimo utrinque impressione notato et in angulo spinoso producto; tarsi rufescentes. Long. 0,033; pronoti latit. 0,011. — Nova Hollandia. — *Panesth. morio* affinis at pronoti incisura distinguenda.

64. P. dilatata. ♂. Fusco-nigra, valida, latissima, ovata. Caput punctatum et juxta antennas striatum. Pronotum latissimum, fere trapezoidale, supra caput trunca-

tum, incisura nulla, sed tuberculis 2 intra-marginalibus
instructum; marginibus lateralibus dilatatis, grosse punctatis, disco sparse punctulato, tuberculo nullo; mesonotum
et metanotum lævia, sparse punctata; hoc postice utrinque
et in medio paulum, angulato; elytris et alis nullis. Abdomen latissimum, supra crasse punctatum, segmento ultimo
latissimo, transverso, postice parum arcuato haud biden-
tato; penultimo utrinque dente spiniformi laterali obliquo
et ante-penultimum utrinque spina ascendente, armatis;
ventre lævi, in marginibus grosse cribrato, ultimo segmento minimo. Long. 0,032; pronoti latit. 0,016; abdom.
latit. 0,021. — Nova Hollandia. — *Var.* (vel *subimago*).
Pronoti sulci profundiores; disco excavatiore; tuberculis
marginis antici obsoletis. Meso- et metanoti angulis paulo
magis productis. Spinæ segmenti penultimi majores; præcedentis margo utrinque bispinosus.

Genus BLABERA, Serv.

1° *Alis in utroque sexu corpore longioribus.*

65. B. Cubensis. *Bl. Mexicanæ* simillima, at valde minor; oculis magis remotis; tegminibus abdomen parum
superantibus; pronoto elliptico subtrapezoidali, macula
fusca trapezoidali ornato. Long. 0,044; cum elytr. 0,047.
— Cuba.

66. B. Brasiliana. Fusco-testacea; *B. Cubensi* affinissima at pronoto paulo magis trapezoidali; oculis minus remotis; elytris elongatioribus. Long., 0,037; cum elytr.,
0,047. — Brasilia.

67. B. minor. ♂. *Bl. Claraziance* ♂ maxime affinis,
fusca et testacea; pronoto sat fornicato, subelliptico, sed
antice paulum attenuatiore, et marginibus latero-posticis
vix distinctis; elytrorum margine externo sinuato; campo
anali *densissime* reticulato (punctato-reticulato). Pronotum
testaceum, macula magna quadrata, vel antice dilatata,
fusca, frequenter maculis 2 vel 5 rufescentibus. Elytra

fusca, margine externo late pallidiore, fascia humerali obscuriore. Alæ fuscæ, postice pallidiores. — *Variat* elytris pallidioribus, fascia humerali fusca.

♀.? Pronoto postice utrinque subemarginato; elytris abdominis longitudine, rotundatis, subcoriaceis, alis brevioribus quam in mare. Long. ♀. 0,036; ♂. 0,034; cum elytr. 0,044. — Brasilia.

2° Alis in ♀ abbreviatis.

68. B. DEPLANATA. Valida, fusco-ferruginea. Oculi invicem remoti. Pronotum maximum, caput valde superans et obtegens, semicirculare, angulis acutis, margine postico recto, supra tenuiter et dense granulatum et striolatum. Elytra apice truncato-rotundata, lata et brevia, tantum ad 4^m abd. segmentum producta, reticulato-punctata, sulco anali nullo, sed vena anali elevata instructa. Long. 0,053. — Antillæ.

69. B. CLARAZIANA. Minuta pro genere, fusca. Pronotum testaceum, antice marginatum, ♀ convexum, semicirculare, rufo 2 vel 4 punctato, ♂ fere pentagonale. Corpus testaceo-tessellatum. Elytra testaceo-marginata et basi in dorso macula testacea ornata; in ♀ rudimentaria, tegularum magnarum duarum instar, haud contigua, apice attenuata; in ♂ abdomine longiora, venis valde prominulis. Long. 0,037. — Uruguay.

Genus MONACHODA, Burm.

1. Corpus latissimum, depressum; pronotum maximum, valde dilatatum caput valde superans, marginibus subreflexis, disco parum cuculiato, margine postico minus arcuato quam antico. Spinæ tibiarum validæ.

M. grossa, Thunb., Burm., Serv.

2. Corpus sat crassum, fornicatum. Pronotum rugosum, ♀ parabolicum, ♂ subellipticum, disco elevato-cucullato; margine antico paulum reflexo. — Tibiarum spinæ sat

minutæ. (Alæ frequenter ρ abbreviatæ). — Monas-
tria (1).

M. biguttata, Thunb., Burm., Serv.

3. Corpus sat crassum, deplanatum; pronotum valdc cucullatum, subtrigonale, margine maxime retrorsum reflexo. Tegmina cornea, lævia. Tibiarum spinæ tenues.—
Petasodes (2).

M. reflexa, Thunb., Serv. (Franciscana, Burm.).

Échinides nouveaux ou peu connus, par M. G. Cotteau.

(Suite.)

57. Amphiope agassizi, Des Moulins, 1845 (3).

Hauteur, 6 mill.; diam. transv., 57 mill.; diam. antéro-
post., 51 mill.

Amphiope Agassizi, Des Moulins, 1845 (*in collectione*).

Espèce de taille moyenne relativement à la grandeur
ordinaire des *Amphiope*, un peu plus large que longue.
Ambitus sub-circulaire, étroit et sinueux en avant, dilaté
et plus particulièrement arrondi en arrière; face supérieure
amincie sur les bords, légèrement renflée au milieu; face
inférieure plane, marquée de sillons apparents qui se
divisent à peu de distance du péristome, forment, autour
des ambulacres, une zone elliptique, et se ramifient de
nouveau près de la périphérie. Sommet sub-central. Étoile
ambulacraire peu développée, à peine renflée, composée
de pétales larges, arrondis à leur extrémité, occupant à
peu près la moitié de l'espace compris entre le sommet
et l'ambitus, les ambulacres postérieurs un peu moins dé-

(1) Μονάστρια, monacha.
(2) Πετασώδης, petasiformis.
(3) C'est par erreur que cette espèce, dans la pl. xix, est désignée
sous le nom d'*amphiope Tournoueri*, Cotteau.

veloppés que les autres. A quelque distance des ambulacres postérieurs, s'ouvrent deux lunules sub-elliptiques, assez régulièrement ovales, ordinairement un peu acuminées, rapprochées du bord. Les plaques qui les entourent sont parfaitement visibles dans un des exemplaires que nous a envoyés tout récemment M. Tournouer : elles sont sub-flexueuses, et sans être régulières et directement superposées, comme chez les *Lobophora truncata* et *bifora*, ellés ne présentent pas cette disposition rayonnée et circulaire qui est propre aux *Amphiope bioculata* et *elliptica*. Péristome petit, central, pentagonal, à fleur du test. Périprocte plus petit que le péristome, circulaire, placé très-près du bord postérieur. Appareil apicial assez étendu, pourvu de quatre pores génitaux.

Rapports et différences.— Cette espèce, parfaitement caractérisée par sa taille, sa face supérieure très-amincie sur les bords, son étoile ambulacraire étroite et légèrement renflée, ses lunules ovales et son périprocte rapproché de l'ambitus, forme un type très-curieux, intermédiaire entre les *Amphiope* et les *Lobophora*. Le genre *Amphiope* a été établi, en 1840, par Agassiz, dans le *Catalogus systematicus Ectyporum* (1) et renferme des espèces fossiles, remarquables par la forme arrondie, souvent même transversalement elliptique de leurs lunules, et la disposition circulaire des plaques qui les entourent. En 1841, Agassiz, dans sa *Monographie des Scutelles* (2), établit, à côté du genre *Amphiope*, le genre *Lobophora* qui s'en distingue par la forme étroite et allongée de ses lunules bordées de plaques ambulacraires directement superposées.

L'espèce que nous venons de décrire, en raison de ses lunules ovales, sert en quelque sorte de passage entre les

(1) Agassiz, *Catal. syst. Ectyp. foss. Mus. Neocom.*, p. 6 et 17, 1840.

(2) Agassiz, *Monog. des Scutelles*, p. 62, 1841.

deux genres, et les plaques ambulacraires subordonnées à la structure de la lunule dont elles suivent les contours, présentent, comme on devait s'y attendre, une disposition intermédiaire. L'*Amphiope Agassizi* suffit pour démontrer que la forme des lunules et des plaques qui les entourent varie suivant les espèces, et n'a pas l'importance organique qu'on lui avait attribuée dans l'origine. Aussi croyons-nous qu'il y a lieu de supprimer de la méthode le genre *Lobophora*, et de réunir les espèces dont il se compose au genre *Amphiope,* qui est plus ancien d'une année.

Nous sommes heureux de conserver à cette charmante espèce le nom d'*Agassizi* que M. Des Moulins lui a donné en 1845 (*in collectione*). Dès cette époque, le savant auteur des tableaux synonymiques avait parfaitement saisi les caractères qui font de cette espèce un type intermédiaire entre les *Lobophora* et les *Amphiope*, et prévoyait la nécessité de réunir les deux genres.

Loc. — Saint-Albert (canton de la Réole), Pellegrue, Saint-Gemme près Monségur (Gironde). Assez commun. Calcaire à astéries. Coll., Des Moulins, Tournouer; ma collection.

Expl. des fig. — Pl. xx , fig. 3, *Amphiope Agassizi* vu sur la face sup., exempl. de taille moyenne, de la coll. de M. Tournouer (c'est par erreur que cette figure a été placée le côté postérieur en avant); fig. 4, face inférieure; fig. 5, épaisseur.

58. Coelopleurus *Delbosi*, Desor, 1857.

Hauteur 7 mill.; diam., 15 mill.

Cœlopl. Agassizi, var. *a*, d'Archiac, *Descript. des foss. du groupe numm.*, Mém. Soc. géol. de France, 2ᵉ sér., t. III, p. 421, pl. x, fig. 15, 1850. — *Cœlopl. Delbosi*, Desor, *Synops. des Éch. foss.*, p. 98, 1857.

Espèce de petite taille, sub-circulaire, renflée en dessus,

presque plane en dessous. Zones porifères formées de pores simples, arrondis, disposés en ligne sub-onduleuse, surtout dans la région infra-marginale. Aires ambulacraires étroites au sommet, s'élargissant un peu vers l'ambitus, garnies de deux rangées de tubercules de moyenne grosseur, imperforés, se touchant par la base, au nombre de dix à onze par série ; ces deux rangées sont très-rapprochées et laissent à peine la place à quelques granules inégaux relégués çà et là entre les scrobicules. Les ambulacres présentent, en outre, à la face inférieure, à l'angle interne des plaques, de petites impressions profondes, sub-triangulaires, qui disparaissent vers l'ambitus. Ces impressions n'avaient pas encore été signalées, et sont d'autant plus intéressantes à constater qu'elles existent chez toutes les espèces de *Cœlopleurus*. Aires interambulacraires larges, pourvues de quatre rangées de tubercules; celles du milieu limitées, à la face inférieure, sont à peu près identiques à celles qui couvrent les ambulacres. Les rangées latérales sont plus petites, et les tubercules dont elles se composent diminuent encore de volume à la face supérieure, deviennent très-espacés et forment, sur le bord des zones porifères, une rangée qui disparaît avant d'arriver au sommet. Le milieu des ambulacres est occupé par une zone lisse bordée, de chaque côté, d'une cordelette très-régulière de granules allongés. Vue à la loupe, cette zone lisse est remplie de granules très-atténués, aplatis, disposés en lacets obliques. Péristome assez grand, sub-pentagonal, marqué de faibles entailles, les bords ambulacraires plus étendus que ceux qui correspondent aux interambulacres. Périprocte sub-elliptique. Appareil apicial saillant, pentagonal, granuleux; pores génitaux très-ouverts, entourés d'un petit bourrelet annuliforme.

Rapports et différences. — Cette espèce, confondue dans l'origine avec le *Cœlopleurus Agassizi* du terrain nummulitique de Biarritz, en diffère par sa taille un peu plus forte, sa forme générale plus circulaire, ses tubercules ambulacraires s'élevant jusqu'au sommet, la bande lisse plus large qui partage les aires interambulacraires, son appareil apicial plus granuleux.

Loc. — Terre-Nègre près Saint-Palais (Gironde); Machecoul (Loire-Inférieure). Rare. Terrain tertiaire inférieur. — Quinsac (Gironde). Rare. Calcaire à astéries (M. Tournouer).

Expl. des fig. — Pl. xx, fig. 6, *Cœlopl. Delbosi* vu de côté, de la coll. de M. Tournouer; fig. 7, face sup.; fig. 8, face inf.; fig. 9, appareil apicial grossi; fig. 10, partie inf. des ambulacres grossie.

59. CIDARIS *Tournoueri*, Cotteau, 1864.

Longueur, 49 mill.; largeur, 8 à 9 mill.
Test inconnu.
Radiole allongé, sub-cylindrique, à peu près d'égale grosseur sur toute la longueur de la tige, garni d'épines très-fortes, comprimées, lamelliformes, tranchantes, serrées, inégales, irrégulièrement disposées, plus développées sur un des côtés du radiole que sur l'autre. Ces épines sont couvertes, ainsi que l'espace qui les sépare, d'une granulation fine, homogène, sub-épineuse, visible seulement à la loupe. L'extrémité du radiole est creuse et forme un entonnoir étroit et profond. Collerette très-peu large, régulière, nettement circonscrite, paraissant lisse; bouton assez gros; anneau strié; facette articulaire non crénelée.

Rapports et différences. — Ce radiole de *Cidaris* se distingue de tous ceux que nous connaissons et sera toujours facilement reconnaissable aux épines très-fortes, lamelleuses, comprimées, inégales, dont sa tige est partout recouverte.

Loc. — Peyrehorade (Landes). Rare. Terrain tertiaire moyen? Coll. Tournouer.

Expl. des fig. — Pl. xx, fig. 11, radiole du *Cidaris Tournoueri*.

60. CIDARIS *attenuata*, Cotteau, 1864.

Longueur, 34 mill.; largeur 4 mill.

Test inconnu.

Radiole allongé, cylindrique, sub-fusiforme, garni de
granules serrés, aplatis, homogènes, disposés en séries
longitudinales régulières et rapprochées les unes des
autres. Vers la base de la tige les granules sont distincts,
indépendants. En s'élevant vers le sommet, ils se touchent,
se confondent, et forment de véritables côtes sub-granu-
leuses; le sillon qui les sépare est finement chagriné. Collerette à peine apparente. Bouton médiocrement développé; facette articulaire paraissant non crénelée.

Rapports et différences. — Ce radiole, par son aspect
cylindrique et sub-fusiforme, par ses granules aplatis et
homogènes, disposés en côtes régulières et serrées, se
distingue facilement des autres espèces du terrain tertiaire.

Loc. — Lesbarritz. Rare. Terrain tertiaire inf. Coll.
Tournouer.

Expl. des fig. — Pl. xx, fig. 12, radiole du *Cid. attenuata;* fig. 13, fragment grossi.

61. HETEROLAMPAS *Maresi*, Cotteau, 1862.

Nous avons décrit, dans un de nos précédents articles,
sous le nom d'*Heterol. Maresi* (n° 42), un Oursin d'Algérie
extrêmement curieux, et dont nous avons fait le type d'un
genre nouveau. Nous ne connaissions alors qu'un seul
exemplaire qui nous avait été communiqué par M. Marés,
sans indication précise de gisement. M. Marès présumait
cependant qu'il devait appartenir soit au terrain crétacé,
soit au terrain tertiaire inférieur. Un second exemplaire
de cette rare et intéressante espèce vient de nous être
envoyé par M. Coquand, qui l'a recueilli dans le terrain
crétacé supérieur, à Kermouck-Setif (province de Con-

stantine). L'échantillon de M. Coquand, bien que moins grand et relativement plus renflé que le type décrit et figuré, ne saurait en être spécifiquement distingué, et ne laisse plus aucune incertitude sur le gisement de l'*Heterolampas Maresi*.

II. SOCIÉTÉS SAVANTES.

ACADÉMIE DES SCIENCES.

Séance du 7 novembre 1864. — M. *Guyon* lit un intéressant travail intitulé, *Sur un nouveau cas de filaire sous-conjonctival ou filaria oculi des auteurs, observé au Gabon (côte occidentale d'Afrique).*

Dans ce mémoire, qui est plein de recherches savantes et de sérieuses éruditions, M. Guyon établit que le *filaire sous-conjonctival* se voit assez fréquemment au Gabon et sur beaucoup d'autres points de l'Afrique occidentale. Il montre que la science a enregistré, jusqu'à ce jour, six cas de cette maladie de l'œil, pour différents points de l'Afrique, et il met sous les yeux des membres de l'Académie un parasite semblable, provenant d'un nègre du Gabon, dont l'extraction a été faite par un chirurgien de notre marine de l'État. C'est peut-être le plus grand qu'on ait extrait de l'œil : il mesure $0^m,15$. Cette longueur dit assez que, malgré les replis qu'il formait sous la conjonctive, il n'y était pas tout entier, qu'il n'y était que dans une partie de sa longueur, l'autre restant engagée dans les tissus d'où il s'était avancé sur le globe oculaire.

M. *Pouchet* adresse un mémoire intitulé, *Production de Bactéries et de Vibrions dans les phlegmasies des bronches, des fosses nasales et du conduit auditif externe.*

M. *Maggiorani* adresse de Palerme une note contenant les résultats de nouvelles recherches qu'il a faites sur le rôle de la rate dans l'économie animale, surtout par rapport à la composition du sang. Sur plusieurs lapins provenant d'une même portée, mais dont les uns avaient subi l'ablation de la rate, tandis que les autres n'avaient été soumis à aucune opération, il a constaté que chez ces derniers le sang était moins abondant et d'une pesanteur spécifique moindre, qu'il contenait moins de fibrine, moins de globules rouges et une proportion de fer notablement inférieure. Il a constaté, en outre, que le sérum du sang des animaux ainsi mutilés contient plus d'albumine.

Cette note, qu'accompagne un mémoire plus étendu, que l'auteur a publié dans un journal de Palerme (l'*Osservatore medico*), est renvoyée, avec l'imprimé, à l'examen de M. Bernard.

Séance du 14 *novembre.* — M. Paul *Gervais* présente un travail d'anatomie comparée *sur un cas de polymélie* (*membres surnuméraires*) *observé sur un Batracien du genre* Pélobates *et sur une espèce du genre* Raie.

Rappelant les cas analogues qui ont été observés déjà chez quelques mammifères et oiseaux, M. Gervais décrit avec soin la patte supplémentaire, doublant celle de devant du côté gauche, chez une espèce de grenouille du Midi, le *Pelobates cultripes*, de Cuvier.

L'autre cas a pour sujet une *Raja clavata*, conservée dans le magnifique cabinet de M. Doumet, à Cette. Il porte sur le dos, auprès de la région cervicale, une paire de nageoires formées chacune de plusieurs rayons, répétant sous une forme incomplète et rudimentaire, quoique d'une façon très-apparente, les grandes nageoires pectorales des poissons de cette famille. C'est un fait de multiplicité des membres antérieurs, rentrant dans la catégorie qu'on a désignée par le nom de *notomélie*.

M. **Ch.** *Rouget* présente une *Note sur la terminaison des nerfs moteurs chez les vertébrés supérieurs.*

M. **E.** *Blanchard* présente, au nom de M. E. Baudelot, des *Observations sur la structure du système nerveux de la clepsine.*

Séance du 21 novembre. — M. *Rouget* présente une *Note sur la terminaison des nerfs moteurs chez les crustacés et les insectes.*

M. *Chassinat* adresse des *Observations sur la ressemblance habituelle entre la mère et son premier enfant.*

Séance du 28 septembre 1864.—M. *P.* Gervais présente un travail d'anatomie comparée ayant pour titre, *Cétacés des côtes françaises de la Méditerranée*, dans lequel il passe en revue toutes les espèces qui ont été observées jusqu'à ce jour dans ces localités. Ces espèces sont au nombre de neuf, caractérisées par des différences positives dans leur ostéologie ; en voici la liste :

1, *Physeter macrocephalus;* 2, *Zyphius cavirostris;* 3, *Orca gladiator;* 4, *Globiceps;* 5, *Grampus Rissoanus;* 6, *Tursiops tursio ;* 7, *Delphinus Delphis;* 8, *Delph. Tethyos;* 9, *Rorqualus antiquorum.*

Après cette énumération, accompagnée de notes très-intéressantes pour chaque espèce, M. Gervais rappelle les captures faites récemment d'exemplaires du gigantesque Rorqual, et entre autres de celui qui fut pris en 1864 à l'île Sainte-Marguerite. J'étais à Toulon lors de cette exhibition, et j'y ai lu cette non moins curieuse affiche : *Exposition de la* BALEINE APTÈRE, *géant des mers,* etc. L'auteur de l'affiche avait traduit ainsi le nom de *Balænoptera*, comme un journal a traduit, il y a quelques jours, le nom du *Tamanoir* arrivé récemment au muséum d'histoire naturelle, en en faisant un *Lama noir*, ruminant qui détruit les Fourmis à coups de langue.

M. *Faivre* a fait présenter par M. *Cl. Bernard* une *Note sur l'influence de quelques plantes aromatiques sur les Vers à soie.*

« Dans les premiers jours de juin de cette année, nous eûmes l'idée de rechercher l'influence que pourraient exercer sur ces insectes, à divers états, les émanations odorantes de quelques espèces végétales.

« Ayant choisi quatre plantes : l'absinthe (*artemisia absinthium*, L.), la balsamite (*tanacetum balsamita*, L.), la tanaisie (*tanacetum vulgare*, L.), le fenouil (*fœniculum vulgare*, L.), nous commençâmes à en étudier l'action sur des Vers à soie sains et malades que nous avions à notre disposition.

« Les feuilles des plantes furent disposées au fond de quatre boîtes et recouvertes de diaphragmes percés, à la surface desquels étaient placés les Vers. Ainsi séparés des plantes qu'ils ne pouvaient atteindre, les Vers n'en pouvaient être affectés que par les émanations odorantes ; les boîtes furent closes, chacune renfermant deux Vers sains et deux Vers malades, arrivés alors aux premiers jours du cinquième âge.

« Les animaux soumis à l'action de l'absinthe ont été pris d'une vive excitation ; ils cherchaient à fuir, en proie, par instants, à de véritables mouvements convulsifs ; la défécation a été presque immédiate, abondante, répétée ; les battements du vaisseau dorsal se sont notablement accélérés. En cinq heures, l'un des Vers est mort ; un Ver malade, atteint de gattine intense, n'a pas résisté plus d'une heure.

« Le fenouil a produit les mêmes effets sur le système nerveux, et des effets plus marqués sur les sécrétions ; en moins de quarante heures, les deux Vers sains ont filé leurs cocons après avoir rejeté une abondante matière gommeuse ; les Vers malades ont succombé.

« La balsamite a agi plus énergiquement que les substances précédentes, elle a tué rapidement les Vers malades et activé la déjection de la soie chez les Vers sains. L'un d'eux mis en expérience à midi avait déjà filé son cocon à huit heures du soir.

« La tanaisie est moins active ; elle donne lieu cependant, comme les substances précédentes, à une excitation marquée ; c'est au contact de cette plante que nous avons pu déterminer pour la première fois, chez un Ver malade, la déjection de la soie et la production d'un cocon.

« Les feuilles d'absinthe ont produit le même effet dans un cas où la quantité employée avait été peu considérable.

« Tels ont été nos premiers essais : ils témoignent de l'influence énergique des émanations odorantes, de l'absorption possible de ces émanations par les téguments des Vers, de l'action exercée sur le système nerveux et les sécrétions, et en particulier sur celle de la soie.

« L'intensité des effets varie avec la quantité de feuilles employées, la nature des espèces végétales, les conditions d'expérimentation ; elle est d'autant plus marquée que les Vers sont plus gravement atteints par la maladie. Au contact direct d'un mélange de feuilles odorantes et de feuilles de mûrier, les Vers peuvent continuer quelque temps à manger les feuilles de mûrier ; ils s'éloignent, au contraire, des feuilles aromatiques, auxquelles ils ne touchent jamais.

« Nos premières expériences nous ayant paru de quelque intérêt, nous avons prié l'honorable président de la commission des soies de Lyon, M. Mathevon, de vouloir bien les contrôler, en se plaçant dans les mêmes conditions. Les résultats obtenus par M. Mathevon ont été conformes aux nôtres : action énergique, vive excitation provoquée chez les Vers sains et malades, production en un temps assez court de cocons de bonne qualité.

« Dans la tanaisie, plusieurs des Vers malades ont filé, le 3 juin, des cocons fermes et volumineux ; ils en sont sortis le 24 et se sont accouplés, bien que difficilement ; les papillons étaient très-actifs et ardents ; néanmoins ils ont produit peu de graines.

« Les graines provenant des Vers sains et malades, soumis aux expérieuces, craquaient facilement sous la pression de l'ongle, circonstance que les sériciculteurs considèrent comme un pronostic favorable.

« Nous avons tenté, plus en grand, à la magnanerie de la commission des soies, une troisième série d'essais.

« Le 4 juin, on a mélangé à des feuilles de Mûrier les feuilles des plantes aromatiques déjà indiquées ; vingt Vers sains et vingt Vers malades ont été placés sur chaque lot, à l'air libre, dans les conditions ordinaires de la magnanerie. Voici, jour par jour, les observations qui ont été faites.

« 4 juin. — Les Vers sains soumis à l'action de l'absinthe, du fenouil et de la tanaisie ont été agités, mais ont continué à manger les feuilles de mûrier ; il n'en a pas été de même pour les Vers traités par la balsamite ; ils ont à peine pris leur nourriture et ont cherché à s'enfuir. Les Vers malades ont résisté, à l'exception de deux de ceux soumis à l'action de la balsamite.

« 5 juin. — Les Vers sains continuent à prendre leur nourriture, à l'exception de ceux qui ont été mis au contact de la balsamite. Le même jour, les Vers malades ont succombé dans les proportions suivantes : fenouil, 3 ; absinthe et balsamite, 5 ; tanaisie, 6.

« 6 juin. — Aucun Ver sain n'a péri dans l'absinthe ; un seul a péri dans le fenouil, un seul dans la tanaisie et 5 dans la balsamite.

« Voici le nombre des Vers malades qui ont péri à cette époque, au contact de chaque substance : fenouil, 5; tanaisie, 6 ; absinthe, 7 ; balsamite, 8.

« 7 juin. — Les Vers sains et malades montent pour faire leurs cocons, devançant, sous ce rapport, les Vers de même âge et de même race soumis aux conditions ordinaires.

« 8 juin. — Quelques Vers sains sont morts en montant

à la bruyère. Dans l'absinthe, le fenouil et la tanaisie, il reste encore douze des Vers malades ; il n'en reste plus que deux dans la balsamite.

« 9 juin. — Tous les Vers malades ont péri sans avoir produit des cocons.

« 20 juin. — Les cocons obtenus des Vers sains sont dans les proportions suivantes pour chaque substance : absinthe et fenouil, 9 ; balsamite, 10 ; tanaisie, 12.

« Ces cocons sont bien meilleurs que ceux qui ont été produits sur les claies dans les mêmes conditions.

« L'état avancé de la saison nous a forcé de suspendre nos recherches ; nous nous disposons à les continuer pendant la prochaine saison séricicole. »

III. ANALYSES D'OUVRAGES NOUVEAUX.

HISTOIRE NATURELLE DES ARAIGNÉES (Aranéides) par Eugène SIMON, ouvrage contenant 207 figures intercalées dans le texte, et suivi du catalogue synonymique des espèces européennes.—1 vol. in-8 (Roret), 1864.

Nous ne saurions mieux faire connaître l'objet que s'est proposé M. E. Simon qu'en donnant la courte note qui sert de préface à son livre.

« Faire connaître, avec les détails suffisants, l'organisation si compliquée des Araignées, donner le tableau des espèces connues jusqu'à ce jour, les réunir par groupes en tenant compte des habitudes et des caractères anatomiques, décrire les mœurs si intéressantes des principales d'entre elles, résumer enfin tous les travaux anciens et modernes qui ont été publiés sur cette classe d'animaux, en y joignant les observations qui me sont propres, tel est le but que je me suis proposé en publiant ce traité. »

Le meilleur éloge que nous puissions faire du livre de
M. E. Simon, c'est de reconnaître que son auteur a suivi
avec conscience et talent le programme ci-dessus, en
montrant, jeune encore, qu'il avait déjà beaucoup travaillé, bien observé, et qu'il est parfaitement au courant
du sujet qu'il traite. Je ne saurais trop recommander
l'étude du livre de M. E. Simon aux zoologistes qui veu-
lent acquérir une idée positive de l'*Histoire naturelle des
Araignées.* Ils y trouveront un tableau exact de l'état actuel de cette intéressante branche de la zoologie. (G. M.)

IV. MELANGES ET NOUVELLES.

Mœurs vagabondes des MOULES *et des* ANOMIES.

Dans une note sur l'ostréiculture que nous avons extraite d'un ouvrage publié, il y a cent quatre ans, par le
médecin Tiphaigne (*Essai sur l'histoire œconomique des mers
occidentales de France,* in 8°, Paris, 1760), nous avons
exhumé de ce livre des détails très-intéressants pour
l'histoire de la culture des Huîtres (voir notre numéro
de mai 1864, p. 155). Aujourd'hui nous croyons faire
une chose utile en tirant de ce vieux livre, qui est plein
d'observations curieuses et utiles, ainsi que le disait de Jussieu le 5 août 1760, quelques notes sur les faits et gestes
des Moules et des Anomies.

On trouve, à la page 227 de ce livre, à la suite d'observations sur la manière dont les Moules sont attachées
aux rochers :

« Les Moules changent quelquefois de demeure et vont
en chercher une autre, et souvent fort loin de la première.
Ce délogement a quelque chose de remarquable. Il ne
faut pas croire que l'agitation des eaux et les tempêtes
détachent ces coquillages du lieu où ils se sont fixés et les

transportent ailleurs. Souvent, dans les temps les plus calmes et au moment où les eaux semblent stagner, ou du moins n'obéir que mollement aux flux et reflux, les Moules, comme si elles s'étaient donné le mot et qu'elles n'attendissent que le signal, quittent tout à coup les fonds qu'elles couvraient et s'abandonnent au courant. Ce départ ne se fait pas sans bruit, le froissement qu'elles éprouvent entre elles occasionne un cliquetis qui se fait entendre au loin et qu'il faut avoir entendu pour s'en faire une juste idée. On a vu des moulières très-fécondes se détruire ainsi en une nuit. »

Ces voyages des Moules sont-ils réels ; ont-ils été observés par M. Tiphaigne ou les raconte-t-il d'après les assertions des pêcheurs, d'après leurs préjugés, c'est ce que nous ne pouvons savoir et ce que nous avons demandé aux conchyliologistes en consultant les articles MOULES des dictionnaires. Dans le plus ancien, le *Nouveau Dictionnaire d'histoire naturelle*, etc. (Paris, Déterville, 1818, t. XXI, p. 524), le savant Bosc ne se prononce pas à ce sujet, mais il cite un mémoire de Réaumur et des observations de Mᵉˡˡᵉ Masson-le-Golft sur la faculté qu'ont ces coquilles de remplacer les fils (byssus) qui les attachent aux rochers, quand on vient à les casser. De Blainville, dans le *Dictionnaire des sciences naturelles*, t. XXXIII, p. 135 (1824), n'ajoute rien à ces observations et se borne aussi à les citer.

A la page 230 de son livre, Tiphaigne donne des détails anatomiques et des observations de mœurs sur une coquille qu'il range avec les Huîtres, et qui n'est autre que l'Anomie pelure d'oignon.

Après une description anatomique détaillée de ce mollusque et des muscles qui servent à le fixer au sol, Tiphaigne ajoute :

« Par l'appareil dont nous venons de faire la description, on juge bien que l'Huître à pivot opère des mouvements dont l'Huître commune n'est point capable. Dans l'état de relâchement, l'Huître est ouverte, et, avec le doigt, on peut la tourner à droite et à gauche sur son pivot. Elle peut encore avoir le même jeu tant qu'il n'y a que le muscle fermeur qui se resserre. Si les deux muscles viennent à se contracter en même temps, les deux grandes écailles sont fermées, le couvercle est exactement appliqué à l'échancrure, et l'Huître est tellement affermie sur le rocher qu'on dirait d'une seule et même pièce. Mais le muscle d'appui, étroit à son insertion dans la surface supérieure du pivot, s'épanouit à son origine dans l'intérieur de l'écaille concave, où il semble distribué en plusieurs faisceaux, de manière que l'Huître supposée dans le relâchement, si l'un de ces faisceaux vient à se contracter solitairement, l'Huître avancera de ce côté-là ; si le faisceau d'après vient à se contracter, l'Huître inclinera son mouvement de ce côté-là encore ; de sorte que, si plusieurs faisceaux se contractent successivement, l'Huître, en continuant à s'incliner, décrira un arc de cercle autour de son pivot.

« Mais, si nous considérons ce pivot détaché du rocher ou de tout autre corps, l'Huître sera libre et pourra changer de lieu d'une manière bien singulière. Son muscle d'appui contracté, non pas au point d'appliquer exactement la surface inférieure du pivot ou le couvercle à l'échancrure, mais assez pour prendre de la fermeté, formera, avec le pivot, une espèce de jambe qui, en se relâchant ou se resserrant plus ou moins, fera avancer le coquillage et montrera au naturaliste étonné une Huitre qui chemine.

« Je croirais volontiers que telles sont les Huîtres à pivot dans le commencement de leur développement, dans leur bas âge. Elles cheminent ainsi sur une jambe et cherchent un lieu favorable à leur nourriture et à leur accroissement. Quand elles l'ont trouvé et qu'elles jugent à propos de s'y fixer, elles font couler, le long de leur pivot, une espèce de glu qui le colle au rocher. Pour lors elles cessent d'étre vagabondes et ne se réservent de mouvement que celui qu'elles font en décrivant le quart de cercle dont nous avons parlé. Ce dernier mouvement leur sert à éviter les corps qui pourraient nuire à la régularité de leur développement, et à se présenter aux différents courants dans la situation qui leur est la plus favorable.

« Que savons-nous si elles ne s'ennuient pas quelquefois d'une longue résidence ? Elles ont une colle pour s'attacher, elles ont peut-être un dissolvant pour se mettre en liberté quand elles le trouvent bon. Il est toujours certain qu'elles renferment une humeur bien singulière, leur âcreté insupportable en est une preuve. J'en ai vu attachées au rocher plus fortement que je ne puis dire ; j'en ai vu qui n'y tenaient que peu ; j'en ai vu qui étaient tout à fait libres et qui ne tenaient à rien ; les premières étaient fixes, les secondes étaient sur le point de s'attacher ou de se détacher, les troisièmes étaient vagabondes. Mais à quoi bon ces détails? à ajouter une nuance aux variétés sans nombre, que les naturalistes nous montrent de toutes parts. »

Ces déductions et ces faits ne semblent pas avoir été connus des zoologistes qui ont écrit sur les mollusques, car le plus fort d'entre eux, M. Deshayes, n'en parle que dans son article *Anomie* du *Dictionnaire universel d'histoire naturelle*, t. Ier, p. 557 (1841). En effet, dans cet article assez étendu, le savant malacologiste a donné un travail très-complet sur l'anatomie de ce mollusque et sur sa classification, et s'il avait connu les idées de Tiphaigne sur les facultés locomotives de l'Anomie, il n'aurait pas manqué d'en parler, soit pour les combattre, soit pour appeler, comme nous le faisons ici, les expériences des observateurs qui habitent les bords de la mer. G. M.

Nouvelle espèce de Plésiosaure. — M. *Hartsinck* vient de faire connaître, dans le *Geological Magazine*, la découverte qu'il vient de faire, sur la côte du Dorsetshire, du plus parfait échantillon de Plésiosaure qui ait encore été trouvé. On l'a mis à nu dans un lit de marne, entre deux lits de calcaire du lias, entre les villes de Charmouth et de Lyme-Régis. Ce fossile a 13 pieds anglais de long. La partie dorsale du squelette étant tout à fait complète, un petit nombre d'os seulement ont été déplacés. Dans la tête on trouve une mâchoire inférieure parfaitement conservée remplie de longues dents recourbées. Les vertèbres cervicales présentent les pleurapophyses caractéristiques. La queue est bien moins conservée, mais elle n'a été que peu déplacée. Les quatre membres ou pieds-nageoires ont tous leurs os complets, et leur forme n'a été nullement dérangée. Il paraît que ce Plésiosaure constitue une espèce non décrite. Il vient d'être acheté par le British museum, et M. le professeur Richard Owen doit en publier la description.

La PERRUCHE ONDULÉE *se reproduisant en Europe.*

Le savant zoologiste M. Althammer, qui habite Arco (Tyrol méridional), nous écrivait, le 18 juin dernier :

« Le 26 avril 1862, une couple de Perruches ondulées a trouvé le moyen de s'échapper de la cage dans laquelle ces oiseaux étaient enfermés. Le premier qui a pris la fuite était le mâle, qui s'est élevé très-haut et s'est dirigé vers le Midi.

« Je n'avais plus eu aucune nouvelle de ces oiseaux; mais, il y a quelque temps, un amateur taxidermiste m'a envoyé deux mâles de ces oiseaux pour que je lui en détermine l'espèce.

« Il avait reçu ces deux sujets de la montagne où ils avaient été tués de deux coups de fusil.

« Comme je suis la seule personne qui possède cette

espèce en Tyrol, je dois conclure que les Perruches sus-
dites, outre qu'elles ont passé les deux hivers de 1863 et
1864 en plein air, ont encore niché chez nous. Je ne
saurais expliquer autrement la présence des deux mâles. »

*Action curative du venin des Abeilles et des autres Hymé-
noptères.*

On trouve dans *l'Abeille médicale* un travail du docteur
Lukomski dans lequel il rappelle certains faits de guéri-
sons par la piqûre des Hyménoptères cités par M. De-
martis et, entre autres, l'observation du célèbre agronome de Gasparin, qui s'était guéri d'un rhumatisme
musculaire et d'une bronchite par la piqûre des Guêpes.

Suivant M. Lukomski, ces piqûres d'Hyménoptères seraient efficaces dans le traitément de certaines fièvres,
telles que celles que les médecins désignent sous les noms
de pyrexies intermittentes, rémittentes et continues, surtout lorsqu'elles sont d'origine paludéenne et qu'elles ne
proviennent pas d'une phlegmasie. Suivant lui, l'*apisina-
tion*, ainsi qu'il désigne ce traitement par les Abeilles
(Apis), serait efficace dans les névralgies intermittentes,
régulièrement périodiques, véritables fièvres larvées ;
dans la migraine, dans la céphalalgie nerveuse plus ou
moins continue ; dans la cardialgie et la gastralgie nerveuse ; dans différentes autres névralgies plus ou moins
continues, désignées vulgairement sous le nom de dou-
leurs rhumatismale, etc., etc.

Le docteur Lukomski a recueilli, tant sur lui-même que
sur d'autres, un assez grand nombre de faits confirmant
ses prévisions sur l'action des piqûres d'Abeilles, et il
pense que, si la fièvre jaune n'est réellement qu'une variété de la fièvre rémittente des pays chauds, on pourra
la guérir et peut-être la prévenir. Il pense même que ce
remède réussirait contre le choléra et peut-être contre la
peste.

Du reste, M. Lukomski est prêt à se rendre en Algérie, au Sénégal, aux Antilles, au Mexique, etc., etc., pour y expérimenter la valeur des piqûres d'Hyménoptères sur les fièvres, si dangereuses, qui règnent dans ces pays. Seulement il ne sera pas aidé dans son généreux projet, parce que, l'habitude attachant les hommes aux routes connues, si quelqu'un s'en écarte, toutes les voix le rappellent dans les sentiers battus.

———

Dans une des dernières séances de l'Académie des sciences (29 août 1864), M. *Flourens* a présenté, au nom de M. *L. Figuier*, la quatrième édition de l'ouvrage intitulé, *la Terre avant le déluge*, et la seconde édition de celui qui a pour titre, *la Terre et les Mers*.

Le secrétaire perpétuel a rappelé les éloges que M. d'Archiac avait donnés à ces ouvrages, en présentant la première édition de *la Terre avant le déluge*, qui, ainsi qu'il le disait, est une véritable géologie où le pittoresque et le charme du style remplacent l'aridité des ouvrages de paléontologie.

La Terre et les Mers, a ajouté M. Flourens, est appelé au même succès ; c'est un livre qui se lit et doit se lire par tout le monde, savants et ignorants, grands et petits, tous peuvent y puiser d'utiles et agréables enseignements.

———

TABLE DES MATIÈRES.

PARIS. — IMP. DE Mᵐᵉ Vᵉ BOUCHARD-HUZARD, RUE DE L'ÉPERON, 5.

I. TRAVAUX INÉDITS.

Notice sur les Dromadaires ou Chameaux de course des Touaregs (*Camelus Dromedarius*, L.), par M. Henri Aucapitaine (1).

Le Dromadaire ou Mehari est un animal bien connu aujourd'hui en Europe (2), mais qui passait, il y a encore un petit nombre d'années, pour une espèce fabuleuse dont les fantastiques qualités étaient autant d'exagérations orientales.

Le Chameau coureur est au Chameau de charge ce que, chez nous, le cheval de selle est au cheval de trait.

C'est un animal perfectionné par les soins intelligents de l'homme et dont on conserve soigneusement les types par des croisements purs de tout mélange.

Les Touaregs Imouar' possèdent, pour certains de leurs coureurs, des généalogies semblables à celles qu'ont les Arabes pour les chevaux de pur sang.

Le Chameau coureur est donc une variété et non point une espèce dans l'acception zoologique de ce mot.

L'existence de cette race remonte à la plus haute anti-

(1) Cette notice est extraite d'un livre que notre collaborateur doit incessamment publier sur le « *Sah'ra et le Soudan.* » (G. M.)

(2) MM. les généraux Daumas, Marey-Monge, Carbuccia, Yusuf, le regrettable M. Jomard, ont écrit soit des articles, des monographies ou des ouvrages spéciaux sur cet intéressant et utile animal, sur lequel j'ai moi-même publié quelques renseignements.

quité : Diodore de Sicile (1), Hérodote (2), nombre d'autres anciens auteurs, ont parlé de ces Chameaux de course, qui peuvent parcourir « *mille cinq cents stades par jour,* » c'est-à-dire plus de 60 lieues. Les voyageurs modernes, et surtout la conquête de l'Algérie, ont confirmé l'exactitude de ces détails, jadis regardés comme autant de fictions.

La moyenne de course fournie par un Mehari est de 40 lieues par jour, rapidité que cet animal soutient parfaitement pendant de longues journées consécutives, en restant souvent quatre, six et même sept jours sans boire.

Le service des *chouafs* ou éclaireurs indigènes dans le sud de l'Algérie en fournit tous les jours des exemples.

Il y a quelques années, M. le général Yusuf fit venir en vingt-quatre heures, d'Aïn-Mahdi à Boghar (280 kilomètres), deux de ces animaux qui, dressés en trait, purent amener une calèche, dans laquelle était le général accompagné de plusieurs personnes, jusqu'à Alger, à raison de 16 kilom. l'heure, malgré l'imperfection d'un premier essai fait en pays montueux et rocailleux, essai dont le principal défaut était dans la pression du tirage, qui engorgeait le cou de l'animal et ralentissait la course.

Le Chameau de course, appelé par les Arabes *Mehari*, pluriel *Mahara*, est désigné par les Touaregs sous les différents noms suivants :

Aoura, le jeune Chameau à la mamelle, qui tette pendant une année, à la fin de laquelle on le sèvre en plaçant un filet (*abegou*) sous les mamelles de la mère.

Asaka, le Chameau d'un an. Il porte ce nom jusqu'au moment où son éducation difficile et minutieuse est terminée ; il devient alors :

Areg'g'an, Chameau de course dressé, dont le féminin, *Tar'lemt*, est, quoique irrégulier, plus fréquemment em-

(1) Diodore, lib. XIX, c. xxxvii.
(2) Hérodote, lib. VII, c. lxxxvii.

ployé que *Tareg'g'ant*, féminin régulier; pluriel, *Ireg'-g'anen*.

Le Chameau de charge s'appelle *Amnis*.

On nomme *Abag'our* ou *Amag'our*, suivant la prononciation locale, le vieux Chameau hors de service.

Le Chameau de course est plus élancé, plus fin, plus nerveux qus le Chameau de charge; sa bosse petite, dépourvue de graisse, ne dépasse pas le garrot. L'extrême maigreur du corps et les fortes proportions des cuisses sont les signes de sa grande vigueur à la course; son pelage est fin, presque soyeux, couleur roux-clair, parfois presque blanc.

Suivant l'opinion généralement répandue chez les Touaregs et les Arabes, le Mehari hérite de la nature de sa mère, quelle que puisse être d'ailleurs celle du père. Ainsi il est capable de parcourir entre le lever et le coucher du soleil autant de fois la carrière d'une journée de marche que la Meharia qui l'a porté. L'estimation de la valeur des femelles est donc une chose très-importante.

Son allure habituelle est le trot, qu'il soutient constamment pendant des journées de douze heures. Cette allure, qui correspond au grand trot d'un bon cheval, ne se maintient qu'en plaine, car le Mehari perd ses qualités essentielles dans les pays accidentés.

Il peut rester facilement quatre jours sans boire ni manger, et six et même huit sans boire. On sait que c'est grâce à la conformation des loges ou petites anses de sa panse qu'il supporte ces longues privations d'eau, de même que, suivant l'expression arabe, il « *s'alimente en dedans* » aux dépens de sa loupe dorsale et des pelotes graisseuses de ses cuisses.

Mais, au terme du voyage, il lui faut plusieurs jours de repos, de bonne nourriture et surtout une abondante boisson pour se refaire, et même ne faut-il pas omettre qu'il en périt un grand nombre dans les *traversées* de plusieurs mois que font parfois les caravanes.

Le jeune Mehari est l'objet des soins les plus assidus et les plus délicats ; il est soigné par les femmes et devient le privilégié de la tente, sous laquelle on l'abrite pendant les premiers jours. C'est alors qu'on frotte de beurre ses membres encore débiles ; on l'enveloppe de lainages, on soutient ses premiers pas, on lui fait manger des boulettes du meilleur *tar'bout* (1).

Lorsque commence l'éducation toujours longue et difficile du Chameau de course, on lui rase le poil afin de le rendre plus sensible aux châtiments ; puis, chaque jour on lui apprend à s'agenouiller, se lever, à courir, à trotter, marcher, s'arrêter, en obéissant autant que possible à la voix seulement.

Le guerrier amachez, monté sur son coursier, est assis ou plutôt accroupi sur une selle (*alefka*), ressemblant à une tasse, placée entre la bosse et le garrot, ce qui rend un peu moins fatigante l'oscillation si pénible du trot du Chameau.

Il croise ses jambes sur l'encolure et dirige sa monture à l'aide d'une bride (*amadel*) sans mors et d'un anneau (*tigem't*) passé dans l'aile de la narine droite, qui a été percée dès le jeune âge. On presse l'allure en frappant sur l'épaule.

Un Dromadaire bien dressé obéit à la première injonction de la voix, sans qu'il soit besoin de le frapper.

La vigueur, la sobriété, l'agilité extraordinaire du Mehari en font l'animal de guerre par excellence, dans les régions exceptionnelles où il est en usage.

A ses qualités propres, il réunit toutes celles du Chameau de charge :

« Vivant ou mort il est la fortune de son maître. »

Le lait, le beurre, le fromage, le poil, le cuir, la viande, il fournit tout.

---

(1) *Tar'bout*, sorte de gâteau au miel très-estimé des gourmets touaregs.

« Les richesses des gens du Tell, ce sont les grains. »

« Les richesses des Sah'riens, ce sont les moutons. »

« Les richesses des Touaregs, ce sont les Mehara. »

Sans le Chameau de course, comment traverser promptement ces vastes espaces, ces bras de la mer de sables, qui séparent les oasis; comment fondre, rapides comme le vent, sur les caravanes en marche et prélever l'impôt sur les trafiquants avares et engraissés des K'sours ? Enfin, avec le Mehari, guerre aux Chaambas, nos vieux ennemis! Alerte à la razzia. Il nous ramène victorieux; son cou ploie sous le butin : les jeunes filles quitteront leurs tentes pour fêter les guerriers, accueillir leurs amants et recevoir les bijoux d'argent, les parures de corail, enlevés aux filles du Tell, « ces gourmandes aux gros ventres: »

« Vaisseaux légers de la terre,
« Plus sûrs que les vaisseaux.
« Car le navire est inconstant....
« Nos Mehara le disputent en vitesse au *Meha* (1).
« Ils sont la promesse de la victoire (2)..... »

Un fait qui mérite d'être spécialement signalé aux naturalistes, c'est que le pelage du Mehara devient de moins en moins fourni, à mesure qu'on s'avance vers l'équateur, si bien qu'au sud du Haoussa on trouve de ces animaux complétement dépourvus de poils (3). Le même phénomène a déjà été remarqué pour les moutons,

(1) LE MEHA, *Antilope addax* d'Orbigny, renommé pour sa prodigieuse vélocité et le long temps qu'il peut, dit-on, demeurer sans boire. Voyez ce que nous avons dit sur cet animal (*Revue zoologique*, 1860, p. 145).

(2) L'émir Abd-el-Kader, Éloge du Sah'ra, adressé à M. le général Daumas.

(3) Un fait analogue a été signalé en Arabie par Diodore, et les beaux moutons d'Australie perdent leur laine dès qu'ils arrivent aux lacs salés, situés entre les 17° latitude et la mer des Tropiques (*Voyage de Sturt*).

qui présentent, dans le Sah'ra et le Soudan, une variété sans poils, appelée *Demman*.

Le Chameau est-il d'origine asiatique ou autochthone en Afrique?

Cette question a été un sujet très-intéressant de recherches pour les érudits et, au moment où la science pratique se préoccupe de l'acclimatation des animaux utiles, il serait bon qu'elle fût élucidée.

Desmoulins, Rennel, Quatremère s'en sont beaucoup occupés; mais leurs savantes controverses n'ont point éclairci définitivement le fait positif de l'introduction (1).

Sans avoir la prétention de décider la question, nous ferons valoir les arguments suivants, qui nous paraissent assez péremptoires pour croire que, si le Chameau n'est pas d'origine africaine, il y a été introduit à une époque bien antérieure à celle que supposait le docteur Desmoulins (IIIe et IVe siècles de notre ère).

Ainsi on voit le Chameau figuré sur divers monuments pharaoniques de la haute Égypte, où on le représente employé au labour, de même qu'il l'est encore aujourd'hui dans la vallée du Nil. Galien nous apprend que, de son temps (IIe siècle), on employait à Alexandrie des chars attelés de Dromadaires. Le Chameau est également figuré sur quelques-uns de ces grossiers bas-reliefs berbers ou garamantiques, que l'on trouve sculptés sur les rochers de la Tripolitaine, de la Tunisie et même de l'Algérie.

Enfin les témoignages de César et de Procope, à cet

(1) Desmoulins, *Sur la patrie du Chameau*, Ann. du muséum, t. IX.—L'article Chameau du *Dict. classique d'hist. natur.*—Les objections de M. de Quatremère dans son *Mémoire sur Ophir*, Acad. des inscript. et belles-lettres, t. XV, 1845. — Géog. de Ritter et les Tableaux de la nature de Humboldt, t. I, — Pline, lib. VII, c. XXXVI. —Isidore Geoff. Saint-Hilaire, *Domestic. et nat. des anim. utiles*, 3e édit., p. 24 et 150; Dureau de la Malle, *Économie politique des Romains*, etc., etc.

égard, sont formels : «... *Il y trouva* (à *Z'*eta) *aussi vingt-*
« *deux Chameaux du roi* (Juba) *qu'il emmena avec lui* (1)...; »
le second, dans le *Récit de la guerre des Vandales :* «... Il
« trace une ligne circulaire dans la plaine, où il avait des-
« sein de se retrancher. Sur cette ligne il dispose oblique-
« ment *ses Chameaux* qui, du côté opposé à l'ennemi,
« étaient *composés de douze Chameaux de profondeur* (2)...»

Voici, d'ailleurs, un argument plus concluant encore :
La langue des Touaregs — de même que celle des Arabes (3) — est d'une richesse extraordinaire pour tout ce
qui se rapporte au Chameau, à ses différences d'âge, à ses
habitudes, à son éducation, à son harnachement. Or,
comme l'a fait remarquer M. le colonel Hanoteau, aucun
des mots de ce vocabulaire n'appartient à l'arabe. Il est
évident que, si le Chameau eût été introduit par les Arabes
(ou les Hébreux, comme on l'a prétendu), les Berbers,
dont la langue est particulièrement accessible aux néolo-
gismes, auraient accepté et l'animal et le vocabulaire qui
lui était relatif sans se créer de nouveaux mots (4).

Si le Chameau n'est pas né sur le sol africain, s'il est
certain que les Phénico-Carthaginois n'en firent aucun
usage, ce qui ne prouve nullement qu'ils ne le connaissaient pas, on peut conclure des témoignages précédents
qu'il y ait au moins été introduit et domestiqué dès la
plus haute antiquité par les populations qui sont regardées
comme autochthones.

(1) César, *de Bello african.*, lib. LXVIII.

(2) Procope, Guerre des Vandales, lib. I, c. viii, et lib. II, c. ii.

(3) Le vocabulaire arabe relatif au Chameau est d'une richesse
fabuleuse. Le célèbre orientaliste de Hammer a réuni, dans un ouvrage spécial, *cinq mille sept cent quarante-quatre* mots se rapportant au Chameau.

(4) Colonel Hanoteau, Grammaire Tamacheck, introd., p. xxi

RECTIFICATION relative à une espèce du genre CERF par
M. PUCHERAN.

« Mon cher Guérin, permettez-moi de recourir à la publicité de votre excellent journal, qui a tant rendu et qui
rend encore tous les jours tant de services signalés à la
zoologie contemporaine, pour faire part aux mammalo-
gistes d'une rectification relative à une espèce du genre
Cerf.

« Il s'agit du prétendu Cerf de Péron, décrit et figuré
en avril 1833 (1) par M. Frédéric Cuvier, d'après un
exemplaire alors vivant à la ménagerie du muséum. C'est
d'après le même exemplaire que j'en ai depuis lors donné
successivement deux descriptions (2), et c'est en copiant
celle de M. Frédéric Cuvier que M. Jardine (3) en a, à
son tour, donné une figure.

« D'après M. Frédéric Cuvier (4), c'est de Timor que
l'individu qu'il a décrit était originaire, et c'est M. Dussumier qui l'avait rapporté dans l'un de ses voyages dans
la mer du Sud. Or j'ai eu le bonheur de faire, il y a quelques mois, la connaissance de ce voyageur si distingué,
dont le zèle, si actif et si intelligent, a fourni tant de documents précieux à la zoologie, et pendant près d'un
quart de siècle, car en 1835, et même, si je ne m'abuse,
en 1838, il enrichissait encore soit la ménagerie, soit les
galeries du muséum d'espèces nouvelles ou peu connues.
Or M. Dussumier, de son propre aveu, n'a jamais mis le
pied à Timor, et, dès le premier mot qu'il m'a adressé, il
m'a affirmé que, sous le point de vue de l'indication d'habitat du Cerf qu'il avait décrit et figuré, M. Frédéric

(1) *Mammifères de la ménagerie du muséum*, avril 1833.
(2) *Dictionnaire d'histoire naturelle*, par M. Charles d'Orbigny,
vol. III, p. 323.— *Archives du muséum*, vol. VI, p. 409.
(3) *Naturalist Library*, *Mammalia*, vol. III, p. 165, pl. XII.
(4) *Loc. cit.*

Cuvier avait émis une assertion tout à fait gratuite. M. Dussumier m'a assuré que c'est sur le continent indien qu'il s'est procuré ce ruminant : malheureusement il lui a été impossible de m'en indiquer exatement le lieu de provenance.

« Cette rectification, due en entier à l'initiative de l'illustre voyageur, est si importante pour l'histoire du Cerf de Péron, que j'ai cru de mon devoir, mon cher Guérin, de ne pas retarder à en faire part aux zoologistes. En France, en effet, nous ne connaissons les caractères de - coloration de cette espèce que par l'individu que M. Frédéric Cuvier a décrit ou figuré. Dès lors tous les renseignements fournis, à ce sujet, soit par ce mammalogiste, soit par moi, doivent être considérés, sinon comme apocryphes, du moins comme très-suspects. Avouons, en conséquence, notre ignorance, et demandons, aux zoologistes qui se trouvent dans des conditions plus favorables que celles où nous nous trouvons, de vouloir bien nous faire part de leurs observations plus précises sur ce type spécifique.

« Présentement, l'existence, sur le continent indien, d'une espèce de Cerf représentant, quoique de taille moindre, le Cerf hippelaphe de l'Archipel indien, nous paraît fort admissible. Il y a quelques années, en effet, la ménagerie du muséum a possédé une paire de ces ruminants, dont le Bengale nous était indiqué comme lieu de provenance. Le mâle, qui se trouve actuellement monté dans les galeries, présentait une telle ressemblance avec celui auquel nous consacrons ces quelques lignes, que M. Geoffroy et moi doutions beaucoup de son origine continentale. Bien des fois l'illustre maître et son aide se sont entretenus de ces deux ruminants, mais à coup sûr ils étaient bien loin de se douter que c'était l'indication d'habitat du type figuré par M. Frédéric Cuvier qui devait être l'objet de leurs soupçons. Ces soupçons ne sont, à mes yeux, présentement que trop bien confirmés, grâce à M. Dussumier, qui, en cette circonstance, nous semble de nouveau avoir mérité tous les remercîments des amis sincères de la zoologie.

« Agréez, mon cher Guérin, etc. »

CATALOGUE des Oiseaux observés dans le département d'Eure-et-Loir, par M. A. MARCHAND. (Suite. — Voir p. 33.)

94. MERLE NOIR (*Turdus merula*).

Très-commun tout l'année.

J'ai deux variétés blanches, un vieux mâle et un jeune pris dans le nid.

En automne, nous voyons passer des Merles qui sont probablement des jeunes de l'année. Ils sont tout noirs avec les plumes légèrement bordées de gris. Le bec est noirâtre.

Ils ont un cri particulier qui les fait reconnaître. Je n'ai jamais remarqué que des mâles. Ils passent en même temps que les Merles à plastron. On les distingue dans le pays sous le nom de Merles de passage. Ils sont alors très-gras et bons à manger.

95. MERLE A PLASTRON (*Turdus torquatus*).

Assez commun lors de ses deux passages au printemps et à l'automne. Il ne reste que peu de jours.

Il est très-gras à l'automne et sa chair très-délicate.

96. MERLE GRIVE (*Turdus musicus*).

Ces oiseaux passent à l'automne à l'époque des vendanges. On en voit, certaines années, en grande quantité, dans les vignes, ainsi que dans les lieux où croit le génévrier ; leur chair prend alors le goût du fruit de cet arbre et est moins estimée, quoique certaines personnes en fassent cas. Ils passent encore au printemps ; beaucoup restent pour nicher.

97. MERLE DRAINE (*Turdus vicivorus*).

Dès les premiers beaux jours, à la fin de l'hiver, on voit cet oiseau perché sur le sommet des plus hauts arbres, d'où il fait entendre ses chants sonores.

Il ne voyage point en compagnie comme les autres Grives. Il niche de très-bonne heure.

98. MERLE LITORNE (*Turdus pilaris*).

Arrive à la fin de l'automne et nous quitte au printemps. Il fréquente pendant l'hiver les prairies et se réunit en bandes très-nombreuses. Sa chair n'est pas bonne.

99. MERLE MAUVIS (*Turdus iliacus*).

On le trouve communément lors de ses deux passages. Il voyage en compagnie des Grives. Il ne niche pas dans notre département, le précédent non plus.

100. TRAQUET MOTTEUX (*Saxicola œnanthe*).

C'est un des premiers oiseaux qui arrivent au printemps ; il est souvent surpris par des froids tardifs. Il niche dans nos plaines, au milieu des tas de pierres ou sous une motte. Il se fixe de préférence dans les terrains incultes. Il repart à la fin de septembre. C'est alors un manger délicat. J'en ai un blanc.

101. TRAQUET TARIER (*Saxicola rubetra*).

Niche dans le pays. Il est très-gras lors de son passage en août et septembre, et nous quitte vers la fin de ce mois.

On le voit souvent perché à l'extrémité d'un brin de chaume, d'où il guette les insectes dont il se nourrit.

102. TRAQUET RUBICOLE (*Saxicola rubicola*).

Il en reste toute l'année. On le voit, surtout l'hiver, dans les champs de joncs marins. Il se perche au sommet des branches, d'où il s'élance sur la proie qu'il convoite, puis revient se poser sur son observatoire.

103. Rubiette rossignol (*Erithacus luscinia*).

Arrive de bonne heure au printemps. Le mâle passe des nuits à chanter, dès son arrivée, jusqu'au moment où la femelle cesse de couver. Il nous quitte à la fin de l'été. Il niche à terre dans les broussailles les plus fourrées, préfère le voisinage des habitations.

104. Rubiette rouge queue (*Erithacus phœnicurus*).

Arrive au printemps, rarement plus de deux ou trois ensemble. Quelques-uns nichent dans des trous de murailles. Ils repartent de bonne heure à l'automne.

105. Rubiette tithys (*Erithacus tithys*).

Ne niche jamais dans notre pays, on ne l'y voit que pendant l'hiver et très-rarement, presque toujours en plumage de jeune.

Au mois de décembre 1849, un mâle bien adulte est resté dans mon jardin, au centre de la ville, pendant trois semaines.

106. Rubiette rouge gorge (*Erithacus rubecula*).

Très-commune, il en reste toute l'année. L'hiver, elle s'approche des habitations et entre même souvent dans les serres et sous les hangars. Les jeunes partent après leur première mue.

107. Rubiette gorge bleue (*Erithacus cyaneculus*).

Cet oiseau ne paraît que très-accidentellement. Il se tient, de préférence, pendant son court séjour, en plaine dans les champs de pommes de terre, pois, vesces, etc. C'est toujours pendant le mois de septembre qu'on les rencontre. Une seule fois, en 1828, j'ai tué un mâle adulte, tous les autres que j'ai vus étaient des jeunes.

108. Accenteur alpin (*Accentor alpinus*).

J'observai, à trois reprises différentes, cet oiseau dans l'intérieur de la ville de Chartres.

En 1822, pendant l'hiver, une bande d'une trentaine d'invidus vint s'installer dans une cour exposée au nord dans la partie la plus élevée de la ville. Ils y restaient presque constamment. Je n'en eus connaissance qu'au mois de février 1823, un de mes amis en ayant tué un qu'il m'apporta. Il y en avait alors une dizaine. Quand j'y fus le lendemain, il n'y en avait plus que six. J'en tuai un, les autres ne reparurent plus.

Le 3 mars 1837, je tuai deux Accenteurs alpins au milieu de la ville. Ils vinrent se poser sur l'appui de la croisée de mon atelier donnant sur la rue, c'était deux femelles.

En novembre 1856, j'ai vu deux de ces oiseaux piétinant sur des pierres de taille déposées au pied du clocher neuf de la cathédrale. Je ne les ai vus que cette fois; mais des sculpteurs établis dans une baraque en planches, près de l'église, m'ont assuré les avoir vus pendant tout l'été. Ils entraient fréquemment sous leur abri. Ils ne purent les prendre vivants, bien qu'ils eussent fait leur possible pour y arriver.

Je n'en ai vu de dépouilles chez aucun des collecteurs que je connais dans le département.

109. Accenteur mouchet (*Accentor modularis*).

Très-commun toute l'année, il se rapproche des habitations pendant l'hiver.

110. Fauvette a tête noire (*Sylvia atricapilla*).

Elle arrive de bonne heure et nous quitte après avoir élevé ses petits. Le mâle partage avec la femelle les soins de l'incubation.

111. Fauvette des jardins (*Sylvia hortensis*).

Arrive et repart en même temps que la précédente.

112. Fauvette babillarde (*Sylvia curruca*).

Plus rare que la précédente. Elle s'élève perpendiculairement en chantant, est très-vive, et sans cesse en mouvement, voltigeant de branche en branche. Elle redresse souvent les plumes de sa tête et gonfle celles de sa gorge.

113. Fauvette grisette (*Sylvia cinerea*).

C'est la Fauvette la plus commune. Elle arrive vers le 15 avril et disparaît au mois de septembre. Elle niche

dans les arbustes à peu d'élévation du sol. Son nid est
moins serré que celui des autres Becs-fins, à peine si
quelques crins en garnissent le fond.

114. POUILLOT FITIS (*Phyllopneuste trochilus*).

Ces oiseaux passent de très-bonne heure au printemps,
souvent en compagnie des roitelets. Peu restent pour
nicher. Ils repassent à la fin de septembre.

J'ai souvent remarqué des individus de taille sensiblement plus forte. Je les considère comme devant être le
Bec-fin ictérine de Temminck. La longueur des rémiges
diffère de celles du Pouillot fitis.

115. POUILLOT VÉLOCE (*Phyllopneuste rufa*).

Je ne l'ai jamais remarqué qu'à son passage du printemps. Je ne crois pas qu'il niche dans ce pays-ci.

116. POUILLOT SYLVICOLE (*Phyllopneuste sylvicola*).

En avril 1845, un de ces oiseaux est resté plusieurs
jours dans un jardin, à Chartres. Je n'en ai jamais vu
d'autres.

117. HIPPOLAIS LUSCINIOLE (*Hippolais polyglotta*).

Niche chaque année dans le département, et fait un nid
très-artistement travaillé; il l'établit sur les arbustes à
environ 2 mètres de terre.

118. ROUSSEROLLE TURDOIDE (*Calamoerpe turdoides*).

Très-commune sur les bords du Loir et dans les marais
de l'arrondissement de Châteaudun. Elle y niche chaque
année dans les roseaux.

119. ROUSSEROLLE EFFARVATTE (*Calamoerpe arundinacea*).

Elle se rencontre très-communément dans les mêmes
endroits que la précédente. Elle est quelquefois de passage dans le reste du département.

A la fin de mai 1848, on m'apporta un nid de cet
oiseau, trouvé sur les bords de la Conie; il y avait deux
œufs couvés et près d'éclore et un œuf de Coucou dont le
petit était bien formé.

120. PHRAGMITE DES JONCS (*Calamodita phragmitis*).

Je n'en ai jamais vu qu'une petite bande dans laquelle j'en ai tué un. Je n'en ai jamais vu depuis.

121. TROGLODYTE D'EUROPE (*Troglodytes europæus*).

Très-commun toute l'année, il se rapproche des habitations pendant l'hiver.

122. SITTELLE TORCHEPOT (*Sitta europæa*).

Rare en Beauce, et commune dans quelques parties du Perche où elle niche.

123. GRIMPEREAU FAMILIER (*Certhia familiaris*).

C'est un oiseau très-erratique, on le voit communément dans toutes les saisons.

124. TICHODROME ÉCHELETTE (*Tichodroma muraria*).

En 1804, deux de ces oiseaux sont restés tout l'été sur les murs de notre cathédrale. Ils y sont revenus plusieurs années de suite. Mon père en tua un, on ne revit plus celui qui restait.

En février 1843, un de ces oiseaux est resté pendant une huitaine de jours sur la façade de la porte royale de la cathédrale. Il faisait continuellement remuer ses ailes dans ses ascensions. Quand il était arrivé à une certaine hauteur, il se laissait tomber jusqu'à l'endroit d'où il était parti, et recommençait à grimper. Il se soutenait facilement sur les vitraux qu'il parcourait dans tous les sens.

En novembre 1856, j'en ai encore vu un dans le même endroit, il y était encore à la fin de janvier 1857. Des sculpteurs établis au bas de l'église l'ont vu tout l'été de 1856, avec les deux Accenteurs alpins dont il est parlé plus haut. Il entrait souvent jusque dans leur atelier.

Il en a encore paru un cette année (1863) en novembre. Je ne l'ai remarqué qu'une seule fois.

125. HUPPE VULGAIRE (*Upupa epops*).

Commune à ses deux passages. Elle est très-grasse à l'automne et bonne à manger, quand, toutefois, on lui a arraché la tête aussitôt après l'avoir tuée.

J'en ai conservé une vivante pendant quatre mois. Je la nourrissais de petits filaments de viande cuite. Perchée sur mon doigt, je l'approchais des mouches qu'elle prenait très-adroitement dans le bout de son bec, puis elle les jetait en l'air et les recevait dans son gosier, sans jamais les manquer. Elle en faisait, du reste, autant pour tout ce qu'elle mangeait.

Quelques individus nichent dans le département, mais rarement.

126. ROLLIER COMMUN (*Coracias garrula*).

En 1800, un de ces oiseaux a été tué sur le sommet d'un grand noyer, dans un des faubourgs de la ville. Il avait l'estomac rempli de Carabes dorés.

Le 1ᵉʳ septembre 1827, j'ai vu un Rollier dans la plaine. Il se posait sur les branches les plus élevées des haies, et en descendait continuellement pour prendre quelque insecte. Je l'ai poursuivi pendant plus d'une heure, sans pouvoir l'approcher à portée du fusil.

127. GUÊPIER VULGAIRE (*Merops apiaster*).

En 1785, cinq guêpiers ont été tués sur les bords de l'Eure, près Chartres. On n'en a jamais revu depuis.

Un fait encore partie de ma collection.

128. MARTIN PÊCHEUR VULGAIRE (*Alcedo ispissa*).

Très-commun toute l'année, le long de tous les cours d'eau.

129. COLOMBE RAMIER (*Columba palumbus*).

Depuis une dizaine d'années, les ramiers sont devenus bien plus communs partout. Ils se réunissent l'hiver en bandes parfois très-considérables. Ils font alors de très-grands dégâts dans les champs de colza, dont ils mangent les feuilles jusqu'à la racine.

J'ai trouvé, dans l'estomac d'un pigeon ramier tué le soir à l'affût, vingt-quatre glands encore entiers, et dix-neuf dans celui d'un autre.

130. COLOMBE COLOMBIN (*Columba anas*).

De passage très-irrégulier, ordinairement à la fin de l'automne. Elle ne séjourne jamais.

131. Colombe biset (*Columba livia*).

Ce Pigeon ne se montre pas chez nous à l'état sauvage. Il était autrefois très-commun dans la Beauce, où l'on voyait des colombiers qui contenaient douze ou quinze cents de ces oiseaux. Ils ont presque disparu, depuis que, pour éviter les dégâts qu'ils faisaient dans les champs nouvellement ensemencés ou sur le point d'être récoltés, on tient la main à ce qu'ils soient enfermés au mois de mars, ainsi qu'en juillet et août. Il en mourait tellement pendant cette réclusion, que les cultivateurs y ont renoncé et ont fermé ou détruit leurs colombiers.

132. Colombe tourterelle (*Columba turtur*).

Elle arrive au mois de mai pour nicher, et nous quitte vers le 15 septembre.

Révision des Coléoptères du Chili, par MM. L. Fairmaire et Germain. (Suite. — Voir p. 258 et 283.)

Callisphyris odyneroides. — Long. 16 mill.—*Ater, opacus nigro-pubescens et nigro-hirtus, ore, antennis, elytris pedibusque rufo-testaceis; prothorace antice late, postice anguste, metasterno apice et abdominis segmentis pube sericeo-aurea marginatis, antennis sat validis, elytris apice paulo latioribus.*

D'un noir mat, à pubescence noire et à villosité noire sur le thorax ; antennes, bouche, élytres et pattes d'un roux testacé ; corselet ayant en avant et en arrière une bordure d'un doré soyeux, la dernière plus étroite ; une bordure de même nature à l'extrémité des côtés du métasternum et à chaque segment abdominal, aussi marquée en dessus qu'en dessous. Tête légèrement creusée en avant entre les antennes. Antennes épaisses, atteignant le milieu du corps, les 3e, 4e et 5e articles un peu plus grêles. Corselet assez court, obtusément angulé au milieu de chaque côté. Écusson d'un noir velouté, creusé au milieu ; élytres fortement rétrécies, à partir du tiers, en une languette très-étroite, un peu élargie à l'extrémité, ayant à la base une petite côte élevée avec une impression entre cette côte et l'écusson. Extrémité des tarses un peu enfumée.

NECYDALOPSIS IRIDIPENNIS. — Long. 9 mill. — *Filiformis, fuscus, dense cinereo-sericans, capite medio sulcato, antennis corpore haud brevioribus, articulo 1º obscure testaceo, articulo penultimo albido, apice obscuro ; prothorace leviter inæquali, sparsim punctato ; elytris dense punctatis, minus sericantibus ; alis irideis, pedibus gracilibus, tarsis posterioribus pallidis, apice basique obscuris.*

Très-allongé, grêle, d'un brun un peu roussâtre, peu brillant, à pubescence d'un soyeux cendré très-serrée en dessous, beaucoup moins en dessus, sauf sur la tête et le corselet. Tête ayant au milieu un sillon bien marqué ; antennes aussi longues que le corps, à premier article d'un jaunâtre obscur, et à avant-dernier article blanchâtre avec l'extrémité obscure. Corselet deux fois aussi long que large, légèrement sinué sur les côtés en avant et arrière, mais de même largeur à chaque extrémité ; à ponctuation extrêmement fine, parsemée de quelques gros points écartés, offrant de chaque côté, vers le milieu et à la base, deux faibles tubercules qui se rejoignent presque ; la ligne médiane un peu élevée en avant. Élytres à peine plus larges et moins longues que le corselet, assez fortement et assez densément ponctuées, ayant une légère impression longitudinale. Ailes irisées, atteignant l'extrémité du corps ; abdomen creusé en gouttière, soyeux ; pattes longues et grêles : fémurs d'un roussâtre obscur, les postérieurs bruns à l'extrémité ; tarses postérieurs pâles, avec les deux derniers articles et la base du premier bruns.

IBIDION PALLIDICORNIS. — Long. 9 mill. — *Elongatus, brunneus, sat nitidus, ore, antennis pedibus anoque pallide flavidis; elytris paulo nitidioribus, pallide flavidis, macula basali communi et, post medium, utrinque macula magna subrotundata, fusco-brunneis, ornatis; capite prothoraceque rugose punctatis, scutello fere lævi, sericante; elytris basi rugosis, medio valde punctatis, postice fere lævibus, apice rotundatis.*

Corps allongé, peu convexe sur les élytres, d'un brun foncé, peu brillant sur la tête et le corselet, beaucoup plus en dessous; bouche, antennes, pattes et extrémité de l'abdomen d'un jaunâtre pâle; élytres de cette dernière couleur avec une grande tache basilaire commune, et, après le milieu, deux grandes taches à peine séparées par la suture d'un brun très-foncé. Tête assez finement et densément ponctuée. Antennes aussi longues que le corps. Corselet oblong, faiblement rétréci vers la base, rugueusement ponctué, un peu sinueux sur les côtés. Ecusson semi-circulaire, couvert d'une pubescence soyeuse, très-fine et très-serrée, ce qui rend la ponctuation indistincte. Élytres oblongues, de moitié au moins plus larges à la base que le corselet, à épaules bien marquées, pres que parallèles à la base, s'élargissant un peu après le milieu, plus convexes vers l'extrémité et obtusément arrondies séparément, couvertes, à la base, de gros points en lignes assez régulières, qui diminuent peu à peu et se perdent après le milieu, le dernier tiers étant presque complétement lisse; métasternum et abdomen lissés, plus brillants que le dessus.

Cette espèce s'éloigne un peu de la forme générale des espèces du genre *Ibidion* par ses élytres plus courtes, un peu élargies en arrière et arrondies à l'extrémité, au lieu d'être échancrées.

DRASCALIA, nov. gen. — *Corpus elongatum, elytris depressis. Oculi grosse granulati, profunde emarginati. An-*

tennæ corpore vix breviores, intus pilosi. Palpi articulo ultimo triangulari, truncato. Prothorax subcylindricus, oblongus, utrinque spina valida armatus. Scutellum triangulari-oblongum. Elytra elongata, apice subtruncata, angulo suturali subspinoso. Coxæ anticæ separatæ. Acetabula antica lateribus anguste angulatis, postice anguste hiantia. Pedes graciles, femora leviter clavata, basi valde tenuia. Tarsi elongati.

Corps allongé, déprimé sur le dessus des élytres. Tête assez petite, oblique ; yeux profondément échancrés, à très-grosse granulation. Antennes presque aussi longues que le corps, ciliées en dedans ; premier article épais, atténué à sa base, un peu arqué ; le deuxième très-petit ; les suivants grêles, un peu comprimés ; le troisième un peu plus long que le quatrième, mais presque d'un tiers plus court que le cinquième. Palpes assez courts, à dernier article triangulaire, tronqué. Corselet oblong, presque cylindrique, orné de chaque côté d'une forte épine. Écusson triangulaire-allongé. Élytres presque deux fois aussi larges que le corselet, très-longues, parallèles, légèrement atténuées et un peu déhiscentes à l'extrémité qui est munie d'une courte épine à l'angle sutural. Prosternum séparant les hanches antérieures, dont les cavités cotyloïdes, largement angulées sur le côté, sont presque entièrement closes en arrière. Mésosternum large, échancré. Pattes assez grêles ; fémurs très-minces à la base, grossissant notablement, mais peu à peu, dans leur moitié postérieure. Tarses postérieurs à premier article aussi long que les deux suivants réunis.

Ce genre appartient à la tribu des Cérambycites, mais il est dificile de fixer ses affinités ; d'après le facies, on le rangerait près des *Stenidea*, mais la forme des yeux et des cavités cotyloïdes ne le permet pas.

D. PRÆLONGA. — Long. 20 mill. — *Elongata, parallela, parum crassa, supra planata, fusco-brunnea, brunneo tomen-*

tosa, lineolis griseo-pilosis, pilis sat longis, adpressis, varie-
gata; prothorace oblongo, subparallelo, elytris angustiore
utrinque spinoso, linea media nigricante, griseo-marginata;
elytris elongatis, utrinque lineis duabus denudatis et grosse
punctatis, linea interna subelevata; subtus cum pedibus gri-
seo brunneoque variegata.

Corps médiocrement épais, déprimé en dessus, allongé, presque parallèle, d'un brun assez brillant, à linéoles formées de poils grisâtres, assez longs, couchés, alternant avec des taches dénudées et des taches de poils couchés d'un brun roussâtre. Corselet allongé, pas plus large que la tête, presque cylindrique, ayant presque au milieu, de chaque côté, une épine assez forte ; couvert, comme la tête, de poils d'un brun roux ; au milieu une ligne dénudée brune, bordée de chaque côté par une ligne de poils gris Ecusson brun, ayant au milieu une étroite ligne blanche. Elytres longues, presque deux fois aussi larges et environ cinq fois aussi longues que le corselet, carrées à la base, se rétrécissant peu à peu vers l'extrémité, qui est un peu amincie et se termine par une épine à l'angle sutural ; ayant chacune deux lignes un peu élevées, dénudées, ce qui permet de distinguer les gros points qui criblent la partie externe des élytres ; sur cette partie, les poils gris forment des lignes assez régulières ; sur la partie dorsale, les points sont complétement cachés par l'épaisseur des poils couchés, qui sont alternativement roussâtres et brunâtres, parsemés de gris. Dessous d'un brun foncé, finement ponctué, un peu plus fortement sur le sternum, à poils plus rares cendrés. Pattes cendrées, tachetées de brun ; cuisses postérieures beaucoup plus courtes que les élytres.

CALLIDERIPHUS TRANSVERSALIS. — Long. 7 à 8 mill. —
Oblongus, parum convexus, fusco-niger, vix nitidus, capite
prothoraceque opacis; elytris vitta media transversali flava,
dense punctatus, parum dense griseo-pubescens; prothorace

capiteque densissime tenuiter ruguloso, punctatis; elytris grosse punctatis, ad apicem rotundatis, apice ipso truncato; subtus nitidior.

Oblong, médiocrement convexe, d'un brun noir, très-faiblement bleuâtre, mat sur la tête et le corselet, peu brillant sur les élytres et le dessous du corps, à pubescence grisâtre peu serrée ; une large bande transversale au milieu des élytres. Tête et corselet à ponctuation très-fine, serrée, finement rugueuse, ce dernier assez globuleux, légèrement arrondi sur les côtés, ayant au milieu une petite ligne élancée ; sur la tête une petite impression transversale derrière la base des antennes. Élytres un peu plus larges que le corselet, assez déprimées en dessus ; épaules très-marquées ; extrémité arrondie, avec l'angle apical tronqué ; ponctuation assez grosse et assez serrée ; sur chacune une espèce de côte à peine marquée, partant de l'épaule, se perdant un peu avant l'extrémité. Fémurs minces à la base, assez fortement claviformes Antennes plus longues que le corps ♂, plus courtes ♀. — Conception.

Cette espèce ressemble beaucoup, pour la forme, au *C. lœtus*, Bl., mais la coloration est bien différente ; le corselet est aussi moins large, moins fortement arrondi sur les côtés ; les élytres sont très-grossement et fortement ponctuées avec l'extrémité dépourvue d'épines.

EMPHYTOECIA NIVEOPICTA. — Long. 7 mill. — *Subparallela, nigra, sat nitida, prothoracis margine postico anguste albo, elytris vittis pluribus albis notatis, prima suturali communi ante medium abbreviata, secunda post medium transversali, tertia quartaque post humeros marginalibus, ante medium abbreviatis, omnibus angustis ; antennis griseo annulatis; capite prothoraceque tenuiter dense punctulatis, hoc postice angustiore, elytris sat grosse parum dense punctatis, parce nigro-hirtis, apice subtruncatis; subtus nitidior, immaculata.*

Allongée, presque parallèle, d'un noir assez brillant à villosité noire, assez longue, mais très-clair-semée : à la base du corselet, une bande étroite, un peu trifide : sur les élytres, une bande étroite, courte, commune ; à la base de la suture, une ligne marginale, courte derrière les épaules, une bande transversale, étroite après le milieu, formées par une pubescence blanche, serrée. Tête un peu plus large que le corselet, très-densément ponctuée. Antennes presque deux fois aussi longues que le corps, hérissées de quelques poils clair-semés ; la base des articles couverte d'une fine pubescence cendrée à partir du quatrième article. Corselet aussi long que large en avant, légèrement rétréci en arrière, aussi densément ponctué que la tête, mais plus fortement. Élytres plus larges à la base que le corselet et presque carrées, avec les épaules très-marquées, se rétrécissant ensuite légèrement jusqu'à l'extrémité, qui est tronquée ; ponctuation forte, peu serrée, grosse à la base, diminuant un peu vers l'extrémité. Dessous du corps plus brillant, à fine pubescence cendrée ; sternum et la base de l'abdomen fortement ponctués.

Phantazoderus, nov. gen. — *Pteroplatis genus affine. Corpus subparallelum, supra subdepressum. Antennæ corpore paulo breviores, compressæ, articulo quarto tertio sensim breviore, haud pilosæ. Prothorax inæqualis, lateribus sinuatus et biangulatus. Elytra post medium levissime dilatata, postice angustata, apicem separatim rotundata, tenuiter costulata. Coxæ anticæ contiguæ, conicæ exsertæ, acetabula antica postice hiantia, lateribus acute angulata. Pedes mediocres, graciles, femoribus vix crassioribus, compressis, tarsis parum dilatatis.*

Corps allongé, un peu parallèle, assez déprimé en dessus. Tête fortement sillonnée. Palpes assez saillants, à dernier article ovalaire-tronqué. Yeux fortement échancrés et resserrés en dessus, assez rapprochés en dessous.

Antennes un peu moins longues que le corps, glabres, comprimées, à quatrième article visiblement plus court que le troisième et que le cinquième; les suivants égaux, le dernier terminé par un petit article supplémentaire. Corselet aussi long que large, biangulé et sinué sur les côtés, ayant en avant une impression transversale. Écusson presque cordiforme. Élytres notablement plus larges à la base que le corselet, allongées, faiblement élargies après le milieu, puis rétrécies et arrondies séparément à l'extrémité; à petites côtes faiblement saillantes. Hanches antérieures contiguës, les intermédiaires assez rapprochées. Pattes assez courtes, grêles; fémurs un peu comprimés, un peu épaissis vers l'extrémité, mais non fortement rétrécis à la base; tarses peu élargis.

P. FRENATUS. — Long. 11 à 15 mill. — *Ater, opacus, subtus nitidior; prothorace flavo, supra nigro bilineato, basi nigro, prosterno basi nigro; femoribus ante apicem tarsorumque articulis basi obscure lividis; capite medio sulcato, prothorace margine flexuoso, antice posticeque transversim impresso; elytris postice dehiscentibus, tenuiter dense rugosulo-punctatis, obsolete costulatis.*

Allongé, déprimé en dessus. D'un noir mat, avec l'abdomen un peu brillant et à pubescence noire; corselet jaune avec 2 bandes longitudinales, étroites, et la base, noires, ainsi que le milieu de la base du prosternum; un anneau pâle, souvent peu distinct, avant l'extrémité des cuisses; base des articles des tarses de même couleur. Tête ayant le dessous et les joues d'un jaunâtre sale; un sillon entre les antennes; corselet un peu transversal, sinué sur les côtés, ayant en avant un fort sillon transversal, et à la base une impression transversale moins marquée. Élytres allongées, assez planes, légèrement sinuées au bord externe, près de la base, chez la ♀, après le milieu chez le ♂, ce qui les fait paraître un peu divariquées, obtusément arrondies à l'extrémité, couvertes d'une ponctuation très-serrée, finement rugueuse, et ayant chacune 3 lignes élevées peu sensibles.

♀ plus grande; antennes plus épaisses, un peu plus courtes.

PTEROSTENUS PSEUDOCUPES.—Long. 9 mill. *Elongatus, sat parallelus, squalide cinereo-fulvescens, capite prothoraceque rufescentibus; elytris vage obscuro-maculatis; antennis gracilibus, corpore brevioribus; prothorace oblongo, antice attenuato, supra inæquali, lateribus dente conico armatis, elytris subdepressis, sutura margineque elevatis, et utrinque quadricostatis, interstitiis dense tenuissime punctatis; pedibus brevibus, gracilibus.*

Allongé, avec les élytres parallèles, déprimées en dessus; d'un cendré roussâtre, plus roux sur la tête et le corselet, avec quelques taches roussâtres sur les élytres. Tête un peu plus large que le corselet, en ovoïde court, formant, en avant des antennes, un museau court. Antennes grêles, atteignant les deux tiers du corps, portées sur des tubercules séparés par un assez fort sillon : 1er article un peu claviforme, aussi long que la tête; le 2e très-petit, les suivants à peu près égaux, diminuant un peu de longueur vers l'extrémité; corselet oblong, légèrement atténué dans la partie antérieure, qui est un peu plus étroite que le corselet, ayant, de chaque côté, environ au tiers, à partir de la base, un fort tubercule conique; surface assez inégale, offrant de petites impressions et de petites saillies peu marquées.

Élytres allongées, plus larges que le corselet, ayant chacune, entre la suture et le bord externe, qui sont saillants, 4 côtes très-fines, bien saillantes, la 1re n'atteignant pas tout à fait le bout de l'élytre, qui est arrondi; intervalles à ponctuation très-fine, très-serrée, un peu rugueuse. Dessous du corps un peu plus foncé que le dessus; pattes courtes, très-grêles; les fémurs à peine épaissis; 3e article des tarses, élargi, mais non échancré.

Je crois devoir rapporter cet insecte au genre *Pteroste-nus*, M. L (*Stenoderus*, Serv.), dont les espèces appartiennent exclusivement à l'Australie, nouvelle affinité venant à l'appui de celles que nous avons déjà exposées. La différence que présente notre insecte consiste seulement dans les antennes et les pattes beaucoup plus grêles; la forme de la tête, qui est caractéristique, est exactement la même, ainsi que la conformation du corselet et des élytres. Le facies de l'espèce chilienne que nous décrivons rappelle beaucoup celui des *Cupes*.

II. SOCIÉTÉS SAVANTES.

ACADÉMIE DES SCIENCES.

Séance du 5 décembre 1864. — M. *d'Omalius-d'Halloy* lit un mémoire étendu ayant pour titre, *Observations sur l'origine des différences qui existent entre les races humaines.*

M. *Paul Gervais* fait hommage à l'Académie d'un exemplaire du mémoire relatif à la *caverne de Bize* (Aude) *et aux espèces animales dont les débris y sont associés à ceux de l'homme*, qu'il vient de publier avec la collaboration de M. *Brinckmann*, et présente les remarques suivantes au sujet des observations consignées dans ce travail.

« Nos observations se rapportent en grande partie au Renne, dont les os, brisés par l'homme, sont enfouis à Bize avec des instruments faits avec les bois de cette espèce de Cerf ou avec des os, et se trouvent en même temps associés à des silex taillés, ainsi qu'à des coquilles marines ayant servi d'ornements.

« Nous avons, en outre, reconnu qu'il faut certainement rapporter au Renne les espèces de Cervidés, prétendues différentes de celles décrites par les auteurs, que Marcel de Serres a nommées *Cervus Tournalii, Cervus Reboulii* et *Cervus Leufroyi*. Le *Cervus Destremii* est aussi en partie dans le même cas, puisque plusieurs des pièces sur lesquelles il repose sont également des fragments de Renne brisés de la même manière que ceux sur lesquels reposent les espèces nominales dont je viens de rappeler les noms.

« On sait maintenant que la caverne de Bize est loin d'être la seule cavité souterraine où l'on rencontre des ossements de Renne semblablement mutilés. Il résulte, en effet, des recherches récentes de MM. Lartet, Christy et Garrigou, ainsi que de celles de plusieurs autres savants distingués, qu'il existe de pareils débris à Bruniquel (Tarn-et-Garonne), à Aurignac (Haute-Garonne), à Lourdes (Hautes-Pyrénées), aux Espalugues (dans le même département), à Espalungue (Basses-Pyrénées), aux Eyzies, etc., près Sarlat (Dordogne), à Savigné (Vienne), et dans d'autres lieux, soit en France, soit dans des pays appartenant également à l'Europe centrale.

« Bien avant ces curieuses découvertes, le Renne avait déjà été signalé en Auvergne par Bravard, et cela sur l'observation de bois travaillés par l'homme, et que cet habile paléontologiste avait découverts aux environs d'Issoire. Avec ces bois étaient des silex cultriformes, ainsi que des coquilles marines apportées d'ailleurs. M. Pomel a exposé ces faits dans une notice présentée à la Société géologique en 1840, mais en avouant qu'il lui était encore impossible d'expliquer la présence de ces coquilles dans de semblables conditions.

« Nous rappelons aussi dans notre mémoire ce que Cuvier a dit à propos de la présence du Renne fossile dans la caverne de Brengues (Lot) : « Comment admettre que « le Renne, aujourd'hui confiné dans les climats glacés du « Nord, ait vécu en identité spécifique dans les mêmes « climats que le Rhinocéros? Car il ne faut pas douter

« qu'il n'ait été enseveli avec lui à Brengues ; ses os y
« étaient pêle-mêle avec ceux de ce grand quadrupède,
« enveloppés dans la même terre rouge, et revêtus en
« partie de la même stalactite. »

« L'association du Renne avec l'homme n'est ni moins
curieuse ni moins certaine que celle de cette espèce de
ruminant avec le Rhinocéros ; mais quelle explication
peut-on donner de ces faits qui, n'étant plus susceptibles
d'être contredits, sembleraient conduire à faire admettre
la contemporanéité de l'homme avec le Rhinocéros et les
autres grandes espèces éteintes, que l'on désigne souvent
par l'épithète de *diluviennes ?* Faut-il y voir, ainsi que
l'ont voulu plnsieurs naturalistes, la preuve que l'homme
a existé en Europe dès les premiers temps de la période
quaternaire, ou bien doit-on admettre que les Rennes ont
continué d'habiter nos contrées, alors que les grandes
espèces dont il vient d'être question avaient depuis longtemps cessé d'y vivre? Dans cette dernière supposition,
serait-on fondé à ajouter que les os fragmentés du Renne,
recueillis à Bize et dans tant d'autres lieux, confirment
l'opinion de Buffon que le Renne vivait encore dans nos
contrées au moyen âge, et que ce sont, comme il le croit,
des animaux de cette espèce que Gaston Phœbus chassait
dans les Pyrénées, sous le nom de *Rangiers*, durant le
XIVᵉ siècle? Mais, cent ans avant Phœbus, Albert le Grand
avait déjà dit du Renne qu'il ne vit que dans les régions
polaires : « *In partibus aquilonis, versus polum arcticum
« et etiam in partibus Norwegiæ et Sueviæ.* » De plus, Cuvier a vérifié, sur le manuscrit offert par Phœbus à Philippe de France, duc de Bourgogne, que les Rennes dont
parle cet infatigable chasseur, il les avait vus en Norwége
et en Suède ; il ajoute même qu'il n'y en a pas « en pays
romain, » c'est-à-dire dans nos contrées.

« On peut faire remarquer, d'autre part, que les ossements du Renne enfouis à Brengues et dans d'autres
lieux avec les Rhinocéros n'ont, jusqu'à présent du moins,

montré aucune trace évidente de l'action de l'homme.

« Ni l'une ni l'autre de ces deux opinions extrêmes, l'ancienneté des Rennes de Bize égale à celle des Rennes de Brengues, et la persistance de la même espèce d'animaux dans les régions tempérées de l'Europe jusqu'au XIVe siècle, ni l'une ni l'autre de ces deux opinions, disons-nous, ne saurait être acceptée. Le genre de ruminant dont nous parlons a été contemporain des grands carnivores et pachydermes propres aux premiers temps de la période quaternaire; mais le Renne a survécu à ces grands animaux, et ce n'est qu'après la disparition de ces derniers que nous le voyons être utilisé par l'homme. L'époque de cette première action de l'homme sur le Renne n'en est pas moins fort éloignée de nous, puisque l'histoire n'en a conservé nul souvenir.

« On est alors conduit à se demander de quelle race étaient ces hommes antérieurs aux Ligures et aux Celtes, dont le Renne constituait la principale richesse, et qui ont disparu de nos régions dès une époque si reculée. Je n'ai, pour mon compte, relativement à cette difficile question, aucun document nouveau méritant d'être signalé à l'Académie. M. *Brinckmann* suppose, il est vrai, que les hommes dont il s'agit étaient des Lapons ou peut-être des Finnois; mais je n'ai pas besoin de le faire remarquer, ce n'est qu'à titre purement provisoire qu'il soutient cette opinion.

« Le mémoire dont je fais hommage à l'Académie, et qui complète des observations que je lui ai déjà présentées dans une précédente communication au sujet de la caverne de Bize, est suivi d'une note dans laquelle je parle du *Felis servaloides*.

« C'est une espèce de Lynx, sur laquelle Marcel de Serres, Dubreuil et Jean-jean ont donné quelques renseignements dans leur ouvrage sur la caverne de Lunel-Viel, d'après des ossements recueillis dans cette caverne. De Serres le met également au nombre des mammifères fos-

siles à Bize, mais en le regardant à tort comme le véritable
Serval. J'en ai trouvé un fragment de maxillaire inférieur à
la Valette, près Montpellier, dans une brèche renfermant
aussi des ossements humains et des morceaux de poteries
primitives. M. Delmas en a découvert, de son côté, un
autre fragment au Colombier, près Castries, et c'est peut-
être aussi le même animal que M. Pomel a indiqué à
Coudes et à la tour de Boulade, aux environs d'Issoire,
sous le nom de *Felis lyncoides.*

« Le *Felis servaloides* méritait d'être signalé aux paléontologistes qui s'occupent de faire la liste des espèces
nombreuses de mammifères disparues de nos contrées
depuis les premiers temps de la période quaternaire; car
il est probable qu'on en rencontrera les ossements dans
d'autres gisements que ceux dont il vient d'être question. »

M. *Colin* présente un travail de physiologie intitulé,
*Recherches expérimentales sur la circulation pulmonaire et
sur les différences d'action qui existent entre les cavités
droites et les cavités gauches du cœur.*

M. le *secrétaire perpétuel* présente, au nom de l'auteur,
M. *Colin*, deux opuscules concernant l'histoire des Ento-
zoaires: l'un « sur le Pentastome ténioïde des cavités nasales
du Chien et les échanges de ce ver entre les carnassiers et
les herbivores ; » l'autre, « sur le développement et les
migrations des Sclérostomes. »

Séance du 12 *décembre.* — M. *d'Archiac* présente la
17ᵉ livraison de la *Paléontologie française.*

— M. P. *Roudanowski* présente des *Observations sur
la structure du tissu nerveux par une nouvelle méthode.*

« La méthode que je propose est la suivante :

« 1. Préparer, avec un couteau à double tranchant,
des coupes de tissu nerveux gelé par une température de
— 10 à — 15 degrés Réaumur.

« 2. Les colorer au moyen de la décoction aqueuse de
cochenille.

« 3. Couvrir les pièces avec le baume de Canada ou
bien avec un mélange spécial composé d'une solution
assez concentrée de colle d'esturgeon (*ichthyocolla*), 6 ou
7 parties, réunie à de la glycérine, 8 parties. ˉ

Après ces préliminaires, l'auteur, divisant son résumé
en trois sections, examine, dans la première, la *structure
des nerfs ;* dans la seconde, les *caractères généraux de la
structure des organes centraux du système ;* et la troisième
est consacrée à des *observations pathologiques sur l'action
de quelques poisons.*

MM. *Saintpierre* et *Estor* présentent un travail *Sur un
appareil propre aux analyses des mélanges gazeux, et spécialement au dosage des gaz du sang.*

Séance du 19 *décembre.* — M. *Coste* présente, au nom
de la famille de feu *Moquin-Tandon*, un ouvrage intitulé,
le Monde de la Mer.

« Sous le pseudonyme d'Alfred Frédol, le titre de ce
beau livre cache un nom cher à la science et à l'Académie. Mais ce nom, il n'y a plus aucun motif de le tenir
secret aujourd'hui, puisqu'il a été révélé dans un élo-
quent éloge , récemment prononcé à l'école de médecine
de Paris, et qu'on vient de nous distribuer à l'instant.

« C'est notre éminent et bien regretté confrère Moquin-
Tandon qui est l'auteur de ce fidèle et poétique tableau
de la vie dans les océans. Il a pris plaisir, comme délas-
sement à ses travaux, à y tracer avec une recherche d'é-
légante précision les métamorphoses, les industries, l'organisation de cette innombrable population qui végète ou
qui s'agite au sein des eaux. Il y montre toutes les richesses que les sociétés modernes peuvent créer dans le
domaine des mers, par une culture dont la science leur
enseigne les règles.

« Les gens du monde trouveront dans cet écrit, illustré
par les gravures les plus expressives, des notions exactes
qu'ils sont malheureusement peu habitués à rencontrer

dans les ouvrages de ce genre. C'est un hommage que j'ai à cœur de rendre au souvenir de celui qui fut toujours pour moi comme un frère. »

M. *N. de Khanikoff* adresse à M. le secrétaire perpétuel quelques *Observations à l'occasion d'une communication récente de* M. d'Homalius-d'Halloy, et qui viennent à l'appui de celles-ci.

Séance du 26 *décembre.* — M. A. *de Quatrefages* présente, de la part de Mme de la Peyrouse, une note sur des éducations de Vers à soie faites comparativement avec des feuilles de mûriers greffés et non greffés ; d'où il résulte la confirmation de ce fait bien connu des magnaniers, que la feuille des arbres non greffés est meilleure.

Le même académicien annonce que M. *Van-Beneden* a trouvé, dans une grotte, des ossements humains appartenant à la période du Castor et du Renne.

M. *Coste* présente la première partie d'un grand travail de M. *Gerbe* sur l'*Embryogénie des Crustacés.*

III. ANALYSES D'OUVRAGES NOUVEAUX.

DE L'ACIDE PHÉNIQUE, de son action sur les végétaux, les animaux, les ferments, les venins, les virus, les miasmes, et de ses applications à l'industrie, à l'hygiène, aux sciences anatomiques et à la thérapeutique, par le docteur Jules LEMAIRE. — 1 vol. in-12, Paris (Germer-Baillière), 1863.

C'est un travail d'une haute importance et que les naturalistes feront bien d'étudier avec soin, car ils en tireront un grand fruit pour chercher des moyens de

conservation de leurs collections, de préparations anatomiques, etc.

Nous ne saurions suivre le savant auteur de ce livre,
mais nous pouvons dire qu'il a traité son sujet avec une
grande supériorité, beaucoup de savoir et d'érudition et
une clarté remarquable. Il montre que l'action toxique
de cet acide sur les végétaux et les animaux inférieurs
indique de nombreuses applications à en faire dans l'industrie et l'agriculture ainsi qu'en histoire naturelle.

Les naturalistes et les agriculteurs devront surtout lire
plus attentivement le cinquième chapitre qui traite de
l'emploi de l'acide phénique pour détruire les parasites,
et ils trouveront au chapitre neuvième et dernier les for-
mules de différents modes de préparation de cette substance appropriées aux nombreux emplois qu'on en peut
faire.

Je crois que l'excellent ouvrage de M. Lemaire est destiné à rendre de grands services, et je ne saurais trop le
féliciter de l'avoir publié.   G. M.

———

ANNUAL REPORT, etc. — *Rapport annuel du conseil des
régents de l'institution Smithsonienne pour les années
1861 et 1862.—2 vol. in-8. Washington, 1862 et 1863.*

Nous avons plusieurs fois entretenu nos lecteurs de cette
célèbre et utile institution scientifique, en faisant connaître les travaux qu'elle publie. Aujourd'hui nous allons
signaler les deux rapports qui nous ont été adressés, au
nom du conseil, par son honorable secrétaire, M. Joseph
Henry.

Comme précédemment, ces rapports forment de forts
volumes, dans lesquels on trouve la véritable expression
du mouvement scientifique et de l'impulsion donnée aux
connaissances humaines pendant l'année. On y trouve la
meilleure preuve de l'immense utilité de l'institution
Smithsonienne, qui remplit si bien son noble mandat en

encourageant tous les travailleurs susceptibles de faire progresser les sciences pures et appliquées.

Dans le volume destiné à rendre compte des travaux de 1861, après les rapports relatifs à l'administration de la Société, et le rapport si lumineux de M. Joseph Henry, secrétaire, on trouve, sous le titre d'Appendix général, des lectures originales et des traductions de mémoires et discours de savants. Nous citerons, comme appartenant plus particulièrement à la spécialité de la *Revue et Magasin de zoologie*, un mémoire sur *Geoffroy-Saint-Hilaire*, par M. Flourens, et une *Liste des oiseaux du district de Columbia*, par M. E. Coues. Le volume est terminé par le programme des prix proposés par diverses académies d'Amérique et d'Europe.

Dans le volume de 1862, nous trouvons entre autres :

Une lecture de M. Daniel Wilson sur l'ethnologie physique, différentes traductions de notices et éloges, lus à l'Académie des sciences de Paris, par M. Flourens, un essai sur les restes humains observés en Patagonie, par A. Ried, et le programme des prix proposés par les académies.

Outre ces excellents rapports, M. Joseph Henry nous a adressé d'autres publications émanant de l'institution Smithsonienne ; nous nous faisons un devoir de les faire connaître à nos lecteurs, montrant ainsi à MM. les régents de cette grande et philanthropique institution que nous cherchons à remplir leurs vœux en contribuant, autant qu'il nous est possible, à répandre le bien qu'ils font.

(G. M.)

JOURNAL OF. — *Journal de l'Académie des sciences naturelles de Philadelphie,* nouv. série, vol. V, part. IV. — In-4°, pl. — Philadelphie, novembre 1863.

Nous avons annoncé dans ce recueil les parties précédentes de ce magnifique recueil des travaux de la savante académie. Le nouveau cahier qu'elle vient de nous adresser n'est pas moins intéressant. Il contient les quatre mémoires suivants formant les articles 7, 8, 9 et 10 du volume.

1° *Sur les Pédipalpes de l'Amérique du Nord*, par M. Horace C. *Wood*, Jr. D. M., avec une belle planche magnifiquement lithographiée, représentant de nouvelles espèces de Scorpions.

2° *Nouveaux Unionides exotiques*, par M. Isaac, *Lea*. — Mémoire accompagné de 10 planches lithographiées, représentant toutes les espèces décrites, qui proviennent surtout de la rivière de l'Uruguay, de l'Amazone, du Brésil, du Bengale, du royaume de Siam et du Tigre.

3° *Descriptions of the soft parts of one hundred and forty-three species and some embryonic forms of Unionidæ of the United State*, par Isaac *Lea*.

4° *Descriptions of new and little known species of Birds of the family Picidæ in the museum of the Academy of natural sciences of Philadelphia*, par John *Cassin*. — Avec deux planches coloriées.

L'auteur fait connaître les espèces suivantes : *Polipicus Elliotii, Campethera vestita, Chrysopicus Malherbei, Picus vagatus, Celeus mentalis,* les trois premiers d'Afrique, le quatrième de Mexico et le cinquième de la Nouvelle-Grenade. (G. M.)

BULLETIN *du muséum de zoologie comparée de Cambridge* (Massachussets), par M. L. AGASSIZ, directeur de ce musée. (In-8°, mars 1863.)

Ce bulletin est destiné à faire connaître les espèces, nouvelles ou non, que possède le musée et qu'il peut offrir aux autres collections. Il y a des listes de poissons qui occupent 20 pages imprimées en petits caractères et qui offrent une foule de descriptions d'espèces nouvelles. Viennent ensuite les listes d'Échinodermes, de Polypiers, de Zoanthaires et autres zoophytes occupant 50 pages et dans lesquelles on remarque beaucoup d'espèces neuvelles décrites avec assez de détail pour être parfaitement re-connues.   (G. M.)

———

The gray substance, etc. — *La substance grise de la moelle allongée*, etc., par John Dean, D. M. — In-4° de 75 p., accompagné de 16 pl. — Washington, février 1864. — Smithsonian contributions to knowledge.

Voilà encore un important travail publié aux frais de l'institution Smithsonienne et qui n'aurait peut-être jamais vu le jour sans son appui, car il est accompagné de planches photo-lithographiées très-coûteuses qu'une institution riche pouvait seule publier.

Le travail est divisé en deux parties sous ces titres :

I. The form and structure of the gray substance of the medulla oblongata; human and mammalian.

Cette partie renferme neuf chapitres.

II. The form and structure of the gray substance of the trapezium; mammalian.

Partie divisée en cinq chapitres.

Ce grand mémoire, rempli d'observations et fruit de longues études, sera étudié avec intérêt par les anato-mistes et les physiologistes de tous les pays.   (G. M.)

———

Researches, etc. — *Recherches sur l'anatomie et la physio-logie de la respiration chez les Chelonia*, par MM. S. Weir

MITCHELL et *George R.* MOREHOUSE. — In-4°, avril 1863.
— Smithsonian contributions to knowledge.

C'est un grand travail de 42 pages in-8° avec figures en
bois dans le texte, dans lequel les deux savants docteurs
passent en revue les organes de la respiration des Chelonia
dans l'ordre suivant :

Ch. I. Anatomie de l'appareil respiratoire des Chelonia.
Ch. II. Physiologie de l'appareil respiratoire.

Ce beau mémoire, peu susceptible d'analyse, sera étudié
avec beaucoup de fruit par les personnes qui s'occupent
de reptiles et aussi d'anatomie et de physiologie au point
de vue général.   (G. M.)

CATALOGUE, etc. — *Catalogue des Reptiles de l'Amérique du
Nord qui se trouvent dans le muséum de l'institution
Smithsonienne*, part. 1. Serpents, par M. S. F. BAIRD et
C. GIRARD. — Washington, instit. Smiths., janvier 1853.
— In-8° de 172 p.

Quoique ce travail soit un peu ancien, nous l'indiquons
cependant aujourd'hui parce qu'il faisait partie de l'envoi
que M. le secrétaire du conseil de l'institution Smithsonienne nous a fait récemment.

Ce travail mérite toute l'attention des erpétologistes,
car, sous le titre modeste de catalogue, il donne la synonymie et la description de toutes les espèces connues et
en fait connaître beaucoup de nouvelles.   (G. M.)

LECTURES, etc. — *Lecture sur les Mollusques*, *faite à l'institution Smithsonienne*, par Philipp CARPENTER. — In-8.
Washingthon, 1861.

C'est un véritable cours sur les Mollusques, les Tuniciers

et les Polyzoaires, à la suite duquel le professeur passe en revue la série entière composée ainsi :

1, Céphalopodes ; 2, Gastéropodes ; 3, Ptéropodes ; 4, Lamellibranches ; 5, Palliobranches ; 6, Tuniciers ; 7, Polyzoaires.

Toutes les familles appartenant à ces groupes sont étudiées avec soin, et l'auteur indique tous les genres de chacune de ces familles en faisant suivre cette énumération de détails très-intéressants.

Ce travail forme une grosse brochure ou un petit volume de 140 pages, terminé par une table très-détaillée.

(G. M.)

Étude *sur l'industrie huîtrière des États-Unis,* par M. P. DE BROCA. Nouv. édition, Paris, 1865. In-12.

Nous reviendrons sur ce travail dès qu'il nous sera parvenu.

Monographie der. — Monographie du genre *Machærites,* Mill., par L. W. SCHAUFUSS.

(Extrait du *Verhandlungen der K. K. zoologisch Botanischen Gesellschaft in Wien.* — Jahrgang, 1863.)

M. Schaufuss présente d'abord l'histoire de ce curieux genre, fondé en 1855 par Ludwig Miller, et composé de Coléoptères du groupe des Psélaphiens, trouvés dans les grottes. Il cite les travaux de MM. Motschoulsky, publiés dans ses *Études entomologiques* en 1859, Jacquelin du Val, Félicien de Saulcy, etc., et il arrive aux caractères du genre et à sa synonymie.

Il divise le groupe en deux sous-groupes ainsi :

A. Osteuropaische arten : — MACHÆRITES, Mill., composé des M. 1, *spelœus*, Mill.; 2, *subterraneus*, Motsch. : 3, *plicatulus*, Schaufuss.

B. Westeuropaische arten : — LINDERIA , de Saulcy, composé des M. 4, *Mariœ*, Jacq. du Val ; 5, *armatus*, Schaufuss; 6, Claræ, Schaufuss.

Après avoir donné des descriptions détaillées et en latin de ces espèces, suivies d'observations en allemand , l'auteur les a figurées avec des détails très-grossis, propres à mieux faire saisir les caractères qui les distinguent.   (G. M.)

MÉLANGES ORTHOPTÉROLOGIQUES, 1er fascicule, par M. DE SAUSSURE. Genève, 1863.—Br. in-4, pl. col., 45 p.

On trouve dans ce mémoire la description d'une quarantaine d'Orthoptères, tous de la famille des Blattaires, appartenant à l'Asie, à l'Afrique et à l'Australie. Plusieurs sections de genres établis par l'auteur mériteraient de former des genres, et constituent des types remarquables ; telles sont les divisions *Chalcolampra*, intermédiaires entre les *Polyzosteria* et les *Periplaneta ;* les *Phlebonotus*, intermédiaires entre les *Blatta* et les *Phoraspis ;* les *Thorax* qui sont des *Phoraspis* passant aux *Epilampra ;* les *Ellipsidion*, espèce de *Thyrsocera*, à formes dilatées, et qui n'ont pas le bord postérieur du prothorax prolongé en arrière.

Le genre nouveau : *Planetica* est très-remarquable ; il diffère entièrement des autres Blattaires par la forme du prothorax, par l'allongement et l'amincissement extraordinaire des pattes.   (G. M.)

MÉLANGES HYMÉNOPTÉROLOGIQUES, 2e fascicule, par M. DE SAUSSURE. — Br. in-4, Genève, 1861, pl. col., 80 p.

Cette publication forme la deuxième partie d'un travail

qui a paru en 1854. Elle contient d'abord un appendice au premier fascicule où l'on trouve diverses rectifications synonymiques une révision de la planche xv des Hyménoptères de la description de l'Égypte et une table synonymique.

Le 2ᵉ fascicule proprement dit renferme 1° une nouvelle monographie du genre SYNAGRIS, genre rendu fort difficile par l'identité de forme et de livrée de la plupart de ses représentants, lesquels diffèrent cependant beaucoup par leurs pièces buccales, à en juger par les figures qui les représentent ; 2° la description de nombreuses espèces exotiques nouvelles, appartenant aux Guêpes sociales et solitaires, et dont l'étude est facilitée par d'excellentes figures. On trouve dans ce travail la description de 67 espèces, surtout africaines et américaines. (G. M.)

Remarks on some. — REMARQUES *sur quelques caractères de la faune entomologique des montagnes blanches du New-Hampshire (États-Unis),* par M. *Samuel H.* SCUDDER, communiquées le 20 mai 1863. — In-8°, fig. ; extr. du *Journal de la Société d'histoire naturelle de Boston,* novembre 1863, vol. VII, p. 612 à 631, pl. xv et xvi.

Après avoir donné un aperçu des caractères physiques et des hauteurs de divers points de la chaîne alpine appelée aux États-Unis montagnes blanches, M. Scudder indique les espèces d'insectes propres au climat de ces hauteurs, et il donne la description et la figure des espèces suivantes dont il doit des dessins d'une grande perfection à M. Trouvelot, Français établi près de Boston, où il étudie avec beaucoup de soin et dessine toutes les particularités de la vie et des métamorphoses des Lépidoptères.

CHIONOBAS SEMIDEA, Edwards, in Morris' Synopsis Lepid. N. Amer., p. 351. — Scudd. Proc. Essex Ins., III, 169. — *Hipparchia semidea,* Say, Amer. Entom., pl. L, et id. edit. le Conte, I, 113, pl. L. — Harris, Ins. inj. to veg. 3 d ed. 304, f. 126.

Dans ce travail la chenille et la nymphe de cette intéressante espèce sont représentées d'après les dessins de M. Trouvelot, pl. xiv, fig. 4 à 8.

Argynnis montinus, Scudd. Proc. Essex Ins., III, 166. — Décrite avec détail et très-bien figurée, pl. xiv, f. 1 à 3.

PEZOTETTRIX GLACIALIS, nouvelle espèce également bien décrite et figurée, pl. xiv, f. 9, 10.

C'est un petit acrydien aptère qui vient former la seconde espèce propre aux États-Unis. En effet, nous trouvons dans le même recueil de Boston, dans un grand mémoire de M. Scudder intitulé, *Materials for a monograph of the North American Orthoptera*, etc., vol. VII, n° III, p. 464, l'indication d'une scule espèce de ce genre, le *Pezotettrix borealis*, à laquelle viendra s'ajouter la nouvelle espèce des montagnes blanches. (G. M.)

IV. MÉLANGES ET NOUVELLES.

LONGÉVITÉ DES PERROQUETS.

M. le baron H. AUCAPITAINE nous écrit de Corse :

« Il est généralement admis que les Perroquets ont une vie d'une très-longue durée. On cite dans nombre d'ouvrages les termes d'existence atteints par quelques-uns de ces oiseaux. Ainsi les mémoires de l'Académie royale des sciences de Paris (1747) rapportent qu'on a vu à Florence un Perroquet ayant vécu cent dix ans.

« L'ornithologiste Vieillot raconte avoir vu un Perroquet qui avait 80 ans et tous les signes d'une décrépitude avancée : il était couvert d'un épais duvet.

« Enfin, d'après Buffon, le Perroquet gris cendré vivrait quarante-trois ans (1). Néanmoins les faits constatés authentiquement sont encore trop rares pour qu'il soit possible de conclure quoi que ce soit de positif sur la durée de la vie des Perroquets, ainsi que le savant M. Flourens l'a reconnu dans son livre sur *la longévité*. C'est en lisant ce passage de l'intéressant ouvrage du secrétaire de l'Académie que j'ai cru utile de parler d'un Perroquet dont l'âge avancé est parfaitement constaté. J'ai demandé à M. Alexandre Grassi, membre de la Société d'acclimatation, chez lequel j'avais observé cet oiseau, de m'envoyer les détails qu'il savait et dont il m'avait entretenu : je crois intéressant de reproduire *in extenso* la lettre que mon ami a bien voulu m'écrire à ce sujet.

Cervione, 5 octobre.

« Mon cher ami, vous me demandez des renseignements sur le vieux Perroquet que vous avez vu chez ma mère : les voici, ils sont authentiques et peuvent servir à fixer approximativement son âge ; je dis approximativement, parce qu'il y a le connu et l'inconnu de son existence.

« Un M. Falcucci, Corse, habitant les Antilles espagnoles, apporta cet oiseau à sa femme en 1799 ou 1800 ; Mme Falcucci demeurait alors à la Castellana, petit village du canton de San-Nicolao. Elle garda le Perroquet jusqu'en 1824, et le vendit alors à mon oncle le comte de Casabianca. En 1848, M. de Casabianca, depuis ministre et sénateur, quitta la Corse et donna le Perroquet à son cousin M. le conseiller Suzzoni, qui, à son tour, en 1849, en fit cadeau à ma mère, qui le garde encore : cela fait donc SOIXANTE-QUATRE OU SOIXANTE-CINQ ANS *bien constatés*.

« Voilà pour le connu.

(1) Voyez *Dictionnaire universel d'histoire naturelle*, t. IX, p. 639, article PERROQUET, par M. Z. Gerbe.

« Je me suis laissé dire, sans jamais avoir pu pourtant vérifier cette assertion, que les Perroquets ne commencent à répéter les paroles qu'on leur apprend qu'à l'âge de deux ou trois ans (?)... Or celui-ci prononce encore *quelques mots espagnols*, son éducation était donc faite quand il arriva en Corse : ajoutez ces deux ou trois ans et vous aurez de soixante-sept à soixante-huit ans. En outre, le Perroquet ne pouvait-il pas déjà être parvenu à un certain âge au moment ou M. Falcucci l'apporta dans le pays?

« Ceci est l'inconnu.

« Vous pouvez vous rappeler que vous avez souvent remarqué son air de vieillard, vous avez observé qu'il est aveugle, vous avez vu l'énorme développement de son bec si recourbé, qu'en l'examinant on songe à la fable antique qui veut que le Perroquet ne meure que lorsque son bec, sans cesse augmenté par l'âge, lui traverse la gorge. Ces remarques seront les termes à l'aide desquels vous pourrez peut être, dans une certaine limite, fixer l'inconnu.

« Aujourd'hui notre Perroquet, qui appartient à l'espèce *Ara canga* des naturalistes, a perdu la vue, cela progressivement et très-lentement sans aucun accident. En 1858, ses yeux commencèrent à se voiler, l'année dernière, vous l'avez constaté, la cécité était complète...

« ALEXANDRE GRASSI. »

Si les détails fort exacts de M. Grassi ne donnent pas la vie complète du Perroquet, ils n'en constatent pas moins avec authenticité une période bien et dûment constatée de plus de soixante-quatre ans, cela chez un animal encore vivant et ayant toutes ses plumes. Cette observation méritait d'étre recueillie, et il serait à désirer que toutes celles analogues fussent soigneusement enregistrées.

H. A.

Découverte de deux espèces de *Mylodons*.

Le savant zoologiste Burmeister, à qui l'on doit de si utiles travaux d'entomologie, nous écrivait de Buenos-Ayres le 10 juin 1864 :

« La communication de M. Schnepp sur mes découvertes paléontologiques n'est pas exacte. Je n'ai pas trouvé deux nouvelles espèces du genre Megatherium, mais bien du genre *Mylodon*, et l'une couverte de sa peau garnie de petites écailles osseuses ; caractère, sans doute, général à tous les genres voisins des Gravigrades.

« Jusqu'à présent je n'ai pu trouver le temps de préparer une communication à l'Institut de cette découverte étonnante, mais je m'occuperai bientôt de ce travail pour ne pas laisser entrer des erreurs dans la science. »

Nécrologie.

Les sciences, et plus particulièrement la zoologie, viennent de faire une grande perte dans la personne de M. Lefébure de Cerisy, ingénieur de la marine en retraite, né à Abbeville le 15 septembre 1789 et mort à Toulon le 15 décembre 1864.

Les travaux de M. de Cerisy, comme ingénieur, sont immenses, et il suffira de citer ceux qu'il a exécutés en Égypte, en créant là, au milieu de sables et d'une population complétement étrangère à ces sortes de travaux, un arsenal maritime et une flotte magnifiques.

Ses travaux de zoologie, les seuls que nous ayons à apprécier dans ce recueil, ne sont pas moins remarquables. Ils sont cités avec éloge dans tous les ouvrages de notre époque, et ont ajouté à la belle réputation de M. de Cerisy un autre genre de lustre non moins impérissable.

Errata.

Page 131, ligne 21ᵉ du numéro 5 de 1864, *au lieu de* vingt-huit heures, *lisez* vingt-huit jours.

TABLES ALPHABÉTIQUES

POUR L'ANNÉE 1864.

I. TABLE DES MATIÈRES.

Vers à soie du chêne. Guér.-Mén. 137. 146.

Venin des abeilles, etc. Action curative. Lukomski. 367.

Vertébrés foss. Gervais. 13.

Viandes à la Plata. Schnepp. 17.

Voix des poissons. Moreau. 291. — Thoron. 54.

II. TABLE DES NOMS D'AUTEURS.

TABLE DES MATIÈRES.

PARIS. — IMP. DE Mᵐᵉ Vᵉ BOUCHARD-HUZARD, RUE DE L'EPERON, 5.

Marchand del et Lith

Imp J L'anglois fils, à Char

Marchand, del et Lith

Imp J L'anglois fils. à Ch

Pl. 3.

1, del et Litho

Imp. J. Langlois, à Chartres

Alb Marchand del et Lith

Imp J Langlois, à Chartr

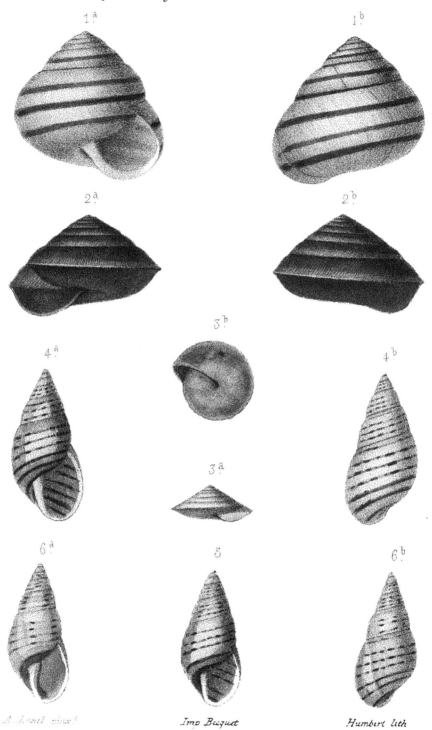

A. Aurel pinx.   Imp. Buquet   Humbert lith

1 Helix Brotii. 2 H. sinistra. 3. H. vitrea.
4, 5, 6. Bulimus pictus. Bonnet

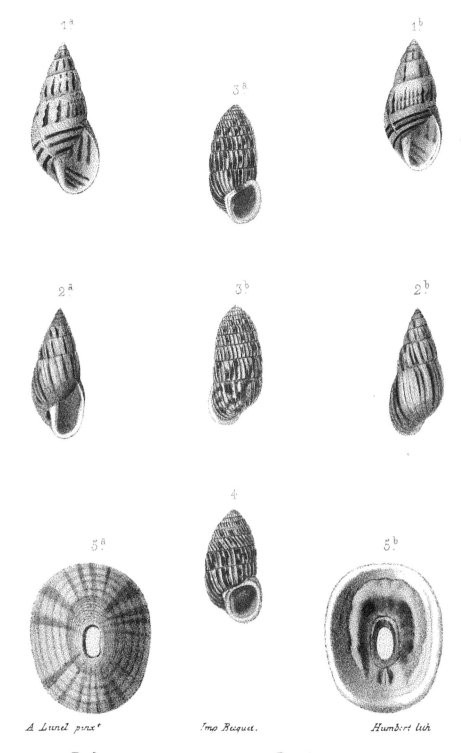

1^a   1^b   2^a   2^b   3^a   3^b   4   5^a   5^b

A Lunel pinx^t   Imp Becquet.   Humbert lith

1 . Bulimus pictus , Var.   2 . B . Amœnus
3,4 Pupa varius 5 Fissurella Tasmaniensis , Bonnet

A^b. Marchand, del, et Lith　　　　　　　　Imp J L'anglois, a Chartres

Alb Marchand del et Lith   Imp J L'anglois,à Chartres

Marchand. del et Lith

Imp J L'anglois, à Chartres

b Marchand del et Lith   Imp J.L'anglois à Chartres

1

2

3

4

5

6

7

8

Levasseur del et lith.

Imp Becquet .Paris

Pl. 13.

2

4

6

8

Imp Becquet, Paris

Arnoul del et lith

Imp Becquet, à Paris

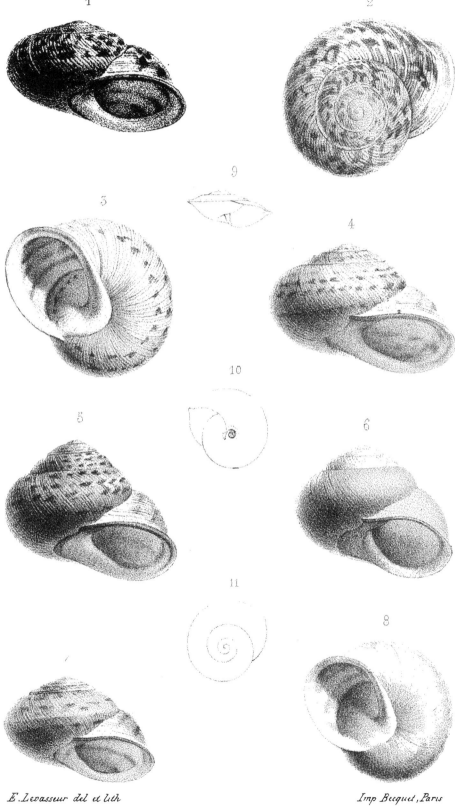

E. Levasseur del et lith

Imp Becquet, Paris

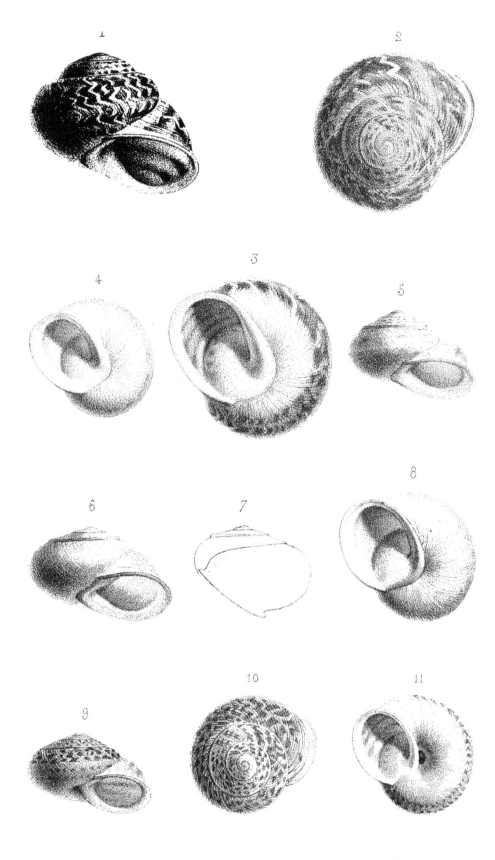

Imp. Becquet, à Pa.

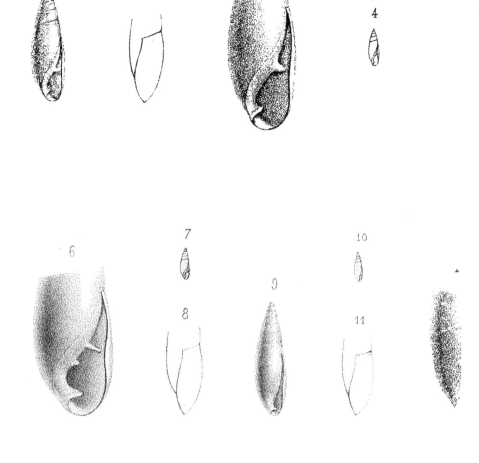

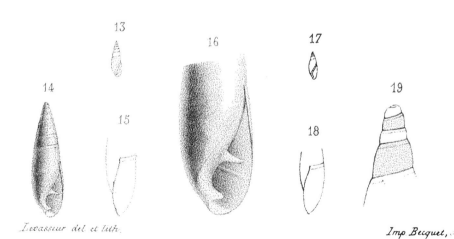

Levassur del et lith.

Imp Becquet,

1 _ 4. *Ferussacia Hierosolymarum.* 5 _ 8. *Fer. Moussoni*

9 _ 12. *F. _____ Saulcyi.* 13 _ 16. *Fer. Rothi.*

17 _ 20. *Fer. Michoniana.*

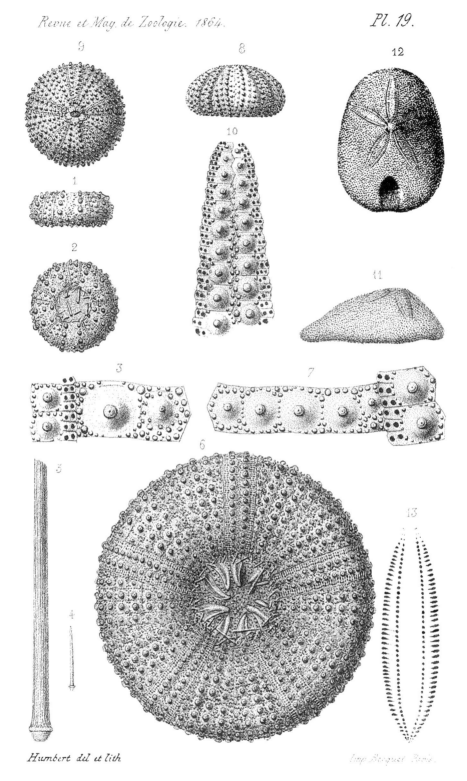

Humbert del et lith   Imp Becquet Paris

1 _ 5   *Diademopsis Heberti*, Cottau

6 _ 7.   *D.* ——————— *Bonisenti*, Cottau.

8 _ 10   *Stomechinus Schlumbergeri*, Cottau.

11 _ 13   *Echinobrissus Iria* ...

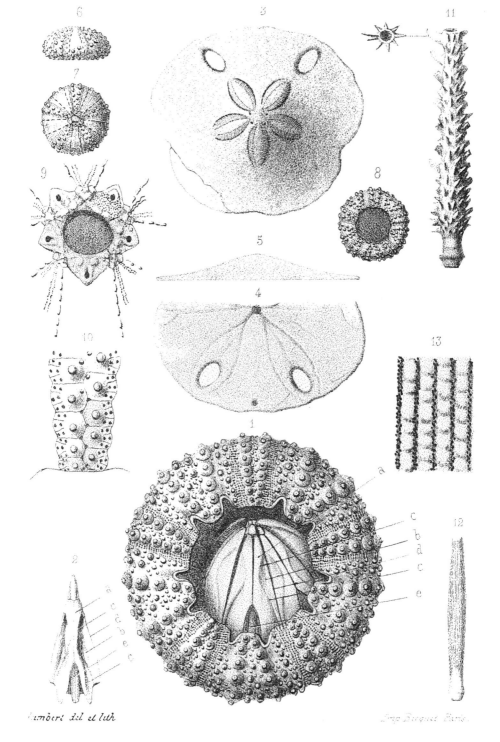

Lambert del et lith   Imp Becquet Paris

1 _ 2. *Pseudodiadema hemisphæricum*, Desor
3 _ 5 *Amphiope Tournoueri*, Cotteau
6 _ 10 *Cœlopleurus Delbosi*, Desor
11 *Cidaris Tournoueri*, Cotteau

2.   3.   4.   5.

Chioglossa lusitanica, Barbosa du Bocage.

Salmin   *L. Spira.*

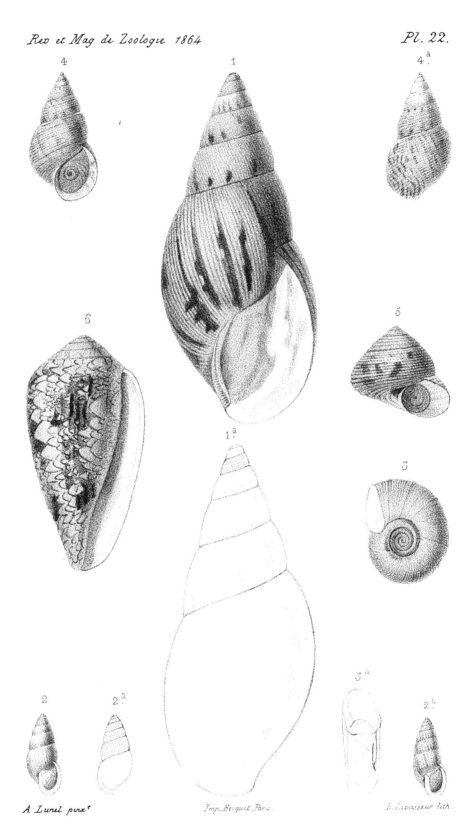

Pl. 22.

4

1

4ª

6

5

1ª

3

2

2ª

3ª

2ᵇ

A Lunel pinx.

Imp. Becquet, Paris.

E. Levasseur lith.

A. Littorina aurea

Imp. J Langlois, à Chartre

Neophron Percnopterus.

Marchand del et Lith.   imp J L'anglois a Chartre

archand, del et Lith   Imp J L'anglois, a Chartres

Fuligula Glacialis.

REVUE

ET MAGASIN

DE ZOOLOGIE

PURE ET APPLIQUÉE.

RECUEIL MENSUEL

DESTINÉ A FACILITER AUX SAVANTS DE TOUS LES PAYS LES MOYENS DE
PUBLIER LEURS OBSERVATIONS DE ZOOLOGIE PURE ET APPLIQUÉE
A L'INDUSTRIE ET A L'AGRICULTURE, LEURS TRAVAUX DE
PALÉONTOLOGIE, D'ANATOMIE ET DE PHYSIOLOGIE
COMPARÉES, ET A LES TENIR AU COURANT
DES NOUVELLES DÉCOUVERTES ET DES
PROGRÈS DE LA SCIENCE;

PAR

M. F. E. GUÉRIN-MÉNEVILLE,

Membre de la Légion d'honneur, de l'ordre brésilien de la Rose, officier de l'ordre
hollandais de la Couronne de chêne, de la Société impériale et centrale d'Agriculture, des Académies royales des Sciences de Madrid, de Lisbonne et
de Turin, de l'Académie royale d'Agriculture de Turin, de la
Société impériale des naturalistes de Moscou, d'un grand
nombre d'autres Sociétés nationales et étrangères,
etc., etc., etc

1864. — N° 1.

PARIS,

AU BUREAU DE LA REVUE ET MAGASIN DE ZOOLOGIE,

ET DE LA REVUE DE SÉRICICULTURE COMPARÉE,

RUE DES BEAUX-ARTS, 4.

REVUE ET MAGASIN DE ZOOLOGIE.

CONDITIONS DE LA SOUSCRIPTION.

Chaque année se compose d'environ soixante feuilles d'impression ; quand des figures sont nécessaires, une planche coloriée remplace une feuille et demie de texte, et une planche en noir remplace une feuille.

Prix de l'abonnement annuel.

Pour Paris, 20 francs. — Départements, 21 francs.
Étranger, affranchissement variable.

Revue zoologique, première série, 11 années (1838 à 1848). — Prix réduit (au lieu de 198 fr.). 132 fr.
De 1849 à 1863 (15 années) à 20 fr. l'année.
Une forte remise sera faite aux personnes qui prendront la collection entière.

Magasin de Zoologie. Première série (1831 à 1838).
8 vol., 635 planches et leur texte. 259 f.
Deuxième série (1839 à 1845). 7 vol., 450 pl., à 36 fr. le vol. 252 f.

Iconographie du Règne animal de Cuvier.
450 planches gravées et 2 forts volumes de texte. Prix réduit.
Figures noires.................................... 150 f.
Figures coloriées................................ . 500
Les *vertébrés* (226 pl. et texte), fig. noires............. 50 f.
Les insectes isolément. — 111 pl. et 1 vol. de texte, figures noires.................................... 50 f.
Texte des insectes. 1 fort volume contenant la description de 800 espèces nouvelles.................................... 10 f.

Species et Iconographie générique des animaux articulés. 36 monographies (Coléoptères).
Colorié, 20 fr. au lieu de 28 fr. 80 ; noir, 12 fr. au lieu de 21 fr. 60

Revue de Sériciculture comparée.
1 vol. par an divisé en 12 livraisons................. 10 f.

On peut se procurer des exemplaires tirés à part des principaux Mémoires publiés dans la **Revue et magasin de zoologie** de 1850 à 1863.

Écrire (FRANCO) à M. **Guérin-Méneville,** rue des Beaux-Arts, nº 4, à Paris.

Lightning Source UK Ltd.
Milton Keynes UK
UKHW010001090219
336872UK00005B/276/P